国家能源集团
CHN ENERGY

技术技能培训系列教材

电力产业（火电）

U0662145

集控运行

煤机 （下册）

国家能源投资集团有限责任公司　组编

中国电力出版社
CHINA ELECTRIC POWER PRESS

内 容 提 要

本系列教材根据国家能源集团火电专业员工培训需求，结合集团各基层单位在役机组，按照人力资源和社会保障部颁发的国家职业技能标准的知识、技能要求，以及国家能源集团发电企业设备标准化管理基本规范及标准要求编写。本系列教材覆盖火电主专业员工培训需求，本教材的作者均为长期工作在生产第一线的专家、技术人员，具有较好的理论基础、丰富的实践经验。

本教材为《集控运行》（煤机）分册，共十六章，主要内容包括：火力发电机组主要设备的工作原理和结构；机组的辅助系统及附属设备；机组辅助设备及系统的操作；运行工作管理；机组的启停特性及操作；机组的运行与维护，包括深度调峰和节能优化；机组的事故处理；智能化电站建设与运行技术等。其中，第一篇火力发电机组及系统，侧重于设备、原理和系统构成；第二篇集控巡检，侧重于集控运行管理和技术，包括机组整体启停技术；第三篇集控值班，主要介绍机组深层次监视、调节和控制原理，机组节能优化、深度调峰、事故处理等技术，并对未来智能电站技术做出展望和介绍。

本教材可作为火电企业生产、技术、管理岗位员工培训、技能评价、取证上岗和安全调考等的培训教材，也可作为高等院校电力相关专业人员的学习参考书。

图书在版编目（CIP）数据

集控运行：煤机/国家能源投资集团有限责任公司组编. --北京：中国电力出版社，2024.11. --（技术技能培训系列教材）. -- ISBN 978-7-5198-9012-4

Ⅰ. TM621.3

中国国家版本馆 CIP 数据核字第 202476ZD09 号

出版发行：中国电力出版社
地　　址：北京市东城区北京站西街 19 号（邮政编码 100005）
网　　址：http://www.cepp.sgcc.com.cn
责任编辑：孙建英　常丽燕　代　旭
责任校对：黄　蓓　常燕昆　朱丽芳　马　宁
装帧设计：张俊霞
责任印制：吴　迪

印　　刷：三河市万龙印装有限公司
版　　次：2024 年 11 月第一版
印　　次：2024 年 11 月北京第一次印刷
开　　本：787 毫米×1092 毫米　16 开本
印　　张：51
字　　数：988 千字
印　　数：0001—5300 册
定　　价：210.00 元（上、下册）

技术技能培训系列教材编委会

主　　任　王　敏

副 主 任　张世山　王进强　李新华　王建立　胡延波　赵宏兴

电力产业教材编写专业组

主　　编　张世山

副 主 编　李文学　梁志宏　张　翼　朱江涛　夏　晖　李攀光
　　　　　蔡元宗　韩　阳　李　飞　申艳杰　邱　华

《集控运行》（煤机）编写组

编写人员　李　峰　周晓韡　牛小川　孔祥华　邓新国

序　言

习近平总书记在党的二十大报告中指出，教育、科技、人才是全面建设社会主义现代化国家的基础性、战略性支撑；强调了培养造就更多大师、战略科学家、一流科技领军人才和创新团队、青年科技人才、卓越工程师、大国工匠、高技能人才的重要性。党中央、国务院陆续出台《关于加强新时代高技能人才队伍建设的意见》等系列文件，从培养、使用、评价、激励等多方面部署高技能人才队伍建设，为技术技能人才的成长提供了广阔的舞台。

致天下之治者在人才，成天下之才者在教化。国家能源集团作为大型骨干能源企业，拥有近 25 万技术技能人才。这些人才是企业推进改革发展的重要基础力量，有力支撑和保障了集团公司在煤炭、电力、化工、运输等产业链业务中取得了全球领先的业绩。为进一步加强技术技能人才队伍建设，集团公司立足自主培养，着力构建技术技能人才培训工作体系，汇集系统内煤炭、电力、化工、运输等领域的专家人才队伍，围绕核心专业和主体工种，按照科学性、全面性、实用性、前沿性、理论性要求，全面开展培训教材的编写开发工作。这套技术技能培训系列教材的编撰和出版，是集团公司广大技术技能人才集体智慧的结晶，是集团公司全面系统进行培训教材开发的成果，将成为弘扬"实干、奉献、创新、争先"企业精神的重要载体和培养新型技术技能人才的重要工具，将全面推动集团公司向世界一流清洁低碳能源科技领军企业的建设。

功以才成，业由才广。在新一轮科技革命和产业变革的背景下，我们正步入一个超越传统工业革命时代的新纪元。集团公司教育培训不再仅仅是广大员工学习的过程，还成为推动创新链、产业链、人才链深度融合，加快培育新质生产力的过程，这将对集团创建世界一流清洁低碳能源科技领军企业和一流国有资本投资公司起到重要作用。谨以此序，向所有参与教材编写的专家和工作人员表示最诚挚的感谢，并向广大读者致以最美好的祝愿。

2024 年 11 月

前　言

近年来，随着我国经济的发展，电力工业取得显著进步，截至2023年底，我国火力发电装机总规模已达12.9亿kW，600MW、1000MW燃煤发电机组已经成为主力机组。当前，我国火力发电技术正向着大机组、高参数、高度自动化方向迅猛发展，新技术、新设备、新工艺、新材料逐年更新，有关生产管理、质量监督和专业技术发展也是日新月异。现代火力发电厂对员工知识的深度与广度，对运用技能的熟练程度，对变革创新的能力，对掌握新技术、新设备、新工艺的能力，以及对多种岗位工作的适应能力、协作能力、综合能力等提出了更高、更新的要求。

我国是世界上少数几个以煤为主要能源的国家之一，在经济高速发展的同时，也承受着巨大的资源和环境压力。当前我国燃煤电厂烟气超低排放改造工作已全面开展并逐渐进入尾声，烟气污染物控制也由粗放型的工程减排逐步过渡至精细化的管理减排。随着能源结构的不断调整和优化，火电厂作为我国能源供应的重要支柱，其运行的安全性、经济性和环保性越来越受到关注。为确保火电机组的安全、稳定、经济运行，提高生产运行人员技术素质和管理水平，适应员工培训工作的需要，特编写电力产业技术技能培训系列教材。

本教材为《集控运行》（煤机）分册，以火力发电厂生产系统设备运行、集控巡检、集控值班、集控调度、安全环保等生产技术、技能为主要内容。本教材贴近火力发电生产现场、总结火力发电生产过程、紧扣生产实践为基础，突出实用性和创新性。本教材介绍了国内当前先进火力发电机组的工作原理、结构和功能，机组的启停操作技术，运行维护，运行操作技能，事故处理技术等，内容丰富、数据翔实。当前我国风电、光伏等新能源发电大力发展，但是调峰能力较弱。因此，火力发电需要承担起电网调峰的重任，在电力供应平衡方面，做到电网高峰时段机组出力能够顶足，低谷时段机组出力能够降到最低，机组一次调频和AGC响应要精准快速，同时需要加强机组深度调峰期间的能耗控制。鉴于此，本教材在机组快速启停、深度调峰和节能优化等方面详细阐述，并对未来智能电站技术进行了展望和介绍，体现了火力发电与时俱进、创新发展，起到电力能源供应压舱石的作用。

本教材共十六章，其中汽轮机相关内容由牛小川编写；电气相关内容由孔祥华编写；锅炉相关内容由周晓鞸编写；邓新国参与了汽轮机专业前期初稿的编写工作；全书综合系统相关内容由李峰编写，全书由李峰统稿。

由于编写过程中时间紧，作者水平有限，错误和不足之处在所难免，敬请各使用单位和广大读者提出宝贵意见，便于后续修改完善，力求更好地服务于我国电力培训工作。

编写组

2024 年 6 月

目　　录

（上册）

第一篇　火力发电机组及系统

第二篇　集控巡检

（下册）

第三篇 集控值班

第八章　机组日常运行维护工作

第一节　运行工作管理

运行的值班员应该高度负责，认真、仔细、正确地执行规程，随时监视，定时巡回检查，认真操作，合理调整，对运行与备用中的设备要进行定期试验和切换。

一、运行人员的基本工作

运行人员在值班中必须集中精力，通过眼观耳听和手摸等手段，对全部仪表、信号、设备、系统进行监视、检查，分析判断其工作是否正常，同时进行合理、必要的调整。若发现仪表、信号、设备、管阀等出现缺陷和异常，应及时联系有关人员检修处理，恢复其正常工作，运行值班人员的基本工作有以下5个方面：

（1）履行运行交接班制度。交班人员在交班前对设备、系统全面检查，并做好记录；接班人员查阅日志，检查设备系统运行情况。双方签字后，完成交接班。

（2）通过监盘，定时抄表（一般每小时抄录一次或按特殊规定时间抄录），对各种表计的指示进行观察，对比、分析，并做必要的调整，保持各项数值在允许变化范围内。

（3）定时巡回检查各设备、系统的严密性；各转动设备（泵、风机）的电流，出口压力，轴承温度，润滑油量、油质及汽轮机振动状况，各种信号显示、自动调节装置的工作；调节系统动作是否平稳和灵活；各设备系统就地表计指示是否正常。保持所管辖区域的环境清洁，设备系统清洁完整。

（4）按运行规程的规定或临时措施，做好保护装置和辅助设备的定期试验和切换工作，保证它们安全、可靠地处于备用状态。

（5）除了每小时认真清晰地抄录运行记录表外，还必须填写好运行交接班日志，全面详细地记录值班中出现的问题。

二、运行中的巡回检查

巡回检查是了解设备、系统的运行情况，发现隐患、缺陷，保证安全运行的重要措施，因此运行值班人员必须认真仔细地做好检查，如发现异常情况，要分析、判断，找出原因，及时予以消除，不能及时消除的，要采取措施，防止事态扩大，并及时汇报，做好记录交待。巡回检查的主要内容有：

（1）每个运行班对机组进行全面检查，执行检查工作人必须认真负责，严格按照机组运行巡回检查卡对设备进行全面详细的检查。

（2）各值班岗位按巡检路线和巡检时间对所管辖设备进行巡回检查，特别注意检查各转动机械的振动、轴承温度、润滑油压、润滑油温、油箱油位或轴承箱油位油质、电动机温度等应正常，对系统设备漏泄、异声、表计指示异常等进行检查、分析和判断。

（3）锅炉本体、各风机、各制粉系统运行情况。

（4）调节系统的工作情况，如阀门开度位置，油动机位置，调压器和旋转隔板位置，调速汽阀和旋转隔板有无卡涩，油动机齿条或传动架工作是否正常，窜轴和总膨胀，推力瓦温度，振动等情况。

（5）前后轴封泄漏状况，机组运转声音，排汽缸温度及振动。每当负荷变化和交接班，必须听音。

（6）各轴承的温度、振动，轴瓦的回油温度及回油量，各油挡是否漏油。

（7）对操作画面各设备、系统的压力、温度、水位、流量、联锁、信号报警等参数点定期检查，密切注意报警情况。

（8）对主机润滑油、密封油、EH油、汽、电动给水泵油系统应定期进行检查，并做好记录。

（9）定期对定冷水箱、闭冷水箱、凝补水箱、除氧器、凝汽器及各加热器水位进行检查核对。

（10）发电机各部温度正常，无局部过热现象，进、出水温、风温正常。

（11）发电机各部声音正常，振动不超过 0.05mm。

（12）发电机及冷却水管路无渗漏现象。

（13）定子线圈冷却水各参数符合规定的要求。

（14）机壳内氢气压力、纯度、温度、湿度各参数符合规定的要求。

（15）封闭母线无振动、放电、局部过热现象。

（16）主变压器各相开关的油压、气压正常。

（17）励磁系统的绝缘合格，无接地现象。

（18）励磁系统各元件无松动、过热、熔断器无熔断现象，各开关位置符合运行方式，风机运行正常，指示灯指示正常。

（19）发电机-变压器组保护投入运行正常，指示灯指示正常。

（20）各 TA、TV、中性点变压器无发热、振动及异常现象。

（21）封闭母线循环干燥装置运行正常。

（22）发电机绝缘过热监察装置投入正常，电流指示在 100%～110%（报警值为 75%±1%）。

（23）机组附近清洁无杂物。

（24）发电机组各漏氢测点显示正常，无超标报警现象。

（25）机组运行中加强发电机励磁电流及振动情况的监督，与历史数据比较分析，如发现异常变化情况，及时组织分析。

（26）发电机运行中滑环及碳刷检查。

（27）主表盘各种仪表、信号、自动装置、联动装置的工作状况，表管有无泄漏和振动。交接班时必须试验热力信号的灯光、音响，联系主控制室共同试验联络信号。

（28）各辅助机械电流，出口风温，联锁装置的工作状况与振动，运转声音，电动机外壳接地线是否良好，地脚螺栓是否牢固等。

（29）各辅助系统是否有跑冒滴漏、异常振动等情况。

三、运行中的定期工作

应制定并执行完善的定期轮换与试验制度，在定期工作中，检查备用设备运转情况，发现备用设备的异常与缺陷，以保证备用设备处于可靠状态。正常备用的设备，应定期轮换；应急备用的设备应定期试验，以百万机组汽轮机定期工作为例，如表8-1所示。

表8-1 汽轮机各项定期工作内容及周期一览表

序号	定期切换、试验项目	日期	执行人	监护人	备注
1	主机轴封电加热器切换	每月1、11、21日中班	副值	主值	
2	给水泵汽轮机润滑油净化装置切换	每月10、20日中班，29日早班	副值	主值	
3	主机和两台给水泵汽轮机轴承振动测试	每月2日早班	副值	主值	
4	主机和两台给水泵汽轮机润滑油箱放水	每月3、18日早班	巡操员	副值	值长通知维护机务人员配合，无水关闭，有水记录放水量
5	6号低压加热器疏水泵试开（切换）	每月4日早班	副值	主值	
6	真空泵试开（切换）	每月17日早班	副值	主值	
7	凝输水泵切换和两台给水泵汽轮机润滑油系统排烟风机切换	每月5、18日早班	副值	主值	
8	1号给水泵汽轮机交流润滑油泵切换和直流润滑油泵试开	每月6日早班	副值	主值	
9	1号给水泵汽轮机低油压试验	每月19日早班	副值	主值	通知热控人员配合
10	2号给水泵汽轮机交流润滑油泵切换和直流润滑油泵试开	每月7日早班	副值	主值	

序号	定期切换、试验项目	日期	执行人	监护人	备注
11	2 号给水泵汽轮机低油压试验	每月 20 日早班	副值	主值	通知热控人员配合
12	EH 油泵切换和 EH 油循环再生油泵及冷却风机切换	每月 8、21 日早班	副值	主值	
13	主机润滑油系统低油压试验及主机交流润滑油泵切换	每月 22 日早班	副值	主值	值长通知，热控人员配合，直流润滑油泵试转后恢复备用
14	循环水泵切换	每月 9 日早班	副值	主值	循环水泵切换：值长通知机务、热控人员配合
15	主机润滑油系统排烟风机切换	每月 10、23 日早班	副值	主值	
16	发电机定冷水泵切换	每月 11 日早班	副值	主值	
17	发电机交流密封油泵切换和直流密封油泵试开	每月 25 日早班	副值	主值	
18	闭冷水泵切换	每月 12 日早班	副值	主值	
19	汽冷器排气风机切换	每月 13、26 日早班	副值	主值	
20	凝结水泵切换	每月 24 日早班	副值	主值	
21	发电机密封油系统防爆风机切换	每月 14、27 日早班	副值	主值	
22	抽汽逆止门活动试验	每月 15、28 日早班	副值	主值	值长通知热控、机务人员配合
23	真空严密性试验	每月 16 日早班	副值	主值	值长通知热控、机务人员配合
24	汽轮机阀门活动试验	每月 20 日早班	副值	主值	值长通知相关人员到场
25	胶球清洗	每日夜班	巡操员	副值	
26	发电机密封油真空油泵运行方式切换	每月单数日中班	巡操员	副值	
27	发电机密封油真空油泵出油过滤器放油	每月偶数日中班	巡操员	副值	

第二节　两票及防误操作管理

一、工作票管理

（一）工作票种类与使用范围

在发电企业生产区域内一切生产设施、设备、系统上或其他区域进行安装、改造、检修、维护、消缺、试验等生产性工作时，必须使用工作票。

1. 工作票种类

（1）主票：电气第一种工作票、电气第二种工作票、热力机械工作票、热控工作票、紧急抢修单等。

（2）安全风险预控票：安全风险预控票与工作票同步使用。

（3）附票：动火工作票（一级、二级）、有限空间工作票（一级、二级）、吊装工作票（一级、二级、三级）、脚手架搭拆工作票、其他专项作业工作票。

2. 工作票使用范围

（1）电气第一种工作票。

1）高压设备上工作需要全部停电或部分停电的。

2）室内外的二次接线和照明等回路上的工作，需要将高压设备停电或做安全措施的。

3）低压厂用母线上的工作，需将母线停电或做安全措施的。

（2）电气第二种工作票。

1）带电作业和在带电设备外壳上的工作。

2）控制盘、低压配电盘、配电箱、电源干线上的工作。

3）二次接线回路上的工作，无须将高压设备停电的。

4）转动中的发电机、励磁机、同期调相机的励磁回路上的工作。

5）自动装置、电动机的定期检查试验工作。

6）非当值值班人员用绝缘棒和电压互感器定相或用钳形电流表测量高压回路的电流。

7）其他进入升压站（出线场）、主变压器室、配电室、电气保护室、电缆层及电缆沟内，不需填用电气第一种工作票的工作。

（3）热力机械工作票。在生产设备、系统上工作，需要将设备、系统停止运行或退出备用，由运行值班人员采取断开电源、水源、油源、汽（气）源，隔断与运行设备联系的热力系统，对检修设备进行消压、放水、吹扫等任何一项安全措施的检修工作；需要运行值班人员在运行方式、操作调整上采取保障人身、设备运行安全措施的检修工作，使用机械工作票。

包括：汽轮机、发电机（机械部分）等发电主机设备机械部分；发电厂汽、水、氢、油、煤粉、燃气、瓦斯、烟、风、压缩空气以及输煤、脱硫、脱硝、除尘、冲灰、输灰等辅助设备系统；向用户输送蒸汽、高温水的管网、换热站及附属设备的供热（采暖）系统；煤场、大坝、灰坝等其他区域的设备设施机械部分；与运行设备邻近的土建修缮工作；水库或大坝上下游禁区以内的作业。

（4）热控工作票。在热控电源、通信、测量、监视、调节、保护等涉及DCS、联锁系统及设备上的工作，需要将生产设备、系统停止运行或退出备用的，使用热控工作票。

（5）紧急抢修单。

1）在危及人身和设备安全的紧急情况下进行设备故障处理，且其抢修时间不超过 4h 的，经当班运行值长同意，可不填用工作票，但应填用紧急抢修单。预计抢修工作时间超过 4h 的，仍应填用工作票。

2）夜间必须临时进行的检修工作，如找不到工作票签发人，可使用紧急抢修单先开工，至第二天白天上班时抢修工作仍需继续进行的，则应补办工作票。

（6）安全风险预控票。现场作业开始前，必须开展风险辨识，并结合现场工作环境、条件、工序开展风险动态辨识和再辨识，制定并落实防范措施，相关管理人员落实过程管控，确保作业人员人身安全健康，现场风险可控在控，除紧急抢修工作外，均应填用安全风险预控票。

（7）工作票附票。遇有与工作票工作内容相关的特殊作业必须同时使用相应附票，遇有其他类别的高风险作业使用其他专项作业工作票，附票不能代替工作票主票单独使用。

（8）复杂和危险性较大的工作，在填写工作票的同时，还应制订安全、组织、技术措施，经审核、批准后严格执行。

（二）工作票票权人

1. 工作票中相关人员的安全职责

（1）工作票签发人。

1）确认工作必要性和安全性。

2）审查确认工作票上所填安全措施正确和完善。

3）审查确认风险预控票、相关附票中作业风险等级、危害因素、预控措施等内容正确和完善。

4）确认所派工作负责人和工作班人员适当和足够，精神状态良好。

5）工作开始后第一时间，应到达工作现场，检查安全措施执行情况。

6）工作过程中，经常到现场检查工作是否安全地进行。

（2）工作负责人。

1）正确、安全地组织工作。

2）确认工作票及相关附票所列安全措施正确、完备，符合现场实际条件，必要时予以补充。

3）组织开展风险评估，确认风险分级，填写安全风险预控票，向工作班全体人员进行安全措施交底。

4）与工作许可人共同现场确认工作票所列安全措施均已正确执行。

5）工作中，督促、指导和检查工作班全体人员严格遵守安全工作规程和安全措施，及时制止违章行为。

6）核实特种作业如动火执行人、起重作业相关人员持有合格的特种作业资格证。

（3）工作许可人。

1）确认工作票所列安全措施正确完备，符合现场条件。

2）对工作票所列内容有疑问，应向工作负责人或工作票签发人询问清楚，必要时应要求补充。

3）与工作负责人共同现场确认工作票所列安全措施均已正确执行。

4）向工作负责人正确说明哪些设备带有压力、有爆炸和带电危险等情况。

5）核实动火工作时间、部位，确认动火设备与运行设备确已隔离。

6）对未办理风险预控票的作业，不予办理许可开工手续。

（4）值班负责人（值长、单元长、运行班长）。

1）负责审查工作的必要性，审查工期是否与批准期限相符。

2）负责审查工作票所列安全措施是否正确完备、是否符合现场实际安全条件。

3）对批准的检修工期，审批后的工作票票面、安全措施负责。

4）对工作票的接票至终结程序执行负责。

5）对工作票所列安全措施的完备、正确执行负责。

6）对工作结束后的安全措施恢复与保留情况的准确填写和执行情况负责。

2. 工作票中"三种人"的有关规定

（1）发电企业应每年至少组织一次对工作票签发人、工作负责人（含动火工作负责人）、工作许可人（简称"三种人"）的安全规程、运行规程和检修规程方面的培训和资格考试，考试合格后以企业正式文件公布"三种人"名单。

（2）同一工作票的"三种人"不得相互兼任。同一人不得同时担任两个及以上工作任务的工作负责人，工作负责人不得同时作为另一项工作的工作班成员。工作票负责人可作为附票的工作负责人，或由具备资格的人员担任附票工作负责人。

（3）承包商人员担任工作负责人资格的规定：

1）各发电企业应要求承揽设备检修维护的长期承包商，在每年组织工作票"三种人"考试前提交拟担任工作负责人的人员名单。经发电企业审核通过、并参加"三种人"资格考试合格后，授予工作负责人资格。

2）发电企业机组检修期间，各发电企业应要求承揽主辅设备检修的短期承包商，在进场前提交拟担任工作负责人的人员名单，经发电企业审核通过，并参加"三种人"资格考试合格后，授予工作负责人资格。

3）承揽临时发包项目的短期承包商人员不得担任工作负责人。

4）担任工作负责人的承包商人员应至少具备两年及以上发电企业同专业检修维护工作经验。

5）发电企业应对担任工作负责人的承包商人员的业务能力、履职能力进行跟踪评定，对达不到要求的应及时取消其工作负责人资格。

6）承包项目结束后，承包商人员的"三种人"资格即告终结。如有在设备质保期内需由原承包商进行检修维护的，必须重新履行"三种人"资格认定程序。

（三）工作票的填写

（1）手工填写工作票时，应用蓝黑墨水填写，字迹要清楚，不得涂改。采用电子工作票的，自工作票许可程序开始，所有人员必须亲自操作签字或采取本人手工签字，严禁他人代办代签。

（2）工作票的填写应使用标准术语，要求准确、清楚和完整。

1）票面需要填写数字的，应使用阿拉伯数字（母线可以使用罗马数字）。时间为24小时制，格式为"××时××分"，日期格式为"××××年××月××日"。

2）"编号"栏：填写工作票统一编号。

3）"班组"栏：一个班组检修，班组栏填写工作班组全称；几个班组进行综合检修，则班组栏填写检修单位。

4）"工作负责人"栏：工作负责人即为工作监护人，单一工作负责人或多项工作的总负责人填入此栏。

5）"工作班成员"栏：填写除工作负责人外的工作班成员的姓名。工作班成员人数在10人及以下的，填写全部工作人员名单；超过10人的，只填写10人姓名，其余人员姓名可写入"备注"栏。"共人"的总人数包含工作负责人。

6）"工作地点"栏：填写工作所在的具体地点。

7）"工作内容"栏：填写工作所在机组及设备双重名称编号、具体工作内容。

8）"计划工作时间"栏：根据工作内容和工作量，填写预计完成该项工作所需时间。

9）"安全措施"栏：根据工作现场实际情况，填写应具备的安全措施，内容要周密、细致，不错项、不漏项，不得采用如"注意安全""与运行联系""停电""关阀门"等词语。使用手写工作票的需在最后一项安全措施项目后空白行最左端盖"以下空白"章。

（3）电气第一种工作票"必须采取的安全措施"栏由工作负责人填写：每条措施均应有序号，电气第一种工作票中应具体写明停电设备的名称、编号及应拉断路器和隔离开关（包括已拉断路器和隔离开关），应拉操作直流电源（包括直流合闸电源），应合接地开关的名称、编号及具体地点，应装接地线，应设遮栏等。悬挂标示牌应注明具体地点及种类名称；新能源集电线路第一种工作票中应拉开的断路器、隔离开关、熔断器（包括分支线和配合停电线路），应设遮栏和标识牌，应挂的接地线，保留或邻近的带电线路，设备和注意事项及其他安全措施。

（4）电气第二种工作票"必须采取的安全措施"栏：应写明应拉断路器和隔离开关的编号、悬挂标示牌的种类和名称、断开直流电源以及熔断器的名称、编号、电压等级等。

（5）热力机械工作票"必须采取的安全措施"栏，填写以下内容：

1）要求运行人员做好的安全措施（如：断开断路器、隔离开关和熔断器等；隔断与运行设备联系的油、水、汽、气系统，对检修设备排压等）。

2）应具体写明必须停电的设备名称（包括应拉开的断路器、隔离开关和熔断器等），必须关闭或开启的阀门（应写明名称和编号），并悬挂警示牌。

3）要求运行人员在运行方式、操作调整上采取的措施。

4）为保证人身安全和设备安全，必须采取的防护措施。

5）防止检修人员中毒、气体爆燃等采取的特殊安全措施。

（6）工作票"运行人员补充安全措施"一栏，填写以下内容：

1）由于运行方式和设备缺陷（如阀门不严等）需要扩大隔断范围的措施。

2）运行人员需要采取的保障检修现场人身安全和设备运行安全的运行措施。

3）如无补充措施，应在本栏中填写"无补充"（不盖"以下空白"章）。

（7）工作票中"安全措施"和"补充安全措施"应适当分项，并顺序编号。运行人员执行完一项后，在措施执行情况栏划钩（√）；需要检修作业人员执行的安全措施，工作负责人完成该项安全措施后，在对应的"执行情况"栏内填写"检修自理"。

（8）工作票"批准工作结束时间"栏：由值班负责人根据现场实际需要填写该项工作结束时间。

（9）安全措施执行完毕，工作许可人和工作负责人共同到现场检查核对安全措施落实无误后，由工作许可人填写"许可工作开始时间"并签名，工作负责人确认签名。

（10）"工作负责人变动情况"栏：由工作票签发人填写工作负责人变动情况，并签名。

（11）"工作票延期"栏：工作负责人填写工作票延期时间，值班负责人、工作许可人确认签名。

（12）热力机械工作票"允许试运时间"及"允许恢复工作时间"栏：工作许可人填写并签名，工作负责人确认签名。

（13）"工作终结"栏：由工作负责人填写工作终结时间，并签名，工作许可人签名确认。

（14）"备注"栏填写内容：需要特殊注明以及仍需说明的交待事项，如该份工作票未执行以及电气第一种工作票中接地线未拆除等情况的原因等；中途工作成员变动的情况；指定作业面工作监护人员；其他需要说明的事项。

（四）工作票的执行

（1）工作票的生成。工作票签发人根据工作任务的需要和计划工作期限，确定工作负责人。工作负责人根据工作内容及所需安全措施，选择使用工作票的种类，填写工作票。

1）机组检修、线路检修、主变压器检修、水工建筑及机电设备等设备单元的检修改造工作，可使用一张总的工作票。

2）电气工作票上所列的工作地点，以一个电气连接部分为限。如检修设备属于同一电压等级、位于同一楼层、同时停送电且工作中不会触及带电导体时，则允许在几个电气连接部分使用一张电气第一种工作票。

3）在同一变电站内的几个电气连接部分上，依次进行的同一电压等级、同一类型的不停电工作，符合安全距离要求的，可使用一张电气第二种工作票。

4）一个班组在同一个设备系统上依次进行同类型的设备检修工作时，如全部安全措施不能在工作开始前一次完成，应分别办理工作票。

5）遇有与工作票工作内容相关的高风险作业及特殊作业必须填用相应附票。附票与主票可同时办理，或需要时进行办理。

6）临时用电需履行必要的审核和批准手续，临时电源的接、拆工作使用电气工作票（第一种、第二种）。

（2）工作票的签发。工作负责人填写好工作票，交给工作票签发人审核，确认无误后签发。

（3）工作票的送达。工作票应由工作负责人在工作开始前送达运行值班人员。

1）计划性的检修、消缺、试验工作票应在工作前一日送达。

2）临时工作或消缺工作，可在工作开始前直接交给运行值班人员。

（4）工作票的接收。

1）接到工作票后，值长或值班负责人应及时组织审查工作票全部内容，发现问题应向工作负责人和工作票签发人询问清楚。必要时，值班负责人可补充安全措施。确认无问题后，填写收到工作票时间，并在接票人处签名。工作票签收应记入运行值班日志。

2）工作票存在以下问题时，原工作票作废，必须重新办理：

a. 工作票选用种类不对。

b. 安全措施有错误或重要遗漏。

c. 工作负责人、工作票签发人不符合规定。

（5）工作票安全措施的执行。

1）值班负责人根据工作票计划开工时间、安全措施内容、机组启停计划，安排运行人员执行工作票所列安全措施。

2）工作许可人在工作票上填写已执行的安全措施和补充的安全措施。

3）实行运维一体化管理的电站，运行人员不能作为工作班成员，维护人员不能作为安全措施的执行人员。

（6）工作许可。

1）工作许可人与工作负责人到现场检查所做的安全措施，对补充的安全措施进行说明，指明实际的隔离措施，证明设备确已断电、降温、泄流或泄压。

2）工作许可人向工作负责人详细说明哪些设备带电，有压力、爆炸、触电等危险因素。

3）工作负责人确认安全措施完善并已正确执行、知悉现场危险因素后，在工作票上签名。工作许可人填写许可开始时间、签名，完成工作票许可手续。

4）许可进行工作的事项（包括工作票号码、工作任务、许可工作时间及完工时间）必须记录在运行日志中和一体化集中管控系统工作票相应栏目中。使用紧急抢修单进行处置的，值长应将采取的安全措施和进行紧急抢修的原因记录在运行日志内。

5）许可开工后，工作负责人和工作许可人不得单方面变动安全措施。

（7）工作监护。

1）工作开始前，工作负责人组织全体工作班成员进行安全技术措施交底，交待清楚工作范围、分工情况、安全措施布置情况、现场危险因素及安全注意事项，并同时进行安全文明生产风险及预控要求交底。全体工作班成员分别签字确认后，工作负责人方可下达开工指令。

2）工作过程中，工作负责人应随身携带工作票及其所有附票，在工作现场认真履行安全职责，进行工作全过程监护。

3）工作负责人因故暂时离开工作地点时，应指定能胜任的人员临时代替并将工作票交其执有，交代注意事项并告知全体工作班成员，原工作负责人返回工作地点也应履行同样交接手续。工作负责人离开工作地点超过2h，必须办理工作负责人变更手续。

4）工作票签发人或工作负责人，可根据现场工作范围、安全条件、工作需要等具体情况，增设专责监护人。

5）无工作负责人带领时，工作班成员不得进入工作地点。

（8）工作人员变更。

1）工作负责人变更，应经工作票签发人同意并通知工作许可人，在工作票上办理变更手续。原工作负责人应向新工作负责人交待清楚工作范围、工作内容、安全措施和工作班成员情况后方可离开。工作负责人变更情况应记入运行值班日志。

2）工作班成员变更，新加入人员必须进行工作任务、工作地点和安全措施学习。工作负责人在所持工作票"备注"栏注明原因、变更人员姓名、变更时间，由变更人员签名。

（9）工作间断。工作间断时，工作班人员应从现场撤出，所列安全措施保持不动，工作票仍由工作负责人执存。间断后继续工作前，工作负责人应重新认真检查安全措施符合工作票要求，方可工作。

（10）工作延期。

1）工作票的有效时间，以批准的工作期限为准。

2）工作若不能按批准工期完成时，工作负责人必须至少提前 2h 向工作许可人和值长申明理由，办理申请延期手续。

3）延期手续只能办理一次。如需再延期，应重新办理工作票，并注明原因。电气第二种工作票不能延期。

（11）设备设施试运。

1）检修后的设备设施应进行试运。机组设备、设施、系统重大技改项目或解体检修后的试运工作，应由发电企业安全生产分管领导或总工程师主持进行。

2）试运工作由工作负责人提出申请，经工作许可人同意并收回工作票，全体工作班成员撤离工作地点，在确认不影响其他工作票安全措施的情况下，由运行人员进行试运相关工作。严禁不收回工作票，以口头方式联系试运设备。

3）试运如需变动其他工作票的安全措施，工作许可人应将相关工作票全部收回，经其他工作组的工作负责人书面交代同意，相关工作班成员全部撤离后，方可变动安全措施，履行试运许可手续，开始试运。

4）设备试运期间，工作地点或设备试运区域应设置明显的"设备试运"标志。

5）试运结束后尚需继续工作的，工作许可人和工作负责人应按原工作票要求重新布置安全措施，并在工作票上签字确认。如需改变原工作票的安全措施，原工作票作废，并重新办理工作票。

（12）工作结束。

1）工作结束后，工作负责人应全面检查并组织清扫整理工作现场，确认无问题后，带领全体工作班成员撤离现场。

2）工作许可人和工作负责人应共同到现场验收，检查设备状况、有无遗留物件、是否清洁等。验收完毕后，工作负责人填写工作结束时间，双方签名。

（13）工作票终结。

1）工作已结束，但工作票未终结之前，设备不得投入运行。

2）工作结束后，工作负责人应将工作情况和设备、系统、保护定值等发生变化的情况向运行人员进行详细的书面交底，方可办理工作票终结手续。

3）运行值班人员拆除临时围栏，取下标示牌，恢复安全措施，汇报值班负责人。对未恢复的安全措施，汇报值班负责人并做好记录。运行值班人员在工作票右上角加盖"已执行"章，工作票方告终结。

4）电气第一种工作票履行终结手续后，运行人员应准确填写"接地线（接地开关）共组，已拆除（拉开）组，未拆除（拉开）组，未拆除接地线的编号"栏，由值班负责人确认后签字，工作票方告终结。

（14）工作票作废。因故作废的工作票，应由运行人员在工作票备注栏内写明作废原因、作废时间并签名，并在工作任务栏右上角加盖"作废"印章。

（五）动火工作票

1. 动火工作票使用范围

在重点防火部位或场所以及禁止明火区检修、维护作业需要动火时，必须同时填用动火工作票。动火工作票不能代替作业项目的工作票。

（1）在下列场所进行的动火作业，应填用一级动火工作票：

1）油、氢、液氨等易燃易爆物品的制备、使用、输送、储存设备设施。

2）变压器室、蓄电池室、电缆间、电缆沟、电缆隧道、电缆竖井及电缆支架上有可能引燃电缆的动火作业。

3）发电机、水轮机转轮体、风电机组机舱内。

4）脱硫吸收塔、湿式除尘器、玻璃钢烟囱等采用有机物防腐材料的设备设施内部。

5）储存过可燃气体、易燃液体的容器及与此连接的系统和辅助设备。油系统及与油系统相连接的管道、设备。

（2）一级动火区以外的所有防火重点部位或场所以及禁止明火区的动火作业，应填用二级动火工作票。

2. 动火工作票中相关人员的安全职责

（1）动火工作票签发人。

1）审查工作的必要性和安全性。

2）审查申请工作时间的合理性。

3）审查工作票上所列安全措施正确、完备。

4）审查工作负责人符合要求，动火执行人持有合格的焊接或热切割特种作业资格证。

5）指定专人测定动火部位或现场可燃性、易爆气体含量或粉尘浓度符合安全要求。

6）审查动火安全措施正确、完备，符合现场实际条件。

（2）动火工作负责人（监护人）。

1）正确安全地组织动火工作。

2）确认动火安全措施正确、完备，符合现场实际条件，必要时进行补充。

3）核实动火执行人持允许进行焊接与热切割作业的有效证件，督促其在动火工作票上签名。

4）向有关人员布置动火工作，交待危险因素、防火和灭火措施。

5）与工作许可人现场共同确认安全措施已正确执行。

6）始终监督现场动火工作。

7）办理动火工作票开工和终结手续。

8）动火工作间断、终结时检查现场无残留火种、动火作业工器具电源已切断。

（3）运行许可人。

1）核实动火工作时间、部位。

2）工作票所列有关安全措施正确、完备，符合现场条件。

3）动火设备与运行设备确已隔绝，完成相应安全措施。

4）向工作负责人交待运行所做的安全措施。

（4）消防监护人。

1）确认动火现场配备必要、足够、有效的消防设施、器材。

2）检查现场防火和灭火措施正确、完备。

3）动火部位或现场可燃性、易爆气体含量或粉尘浓度符合安全要求。

4）始终监督现场动火作业，发现违章立即制止，发现起火及时扑救。

5）动火工作间断、终结时，检查确认现场无残留火种，动火作业工器具电源已切断。

（5）动火执行人。

1）在动火前必须收到经审核批准且允许动火的动火工作票。

2）核实动火时间、动火部位。

3）做好动火现场及本工种要求做好的防火措施。

4）全面了解动火工作任务和要求，在规定的时间、范围内进行动火作业。

5）发现不能保证动火安全时应停止动火，并立即报告。

6）动火工作间断、终结时清理并检查现场无残留火种。

3. 动火工作票的执行程序

（1）动火工作票的生成：动火工作票签发人根据动火地点及设备，对照动火级别的划分来选择使用动火工作票种类。动火工作负责人填写动火工作票，包括动火地点及设备名称、动火工作内容、申请动火时间、运行检修应采取的安全措施。

（2）动火工作票签发和批准。

1）一级动火工作票由申请动火部门负责人签发，安监部门负责人、消防主管部门负责人审核，安全生产分管领导或总工程师批准。

2）二级动火工作票由申请动火班组负责人或班组技术专责签发，安全主管（专责）、消防主管（专责）审核，动火部门负责人批准。

3）一级动火工作票的有效时间不得超过24h；二级动火工作票的有效时间不得超过120h，必须在批准的有效期内进行动火作业，需延期时应重新办理动火工作票。

（3）动火工作许可。

1）首次动火前，各级审批人、动火工作负责人、消防监护人和动火执行人均应到现场检查安全措施是否正确和完善，动火设备、区域是否与运行设备和易燃易爆品可靠隔离，测定可燃气体、易爆气体含量或粉尘浓度是否合格，配备的消防设施和采取的消防措施是否符合要求等，并在监护下做明火试验，确认无问题后方可允许动火。

2）动火前，可燃气体、易爆气体含量或粉尘浓度检测时间距动火作业开始时间不得超过2h。

（4）动火作业监护。

1）一级动火作业时，消防监护人、工作负责人、动火部门安监人员必须始终在现场监护。

2）二级动火作业时，消防监护人、工作负责人必须始终在现场监护。

（5）动火作业间断。

1）动火作业间断，动火执行人、消防监护人离开前，应清理现场，消除残留火种。

2）动火执行人、消防监护人同时离开作业现场，间断时间超过30min的，继续动火前，动火执行人、消防监护人应重新确认安全条件。

3）一级动火作业，间断时间超过2h的，继续动火前，应重新测定可燃性、易爆气体含量或粉尘浓度，合格后方可重新动火。

4）一级、二级动火作业，在次日动火前必须重新测定可燃性、易爆气体含量或粉尘浓度，合格后方可重新动火。

5）一级动火作业过程中，应每间隔2h检测动火现场可燃气体、易爆气体或粉尘浓度是否合格，当发现不合格或异常升高时应立即停止动火，在未查明原因或排除险情前不得重新动火。

（6）动火工作终结。动火工作结束后，动火工作负责人应全面检查并组织清扫现场，消除残留火种。工作负责人、动火执行人、消防监护人应共同到现场检查验收，确认无误后，方可办理动火工作票终结手续。

（六）有限空间工作票

1. 有限空间工作票使用范围

（1）进入有限空间内作业，必须填用有限空间工作票。

（2）进入涉及硫化氢、氨气等有毒有害或燃爆气体、粉尘的有限空间作业时，应填用一级有限空间工作票。

（3）进入不涉及硫化氢、氨气等有毒有害或燃爆气体、粉尘的，但属于相对密闭的有限空间作业时，应填用二级有限空间工作票。

2. 有限空间工作票中相关人员的安全职责

（1）有限空间工作票签发人。

1）审查工作的必要性和安全性。

2）审查申请工作时间的合理性。

3）审查工作票上所列安全措施正确、完备。

4）审查工作负责人符合要求。

5）指定专人测定有限空间氧量、现场可燃性、易爆气体含量或粉尘浓度符合安全要求。

6）审查有限空间作业安全措施正确、完备，符合现场实际条件。

（2）有限空间工作票负责人。

1）正确安全地组织有限空间作业。

2）确认作业环境、作业程序、防护设施、作业人员符合要求和现场实际，必要时进行补充。

3）对作业人员进行安全交底和警示教育。

4）动态掌握整个作业过程存在的危险因素和可能发生的变化，发生异常情况时，有权立即决定终止作业，迅速撤离作业人员并组织救援。

（3）有限空间工作票监护人。

1）掌握有限空间作业危险因素。

2）对出入有限空间的作业人员进行严格管控并做好记录。

3）与作业人员始终保持有效的信息沟通，及时发现作业人员的异常行为并作出判断。

4）发现异常情况，立即向作业人员发出撤离警报，必要时立即呼叫应急救援，并按照应急救援预案或现场处置方案实施紧急救援。

（4）有限空间工作票检测人。

1）接受有限空间安全作业安全生产培训。

2）熟悉检测仪器设备和检测方法。

3）按照作业人员操作规程中的有关规定进行有限空间检测。

4）对所检测的数据负责。

（5）有限空间工作票作业人员。

1）了解作业的内容、地点、时间、要求，熟知作业过程中的危险因素和应当采取的防护措施。

2）与监护人员始终保持有效的信息沟通。

3）遵守操作规程，正确使用安全防护设施并佩戴好个人防护用品，熟练掌握应急救援措施。

3. 有限空间工作票的执行程序

（1）有限空间工作票的生成：有限空间工作票签发人根据有限空间作业地点及设备，对照有限空间级别的划分来选择使用有限空间工作票种类。有限空间作业工作负责人填写有限空间工作票，包括有限空间作业地点及设备名称、工作内容、申请作业时间、应采取的安全措施。

（2）有限空间工作票的审批。

1）一级有限空间工作票由申请作业部门负责人及公司生产技术部门负责人、安监部门负责人审批，安全生产分管领导或总工程师批准。

2）二级有限空间工作票由申请作业部门相应专业技术主管和安全主管审核，作业部门负责人批准。

（3）有限空间作业开工。

1）首次作业前，各级审批人、有限空间作业工作负责人、监护人、检测人均应到现场检查安全措施是否正确和完善，有限空间作业设备、区域是否与运行设备和易燃易爆品可靠隔离，测定氧量、可燃气体、易爆气体含量或粉尘浓度是否合格，配备的通风、救援设施和采取的安全措施是否符合要求等。并履行开工签字手续。

2）作业前，可燃气体、易爆气体含量或粉尘浓度检测时间距作业开始时间不得超过 30min。

（4）有限空间作业监护。

1）一级有限空间作业时，监护人、工作负责人、作业部门相应专业技术人员和安监人员必须始终在现场监护。

2）二级有限空间作业时，监护人、工作负责人必须始终在现场监护。

（5）有限空间作业间断。

1）有限空间作业中应至少每 30min 监测一次，如监测分析结果有明显变化，则应加大监测频率；对可能释放有害、可燃物质的有限空间，应连续监测。

2）一级有限空间作业，间断时间超过 30min 的，继续作业前，应重新测定可燃性、易爆气体含量或粉尘浓度，合格后方可重新作业。

3）一级、二级有限空间作业，在次日作业前必须重新测定可燃性、易爆气体含量或粉尘浓度，合格后方可重新作业。

（6）有限空间作业工作终结。工作负责人、监护人应共同到现场检查验收，确认无误后，方可办理有限空间工作票终结手续。

（七）吊装工作票

1. 吊装工作票使用范围

所有涉及吊装、起重作业必须填用吊装工作票。

（1）质量 40t 及以上的物品吊运，应填用一级吊装工作票并编制吊装作业方案。

（2）质量在 10t（含）至 40t 之间或起吊高度超过 10m 的物品吊运，应填用二级吊装工作票。

（3）质量在 10t 以下的物品吊运，应填用三级吊装工作票。

2. 吊装工作票中相关人员的安全职责

（1）吊装工作票签发人。

1）审查工作的必要性和安全性。

2）审查申请工作时间的合理性。

3）审查工作负责人符合要求。

4）审查吊装作业安全措施正确、完备，符合现场实际条件。

（2）吊装工作票负责人。

1）正确安全地组织吊装作业。

2）确认作业环境、作业程序、防护设施、作业人员符合要求和现场实际，必要时进行补充。

3）对作业人员进行安全交底和警示教育。

4）动态掌握整个作业过程存在的危险因素和可能发生的变化，发生异常情况时，有权立即决定终止作业，迅速撤离作业人员并组织救援。

（3）吊装工作票指挥人员。

1）指挥人员应熟知起重作业相关安全规程和操作规程。

2）指挥人员应严格执行 GB/T 5082《起重机 手势信号》，与起重机司机联络时做到准确无误。

3）负责载荷的质量计算和索具、吊具的正确选择。

4）指挥人员负责对可能出现的事故采取必要的防范措施。

（4）吊装工作票起重司机。

1）掌握起重机械操作规程及有关法律、法规、标准。

2）掌握所操作的起重机械各机构及装置的构造和技术性能。

3）熟知起重指挥信号。

4）发现异常及时处理，并汇报指挥人员。

（5）吊装工作票司索人员。

1）作业前，根据吊物选择合适的吊具与索具，并检查吊具、索具完好，连接点牢固、可靠。

2）起重吊物时，司索人员应与吊物保持一定的安全距离。

3）负责起重作业现场清理，保持道路通畅。

4）听从指挥人员指挥，发现不安全情况时，及时通知指挥人员。

5）工作结束后，所使用的绳索吊具应放置在规定地点，加强维护保养。达到报废标准的吊具、索具要及时处理、更换。

3. 吊装工作票的执行程序

（1）吊装工作票的生成：吊装工作票签发人根据吊装作业分级来选择使用吊装工作票种类。吊装作业工作负责人填写吊装工作票，包括吊装作业地点及设备名称、吊装工作内容、申请吊装时间、应采取的安全措施。

（2）吊装工作票审批。

1）一级吊装工作票由申请吊装部门负责人、安监部门负责人审核，安全生产分管领导或总工程师批准。

2）二级吊装工作票由申请吊装作业部门专业技术主管、安监部门主管审核，作业部门负责人批准。

3）三级吊装工作票由申请吊装作业部门专业技术主管、安全主管审核，作业部门负责人批准。

（3）吊装作业开工。首次吊装作业前，各级审批人、工作负责人、指挥人员、起重机械司机和司索作业人员均应到现场检查安全措施是否正确和完善，符合吊装工作要求后方可允许吊装作业，并履行确认签字手续。

（4）吊装作业工作终结。吊装作业工作结束后，工作负责人应全面检查并组织清扫现场，确认无误后，方可办理吊装工作票终结手续。

（八）脚手架搭拆工作票

1. 脚手架搭拆工作票使用范围

所有脚手架搭拆作业必须填用脚手架搭拆工作票。脚手架搭设完毕首次使用前，必须经过验收合格。

脚手架搭拆工作票中相关人员的安全职责。

（1）脚手架搭拆工作票审批人。

1）审查工作的必要性和安全性。

2）审查申请工作时间的合理性。

3）审查工作负责人符合要求。

4）审查脚手架搭拆安全措施正确、完备，符合现场实际条件。

（2）脚手架搭拆工作负责人。

1）严格执行"三措两案"，选用合格管材及扣件搭设脚手架。

2）确认作业环境、作业程序、防护设施、作业人员符合要求和现场实际，必要时进行补充。

3）对作业人员进行安全交底和警示教育。

4）动态掌握整个作业过程存在的危险因素和可能发生的变化，发生异常情况时，有权立即决定终止作业，迅速撤离作业人员并组织救援。

5）参加脚手架验收工作，每天开工前对脚手架进行检查。

6）消除脚手架搭拆作业的问题和隐患。

7）脚手架搭拆期间，不得担任其他工作票负责人或作为其他作业工作班成员。

（3）脚手架搭拆人员。

1）了解作业的内容、地点、时间、要求，熟知作业过程中的危险因素和应当采取的防护措施。

2）遵守操作规程，正确使用安全防护设施并佩戴好个人防护用品，熟练掌握应急救援措施。

2. 脚手架搭拆工作票的执行程序

（1）脚手架搭拆工作票的生成：由脚手架搭拆工作负责人填写脚手架搭拆工作票，包括脚手架搭拆地点及用途、搭设形式及高度、安全风险分析及预控措施。

（2）脚手架方案：根据搭设脚手架的高度及类型，履行相关设计、论证、审批相关规定。

（3）脚手架搭设。

1）脚手架搭设前，脚手架搭拆工作负责人应检查人员和物资符合要求，确认无问题后方可允许搭拆作业。

2）脚手架搭设时，相关人员要到场进行检查并留存检查记录，使用部门要明确监护人并全程监护。

（4）脚手架的验收。脚手架搭设完毕首次使用前必须履行三级验收程序。6m 及以下脚手架进行班组级验收，由脚手架使用工作票工作负责人组织；6m 以上、24m 及以下脚手架进行部门级验收，由使用部门安全、健康、环保主管组织。24m 以上脚手架，以及特殊、承重脚手架、悬吊架进行厂级验收，由安监部门和生产技术部门组织。各级验收人员检查完毕后在工作票上签字。

（5）脚手架的使用。脚手架使用工作票工作负责人在每天使用前应进行检查签字，确认无问题后方可开展工作。

（6）脚手架拆除。脚手架拆除时，应根据需要编制脚手架拆除工作方案并履行审批程序。相关人员拆除过程中进行检查并留存检查记录，使用部门明确监护人并全程监护。

（九）工作票管理

1. 工作票的编号

各单位可根据自身实际自行设定工作票编号原则，但必须确保每份工作票在本单位内的编号是唯一的。编号中应体现工作票的种类、时间和当月流水号等内容。

2. 工作票的保存

（1）工作票为一式两份。工作期间，一份由工作负责人在现场收持，另一份由运行人员留存。

（2）附票为一式两份。工作期间，主票工作负责人、附票工作负责人各持一份。动火工作票至少为一式三份。一级动火工作票一份由工作负责人收持，一份由动火执行人收持，另一份由安全管理部门留存；二级动火工作票一份由工作负责人收持，一份由动火执行人收持，另一份由动火部门（车间）留存。若动火工作与运行有关时，还应增加一份交运行人员收持。

（3）工作结束后，工作票由运行、检修维护部门分别留存，并分别进行工作票票种数量、已终结数量、合格数量、不合格数量、作废数量的统计。月底统一交回安全监管部门审查、保存，由安全监管部门进行合格率评价。

（4）已终结的纸质工作票应至少保存三个月，电子工作票至少保存一年。与设备一类障碍及以上事故有关的工作票，原票应与事故档案共同保存。

（5）发电企业运行值班室应设立工作票夹，将已开工、已终结、作废及延期等工作票分类存放，便于交接、查阅。

3. 电子工作票管理要求

（1）采用电子工作票的发电企业，应使用集团一体化集中管控系统，并严格管理"三种人"的签字权限。电子工作票系统采取使用指纹、读卡等身份权限验证管理措施，严禁代签、盗签现象。

（2）电子工作票系统录入的"三种人"资格必须实行系统自动闭锁，防止工作票流转到无资格人员处。

（3）新建工作票必须由填票人手工录入，禁止从典型票、标准票、历史票（已执行票）上复制粘贴。对典型票、标准票、历史票实行文档保护，闭锁其复制功能。

（4）任何人员不得修改电子工作票系统录入信息数据，如需维护、修改电子工作票管理系统，必须经分管生产的领导同意；系统后台管理人员应在收到书面通知后方可按照通知要求进行修改。工作负责人、工作票签发人、工作许可人资格由系统后台管理人员根据安全监管部门提供的书面公布文件录入。

（5）工作许可人在工作票签收、许可、终结或在履行完工作票延期、工作负责人变更手续后，应同时进行登记，完成后方可关闭工作票网上管理流程。

4. 工作票的评价

（1）工作票合格率计算方法：

当月合格票数（c）＝当月使用的工作票份数（a）－不合格份数（b）

$$月合格率＝\frac{c}{a}\times100\%$$ (8-1)

（2）有下列情况之一者为不合格工作票：

1）工作任务、内容填写不明确或遗漏、设备名称未用双编号。

2）未使用蓝/黑色水笔或签字笔填写，字迹潦草或票面模糊不清，工作内容和安全措施有涂改；电子工作票有错字、漏字或涂改。

3）安全措施不正确、不具体、不完善；手写工作票对设备名称、编号、时间、动词（如：拉开、合上、关闭、开启、投入、退出）等关键词有涂改；手写工作票非关键字涂改超过两处；手写工作票涂改处修改人未盖章。

4）公用系统与单元系统（设备）共用一张工作票。

5）安全措施不符合现场工作实际；扩大工作票使用范围；工作地点与工作票内容不符。

6）签名人员不具备资格、代签名、没有签名、未签全名或签字有涂改。

7）工作负责人变更，未经工作票签发人和值班负责人办理变更手续。

8）检修工作延期，未在工作票上按规定履行延期手续；许可、终结时间不符合要求。

9）工作票有重号、缺号或没有编号；没有填写日期、超出计划工作工期批准或其他不符规定要求的。

10）未盖或未按要求盖"以下空白""已执行"或"作废"印章。

11）工作票中所填工作班人员与现场工作人员不符。

12）发电企业自行认定的其他不符合工作票管理要求的行为。

二、操作票管理

（一）总则

操作票是按照规程形成操作规范、具有正确顺序的书面操作程序，落实操作全过程风险管控，严格执行操作票制度，能有效防止误操作。

发电企业运行人员对机械、电气设备及其系统进行正常操作时，均应使用操作票。

发电企业应针对常规操作项目建立典型操作票库，典型操作票应包括作业前风险辨识、操作风险等级、控制风险等级、操作项目、操作项目风险提示等内容，同时各企业要建立风险分级管理相关规定。

（二）操作票中相关人员职责

（1）发令人应由值长、单元长、班组长担任，应履行以下职责：

1）对操作票的执行与否进行决策，对发布命令的正确性、完整性负全部责任。

2）对操作票内容进行审核，对操作票内容正确性负主要责任。

3）对操作任务进行风险再评估，审核操作任务风险等级和控制级别。

4）对操作过程中的风险点向操作人、监护人进行安全技术交底。

5）对中、高风险操作任务，要按风险分级管控要求联系相应管理人员现场见证。

6）发布操作命令时应目的明确、任务具体。

（2）监护人和操作人职责：

1）监护人负责审核操作票，对操作票正确性负次要责任。

2）操作人负责填写操作票，对操作票正确性负一定责任。

3）监护人和操作人对执行操作指令的正确性负全部责任，其中监护人负主要责任。操作人擅自操作造成后果的，由操作人负主要责任。

4）监护人对操作任务进行操作风险评估，确定风险等级和控制级别。

（3）值班人员有权拒绝接受违反规程，危及人身、设备和电网安全的命令，同时申述不接受的理由，并迅速向上一级领导报告。

（4）发电企业应每年组织有关设备操作权、监护权、发令权资格的岗位培训和岗位考试。

（三）操作票填写

1. 不同操作票填写

采用手写操作票的，应用蓝黑墨水填写，字迹要清楚，不得涂改。使用一体化管控系统打印纸质操作票的，所有人员签名必须采取手写签字。使用无纸化电子操作票的，应采用信息系统授权管理，通过指纹、密码等人员识别技术签字，严禁告知他人密码代办代签。

2. "操作基本信息"栏

（1）操作编号。手写操作票应事先编号，按照编号顺序使用。电子操作票应按顺序自动生成编号。

（2）操作任务。每份操作票只能填写一个操作任务。内容应简洁明了，指明电压等级和操作目的。"操作任务"和"操作项目"必须填写设备双重名称（即设备名称和编号）。

（3）"作业风险等级"和"风险控制等级"。作业前先应开展风险评估，确定操作任务风险等级，风险等级评估原则如下：

1）操作项目步序存在重大风险或两项及以上较大风险的，应将整个作业操作风险等级确定为高风险作业。

2）操作项目步序不存在一般、较大、重大风险项，将整个作业操作风险等级确定为低风险作业。

3）除以上两种情况外的操作任务，将整个作业操作风险等级确定为中风险作业。

风险控制等级管控原则：

1）被评估为"高风险作业"的操作，风险控制等级确定为公司（厂）级。

2）被评估为"中风险作业"的操作，风险控制等级确定为车间级。

3）被评估为"低风险作业"的操作，风险控制等级确定为班组级，由当值（班组）人员内部进行管控。

4）各发电企业应具体制定相关管理人员到场见证机制。

3. "操作前准备工作"栏

（1）监护人确认与操作相关的工作票是否结束或押回，确认后打"√"。

（2）监护人确认相关管理人员是否按照分级管理规定到场见证，管理人员要到场签字确认，确认后打"√"。

4. "操作前风险评估"栏

（1）各发电企业依据建立的典型操作票导入，并由监护人确认打"√"。

（2）若无该操作任务典型操作票，须组织专业人员依据本企业的风险数据库，根据操作项目，从人、机、环、管四方面开展危险因素辨识，并制定预控措施，履行审批流程后执行。

5. "安全技术交底"栏

（1）发令人按照"操作前风险评估""操作中风险提示"等内容向操作人、监护人进行安全技术交底，并进行签字确认。

（2）通过进行安全技术交底，操作人和监护人对操作任务风险进行第二次识别和修正。

6. "操作项目"栏

（1）填写操作项目时，应认真考虑一次系统改变对二次保护及自动装置的影响，考虑操作中可能出现的问题，考虑系统改变后的安全和经济运行，对照现场实际、模拟图板、运行技术标准、图纸、原有操作票及设备编号填写，确保其正确无误。

（2）操作人针对每一项操作项目步序进行风险再辨识，对辨识出的一般、较大、重大操作项目步序，在下一行进行操作风险提示。

（3）下列操作项目必须填入操作票内：

1）应执行的微机操作流程。

2）应拉、合的断路器（开关）和隔离开关（刀闸）。

3）安装或拆除控制回路或电压互感器回路的熔断器。

4）投、退保护回路压板。

5）拆、装接地线或拉、合接地开关，测试绝缘。

6）检验设备是否无压（电压、介质压力等）。

7）操作前和操作后，检查相应断路器（开关）和隔离开关（刀闸）的实际位置，并作为一个单独的操作项目填入操作票内。

8）应开启、关闭的阀门。

（4）一项操作任务的操作项目篇幅超出一页时，可在"操作项目"栏最后一行内，填入"转×××××号操作票第×页"字样，并在下一页"操作项目"栏第一行内，填入"上接×××××号操作票第×页"字样。电子操作票应能自动生成上述字样。每页操作票均应写明操作任务，均有操作人、监护人、发令人的签名。

7. "操作中风险点管控"栏

（1）发电企业应根据典型操作票，将操作任务中的"一般、较大、重大"风险的操作项目导入该栏。

（2）针对一般、较大、重大的操作项目，应由相关管理人员（安全监督、生产保障人员）按照本企业风险分级管控规定履行到场见证职责。

8. "操作后风险管控情况评价"栏

（1）在操作结束后，由发令人、操作人、监护人对操作前、操作中的风险辨识和措施执行情况进行回顾性总结，可由操作人进行填写。

（2）最后由发令人、操作人、监护人再次签字确认，并如实填写完成时间，本次操作任务完成。

9. 下列操作可以不用操作票

下列操作可以不用操作票，但应记入值班记录中：

（1）事故紧急处理。

（2）拉合断路器（开关）的单一操作。

（3）拉开全站仅有的一组接地开关或拆除仅有的一组接地线。

（4）停电设备进行高压试验或测绝缘，需拆装接地线或拉合接地开关。

（5）油压装置补气、调油位，调速器手自动切换，油、水、气系统的单一程序操作等。

10. 操作票的操作步骤

典型操作票由各专业工程师负责编写，操作票的"操作项目"步序需经生产技术部或运行管理部门审核，操作票的风险预控相关措施需经安全监察部门审核，最后经总工程师或生产分管副总批准后执行。典型操作票的内容必须同实际设备、系统操作相符合。设备名称（简称）、操作术语、运行方式改变、检查项目等用词应准确、符合规定。

（四）操作票用词

1. 设备简称用词

（1）变压器：主变压器称"主变"、厂用变压器称"厂用变"、启动/备用变压器称"启/备用变"等。

（2）断路器："开关""母联开关""旁路开关""××线路开关""主变××kV侧开关""空气开关（包括二次空气开关）"等。

（3）隔离开关："刀闸"。

（4）母线：有"Ⅰ母""Ⅱ母""甲母""乙母""Ⅰ段母线""Ⅱ段母线""旁路母线"等。

（5）熔断器："保险"等。

（6）线路："×××线路"。

2. 操作术语的用词

操作用词一般要求动词在前加操作内容，设备状态改变用词名词在前加初始状态至结果。

（1）线路、母线、变压器：×××（设备名称）由×××（现状态）转为×××（结果状态等）。

（2）开关：合上、拉开（包括二次空气开关）。

（3）刀闸：合上、拉开（包括二次刀闸）。

（4）熔断器：装上、卸下。

（5）继电保护及自动装置：投入、退出。

（6）小车开关：推至、拉至。

（7）接地线：装设、拆除。

（8）接地开关：合上、拉开。

（9）机械专业用词：充水、放水、升压、降压、升温、降温、并列、并网、加负荷、减负荷、解列、盘车、启动、停止、切至、切换、开启、开至、关闭、关至、投入、退出等。

（10）标识牌：悬挂、取下。

3. 检查、验电、装、拆安全措施的用词

（1）检查：检查×××（设备名称）×××（状态）。

（2）验电：在×××（设备名称）×××处（明确位置）三相验明确无电压。

（3）装设接地线：在×××（设备名称）××处（明确位置）装设♯××（编号）接地线。

（4）拆除接地线：拆除×××（设备名称）××处（明确位置）♯××（编号）接地线。

（五）操作票执行

（1）操作人填写完操作票或打印一体化集中管控系统中的操作票后，应先自查。应根据操作任务从人、机、环、管四方面开展风险辨识或进行风险辨识的再确认，确认防范措施落实到位，再交于监护人审核。

（2）监护人根据操作任务进行风险再评估，确定操作风险等级和控制等级，检查作业前风险辨识是否全面。针对高风险操作还须提高审核等级，由发令人交部门（车间）专业人员审核同意后，办理操作票手续。

（3）发令人在下达操作任务命令前，还应安排监护人核实与操作任务相关工作票是否已终结或押回，并要求操作人员检查设备、安全工器具、系统运行方式、运行状态是否具备操作条件。审核中如发现错误，操作票应予以作废，并重新填写。

（4）发令人针对中、高风险的操作任务，须通知相应管理人员现场见证。

（5）操作前，由发令人对操作人员、监护人员进行操作中存在的风险开展安全技术交底，并确认签字。

（6）经审核的操作票，由发令人下达执行命令后，方可开始操作任务。

（7）电气操作时，操作人和监护人应在符合现场实际的模拟图（或微机五防系统、监控系统等）上进行模拟预演，确认操作项目及顺序正确无误。

（8）操作时，严格执行操作监护制，不允许在无人监护的情况下进行操作。电气倒闸操作必须由两人执行，其中岗位级别较高者作监护人。对中、高风险操作任务，相关管理人员（安全监督、生产保障人员）要按规定履行到场或在线远程视频见证职责。

（9）操作时，严格执行唱票复诵制。操作人、监护人共同核对设备名称、编号。监护人每次只准发一项操作指令，高声唱票。操作人手指设备名称、编号，高声复诵。监护人确认无误后，向操作人发出正式操作口令："正确！执行"。操作人听清口令后方可正式进行操作。唱票和复诵应严肃认真、准确、洪亮、清晰。操作过程中应对唱票复诵内容进行录音，操作结束后做好记录和保存。

（10）操作过程中必须按操作票填写的顺序逐项操作，禁止跳项、倒项、添项、漏项或穿插口头指令。监护人对一般、较大、重大操作项目的风险向操作人进行提示，每操作完一项，立即进行核对，检查无误后由监护人在"检查栏"内划上"√"符号，表示该项操作确已完毕，严禁执行完成全部操作项目后一起划"√"。全部操作完成后应进行复查。

（11）"操作时间"栏一般仅填写操作开始和终结时间。如操作涉及系统的倒闸操作或并、解列（包括机组），拉合开关或重要的隔离开关，装拆接地线，测量绝缘电阻，重要阀门的开启或关闭，重要保护的投退等重要操作项目，应将有关操作时间记录在完成时间栏内。

（12）操作中必须使用防误闭锁解锁工具时，应经具有相关权限的人批准或授权使用，并记录使用情况。

（13）操作中产生疑问时，应立即停止操作并向发令人报告，弄清问题后再进行操作，不得随意更改操作票，不得随意解除闭锁装置。

（14）操作因故中断（如发生设备故障或事故），不能继续操作时，应向发令人汇报操作终止原因、项目等情况，必要时向上级领导汇报。由监护人在备注栏注明操作中断原因及时间。该操作票作为已执行的操作票统计。若需继续操作时，必须重新填写操作票并履行审核程序。

（15）一个操作任务，一般应始终由同一操作人和监护人进行，中途不得更换，不准做与操作无关的事情。若遇时间较长的大型操作，可以在操作告一段落后进行交接班。接班者必须重新核对操作，确认无误后，各有关人员应在原操作票上签字，方可继续操作。

（16）除遇紧急情况和事故处理外，一般操作应避免在交接班时进行。交班前30min，接班后15min内原则上不进行重大项目的操作。

（17）特殊情况需要在接班后1h内进行的复杂操作，操作票可由上一班人员填写和审核，负责向下一班做好交接。接班值班人员在执行操作任务前，操作人、监护人、发令人均应对操作票进行审核和签名，并对所要进行操作项目的正确性负全部责任。若前一班填写的操作票不合格，接班值人员必须重新填写操作票。

（18）执行完成全部操作项目后，操作人、监护人应检查系统状态和设备参数正常，向发令人汇报操作结束，填写结束时间。

（19）操作结束后由发令人、操作人、监护人对操作前、操作中的风险辨识和措施执行情况进行回顾性总结，如有问题则需要在评价栏予以写明，并将改进措施、举一反三应用到下一次同类型操作任务中。

（20）操作结束后，由监护人负责在一体化集中管控系统内进行闭环。并保存操作视频和唱票复诵录音文件等。

（六）操作票管理

（1）操作票的编号。各单位可根据自身实际自行设定操作票编号原则，但必须确保每份操作票在本单位内的编号是唯一的。编号中应体现操作票的种类、时间和当月流水号等内容。

（2）操作票的印章。

1）填写完的操作票，应在最后一项操作项目的下一栏左侧盖"以下空白"章。如果最后一项操作项目刚好位于"操作项目"栏的最后一栏，则不盖"以下空白"章。

2）因审核中发现错误或其他原因作废的操作票，应在操作票每页"操作任务"栏右侧盖"作废"章，并在备注栏内注明作废原因。

3）已执行的操作票应分别在每页操作票"操作任务"栏右侧盖"已执行"章。

4）一份操作票因某种原因只操作了部分项时，如当页操作票操作项目均未操作，应在当页操作票"操作任务"栏右侧盖"未执行"章；如当页操作票内存在已操作项，应在当页操作票"操作任务"栏右侧盖"已执行"章，并在备注栏内注明操作中断的项目和原因。

（3）操作票的保存。已执行、未执行及作废的操作票及相关视频、录音文件至少保存三个月，由发电企业安全监管部门归口管理。

（4）有下列情况之一者，为不合格操作票。

1）无编号或编号不符合规定。

2）各级管理人员未按规定进行见证的。

3）操作前未开展风险辨识，未进行安全技术措施交底。

4）操作后未开展风险再总结、再回顾。

5）未填写日期时间。

6）一张操作票超过一个操作任务。

7）填写的操作任务不明确，操作项目不完整，设备名称、编号不规范。

8）装设接地线（合接地开关）前或检查绝缘前没验电，或没有指明验电地点。

9）装、拆接地线没有写明装、拆地点，接地线无编号。

10）没有填写开关拉、合时间或没有填写装、拆（合、拉）接地线（接地开关）时间。

11）操作前未弄清操作目的或不填票、不审票、不根据模拟图板或接线图核对操作项目；操作中不高声唱票，不认真复诵和监护，不作必要的模拟手势；全部操作完毕后不进行复查。

12）操作项目漏项（包括遗漏检查项目）。

13）不按规定的并项。

14）操作顺序有错误。

15）未在每项操作完成后做记号"√"。

16）操作票未经审核。

17）各级签名人员不符合规定，未签名，未签全名或代签的。

18）未按规定填写操作开始和终结时间。

19）未盖"已执行""未执行""作废"或"以下空白"印章。

20）未用蓝黑墨水填写，字迹潦草，票面模糊或有涂改。

三、防误操作管理

（一）管理要求

1. 加强现场基础管理

（1）合理安排运行岗位加班、替班人员，原则上不得安排不同机组间人员交叉加班、替班，防止发生走错间隔等。确因工作需要安排人员跨机组工作时，要做好当班机组特性和现存缺陷、隐患、非正常运行方式等技术交底工作。

（2）现场工作人员当班前8h严禁饮酒，班组负责人必须清楚掌握员工精神状态，严禁安排状态不佳人员进行现场作业。

（3）值长接受、回复电网调度指令以及在厂内通过电话进行工作联系、指令下达时应按要求使用录音电话，并做好记录。

（4）现场安全工器具必须按照有关规定定期检验，合格后粘贴标签，明确下次检验时间。禁止使用检验不合格的工器具。验电器、万用表等工器具在使用前必须进行必要的检查和试验，工器具必须设专人保管，定置存放，安全用具禁止移作他用。

（5）现场所有携带型短路接地线必须编号，存放在集控室地线管理柜对号入座，按值移交；携带型短路接地线的导线、线卡、护套要符合标准，固定螺栓无松动，接地线编号、试验合格证清晰，无脱落。

（6）新设备启动投运时或试验工作需要运行人员操作的，应提前对运行人员进行安全、技术培训，试验负责人应提前至少1天向运行人员提交启动方案和措施，试验前在现场对运行及相关试验人员进行技术交底。

2. 加强现场安保管理

（1）建立完善生产区域的门禁或钥匙管理制度，明确各级人员使用权限、流程并做好记录，规范电子设备间、工程师站、保护室、励磁小间、配电室、升压站、氢站、油库等重要场所的进出入管理。

（2）门禁系统的日常维护工作纳入正常的设备维护和消缺管理，设备管理部信息专业设专人负责。

（3）继电保护和热控系统不得随意接入其他设备或接入互联网运行，防止病毒侵入。需要与系统联网实现监视、数据采集、远程诊断等功能时，必须做好可靠的隔离或防护措施，严格执行《防止电力生产事故的二十五项重点要求》的相关管理要求。

（4）DCS系统实行密码分级管理，高权限密码只有系统维护工程师、热控室主管、专工掌握。在工程师站操作结束后，必须关闭相关的应用程序，退出高级权限用户到重新登录页面，并加设屏幕保护密码。各级授权人员在发现系统异常时应组织相关人员查明原因并处理。

3. 加强现场标识管理

（1）机组间设明显的分界线标识，分界线两侧有明显的机组号标识，防止人员走错间隔。

（2）两台机的发电机-变压器组保护室在同一房间布置的，应实现物理隔离，并设置明显的标识。

（3）现场系统及设备标识牌必须齐全，如在操作中遇到设备标识不清或有疑问的情况操作人员应停止操作，由对现场熟悉人员进行确认。生产现场重要调节、保护测点、重要阀门必须有醒目的提示牌。

（4）集控室手操台按钮、主机及重要辅机事故按钮、启停按钮必须带保护罩，保护罩应有完备的保护及防进水功能，同时不易被踩踏和碰撞，并做醒目标识。

（5）热控、继电保护及安装自动装置机柜内重要元件（如CPU板、出口跳闸继电器等）及端子排应做醒目标识。

（6）电子间、保护室等重要区域应设置电子语音提示，例如"你已进入××号机组电气保护室"等。

4. 加强运行规程及操作票管理

（1）设备、系统异动时应及时修编完善运行规程、系统图和标准操作票（或卡）。

（2）运行规程、系统图和标准操作票（或卡）应由运行部门相关专业主管编制，相关部门会审，总工程师（或分管生产领导）批准后方可下发使用。

（3）运行规程中应有锅炉干湿态转换、重要辅机半侧运行等方式下的操作注意事项；深度调峰、调频、调压运行方式下的运行操作规定和注意事项；确认电气隔离开关状态步序及保护投退步序等内容，特别是机组启停操作过程中电气保护的衔接，防止操作过程中无保护运行。

5. 加强现场操作组织管理

（1）对于锅炉水压试验、空气动力场试验、最低稳燃试验等，汽轮机超速试验，主汽门、调速汽门全行程活动试验等，电气假同期试验、升压试验、短路试验等重大操作或重大试验项目，技术措施必须经过分管领导审批，严格执行到岗到位管理制度，应到位人员而未到位，不得进行下一步操作。到岗到位人员对操作安全技术问题严格把关，并监督现场操作执行情况。

（2）值班负责人要安排对系统熟悉的人员进行操作，由经验丰富、技能水平高的人员负责监护。

（3）电气倒闸操作和电气、热控保护投退以及信号强制操作至少两人进行，使用操作票（或卡），严禁在无监护情况下操作；严禁一组人员同时进行两项操作任务；严禁监护人参与操作，在操作过程中不得进行其他工作。保护投入前必须检查系统设备运行正常，控制回路、逻辑回路、信号回路正常，无异常报警，否则禁止投入操作。

（4）在运行机组、公用系统的保护回路上工作，必须制定防误操作的安全技术措施，经主管生产领导批准后方可进行。作业时必须携带相关图纸、资料，仔细核对系统、设备名称、编码、端子排编号、线号，核对无误后并在专人监护下方可进行作业，严禁单人作业。

（5）操作命令必须明确，向操作人员交待清楚操作任务、目的及要求，操作人员应复诵无误。在操作过程中，不得擅自更改操作票，不得随意解除闭锁装置。运行人员操作必须严格执行"两确认一停止"的原则，即：确认机组的名称与编号、确认设备的名称与编号，发现问题或异常立即停止操作。

6. 加强生产人员培训管理

（1）各级生产人员应加强安全、技术、技能培训，考试合格后上岗，认真落实生产人员岗位培训取证工作要求。

（2）利用仿真机开展给水泵、风机、空气预热器等重要设备故障及环保设施异常的事故处理培训，提高运行人员事故判断和处理的能力。

（3）结合机组启停调峰、深度调峰、调频、调压等运行方式，开展专项培训工作，做好低负荷运行的安全技术措施和事故预想。

（4）加强运行人员热控、继电保护知识培训，掌握操作原则、热控逻辑和相关保护工作原理。

（5）各级技术人员应加强操作风险分析，组织开展事故预想和反事故演习，提高应急处置能力。

（6）设备、系统或装置发生异动后必须完善相关技术资料，并对相关人员进行培训。

（7）加强行业内事故通报学习，对于设备厂家一致、运行方式或管理模式相似单位的误操作事件，要从设备状态、方式优化和人员技能等方面强化培训，杜绝同类事件发生。

7. 加强现场检修维护管理

（1）现场配电室、配电箱、配电柜的门及门锁应完好，窥视孔应清洁、透明。断路器、隔离开关、接地开关、阀门、挡板位置状态的机械和电气指示应准确、清晰。

（2）电气设备检修文件包、工艺卡中应包括防误装置的检查、检修和试验等内容，并设置质检点。

（3）在检修维护过程中对有可能误碰的设备设施，应做好相关风险预控措施，并装设防护隔离装置。

（4）清扫运行设备和二次、热控回路时，所用刷子、引风机的端部应绝缘；清扫盘面时，禁止用抹布抽打设备外壳，以防止造成出口中间继电器振动误动。

（5）在运行中设备盘柜内进行拆接线、插拔卡件等工作时，应防范身体误碰设备，工作时应轻缓，动作幅度要小；拆接线前应核对图纸，必须使用完好的、有绝缘套的工具，防止裸露处与设备带电部位发生误碰事故。

（6）现场检修作业时需在工作屏的正、背面设置"在此工作"标识牌，如工作屏仍有运行设备，应将运行设备与检修设备前后用明显的标识隔开，如用红色带或遮栏等。工作人员在工作前应看清设备名称与位置，严防走错间隔。

（7）改动热控、电气设备二次回路接线时，应做好标记并记录，做到拆一根记录一根；恢复时也要对照记录本，核对一根恢复一根。工作结束前要仔细对照图纸核对二次回路接线正确；对于永久性改动，应执行相关变更手续。

8. 加强基建、扩建期防误操作管理

（1）基建、扩建项目应做好防误设施的前期调研、设计、选型、安装、调试与验收工作，明确施工、监理、调试和建设单位职责，重点关注防误设施设计和安装的合理性和正确性，严防回路、测点等隐蔽部位出现误接线、串线、接线不牢情况。

（2）生产人员要深度参与设备调试，掌握现场实际情况和资料，认真核对防误设施设计图纸和工艺要求等，发现问题及时整改。

（3）设备投运前要将全部保护、逻辑、测点等进行校对、传动，对接线情况进行全面排查。

9. 加强防误操作新技术应用

（1）鼓励开展电子操作票、电子安全围栏、操作音频和视频在线传输、实时定位系统等防误操作新技术的探索、实践和应用。

（2）周密策划与部署防误操作新技术应用，结合"智能智慧"电站建设统筹安排，从设备使用、维护、成本等方面考虑，选择合适的防误操作新技术。

（3）使用防误操作新技术要编写具体的使用规定和管理要求，保证新技术应用达到预期效果。

（二）防止运行误操作专项措施

1. 防止电气误操作专项措施

（1）电气操作人员必须由经过安全技术培训、考试合格并经有关部门批准的值班人员担任。

（2）所有电气操作必须使用电气操作票（单一操作、参数调整或事故处理除外）并严格执行监护制度，所有电气系统的操作必须由两人执行，一人监护，一人操作，严禁在没有监护的情况下进行操作。操作过程中，监护人不得替代操作人进行操作。

（3）电气操作票由操作人填写，低风险的操作票由监护人、发令人（主值、值长）审核，中级及以上风险等级的操作票应提级审核，经专业管理人员到岗审核并签字后方可执行，确保操作票的正确性。单一操作可使用操作命令卡。每张操作票执行完毕后方可执行下一张操作票，严禁同时执行多张操作票。

（4）倒闸操作票审核合格后，操作人、监护人应在符合现场实际的模拟图上认真进行模拟预演，以保证操作项目和顺序正确；对于模拟图板上没有的系统设备，在操作前应在一次接线图上进行模拟预演；经预演确认无误后，监护人在操作项目以下空白格处加盖"以下空白"章，操作人、监护人、发令人分别签字。

（5）万用表、绝缘电阻表、高低压验电器等工器具在使用之前必须验证其完好无损；高、低压验电器使用前不仅要验证声、光指示正常，还必须在相应电压等级带电部位验证状况良好。万用表、绝缘电阻表的极线颜色应符合要求。

（6）操作人、监护人操作前必须核对机组位置和双重编号，停电前应确认要停电的设备确已停运、无电流指示及开关确已分闸后方可进行停电操作。设备送电前应现场检查接线完好，具备送电条件。

（7）电气倒闸操作严格执行"监护复诵制"，严禁操作人员私自改动操作票的内容或倒项、跳项、漏项、添项后进行操作，如需进行上述变动时，应重新填写操作票，经审核后方可进行操作。继电器室、发电机-变压器组保护室、励磁小间、电子设备间以外的电气操作必须使用智能安全帽，操作时应全程录像，录像文件至少保存三个月。

1）操作过程中发生异常或疑问时，应立即停止操作，汇报值班负责人，并禁止单人滞留现场，待值班负责人再行许可后，方可进行操作。不准擅自更改操作票，不准随意解除闭锁装置。

2）操作过程中严格执行"唱票—复诵—操作—回令"步骤，复诵时操作人员必须手指设备名称标识，监护人确认与复诵内容相符，下"正确！执行！"令后，操作人方可操作。操作完毕后，操作人员回答"操作完毕！"。

3）监护人听到操作人回令检查确认后在"执行情况栏"打"√"，对重要节点操作完成时间进行记录。

4）停电拉闸操作必须按照断路器—负荷侧隔离开关—电源侧隔离开关的顺序依次进行；送电合闸操作应按照上述相反的顺序进行，严禁带负荷拉合隔离开关。

5）拉合隔离开关（开关拉至试验位或送至工作位）前，必须检查开关确已断开后，方可继续进行操作，以防止带负荷拉合隔离开关；应从表计、开关位置指示器、带电指示器等多方面检查开关合断位置。对于拉不开或合不上或名称不对应的开关应立即停止操作，汇报值班负责人。

6）需打开开关柜后柜门进行操作时，应仔细核对设备名称编号，防止走错间隔。

（8）断路器或隔离开关电气闭锁回路不应设重动继电器类元器件，应直接使用断路器或隔离开关的辅助触点。

（9）倒闸操作过程中应核对隔离开关分合闸位置，有 GIS 隔离开关观察孔则通过观察孔核对；无隔离开关观察孔且无法直接观察断口状态，运行人员应通过"机构箱分/合闸指示牌、汇控箱位置指示灯、后台监控机的位置指示、现场位置划线标识确认、拐臂及传动连杆位置状态、遥测信号指示"等方式，综合判断隔离开关位置。

（10）检修人员在开关检修后应确认检修与试验措施均已恢复，具备送电条件。送电前运行人员必须将开关拉出确认开关触头完好，无短接现象。禁止不经检查确认直接送电操作。

（11）升压站设备正常运行时采用远方操作，就地开关柜的防误闭锁装置应将开关、隔离开关控制方式选择开关闭锁在"远方"位置，严禁使用万能钥匙进行就地解锁。隔离开关、接地开关每次操作前合上动力电源开关，操作结束后应将其动力电源开关断开，以防止隔离开关、接地开关误动。

（12）五防闭锁装置必须安全可靠，与主设备同时投入运行。因维护、试验、消缺等工作需停用五防闭锁装置时，应经总工程师或主管生产的领导批准；短时间退出需经值长批准，并应尽快按程序投入运行。五防闭锁装置退出期间，电气倒闸操作应升级管控，指派专人使用万能解锁钥匙，使用时必须与操作人、监护人共同确认锁具、设备的名称、编号正确后方可操作。万能解锁钥匙必须按规定封存和保管。

（13）微机防误闭锁装置电源应与继电保护及控制回路电源独立。微机防误装置主机应由不间断电源供电。成套高压开关柜、成套六氟化硫（SF_6）组合电器（GIS/PASS/HGIS）五防功能应齐全、性能良好，并与线路侧接地开关实行闭锁。

（14）在操作中发现现场锁具拒开，禁止使用其他工具开锁，严禁撬锁，必须重新核对设备编号和确认间隔，经专业人员确认电脑钥匙故障后，经值长同意，总工程师或主管生产领导批准后方可使用万能解锁钥匙开锁，并做好详细记录。

（15）电气保护压板投入前，应使用高内阻直流电压表测量保护压板上下无保护动作出口后方可操作投入。

2. 防止 DCS 误操作专项措施

（1）具有操作权限的 DCS 操作员站只限于当班运行人员使用和操作。非当班运行人员（含运行部门管理人员）不能使用 DCS 操作员站，必须使用时应得到当班值长同意，并在指定的 DCS 操作员站进行相应操作。交接班时，接班人员在得到交班主值的同意后才能在指定的操作员站进行画面检查，并禁止进行任何操作，遇异常情况，应立即通知当班主值。

（2）检修人员进入集控室进行工作办理时，必须严格遵守集控室管理规定，值长（主值）必须对外来人员的行为规范进行提示和管理，严禁无关人员进入操作警戒线内或在操作盘附近联系工作。

（3）DCS操作盘前表单、鼠标、键盘、电话等物品摆放必须符合定置管理规定，严禁出现乱丢、乱放和覆盖、按压操作键盘（操作按钮）、鼠标等不规范行为。

（4）监盘、操作时严禁做与工作无关的事情。在DCS画面操作时，原则上只允许调出一个操作框，在同时调用两个操作框操作时，必须有监护人进行二次确认。

（5）机组启动、停机前，应确认所有主机保护、辅机保护等已正常投入，所有报警信号已确认。

（6）DCS系统相关参数声光报警应分级设置，杜绝频发无效报警。

（7）监盘人员必须清楚掌握机组各设备系统运行方式和工况，操作指令发出后，运行人员应在当前画面停留，监视相关参数的变化趋势，直到参数稳定在正常值，再进行画面切换。

1）设备启动或阀门的开启操作。

a. 操作前应明确操作任务，检查是否具备启动条件，如：电源是否正常、联锁是否投入等，要考虑其启动后带来的联启联停等影响。

b. 得到启动命令后在操作画面上弹出相应的启/停操作框中，再次检查操作设备的名称与编号正确无误，按下"启动（开启）"按钮后确认，同时观察该设备的启动电流及返回时间。如果是"成对"出现的设备还应观察另一设备的相关参数。

c. 对于重要辅机的启动（如：真空泵、EH油泵、定冷泵、风机、凝结水泵等），在其启动后要严密跟踪监视相关参数，同时做好事故预想。

2）设备停止或阀门的关闭操作。

a. 操作前应明确操作任务，检查是否具备停止条件，考虑其停止后带来的联启联停等影响。

b. 得到停止命令后在操作画面上弹出相应的启/停操作框中，再次检查操作设备的名称与编号正确无误。按下"停止（关闭）"按钮并确认，观察该设备的相关参数，同时就地检查设备是否倒转。如果是成对出现的设备还应观察其另一设备的相关参数。

c. 机组运行中，重要辅机（如润滑油泵、真空泵、EH油泵、定冷泵、火检冷却风机、凝结水泵等）停运前联系热控人员检查无报警信号存在，运行人员检查DCS画面无开关量报警信号，停运操作后2min之内不要离开其所在的系统画面，同时做好事故预想。

d. 在正常的设备轮换操作完后要注意在DCS画面上确认备用设备处于良好的备用状态。

3）模拟量加减指令的操作。

a. 在操作前应明确操作目的，确认所调出的操作画面是否为所要操作的画面，确认当前指令值、反馈值，确认操作方向是否正确。

b. 正常运行中应用鼠标点击操作对话框中的小指令操作，以点动操作的方法进行调节。非紧急情况下禁止使用操作对话框中的大指令操作。点击完成后确认鼠标按键释放，防止操作指令持续输入。

c. 合理设置定值块的上下限，当操作中需要以数字形式输入指令时，应确认所输入的数字正确无误，特别注意小数点的位置，并且使用鼠标确认。

d. 当操作中必须使用键盘"回车"键时，应仔细认真确认无误后才能进行。

e. 指令输入后观察指令及所调节量的变化，在确认正常后才能切换至其他画面进行操作，禁止在指令或反馈未达到目标值时切换画面。

f. 一项操作任务操作完成后，将鼠标移至空白处，防止误操作设备，数据输入时应特别注意负号，防止应输入负号而未输入的现象发生。

g. 在操作中发现反馈与指令不一致，执行机构可能卡涩时，应及时将指令调整到与反馈数值一致，防止执行机构突然动作造成运行工况大幅度扰动。

4）自动投退的操作。

a. 模拟量的总操或分操投自动时都应注意其实际值（当前值）与设定值是否一致，原则上应在当前值与设定值一致时才能投自动。

b. 在运行中需要改变设定值时，尽量避免大幅度改变，应考虑此设备的自动调节特性，防止干扰量过大引发自动调节超调，造成有关参数大幅度波动。

c. 在升、降负荷操作时应特别注意相关参数设定值跟随内部曲线（一次风压曲线、滑压曲线等）情况是否良好。

d. 自动投入应在系统参数运行稳定时进行，对于重要自动应由热控人员确认条件正确后再将自动投入。

e. 自动、联锁或保护退出时应发出声光报警，确保能够及时提醒运行人员。

（8）DCS 系统或部件故障下的应急操作管理。在单侧 DPU 故障处理时，系统各运行参数正常，应将该 DPU 所控主要设备自动切为手动，远方切至就地，在恢复过程中，运行操作员应尽量减少操作，加强对该 DPU 所控设备的监视及机组主要参数的监视。在双侧 DPU 故障处理时，应将所控主要设备切至就地，在恢复过程中，运行操作员应尽量减少操作，到就地对所控设备进行监视，必要时应降负荷或停机停炉处理。

3. 防止热机系统误操作专项措施

（1）发令人下达的操作命令必须明确、正确，向操作员交待清楚操作要求及风险，操作人员必须复诵无误。

（2）操作时应核对设备系统、核对设备或阀门的双重编号（KKS 码）无误后，用通信设备通知监盘人员"准备对××系统、××设备或××阀门开始操作"，征得控制室相应岗位人员同意后，经 3s 思考进行操作。

（3）一般的热力系统就地操作，可由一人单独完成，操作人对照需要操作的阀门，使用通信设备大声呼叫设备名称及编号。控制室确认呼叫正确后下令"可以操作"，得到控制室人员同意后就地人员开始按照要求操作。

（4）运行机组（设备）的润滑油系统、密封油系统、EH 油系统、定子冷却水系统、公用系统重点设备等就地操作必须由二人完成，一人操作、一人监护；每操作一步应与控制室监盘人员联系一次，保持信息畅通。

（5）在进行就地操作时，监盘人员应对相关系统参数（流量、压力、温度、电流等）变化情况进行监视，发现异常及时通知就地人员停止操作，必要时恢复原运行状态。

（6）所有热力系统的操作力求缓慢，对于可能引起热冲击的热力系统，必须进行暖管和疏水。

（7）燃油系统放油门、高低压系统串联门、不同机组间联络门等正常情况下现场不经常操作、一旦误操作可能导致人员伤害、机组非停等事件发生的阀门要上锁，解锁钥匙按值移交。

（8）现场进行任何阀门操作必须先汇报监盘主要人员或值长，不可随意操作或私自改变状态。

第三节　辅机设备的运行调整操作及维护

辅机设备正常运行时，应按照有关制度进行定期检查，发现缺陷应及时填缺陷单，汇报或通知检修人员处理。有关辅助设备正常运行中应按照有关制度进行切换和试验。辅机设备正常运行要求：

（1）电动机及辅机机械部分运转平稳，声音正常，振动不超限。
（2）各轴承润滑良好，温度正常，轴承冷却水畅通无泄漏。
（3）各轴端密封应良好，无泄漏现象。
（4）电机以及线圈温度正常。
（5）调节风门、挡板连接机构完好。
（6）不同辅机还应按相应规定进行检查。

一、压缩空气系统

（一）压缩空气系统投运
（1）检查送上空气压缩机动力、控制电源。
（2）确认空气压缩机控制面板表盘电源、低压电源正常，高压准备就绪指示灯亮，故障状态指示灯无闪烁。
（3）检查送上空气净化及干燥装置电源，确认就地控制面板上的电源指示灯 POWER（红灯）亮，无故障报警指示。

（4）将空气净化及干燥装置运行方式选择在手动方式。

（5）确认待启空气压缩机卸载压力、加载压力设定值正常（一般卸载压力为 0.76MPa，加载压力设定为 0.70MPa）。

（6）空气压缩机面板上使用停止键复归报警信号，就地运行切换按钮切至"就地"位置，启动空气压缩机，检查空气压缩机运转正常，冷却风扇自启正常，带载后排气压力 p_2 逐渐升高，空气压缩机带、卸载工作正常。

（7）检查启动后空气压缩机声音、振动、压力、温度、油位正常。

（8）检查空气压缩机控制面板盘无故障信号和报警。

（9）检查空气压缩机启动正常后，根据需要把切换按钮切至"远方"位置接受 DCS 指令控制。

（10）启动干燥机，3min 延时过后（如停机时间小于 3min），制冷压缩机运转，运行指示灯亮。5～10min 后，干燥机处理后的空气达到使用要求（出口露点温度不大于－40℃），确认冷媒低压表指示在 0.35～0.45MPa 范围，冷媒高压表指示在 1.4～1.6MPa 范围。

（11）确认空气净化及干燥装置运行正常，检查压缩机运转是否正常，有无异常杂音，干燥塔、再生塔切换工作正常，空气净化及干燥装置控制方式在远方模式。

（12）确认储罐压力至 0.76MPa 左右，缓慢开启各仪用气储气罐出口阀，注意空气压缩机出口母管压力的变化。

（13）根据系统用气量需要，按上述方法启动第二台空气压缩机及空气净化及干燥装置，检查两台空气压缩机和空气净化及干燥装置并列运行正常，同样依次启动第三台空气压缩机及空气净化及干燥装置。

（14）将第四、第五、第六台空气压缩机控制方式切至遥控模式，在 DCS 上选择一台做第一备用，另两台做第二备用并投入自启联锁。

（15）将第四、第五台空气净化及干燥装置控制方式切至远方模式，根据运行空气压缩机数量及压缩空气湿度投入相应台数空气净化及干燥装置。

（16）根据需要投入各仪用气用户，确认母管压力正常。

（17）杂用气储气罐的投运。

1）确认仪用气母管压力正常，检查杂用气储气罐出口隔离阀关闭。

2）开启仪用气母管至杂用气储气罐进气流量调节阀前、后隔离阀。

3）缓慢开启杂用气储气罐进气流量电动调节阀，检查杂用气储气罐压力逐渐趋于稳定。

4）缓慢开启杂用气储气罐出口至用户隔离总阀，检查仪用气母管压力正常，杂用气储气罐压力正常。

5）根据需要依次投入杂用气各用户回路。

（二）压缩空气系统运行中的检查、维护

1. 空气压缩机

（1）正常供气方式下，三台空气压缩机运行，另一台做第一备用，另外两台做第二备用。

（2）定期检查油气分离器油位正常，油质合格。

（3）油气分离器进出口的空气压差 Δp_1 不超过 0.07MPa。

（4）油过滤器前后压差 Δp_2 不超过 0.14MPa。

（5）空气压缩机出口的排气温度 t_1 不超过 107℃，否则应联系检修处理。

（6）油气分离器出口的空气温度 t_2 不超过 107℃，否则应联系检修处理。

（7）空气压缩机控制面板的模拟图上嵌入的状态指示灯无闪烁。

（8）空气压缩机各自动疏水器疏放水正常。

（9）每周对储气罐疏水一次。

2. 空气净化及干燥装置

（1）压缩空气系统正常运行方式下，原则上空气净化及干燥装置为远程控制模式。

（2）严禁频繁启停制冷压缩机，启停制冷压缩机一次，最少保持 3min 间隔。

（3）干燥器冷却水供给正常。

（4）制冷压缩机运转正常无异声，无漏气现象。

（5）空气净化及干燥装置进出口压力正常。

（6）蒸发器、气水分离器系统自动疏水器工作正常。

（7）定期对气水分离器、蒸发器、干燥再生塔底部进行手动排污。

（8）控制面板上无报警指示。

（9）正常运行时，控制吸附塔出口露点不大于−40℃。

（10）确认备用空气净化及干燥装置，进、出口阀关闭，疏水阀保持开启，投运后关闭。

3. 压缩空气系统

（1）压缩空气系统正常运行时保持母管压力在 0.7～0.76MPa。

（2）各运行储气罐及母管应定期疏水，储气罐每周疏放水应至少一次，冷却水系统工作异常或环境湿度较大时应加强疏水。

（3）冷却水供水温度应不大于 30℃，进水压力维持在 0.2～0.5MPa。

二、空气预热器

（一）空气预热器启动

（1）空气预热器在安装完毕之后，应在冷态下进行 4h 的试运转，每次大修以后也应进行 2～4h 冷态试运转。

（2）空气预热器的启动顺序先于引风机，一般情况下待两台空气预热器启动后，再启动引、送风机。

（3）检查确认空气预热器启动条件满足。

（4）启动空气预热器辅电机，检查启动电流正常。空气预热器"停转"报警消失。

（5）启动空气预热器主电机，检查启动电流正常，停运空气预热器辅电机。

（6）检查空气预热器转向正确，转速为额定值，电流正常、无明显晃动，空气预热器主驱动电机运行正常。

（7）检查空气预热器运行无异声，轴承、减速箱温升正常。

（8）依次检查开启空气预热器二次风出口挡板，烟气进口挡板，一次风进、出口挡板。

（9）机组启动中，负荷大于60％BMCR且锅炉运行稳定，投入密封间隙自动调节装置于自动，确认密封间隙正常。停机时，当负荷减至60％BMCR时，应解除密封间隙自动调节装置自动并手动提升至最大位。

（二）空气预热器的运行

（1）空气预热器正常运行中，应经常检查进、出口差压和温度变化，可通过窥视孔就地观察受热面情况。严格控制空气预热器冷端平均温度大于68.3℃，可以采用热风再循环提高空气预热器二次风进口温度来防止低温腐蚀和堵塞。

（2）空气预热器在运行中应平稳，磁力耦合器、电机及减速箱运行正常无异声，无异常发热，电流值在锅炉负荷稳定后趋于稳定。

（3）定期检查传动装置的运行情况，减速器润滑油油位指示正常，温升小于60℃。

（4）定期检查空气预热器支撑轴承、导向轴承润滑油系统的油温。支撑轴承温度达到50℃时，油站油泵启动，温度为45℃，油泵停运。导向轴承温度达到60℃时，油站油泵启动，温度为50℃，油泵停运。

（5）运行中，出现导向轴承或支承轴承油温高的报警，应及时查明原因，必要时联系检修处理。

（6）导向轴承和支承轴承温度为80℃时超温报警，联系检修处理。

（7）定期检查各处油位以及各部的润滑情况，发现润滑油表面有大量泡沫或有漏油应及时联系检修处理。

（8）润滑油系统运行时油压应稳定，滤网差压达到150kPa时应该检查和清洗滤网，切换至备用滤网运行。

（9）锅炉点火后直到锅炉负荷到50％BMCR，对空气预热器进行连续吹灰，直至全停油。正常运行中，每班吹灰一次。遇到下列情况时，应及时进行吹灰或增加吹灰次数：

1）空气预热器进、出口差压增大。

2）受热面泄漏。

3）锅炉低负荷运行。

4）空气预热器排烟温度高。

5）燃烧条件差，如燃油或飞灰可燃物含量大等。

（10）轴承润滑油无泄漏，各轴承温度、油位、油温等正常。

1）导向轴承油温小于 50℃。

2）推力轴承油温小于 45℃。

3）导向及推力轴承油位正常，无漏油现象。油冷却器的冷却水水流畅通。

（11）确认空气预热器热端扇形板密封间隙处于正常范围内。

（三）空气预热器漏风控制系统的投用

（1）空气预热器漏风控制系统在正式投入运行前须进行冷、热态调试，获得径向密封与热端扇形板外侧之间最佳的运行间隙。

（2）合上位于主控箱上的主电源开关，检查各数字量和模拟量模块处于正常运行状态，触摸屏显示器点亮，进入触摸屏启动界面。

（3）点击"进入主页"按钮。检查 A、B 侧转子运行状态指示灯亮，转子停转联锁开关处于"OFF"位置，无故障报警。

（4）点击主页中各扇形板分控界面按钮。检查界面中无故障报警，将"自动跟踪"开关置"ON"位，实现扇形板对空气预热器转子的自动跟踪。依次投入其他扇形板。在扇形板投入运行后，应确认就地无异常声音，空气预热器运行电流正常。

（5）在主页中将转子停转联锁开关置"ON"位。

三、引风机

（一）引风机的启动

（1）启动引风机 2h 前，投运一台引风机轴承缸冷却风机，另一台轴承缸冷却风机作备用。确认风机轴承温度正常。

（2）启动引风机 2h 前，投运一台引风机液压缸冷却风机，另一台液压缸冷却风机作备用。确认风机轴承温度正常。

（3）引风机启动前，联系灰硫运行值班员确认。

（4）确认引风机油站润滑油系统、液压油运行正常。确认其他送、引风机油站已投运正常。风机轴承温度小于 70℃。

（5）确认引风机动叶、进口挡板关闭，出口隔离挡板全开，若紧急情况下，可先启动引风机，再立即开启出口挡板。

（6）确认至少有一台引风机运行或引风机启动风烟通道建立，风烟通道建立包括：空气预热器 A（B）已运行且空气预热器二次风出口挡板全开，空气预热器 A（B）烟气进口挡板全开，送风机 A（B）动叶、出口挡板全开，引风机 A 或 B 出口挡板、进口调节挡板全开，一次再热器和二次再热器侧烟气调节挡板均在吹扫位，各燃烧器层二次风挡板在吹扫位。

（7）确认引风机其他启动条件满足。

（8）启动引风机。

（9）检查引风机进口挡板自动打开，若引风机任一进口挡板在120s内没能开启，应立即停止引风机运行。

（10）缓慢开启引风机进口动叶，调至所需工况。冷态时，动叶开度不可调得过急、过大，应监视电机电流是否过载。维持炉膛压力至-0.1kPa左右。

（11）引风机振动如波动较大，应立刻停引风机检查。

（12）就地检查风机声音、电流、轴承振动、温度正常。

（二）第二台引风机启动

（1）第二台引风机投入运行前应有一台送风机在运行。

（2）确认引风机本体各启动许可条件已满足。

（3）检查关闭该引风机进口挡板和动叶，开启出口挡板，确认风机无倒转现象。

（4）启动引风机，10s后引风机进口挡板应联锁开启。

（5）检查引风机振动、轴承温度、电机线圈温度变化情况，不能超过正常运行限额。

（6）监视炉膛负压，逐渐开启第二台引风机动叶，检查第一台引风机动叶自动关小。当两台引风机出力相同时，投入第二台引风机动叶调节自动。

（7）检查两台引风机电流、出口风压在引风机动叶开度一致的情况下应相同，否则应适当调整偏置，以保证两台风机出力基本平衡。

（三）引风机本体检查

（1）检查引风机、引风机电机无人工作，相应检修工作票已终结。检查引风机进口滤网、烟风道内无杂物，各检查门、人孔门关闭严密。

（2）检查引风机电流、线圈温度、引风机及电机轴承温度和振动、引风机动叶开度指示、引风机出口风压、炉膛负压等显示正常。

（3）检查确认引风机及其油系统的各项联锁试验合格。

（4）引风机动叶经全行程开关良好，风烟系统各风门挡板经校验正常。

（5）检查引风机电机接线完整，接线盒安装牢固，电机接地线完整并接地良好，电机冷却风道畅通，无杂物。

（6）检查引风机液压润滑油系统运行正常，油箱油位正常，油质透明，无乳化。

（7）检查风机及电机地脚螺栓无松动，防护罩完好。平台、围栏完整，周围无杂物，照明充足。

（8）检查确认引风机电机绝缘合格，送电。

（9）检查确认引风机油站滤油系统运行正常。

四、送风机

（一）送风机的启动

（1）确认对应空气预热器和引风机运行正常，相应的风门挡板已经开启。

（2）确认热风再循环调节挡板关闭。

（3）关闭待启动送风机的出口挡板和动叶。

（4）确认待启动送风机启动许可条件满足。

（5）启动送风机，确认出口挡板开启，检查关闭另一台停用送风机的出口挡板和动叶，缓慢开启运行风机动叶。

（6）为防止另一台停用送风机动叶液压装置在无油的情况下活动及风机倒转，风机启动前应先投运另一台送风机的液压润滑油系统，并确认其液压油压、润滑油压正常。

（7）若是第二台送风机启动，启动后缓慢开启第二台送风机动叶，关小另一台风机的动叶至两台风机电流平衡，投入两台送风机动叶自动。

（二）送风机的运行

（1）在正常运行时，两台送风机负荷应均匀，电流应相近，以防止负荷低的送风机发生失速。

（2）确认送风机振动、轴承温度、电机电流、电机线圈温度等参数正常不超限。

（3）若采用单台送风机运行，停运送风机的出口挡板和调节动叶应关闭，防止风机倒转。

（4）当送风机动叶调节装置故障时，应立即将其切至手动，并联系检修人员尽快修复。

（5）送风机出口二次风联络母管隔离挡板正常情况下，处于开启状态。

（6）确认液压润滑油系统运行正常，液压油压和润滑油压、流量均正常，滤网差压正常，另一台油泵处于备用状态；当液压油滤网差压不小于0.50MPa时报警，应进行切换并联系检修清洗。

（三）送风机运行限值

（1）送风机轴承振动小于6.3mm/s，当大于等于6.3mm/s时报警，若送风机轴承振动X向1/2（>11mm/s）高高且送风机轴承振动Y向1/2高高（>6.3mm/s）或送风机轴承振动X向1/2（>6.3mm/s）高高且送风机轴承振动Y向1/2高高（>11mm/s）延时10s风机跳闸。

（2）送风机轴承温度小于80℃，当大于等于80℃时报警，当大于等于110℃时延时3s风机跳闸。

（3）电机轴承温度小于70℃，当温度大于等于70℃时报警，当大于等于80℃时延时3s风机跳闸。

（4）电机线圈温度小于110℃，当温度达到105℃时报警。当温度达到115℃时故障停风机。

（5）当液压油压力小于1.2MPa时，备泵自启动。

（6）润滑油流量小于6L/min时，报警。

（7）油箱油位低于75%时，报警。

（8）当液压润滑油箱油温小于 25℃时油箱电加热器投入，温度达 35℃时加热器停用。

（9）润滑油压力低Ⅱ值，延时 5s（开关量与模拟量均低于压力低Ⅱ值）。

五、火检冷却风机

火检冷却风机的启动：

（1）按照"热机设备投停通则"进行检查操作。

（2）确认风机绝缘正常，送上动力和控制电源，确认就地各指示灯显示正常。

（3）各压力开关定值已准确设定，联锁试验正常。

（4）在做锅炉启动准备时，可投入火检冷却风机运行。

（5）启动前应检查确认火检冷却风机进口滤网完好，内部清洁。

（6）确认火检冷却风各用户隔离阀开启。

（7）就地开启各测量仪表、压力开关等一次阀。

（8）检修后的风机应进行试转，确认风机运行正常。

（9）将两台火检冷却风机的控制方式切到"REMOTE"方式，在 DCS上启动一台火检冷却风机，确认风机电流、风压、声音正常。

六、燃油系统和吹扫空气系统

燃油系统的运行：

（1）正常运行时，供油泵一台运行，二台备用。当锅炉处于启动阶段，燃油用量较大时，可采用二台运行，一台备用，应做好切换工作。

（2）供油泵运行由一期运行值班人员负责。

（3）锅炉在运行中燃油系统及吹扫空气系统一般情况下不得停止运行，应处于炉前燃油系统打循环的备用状态，需要停止燃油系统运行，须得到值长许可。

（4）炉前燃油系统母管压力一般由炉前燃油压力调节阀控制，供油泵出口母管压力由供油泵变频器调节。

（5）若发现油压异常时，应及时汇报值长，检查并消除缺陷，必要时可将供油泵切换至备泵运行。

七、一次风机及密封风机

（一）一次风机的启动

（1）确认空气预热器和送、引风机运行正常，相应的风门挡板已经开启。

（2）关闭待启风机的出口挡板和动叶。

（3）确认一次风机的液压油、润滑油和电机润滑油压力、流量正常。

（4）确认一次风机启动许可条件满足。

（5）启动一次风机，当电流回落到空载电流后，确认开启出口挡板，缓慢开启本风机的动叶，确认另一台风机的出口挡板关闭。

（6）为防止另一台停用风机在无油的情况下倒转，风机启动前应先启动另一台风机的液压润滑油系统，并确认其油压正常。

（7）若是第二台一次风机启动，启动后缓慢开启第二台一次风机动叶，当二台一次风机负荷相近时，视情况投入二台一次风机调节自动。

（二）一次风机的运行

（1）在正常运行时，两台一次风机负荷应均匀，电流相近，防止负荷低的一次风机发生失速。

（2）若采用单台一次风机运行，停运一次风机的出口挡板和动叶应关闭，防止风机倒转。

（3）当一次风机动叶调节装置故障时，应立即将其切至手动调节，并联系检修人员尽快修复。

（三）一次风机运行限值

（1）一次风机轴承振动小于 6.3mm/s，当大于等于 6.3mm/s 时报警，若一次风机轴承振动 X 向 1/2（>6.3mm/s）高高且一次风机轴承振动 Y 向 1/2 高高（>11mm/s）或一次风机轴承振动 X 向 1/2（>11mm/s）高高且一次风机轴承振动 Y 向 1/2 高高（>6.3mm/s）延时 10s 风机跳闸。

（2）一次风机轴承温度小于 80℃，当大于等于 80℃时报警，当大于等于 110℃时风机，延时 3s 风机跳闸。

（3）一次风机电机轴承温度小于 65℃，当温度大于等于 65℃时报警，当大于等于 80℃时，延时 3s 风机跳闸。

（4）一次风机电机线圈温度小于 105℃，当温度大于等于 105℃时报警。温度达到 115℃，故障停用。

（5）当液压油压力小于 1.2MPa 或润滑油压力小于 0.15MPa 时，备泵自启动。

（6）当电机、风机轴承润滑油流量小于 6L/min 时，报警。

（7）油箱油位低于 75%，报警。

（8）当液压油滤网差压大于等于 0.20MPa 时报警，就地进行切换并联系检修处理，切换时注意油压变化。

（9）当液压润滑油油温小于 28℃时油箱电加热器投入；当液压润滑油油温大于 35℃时油箱电加热器停运。

（四）密封风机的启动

（1）确认至少有一台一次风机运行，且运行正常。

（2）确认密封风机进口隔离闸板关闭。

（3）启动一台密封风机。

（4）检查风机转动方向正确。

（5）确认运行密封风机进口隔离挡板开至 50%（全开信号为 45%~

100％），待出口风压正常后，投入备用密封风机联锁。确认备用密封风机进口隔离挡板开至50％，备用密封风机不倒转。

（6）确认风机运行正常，无异声，电动机电流指示正常，轴承温度正常。

（7）密封风机启动后，应尽快开启一台磨煤机的密封风门、冷热风快关门，避免一次风机和密封风机长时间无出力运行。

（五）密封风机的停运

（1）检查所有制粉系统停运，磨煤机进口冷、热风隔离挡板关闭。

（2）撤出备用密封风机联锁。

（3）关闭密封风机进口隔离挡板，停止密封风机运行。

（六）密封风机的运行维护

（1）正常情况下，密封风机一台运行，另一台备用，确认备用密封风机进、出口隔离挡板开启。

（2）若运行风机因故障跳闸或密封风母管压力低时，备用风机应自启动。

（3）监视密封风机轴承温度。密封风机轴承冷却水参数正常，无漏水漏油现象。

（4）检查密封风机出口压力正常，进口滤网压差正常。

八、制粉系统

1. 磨煤机润滑油系统运行

（1）润滑油系统控制应在远方方式。

（2）减速箱油池油位、油温正常，油质合格，油位大于300mm。

（3）磨煤机润滑油分配器油压应不小于0.13MPa。当磨煤机润滑油压小于等于0.13MPa时，报警；当磨煤机润滑油压小于等于0.1MPa时，磨煤机跳闸。

（4）根据油温情况，确认冷却水控制阀动作正常。

（5）润滑油滤网差压应小于0.12MPa，当差压大于等于0.12MPa时报警，应进行切换并清洗。

（6）磨煤机已停运延时60s且齿轮箱油温小于等于45℃时，允许停止润滑油泵高速运行。

（7）磨煤机已停运延时60s或齿轮箱油温大于等于28℃时，允许停止润滑油泵低速运行。

（8）电加热器投入与停止。投入：齿轮箱油温小于等于20℃且油泵在高速或低速运行；停止：齿轮箱油温大于等于30℃或油泵停运。

2. 液压油系统运行

（1）液压油系统控制应在远方方式。

（2）液压油箱油位、油温和油质正常。

（3）磨煤机液压加载系统完好，无渗油、漏油。

（4）变加载方式下，加载油压根据磨煤机负荷在 5.0～15MPa 范围。

（5）液压油泵出口滤网差压达 0.8MPa 时报警，应进行切换并更换滤网。

（6）液压油系统回油滤网差压达 0.8MPa 时报警，应进行切换并更换滤网。

（7）当磨煤机加载油压小于等于 6MPa 时，报警；当压力小于等于 2.0MPa 时，延时 10min，磨煤机跳闸。

（8）液压系统的油温不能过高，一般控制在 35～55℃ 范围内。当液压油箱油温小于等于 20℃ 时，报警并投入电加热器，当油箱油温大于等于 30℃ 时，停止电加热器。

（9）液压油冷油器闭式水进水电磁阀。

1）液压油站油箱油温小于等于 45℃，或者液压油泵均停，闭式水进水电磁阀关。

2）液压油站油箱油温大于等于 55℃ 且液压油泵运行，闭式水进水电磁阀开。

3）冬季当油箱内的温度未达到 15℃ 时，各执行机构不允许操作，而只能启动液压泵电机使液压泵空转，或启动电加热设备，使系统油液温度升高达到允许运转条件，才能进行正常运行。夏季工作过程中，当油箱内的温度高于 45℃ 时，要注意检查温度控制情况，发现异常要通知维修人员进行处理，使油温降到允许的范围。

4）液压设备停机 4h 以上，在开始工作前应先启动液压泵电机 5～10min，使泵进行空运转，然后才能带压力正常工作。

3. 给煤机运行

（1）给煤机运行应平稳，转速正常，无振动、异声、过热现象。

（2）给煤机皮带无跑偏现象，无异物，皮带无破损和磨损。

（3）给煤机皮带张力合适，称重装置正常。

（4）给煤机清扫装置运行正常，底盘无积煤。

（5）减速箱油位正常，油质良好，无漏油现象。

（6）密封风供应良好，无漏粉漏风现象。

（7）给煤机进、出煤正常，出口无堵煤现象。

（8）检查就地动力箱和控制盘各指示正常，无报警。

4. 磨煤机 B 等离子点火系统运行监视和调整

（1）等离子运行中可以根据着火情况和燃烧器壁温等调节电流至合适值，但不允许超出 200～375A。

（2）等离子点火装置投运后，应尽快投入磨煤机的一次风。

（3）在只有一台磨煤机 B 在运行时，应切换至"等离子模式"，切换前检查各等离子装置已启动成功。

（4）停运等离子点火装置前，必须确认已切至"正常模式"，允许停运等离子点火装置的条件与锅炉最低断油稳定运行负荷的要求一致。

（5）磨煤机运行中需要更换阴极头时，应先投入对应的油枪，检查着火良好，确认其他等离子点火装置运行良好。

（6）等离子点火装置运行期间，应加强燃烧器金属壁温的监视，若壁温超过 600℃，应采取措施降低壁温。

（7）锅炉点火后，空气预热器出口一次风温（150℃）满足要求时，等离子暖风器可以撤出运行，此时应逐步开启磨煤机进口热风调节挡板，逐步关闭暖风器出口调节挡板，注意两者的配合，防止磨煤机一次风量和出口温度大的扰动。

5. 其他磨煤机运行

（1）制粉系统周围场地应保持清洁，有煤粒煤尘及时联系清理。

（2）磨煤机本体及各人孔门、检修门、加载连杆与壳体连接处、出口粉管、底部托架密封等处无煤粉外泄现象。

（3）底部托架密封与转动部分应无异常碰撞，摩擦现象。

（4）磨煤机碾磨区、石子煤刮板处无异常声音，磨煤机无异常振动现象。

（5）磨煤机各风门挡板限位器、执行机构完好，调节动作灵活。

（6）经常检查煤仓煤位，防止煤仓断煤。

（7）检查煤粉管道是否泄漏，着火烧红。

（8）各燃烧器煤粉着火稳定，火检正常。

（9）磨煤机液压加载系统固定完好。

（10）正常运行时，液压加载系统处变加载运行方式。当磨煤机进/出口差压大且石子煤排放量大时，应减少给煤量，并改为定加载运行方式。

（11）动态分离器油池油温、油质正常，运行平稳无异声；正常运行时，动态分离器处于变频运行方式。

（12）磨煤机出口温度应控制在 65～80℃，当空气干燥基挥发分 V_{ad} ＞30％时，磨煤机出口温度不宜高于 70℃，当 V_{ad}＜25％时，磨煤机出口温度应大于 75℃。当出口温度达 85℃时报警，出口温度达 107℃时，磨煤机跳闸，打开灭火蒸汽阀。

（13）磨煤机电动机电流、电动机线圈温度、进/出口差压、密封风与一次风差压、一次风流量、磨煤机进口风温、磨煤机出口温度等参数在正常范围。

（14）一次风量按照给定曲线控制，磨煤机一次风量应按给煤机转速相对应的设计曲线值进行调整，当燃煤挥发分 V_{ad}＞30％时，应根据情况增加一次风量 5％～10％。

（15）磨煤机各磨辊轴承、推力轴承、电动机轴承温度正常。

（16）石子煤斗的上进料阀应常开（除石子煤斗排放外），下料畅通，无石子煤斗堵塞或满斗。

（17）每次调整给煤量幅度不宜大于 10％，每次调整后，必须等到磨煤机出口温度和进/出口差压恢复至正常值时，才允许下一轮调整。

九、吹灰系统

锅炉本体吹灰顺序开疏水阀→开一次冷再蒸汽门→一次冷再蒸汽门开减压阀→疏水→关疏水门→吹灰→关减压阀→关一次冷再蒸汽门→开疏水门。

（一）空气预热器吹灰程序投入步骤

（1）选择系统状态为"自动"。

（2）选择吹灰汽源（一次再热蒸汽或辅汽）。

（3）设置空气预热器连续吹灰的次数。

（4）点击"程序启动"按钮，系统将自动进行。

（二）空气预热器吹灰流程

用再热蒸汽吹灰的流程：调节吹灰母管压力→空气预热器吹灰器疏水→关空气预热器疏水阀→吹灰→关减压阀→关一次冷再蒸汽门→开空气预热器疏水阀。

用辅汽吹灰的流程：开辅汽吹灰阀→疏水→关空气预热器疏水阀→吹灰→关辅汽吹灰阀→开空气预热器疏水阀。

（三）吹灰系统的运行监视和维护

（1）吹灰前开启吹灰系统疏水，进行充分暖管。

（2）检查锅炉本体和预热器吹灰母管压力正常。

（3）锅炉本体吹灰系统压力低开关设定值为1.1MPa，预热器吹灰系统压力低开关设定值为0.8MPa。吹灰器严禁在无蒸汽的情况下伸入炉内。

（4）锅炉本体吹灰流量正常，流量小于6t/h报警。

（5）检查各个吹灰器密封完好，无泄漏。

（6）当机组负荷小于500MW或在锅炉启动阶段，预热器吹灰汽源由辅助蒸汽供应。当机组负荷大于500MW时，预热器吹灰汽源由再热蒸汽供给。机组负荷大于500MW时，才允许对锅炉本体进行吹灰。

（7）检查吹灰器程序流程正常。

（8）监视吹灰器前进行程时间和返回行程时间正常。

（9）检查吹灰器电流大小正常。

（10）吹灰器吹扫范围内的管子要定期检查，若管子有损伤或磨损要分析原因，根据实际情况及时调整吹灰次数和介质压力。

（11）在吹灰过程中，应密切监视锅炉各部分工况的变化，并注意现场检查。

（12）启动吹灰程控以后，不要对正在运行的吹灰器组和吹灰器进行投入/跳步操作。实际运行中，常常会出现吹灰器卡住的情况，当出现这种情况后，应及时尽可能把吹灰器退出炉外，以免吹灰器长时间对炉管同一位置进行吹扫而吹坏炉管或烧坏吹灰器枪管。

（13）在吹灰过程中，可以根据需要按下人工中断程控按钮，正在运行的吹灰器将及时后退，流程不再继续进行。如果需要继续进行吹灰，可以按下复归程控按钮，流程将从中断点继续进行吹灰。如果需要结束吹灰流程，可以按下结束程控按钮，正在运行的吹灰器将及时后退，流程不再继续进行。待吹灰器退回原位后，关闭再热蒸汽门，并打开疏水门（自动运行）。运行过程中出现故障信号后，引起故障的原因消除后，可以按下故障确认按钮，消除故障报警。

（14）程控运行过程中严禁跳步，跳步会使正在吹灰的吹灰器退出，同时投入下一组吹灰器，造成两组四台吹灰器同时运行，出现过载现象。

（15）操作画面上的急退按钮，一般用于检修、调试时使用。就地/远方按钮一般置于远方，此时可以在上位机上进行程控吹灰和手动吹灰，按下此按钮切换至远方后可以在吹灰器本体上启动吹灰器。

（四）吹灰系统的报警

（1）MFT 报警：锅炉熄火保护，程序禁止运行。

（2）蒸汽压力低：吹灰蒸汽压力低报警，禁止吹灰程序进行。

（3）启动失败：系统发出吹灰器启动命令 5s 后，仍未收到吹灰器运行信号。

（4）吹灰器过电流：吹灰器电机运行电流超过额定值。

（5）吹灰器过载：吹灰器电机运行电流超过额定值，热继电器动作。

（6）流量低：吹灰器在启动 10s 后，流量小于 6t/h。

（7）超时：吹灰器的运行时间超过设定值。

（五）吹灰系统的保护

（1）锅炉本体吹灰程序运行的条件：锅炉燃料正常、吹灰蒸汽压力正常、无吹灰器过载信号。

（2）程序自动运行过程中，如果压力异常，程序将暂停等待；若锅炉燃料解列，则退回所有的吹灰器，关闭吹灰再热蒸汽门，吹灰结束。

（3）吹灰器过电流：长吹灰器前进时过电流自动返回。

（4）吹灰器过载：短吹过载时，系统报警，程序继续进行；长吹过载时，程序自动暂停，直至过载信号处理、消失后，在操作台画面点击"启动"按钮后，程序从断点处继续进行。

（5）流量异常：长吹灰器在启动 10s 后，程序自动检测流量信号，若流量信号异常，吹灰器将自动返回。

（6）时间保护：长吹灰器在前进至设置保护时间时，吹灰器将自动返回，以防吹灰器的前行程开关失灵吹灰器卡坏。

（7）超时：吹灰器的运行时间超过设定值，程序将暂停。

（8）在紧急情况下，点击"紧急后退"按钮，吹灰器将自动返回。

十、脱硝系统（SCR）

（一）SCR 系统启动

（1）联系化学人员确认供氨压力大于 0.4MPa，供氨温度 40℃左右，确认系统运行正常。

（2）开启稀释风机出口挡板，选择一台稀释风机启动，检查风机运行正常，确认稀释空气总流量超过 4560m³/h，投入备用稀释风机自启动联锁。

（3）开启氨气缓冲槽到 SCR 反应器供氨隔离阀，开启喷氨流量调节阀前手动隔离阀。

（4）当 SCR 进口烟气温度在 304～427℃范围时，开启喷氨流量调节阀前快关阀。

（5）确认 SCR 声波吹灰系统处于程控运行状态，吹灰气源压力正常，吹灰器吹灰频率满足要求。

（6）根据 SCR 进口烟气中的 NO_x 含量及负荷情况，以 SCR 出口 NO_x 含量 50mg/Nm³ 左右和 NH_3 含量不大于 $3\mu g/L$ 为标准，手动缓慢调节氨流量调节阀，每次增加喷氨量，都必须等反应器出口 NO_x 变化稳定后再进行，以避免过量喷入氨气。稳定后将氨流量控制器切换到"自动"模式，确认自动调节正常。

（7）注意控制氨气/空气混合气中氨气体积比不大于 5%。

（二）SCR 系统运行

（1）经常联系化学人员确认液氨储存和氨气蒸发系统运行正常。

（2）喷氨区应无漏氨，无氨泄漏报警，就地无刺鼻的氨味；喷氨各分配支管调节挡板均应在指定开度，不得变动。

（3）稀释空气隔离阀一般应在开状态，以避免氨气分配管堵灰。

（4）检查各层 SCR 催化剂出入口差压应正常（＜300Pa），总差压（＜500Pa）。

（5）根据锅炉运行工况，检查确认 SCR 进出口温度、NO_x 及 O_2 浓度、氨流量和压力、稀释空气流量等参数在正常范围。

（6）若 SCR 进出口 NO_x 显示值无变化或明显不准，应及时联系处理，并暂停喷氨。

（7）SCR 吹灰系统程控运行正常。如吹灰喇叭不发声，应检查压缩空气压力、阀门是否正常；检查吹灰器喇叭是否堵塞、膜片是否破损、过滤器是否堵塞。

（8）在有人进入反应器检修时应关闭吹灰压缩空气总门，并将吹灰器操作锁定，避免吹灰器动作伤害检修人员听力。

十一、发电机运行方式及规定

（一）正常运行方式

（1）发电机按照制造厂铭牌规定参数运行的方式，称为额定运行方式，发电机可在这种方式下长期连续运行。

（2）发电机在下列情况下输出额定功率：

1）冷却氢气进口温度不大于48℃。

2）氢冷却器冷却水进水温度不大于38℃。

3）定子绕组内冷水进水温度不大于50℃。

4）氢压不低于额定值，氢气纯度不低于96%。

（3）发电机在上述情况下，在出力曲线范围内能在功率因数超前0.9下带额定容量长期连续运行。

（4）发电机的有功负荷除受负荷曲线及机、炉工况限制外，还必须控制运行参数在P-Q曲线的限额范围内。

（二）电压、电流、频率及功率因数变化时的运行方式

（1）发电机电压变化范围为额定值的±5%时能连续运行。

（2）当发电机定子电压在额定值的±5%范围内变化，而功率因数为额定时其额定容量不变。即当发电机定子电压高于或低于额定值的5%时，定子电流允许的数值可低于或高于额定值的5%。

（3）当发电机的电压下降到低于额定值的95%时，定子电流长期允许的数值仍不得超过额定值的105%。

（4）发电机最高运行电压不得大于额定值的110%，最低运行电压不得小于额定值的90%，并应满足厂用母线电压的要求。

（5）发电机正常运行时，定子三相电流之差，不得超过额定值的8%，同时最大一相的电流不得大于额定值。

（6）发电机承受负序电流的能力，长期稳定运行时，其负序电流不应大于额定值的8%，短时负序电流应满足：$(I_2/I_N)^2 t \leqslant 10s$。

（7）发电机正常运行频率应保持在50Hz，当变化范围小于±0.2Hz时，可以按额定容量连续运行。

（三）发电机进相运行规定

（1）发电机允许进相运行，进相限额不得低于进相试验提供的P-Q曲线。具体数据以进相试验报告数值为准。

（2）发电机进相运行时失磁保护必须投入运行。

（3）发电机进相运行时AVR必须在自动方式运行，调节器中低励限制器不得停用或调低定值。

（4）发电机进相运行时，应严密监视定子铁芯等各部位温度不得超过允许值。

（5）发电机进相运行时，应维持厂用母线电压在允许范围内，不得低于5.9kV。

（6）当500kV母线电压超过调度曲线上限，需发电机进相运行，若厂用电母线电压达到或低于允许范围下限时，不再加深进相深度，汇报调度。

（7）AVC投入，发电机自动调整进相运行，发生低励限制报警时，应立即汇报调度，申请将AVC退出运行后手动增加发电机无功至报警消失。

（8）电网事故时，可不待调度令，调整发电机无功，保持500kV母线

电压正常后，立即汇报调度。

（9）发电机进相运行限额参考表 8-2。

表 8-2　发电机进相运行限额

	有功出力（MW）	允许最低无功（Mvar）
1 号发电机	$P=660$	−20
	$P=530$	−37
	$P=450$	−48
	$P=400$	−51
	$P=300$	−58
	有功出力（MW）	允许最低无功（Mvar）
2 号发电机	$P=660$	−19
	$P=540$	−78
	$P=480$	−78
	$P=420$	−85
	$P=300$	−97

（四）温度及氢压变化时的运行规定

（1）定子线圈的进水温度变化范围为 45～50℃，超过 53℃或低于 42℃均将发出报警信号。

（2）总出水管的出水温度正常应不大于 80℃，大于 85℃时，将发出报警信号。

（3）当定子线圈任一出水支路的出水温度达到 85℃或定子线圈层间温度达到 90℃时，将发出报警信号。

（4）运行中定子线圈层间温度最高允许 90℃，最高与最低温差不得超过 10℃，否则报警。最高与最低温差达 14℃时，则申请解列停机。

（5）运行中定子上、下层线圈出水温度最高允许 85℃，同层线圈出水温差不得超过 8℃，否则报警。最高温度达 90℃，或同层线圈出水温差达 12℃时，则申请解列停机。

（6）发电机的额定氢气压力为 0.5MPa，最低为 0.48MPa，最高为 0.52MPa。当低于 0.48MPa 或高于 0.52MPa 时将发出报警信号。

（7）发电机氢气冷却器额定冷氢温度为 46℃，最低为 40℃，最高为 48℃，当低于 40℃或大于 50℃时将发出报警信号。各氢气冷却器出口氢温的温差不得超过 2K。

（8）发电机在额定氢压工况下（0.5MPa），投入二组氢气冷却器运行，每组氢气冷却器有两个并联的水支路。当停用一个水支路（1/4 氢冷却器退出运行）时，发电机的负荷应降至额定负荷的 80％以下继续运行。

（9）氢冷却器进水温度最高为 38℃，调整保持定子水温高于氢温 2～3℃。

（10）氢气纯度正常时应不低于 97％，含氧量不得超过 1.2％，否则应

技术技能培训系列教材 集控运行（煤机）

排污补氢。

（11）控制发电机内氢气湿度折算到大气压下的露点温度应小于－5℃，但不低于－25℃，氢罐的湿度不得高于－50℃。

（12）氢气干燥装置应经常投入使用，当机内氢气湿度大于露点温度－5℃时，应立即检查干燥装置是否失效。

（五）电力系统稳定器（PSS）运行规定

（1）机组并网后，有功功率升至 $20\% \sim 30\% P_e$（PSS投退定值），应检查 PSS 自动投入。

（2）有功低功率于 $20\% \sim 30\% P_e$，PSS 自动退出。

（3）机组运行中 PSS 投入、退出必须向调度申请并获批准后方可执行，异常情况下可先退出后再汇报调度。

（4）PSS 投入或退出运行操作，在发电机励磁系统画面点击"PSS投"或"PSS退"按钮进行。

（六）发电机碳刷、滑环维护的规定

机组运行中，应定期对发电机励磁碳刷进行检查、测温工作，发现碳刷有跳动、卡涩、冒火、过热等现象，应及时联系检修人员调整。

450

第九章　辅助设备及系统的异常处理

第一节　交流系统的异常及事故处理

一、500kV 任一母线失电事故处理

（一）故障现象

（1）NCS 发音响报警。

（2）运行在 500kV Ⅰ 母线（Ⅱ母线）上的所有断路器跳闸，母联断路器跳闸，相关断路器状态显示闪烁，发"油泵启动"信号。

（3）500kV Ⅰ 母线（Ⅱ母线）电压指示为零。运行在该母线上设备的有功、无功、电流指示为零。

（4）运行在 500kV Ⅰ 母线（Ⅱ母线）上的所有断路器就地指示三相断开。发 500kV 母线保护 1、2 屏保护动作报警。

（5）相关机组跳闸，发电机逆变灭磁，6kV 厂用电系统可能切换正常，如启动备用变压器运行在失电母线上，则厂用电中断。

（二）故障处理

（1）立即根据报警信号、断路器动作情况及表计指示，综合分析判断 500kV 一条母线失电，相关机组、线路跳闸。检查另一条母线及线路、另一台机组运行正常，将故障情况汇报值长。

（2）值长应向调度汇报：跳闸的断路器、故障范围，保护、自动装置动作情况及对本站运行设备的影响。

（3）检查跳闸机组 6kV 厂用电系统切换情况，如切换正常，则按照机组跳闸进行处理。

（4）如启动备用变压器同时失电，6kV 厂用电系统失电，则立即检查保安电源及柴油发电机运行情况，按照厂用电全停处理程序执行，保证安全停机。

（5）就地检查保护动作情况，并与电气二次人员到达现场共同确认后复归，对跳闸的断路器及有关设备进行外部检查，分析判断 500kV 母线失电原因。

（6）如为 500kV 母线故障，则汇报网调，将该母线上的设备改为另一条母线运行，将故障母线改为检修。厂用电正常后将机组启动并网。

（7）如为某一断路器失灵所致，则将此断路器改为冷备用（隔离故障点）后，恢复母线及正常设备的运行。将故障断路器改为检修状态。

（8）故障点处理后，经过必要的试验合格后，恢复设备的正常运行。

二、电网电压频率异常处理

（一）电压异常的处理

（1）500kV 母线电压最高不得超过 550kV，最低不得低于 490kV；正常情况下，500kV 母线电压应按照调度下达的电压曲线执行，高峰电压不得超出 525kV，低谷电压不得低于 510kV，值班员应监视 500kV 母线电压在调度要求范围之内。

（2）在系统电压升高时，应及时降低无功出力，监视机组进相深度不能超出发电机进相试验规定的数值，并合理分配各机组的进相无功负荷。如仍不能达到要求，则应汇报值长，联系调度。

（3）当系统电压降低时，应及时提高无功出力，但要注意发电机转子电流和定子电流不得超过额定值，必要时可根据系统有功负荷情况，适当降低有功负荷，增加无功出力。

（二）频率异常处理

（1）除机组自身的一次调频特性外，电网频率由调度统一调整、管理。出现系统频率异常，应监视电网频率和一次调频动作情况，发现系统频率超出 50Hz±0.2Hz，应立即汇报值长，联系调度，协助电网调频，直至电网频率恢复至 50Hz±0.2Hz 以内。

（2）二次调频按调度规程有关规定执行。加强发电机相关系统参数的监视。

（3）电网频率异常时，汽轮机某些级叶片，有可能发生共振断裂的危险，发生频率异常，应立即报告值长并严格执行制造厂规定的低频运行时限。

（4）低频率时，有关辅机出力减少，严格检查监视主、再汽参数，机组振动，轴向位移，推力轴承温度，凝汽器真空，各油压、水压、水位等运行限额。加强发电机定子水压力、流量、温度及进出口风温的监视。发现异常情况，作相应处理。

（5）由于电力系统振荡引起周波异常，应立即报告值长，按系统振荡进行处理。

三、系统振荡事故处理

（一）低频振荡的现象

（1）发电机、主变压器、线路有功功率、无功功率、电流在正常值附近周期性摆动。

（2）发电机、500kV 母线、线路及厂用电系统电压周期性波动。

（3）500kV 系统、发电机频率在正常值附近周期性波动。

（4）发电机组可能发出有节奏的鸣音。

（5）发电机励磁系统电流、电压在正常值附近小幅波动。

（二）异步振荡的现象

（1）发电机、主变压器、线路有功功率、无功功率、电流发生剧烈摆动。

（2）发电机、500kV 母线、线路及厂用电系统电压大幅度波动，可能越限。

（3）发电机组、变压器发出周期性强烈的轰鸣声、撞击声和剧烈振动。

（4）发电机、系统频率发生大幅度的变化。

（5）机组强励可能动作。

（6）厂用电源系统有可能进行切换。

（7）发电机失步保护可能动作，将机组跳闸。

（8）部分电动机有可能掉闸。

（三）可能导致故障发生的原因

（1）负荷突变，电网间联络线（变压器）跳闸或大容量机组跳闸。

（2）汽轮机调速系统故障，原动力矩突然变化。

（3）系统突然发生短路故障，超过稳定限额范围。

（4）发电机失磁。

（5）两电源系统非同期并列。

（6）故障时开关或保护拒动、误动，无自动调节装置或装置失灵。

（四）异常情况处理

（1）发现发电机组有功功率、无功功率、电压、电流、频率及励磁电压、电流参数波动后，应立即汇报值长，检查 NCS 系统中 500kV 母线电压、线路及两台主变压器高压侧的电压、电流、有功、频率等参数变化情况，如判断为低频、异步振荡时，值长立即报告网调、省调，服从电网调度的统一指挥。

（2）退出发电机组的 AGC、AVC 功能。

（3）检查发电机励磁系统 PSS 装置功能投入正常。

（4）根据两台机组及线路的有功功率、无功功率、电压、电流、频率等各参数波动方向判别是发电机组振荡还是系统振荡。

（5）如果发电机组的振荡与系统振荡合拍，则说明是系统振荡，值长立即报网调、省调，并做如下处理：

1）在保持发电机、母线、线路电压、电流不超限的情况下，尽量增加发电机的无功功率，保证发电机组与系统的同步运行。

2）在增加无功功率后，系统振荡未明显衰减时，应根据系统频率高低情况，立即适当增加或减少发电机组的有功功率，改变当前运行工况。在频率不能确定时，应降低发电机组的有功功率。

3）经过上述处理后，2~3min 系统仍不能恢复稳定运行，如振荡由低频振荡发展为异步振荡，失步保护动作时按机组跳闸处理；如保护未动作，应立即申请调度将发电机逐台解列，直至系统振荡消失。

（6）如果发电机组的振荡周期较系统的振荡周期超前或滞后，则应判断为发电机组振荡，值长立即报告网调、省调，并做如下处理：

1）增加发电机无功功率，必要时在发电机电流、电压允许的条件下应将发电机无功功率加至最大，将发电机组拉入同步运行。

2）在增加发电机无功功率后仍不能消除振荡，立即减少振荡机组的有功功率，保持发电机组与系统的同步运行。

3）如果进行上述处理后，2～3min仍不能将振荡机组拉入同步，如失步保护动作时按机组跳闸程序处理；如保护未动作，则应立即申请调度将失步机组从系统解列。

4）若由于发电机失磁、非同期并列造成的系统振荡，保护不动时，应立即同时按下两个"发电机-变压器组紧急跳闸"按钮，将故障机组解列。

（五）注意事项

（1）如为调速系统故障导致负荷摆动，引起系统振荡时立即申请停机。

（2）发电机非同期并列或运行中突然失磁，应将该机组与系统解列。

（3）振荡期间，不得将励磁调节器退出自动，严禁按下励磁电流调节功能（俗称手动）投入按钮。

（4）振荡期间，禁止将机组的PSS功能退出运行。

（5）振荡期间，发电机强励动作，在10s内运行人员不得干涉，10s后检查强励返回，如不返回应立即手动降低发电机励磁电流。强励动作后须对发电机-变压器组回路进行检查。

（6）在系统频率高的情况下，禁止减少发电机无功功率或增加有功功率。

四、500kV任一线路跳闸事故处理

（一）故障现象

（1）NCS发音响报警。

（2）500kV线路断路器跳闸，断路器状态显示闪烁，发"油泵启动"信号。

（3）跳闸线路电压、有功功率、无功功率、电流指示为零。

（4）跳闸线路断路器就地指示三相断开。

（5）发线路保护动作报警。

（二）异常情况处理

（1）立即根据报警信号、断路器状态及线路参数指示，综合分析判断线路故障跳闸情况及重合闸成功与否。检查其他设备运行正常。

（2）线路故障跳闸后，由值长向网调汇报：跳闸的断路器、保护、自动装置动作情况，本厂出力、频率、电压、潮流、跳闸后的影响范围及天气情况。

（3）向省调汇报，按调度令调整机组的有功功率，保证机组稳定运行。

（4）线路故障跳闸，值班员应去就地检查保护及重合闸动作情况，并记录清楚。

（5）对跳闸的断路器及有关设备进行外部检查。

（6）检查故障录波器动作情况，检查故障点与本站的距离。

（7）线路故障跳闸重合闸成功，则按上述要求汇报并通知电气一次专业人员对故障点附近线路进行检查。

（8）若线路故障跳闸重合闸不成功，应按调度命令执行。

（9）待线路充电正常后，按调度令执行操作，恢复正常运行方式。

（10）按规定做好记录、填写异常情况分析报告。

（三）注意事项

对跳闸线路充电时，应由线路对侧断路器进行充电，禁止由本站断路器给线路充电。待线路充电正常后，才能将本站线路断路器经检同期合闸，恢复两条线路并列运行。

判断故障范围时，要注意跳闸线路电压、电流、有功及所在母线电压变化。如线路电压指示为零，所在母线电压正常，则为线路故障跳闸；如线路电压正常，所在母线电压指示为零，母联断路器跳闸，则为母线故障或运行在该母线上的断路器失灵保护动作所致，按照母线跳闸进行处理。

五、500kV 母联断路器 SF_6 气体泄漏事故处理

（一）故障现象

（1）NCS 发音响报警。

（2）母联断路器画面中有"低气压（X 相）""低气压闭锁"信号。

（3）母联断路器某相气室就地 SF_6 气体压力表指示下降至 0.525MPa 以下，指示接近红色区域。

（4）GIS 室 SF_6 气体检漏仪可能发报警。

（5）母联断路器某相气室及附件可能发出漏气的"嘶嘶"声。

（二）异常情况处理

1. 低气压报警处理

（1）低气压报警发出后，应立即安排人员去就地进行检查，通知有关人员到场，根据实际情况进行如下处理：

1）发现报警信号后应立即派人携带正压式空气呼吸器（继电器楼内）到 GIS 室南门，开启通风机 15min 后方可从北门进入 GIS 室进行设备检查；如 SF_6 检漏仪有报警时，必须正确使用正压式空气呼吸器。

2）就地检查母联断路器三相气室压力指示，如气压指示正常，则判断为信号误发，通知检修人员检查、处理。

3）如母联断路器某相气室压力已经低于 0.525MPa 时，应详细检查气室的各密封部件有无明显泄漏点，通知检修人员处理，密切关注气体压力变化情况。

4）如检修人员短时无法处理，应向网调申请将母联断路器由运行改为冷备用，确认母联断路器气室压力大于 0.5MPa（无低气压闭锁分闸信号）后，拉开母联断路器及其两侧隔离开关，根据检修需要做好安全措施。

5）如母联断路器某相气室泄漏较为严重，气体压力下降较快时，应在气室压力大于 0.5MPa（无低气压闭锁分闸信号）时，立即拉开母联断路器及其两侧隔离开关，汇报网调，联系检修处理。

6）500kV 母线分列运行后，检查 500kV 母线保护 1、2 屏保护装置运行正常，投入两块屏的母联分列压板。

（2）母联断路器 SF_6 泄漏处理完毕，应汇报网调，并申请网调批准后进行如下操作：

1）检查母联断路器各相气室压力合格，工作票收回，合上母联断路器汇控柜内隔离开关/接地开关的控制、动力电源开关 CB3、CB4，检查母联断路器间隔接地闸刀三相确断。

2）在母联断路器闭锁分闸后，需要用两侧隔离开关进行隔离时，应将两条出线断路器母线侧两把隔离开关全部合闸。

3）合上母联断路器汇控柜内控制电源开关，经检同期合上母联断路器。

4）500kV 母线并列运行后，检查 500kV 母线保护 1、2 屏保护装置运行正常，退出两块屏母联分列压板。

2. 低气压闭锁处理

（1）低气压闭锁信号已发出，应立即安排人员执行以下操作：

1）断开母联断路器汇控柜内的控制电源开关，防止断路器分闸造成爆炸事故。

2）检查 500kV 母线保护屏保护装置运行正常，投入母联互联压板。

3）合上一条线路断路器汇控柜内隔离开关/接地开关的动力电源开关，合上线路另一台隔离开关，断开隔离开关/接地开关的动力电源开关，使两条母线并列运行。

4）合上母联断路器汇控柜内隔离开关/接地开关的动力电源开关，联系电气二次专业人员做好措施，拉开母联断路器两侧隔离开关，合上母联断路器两侧接地开关（根据检修工作需要），断开隔离开关/接地开关的控制、动力电源开关，通知检修人员处理。

（2）母联断路器 SF_6 泄漏处理完毕，应汇报网调，并申请网调批准后进行如下操作：

1）检查母联断路器各相气室压力合格，工作票收回，合上母联断路器汇控柜内隔离开关/接地开关的控制、动力电源开关，检查母联断路器间隔接地闸刀三相确断，合上母联断路器两侧隔离开关，断开隔离开关/接地开关的动力电源开关。

2）合上母联断路器汇控柜内断路器控制电源开关，经检同期合上母联断路器，断开母联断路器控制电源开关。

3）合上线路断路器汇控柜内隔离开关/接地开关的动力电源开关，恢复线路正常运行方式，断开隔离开关/接地开关的动力电源开关。

4）合上母联断路器控制电源开关。

5）检查 500kV 母线保护屏装置显示各隔离开关状态正确，退出母联互联压板。

（三）注意事项

故障处理时，必须考虑线路与机组的运行方式。如单条线路运行，则禁止直接将 500kV 母线分列运行。母线侧两把隔离开关均处合闸状态的特殊运行方式下，如遇该线路跳闸，处理时严禁拉开该开关母线侧任一隔离开关。

六、500kV 主变压器断路器 SF_6 气体泄漏事故处理

（一）故障现象

（1）主变压器断路器"低气压（X 相）""低气压闭锁"报警发出。

（2）就地主变压器断路器某相气室压力表指示下降至 0.525MPa 以下。

（3）就地主变压器断路器某相有漏气声。

（4）GIS 室 SF_6 气体检漏仪可能发报警。

（二）异常情况处理

（1）确认主变压器断路器气室压力低报警信号发出，立即安排巡操赴现场检查，并通知检修人员到场检查、处理；如就地表计显示压力正常，则通知电气二次专业人员查看信号回路。

（2）确认泄漏严重，SF_6 压力已经降至 0.5MPa，低气压闭锁信号发出，立即断开主变压器断路器控制电源 CB1、CB2，汇报值长，申请停机。

（3）快速降负荷至 300MW，将厂用电切换至备用电源供电。

（4）执行紧急倒母线应急处置指导卡，将该母线上设备倒至另一母线。

（5）确认断路器气室泄漏无法处理后，同时按下两个"紧急停机"按钮，检查主汽门关闭正常，程序逆功率保护动作，发电机逆变灭磁，立即在 NCS 画面拉开母联断路器。

（6）检查 MFT 后联动设备动作正常，检查主机转速 510r/min 时确认顶轴油泵启动，转速到 120r/min 时盘车投入，盘车转速稳定在 48~54r/min，检查记录汽轮机惰走时间。

（7）联系电气二次专业人员解除隔离开关闭锁，合上开关汇控柜内操作电源开关，拉开主变压器隔离开关，合上母联断路器给母线充电后，恢复母线负荷的正常运行方式。

（8）投入发电机-变压器组保护屏手动分闸压板，合上主变压器断路器控制电源开关，联系电气二次专业人员解除气压低闭锁，拉开主变压器断路器。

七、500kV 线路断路器 SF₆ 气体泄漏事故处理

（一）故障现象

（1）线路断路器"低气压（X 相）""低气压闭锁"报警发出。

（2）就地相气室压力表指示下降至 0.525MPa 以下。

（3）就地线路断路器某相有漏气声。

（4）GIS 室 SF₆ 气体检漏仪可能发报警。

（二）异常情况处理

（1）确认线路断路器气室压力低报警信号发出，立即安排巡操赴现场检查，并通知检修人员到场检查、处理；如就地表计显示压力正常，则通知电气二次专业人员查看信号回路。

（2）确认泄漏严重，SF₆ 压力已经降至 0.5MPa，低气压闭锁信号发出，立即断开线路断路器控制电源开关。

（3）执行紧急倒母线应急处置指导卡，将该母线上设备倒至另一母线。

（4）确认断路器气室泄漏无法处理后，母线空载运行后，立即在 NCS 画面拉开母联断路器。

（5）汇报值长，向网调申请拉开线路对侧断路器。

（6）检查线路电压为零后，联系电气二次专业人员解除隔离开关闭锁，合上线路断路器汇控柜内刀闸操作电源开关，拉开线路断路器两侧隔离开关，合上母联断路器给母线充电后，恢复母线负荷的正常运行方式。

八、发电机出口 TV 一次熔丝熔断事故处理

（一）故障现象

（1）DCS 声响报警，发"发电机-变压器组保护总出口动作信号""发电机-变压器组保护 TV 断线总告警"及"故障录波器启动"信号。

（2）发电机-变压器组画面三个有功数值显示不一致，DCS、DEH 用的功率信号出现偏差。

（3）发电机自动励磁调节器可能自动切换至另一套运行，发"励磁调节器故障""励磁调节器告警""励磁系统 TV 断线""AVC 故障"报警光字；如未切换无功可能突然增加。

（4）励磁系统画面发电机一相电压指示可能降低，发电机零序电压可能升高。

（5）厂用电系统画面厂用电系统母线电压可能升高。

（6）发电机定子及主变压器高压侧三相电流基本不变。

（7）DCS 发"AVC 故障"报警，自动退出运行。

（8）发电机强励可能动作，自动励磁调节器过励磁可能动作减磁。

（9）发电机-变压器组保护 A、B 屏可能有"3Uw 保护动作""定子杂间短路保护动作""TV 断线"等报警，发电机-变压器组保护可能动作

跳机。

（二）故障处理

（1）根据故障现象判断为发电机出口 TV 故障，立即汇报调度，退出机组 AGC、AVC，保持机组负荷在当前值稳定运行，通知电气一次专业、二次专业、热控专业人员。如机组保护动作跳闸，按紧急停机处理。

（2）严密监视发电机励磁调节器（AVR）通道切换情况，及时调整发电机无功参数。

（3）如 AVR 自动切换，则检查励磁系统电压、电流正常，发电机出口及厂用系统电压正常，无需人为干预励磁调整。

（4）如 AVR 未进行切换，则检查发电机无功及厂用系统电压变化情况，无异常变化，则说明备用 AVR 异常或 TV 一次熔丝熔断，无需人为干预励磁调整。

（5）如发电机无功升高，500kV 系统电压超过电压曲线上限值、6kV 厂用系统电压超过 6.5kV 或发电机过励磁信号发出，则应立即汇报调度，退出自动电压控制装置 AVC，手动降低发电机无功，使过励磁信号消失，厂用系统电压恢复正常。

（6）就地检查发电机-变压器组保护屏动作信号情况，判断哪一组 TV 故障；测量发电机出口 TV 二次侧三相对地电压（正常为 58V），判断哪相熔丝熔断，并做出相应处理。

1）发电机出口 TV1 某相一次熔丝熔断处理：

a. 将机组控制方式由协调切至 TF（汽轮机跟随）方式。

b. 联系电气二次专业人员退出发电机-变压器组保护 A 屏发电机失磁、失步、定子接地、逆功率、程跳逆功率、过电压、过励磁、复压过电流保护功能压板，以防止保护误动。

c. 联系热控人员强制 DCS、DEH 侧三个有功负荷信号，使之保持不变。DCS 中三个有功负荷信号停止扫描，在 DEH 负荷处理逻辑中，将 DEH 负荷处理逻辑总出口负荷信号切至人工参数修改回路，通过修改参数方式将需要的有功负荷值输出。

d. 发电机励磁调节器需要手动切换时，调整本机无功接近正常值，联系电气二次专业人员将两套励磁调节器均切至电流闭环方式运行，手动将励磁调节器由 A 套切至 B 套运行，再恢复两套励磁调节器电压闭环方式运行。

2）发电机出口 TV2 某相一次熔丝熔断处理：

a. 将机组控制方式由协调切至 TF（汽轮机跟随）方式。

b. 联系电气二次专业人员退出发电机-变压器组保护 B 屏发电机失磁、失步、定子接地、逆功率、程跳逆功率、过电压、过励磁、复压过电流保护功能压板；退出发电机-变压器组保护 A 屏定子接地保护功能压板，以防止保护误动。

c. 联系热控人员强制 DCS、DEH 侧三个负荷信号，使之保持不变。DCS 中三个有功负荷信号停止扫描，在 DEH 负荷处理逻辑中，将 DEH 负荷处理逻辑总出口负荷信号切至人工参数修改回路，通过修改参数方式将需要的有功负荷值输出。

d. 发电机励磁调节器需要手动切换时，调整本机无功接近正常值，联系电气二次专业人员将两套励磁调节器均切至电流闭环方式运行，手动将励磁调节器由 B 套切至 A 套运行，再恢复两套励磁调节器电压闭环方式运行。

3）发电机出口 TV3 某相一次熔丝熔断：

a. 退出发电机-变压器组保护 A、B 屏"定子匝间灵敏段""定子匝间次灵敏段"保护功能压板。

b. 断开发电机出口 TV 故障相二次开关，将发电机出口 TV 故障相停电。

c. 在发电机出口 TV 故障相本体挂"在此工作"标示牌，在柜门上挂"禁止合闸，有人工作"标示牌。联系电气一次专业办理抢修工单，许可开工。

d. 发电机出口 TV 故障相一次保险更换完毕，将其送电，测量二次电压正常，合上二次电压开关。

e. 联系热控人员解除机组 DCS、DEH 负荷信号强制，DCS 中逐个启动有功负荷信号扫描，当启动扫描测点稳定后再启动扫描下一个测点，DEH 中待三个负荷信号都稳定且 DCS 中三个信号投用后再切至正常控制回路。

f. 联系电气二次专业人员投入发电机-变压器组保护屏所退保护功能压板。

g. 机组正常后投入协调，向调度申请投入 AGC、AVC 运行。

（三）注意事项

（1）励磁调节器（AVR）手动切换时，必须有一套失磁保护可靠投入运行。

（2）发电机出口 TV 检查、操作时，必须注意与带电设备保持安全距离，严禁人体各部位越过接地板平面。

（3）发电机出口 TV 停送电时，拆、装固定螺栓应小心谨慎，扳手只用于拧紧或松动螺栓，给上或取消螺栓时，应一只手在下方接着，一只手转动螺栓，以防止螺栓脱落碰触带电部位，造成机组保护动作跳闸。

（4）推、拉发电机出口 TV 小车操作时，操作人员必须戴绝缘手套及防弧面罩。

（5）测量 TV 二次侧电压时，万用表使用交流电压挡。

（6）投入保护功能压板前，先检查保护装置无异常报警信号；投入时，必须使用万用表直流电压挡测量压板两端无电压，方可投入。

九、发电机定子接地事故处理

（一）故障现象

（1）"发电机保护动作"光字牌亮。

（2）发电机零序电压上升，发电机零序电流可能增大。

（二）故障处理

（1）当发电机定子接地保护投跳闸时，保护应动作跳闸，按发电机-变压器组跳闸处理。

（2）当定子接地保护未动作时，应检查发电机定子绕组、定子冷却水、定子铁芯各部温度、定子冷却水压差变化情况，并对发电机本体及所连接的一次回路作详细检查，检查发电机检漏仪有无积水现象，检查发电机 TV 有无故障，对以上检查结果进行综合判断分析，确认是发生定子接地，则应立即解列停机。

十、发电机频率异常事故处理

（一）故障现象

（1）低频率时，操作画面显示转速下降，机组有功功率自行增加，机组及辅机声音异常，有关辅机出力下降。

（2）高频率时，操作画面显示转速上升，机组有功功率自行减少，机组及辅机声音异常，有关辅机出力增大。

（二）故障处理

（1）除机组自身的一次调频特性外，电网频率由调度统一调整、管理。出现系统频率异常，应监视电网频率和一次调频动作情况，发现系统频率超出 $50Hz \pm 0.2Hz$，应协助电网调频，直至电网频率恢复至 $50Hz \pm 0.2Hz$ 以内。

（2）二次调频按调度规程有关规定执行。加强发电机相关系统参数的监视。

（3）电网频率异常时，汽轮机某些级叶片，有可能发生共振断裂的危险，发生频率异常，应立即报告值长并严格执行制造厂规定的低频运行时限。

（4）低频率时，有关辅机出力减少，严格检查监视主蒸汽、再热蒸汽参数，机组振动，轴向位移，推力轴承温度，凝汽器真空，各油压、水压、水位等运行限额。加强发电机定子水压力、流量、温度及进出口风温的监视。发现异常情况，做相应处理。

（5）由于电力系统振荡引起周波异常，应立即报告值长，按系统振荡进行处理。

十一、发电机非全相运行事故处理

（一）故障现象

当开关非全相运行时，发电机发出"负序""开关三相位置不一致"信号，开关信号均闪烁，有功负荷下降。若开关二相跳闸，发电机可能失步，表计摆动，机组产生振动和噪声。

一相跳闸，一相电流表指示较大，另两相电流相等。

二相跳闸，一相电流表指示为零，另两相电流表指示相等，发电机有功、无功表指示为 0。

（二）故障处理

1. 机组启动并网时主变压器断路器非全相运行的处理

（1）机组并网时主变压器断路器非全相运行，检查 NCS 系统主变压器断路器三相不一致保护是否动作，若主变压器开关三相跳闸，则将发电机逆变灭磁（点击励磁退出），拉开灭磁开关，汇报调度，申请将主变压器断路器改为冷备用，做好安全措施通知检修人员检查处理。

（2）若主变压器断路器未跳闸，控制机组有功负荷增长，将发电机有功控制在 30MW，发电机负序电流标幺值小于 6%。立即汇报值长、调度，主变压器断路器故障，需要尽快将机组越级解列（申请主变压器断路器所在母线由运行改为热备用）。

（3）立即安排人员去升压站继电器室，投入 500kV 母线保护屏母联互联压板；去 GIS 室断开母联断路器汇控柜内控制电源开关；将该母线上的设备导致另一条母线运行。

（4）在 NCS 上拉开与发电机运行在同一母线上的线路开关，检查线路电流为零。

（5）汽轮机打闸主汽门关闭后检查程序逆功率保护动作情况，如主变压器断路器仍未分闸，则在 NCS 上手动拉开母联断路器。

（6）联系电气二次人员短接主变压器断路器状态节点，合上主变压器断路器汇控柜内操作电源开关，在 NCS 上拉开主变压器隔离开关，断开主变压器断路器汇控柜内操作电源开关，做好安全措施联系检修人员上票处理。

（7）合上断开的线路断路器，检查失电母线充电正常，合上母联断路器。

2. 机组停机解列时主变压器断路器非全相运行的处理

（1）汽轮机打闸，主汽门关闭后，发电机程序逆功率保护动作跳闸，发电机灭磁，发现主变压器断路器非全相（主变压器高压侧三相电流未全部回零）时，应立即按下"发电机紧急停机"按钮断开主变压器断路器。

（2）若主变压器断路器仍断不开，应立即汇报值长、调度，主变压器断路器故障，需要尽快将机组越级解列（申请主变压器断路器所在母线由运行改为热备用）。

（3）若启动备用变压器不在该机组所在母线上运行，则直接在 NCS 上拉开对应线路的开关，拉开母联断路器，联系电气二次人员短接主变压器断路器状态节点，合上主变压器断路器汇控柜内操作电源开关，在 NCS 上拉开主变压器隔离开关，断开主变压器断路器汇控柜内操作电源开关，合上断开的线路开关，检查失电母线充电正常，合上母联断路器。做好安全措施联系检修人员上票处理。

3. 机组正常运行时主变压器断路器非全相运行的处理

（1）若发电机负序保护或主变压器断路器非全相保护动作机组跳闸，检查主变压器断路器跳闸、汽轮机主汽门关闭，发电机逆变灭磁，厂用电切换正常，按照事故停机处理。

（2）若发电机负序过负荷报警发出，发电机负序保护、主变压器断路器非全相及失灵、三相不一致保护均未动作，则检查主变压器高压侧电流确认主变压器断路器非全相运行，发电机三相电流不平衡，发电机负序电流标幺值达到 8% 以上，立即按下"发电机紧急停机"按钮，将发电机紧急解列。

（3）若发电机负序保护或主变压器断路器非全相保护动作，主变压器断路器未跳开，失灵保护动作，检查汽轮机主汽门关闭，发电机逆变灭磁，500kV 相应母线失电，相应线路开关及母联断路器跳闸，厂用电切换正常；若启动备用变压器运行在该母线上，当启动备用变压器开关跳闸，则跳闸机组厂用电全停，立即检查保安电源运行情况，按照厂用电全停处理。

（4）联系电气二次人员短接主变压器断路器状态节点，合上主变压器断路器汇控柜内操作电源开关，在 NCS 上拉开主变压器隔离开关，断开主变压器断路器汇控柜内操作电源开关，做好安全措施联系检修人员上票处理。

（5）合上断开的线路开关，检查失电母线充电正常，合上母联断路器。

（三）注意事项

（1）在发电机非全相运行时，禁止拉开灭磁开关或点击"励磁退出"，以免发电机从系统吸收无功负荷，使负序电流增加烧毁发电机转子。

（2）主汽门关闭、发电机灭磁后，主变压器断路器非全相运行时，应尽快倒换启动备用变压器电源后将机组越级解列；若危及汽轮机安全，可不进行启动备用变压器电源倒换，迅速启动直流润滑油泵、密封油泵运行，直接拉开线路、启动备用变压器、母联断路器将机组越级解列。

十二、发电机转子接地事故处理

（一）故障现象

(1)"发电机转子一点接地"信号报警。

(2)转子一点接地装置接地指示灯可能亮。

(3)转子一点接地装置显示转子绝缘电阻小于 20kΩ。

（二）故障处理

（1）检查转子接地保护装置工作是否正常，进一步核对保护装置显示的绝缘数值，加强监视；如转子接地保护装置工作正常，检查转子两点接地保护功能压板投入正常。

（2）对励磁系统进行全面检查，检查、确认接地点在转子内部或外部。如为转子外部接地，在检修人员排除接地点的过程中，应注意防止转子两点接地保护动作。

（3）如为转子内部接地，绝缘值小于 $1k\Omega$，应汇报值长，申请尽快停机处理。

（4）如接地的同时发电机发生失磁或失步，保护拒动时应同时按下两个"发电机紧急停机按钮"，将发电机解列。

（5）在转子一点接地期间，又发生两点接地，保护拒动立即将发电机解列灭磁。

十三、发电机三相电流不平衡故障处理

（一）故障现象

发电机三相电流不平衡，负序电流超过正常值。

（二）故障处理

（1）核对发电机、主变压器的三相电流显示，判断发电机是否真正的三相电流不平衡。

（2）发电机每相电流不超过额定值，且负序电流值不超过8％额定值时，允许发电机作不对称运行，此时各相电流之间的差值不超过额定值的10％。必要时，降低发电机负荷，以使差值不超过10％。

（3）负序电流超过额定值的8％时，则负序保护动作，将发电机与电网解列。

（4）若是由于机组内部故障引起的，则应把故障机组解列。

（5）若是由于系统原因引起的，应立即汇报调度设法消除。

（6）发电机在带不平衡电流运行时，应加强对发电机线圈温度、氢温、各线棒出水温度和机组振动的监视和检查。

（7）发电机负序过电流停机，再次启动前，必须对发电机尤其是转子进行全面检查，确认无异常后，经总工程师批准后方可重新启动。

十四、发电机断水故障处理

（一）故障现象

（1）"定子冷却水流量低"信号发出。

（2）发电机出水温度上升。

（3）"发电机断水"信号发出。

（二）故障处理

（1）运行定冷水泵跳闸时，检查备用定冷水泵是否联启成功，否则立即手动抢合备用泵一次，恢复供水。

（2）如不能恢复供水，则做好发电机跳闸处理准备，降低发电机有功、

无功负荷，控制发电机出水温度在规定的范围内。

（3）定子断水 30s 后断水保护未动作，则立即打闸停机处理。

十五、发电机绝缘过热监测装置报警故障处理

（一）故障现象

绝缘过热监测装置报警，可能伴随发电机温度上升。

（二）故障处理

（1）当装置发出报警时，及时通知检修专责人员，提取并打印故障报警曲线信息记录，查明原因。

（2）运行人员注意观察发电机运行参数的变化，特别是发电机温度有无明显异常变化，如温度数值超过限额，则按发电机温度异常的有关规定处理。

（3）检查装置运行情况，装置离子室电流指示是否小于 75%。若电流降低，应先按下检测器前面板上的过滤器按钮，如过滤器投入后电流值恢复到 75% 以上，报警消失，复归按钮后电流值又小于 75%，应查明装置管路是否有油，氢气中是否带有大量的油雾，造成气流量减小。

（4）若管路无油，气流量正常，与运行中数值变化不大，而电流确实减小，应及时检查发电机绝缘有无异常，检查装置本身有无故障，如装置故障则进行相应处理。

（5）将打印出的故障报警曲线，与厂家模拟的正确的故障报警曲线比较，如变化规律符合模拟曲线规律，应怀疑发电机内部故障；如变化规律不符合模拟曲线规律，属不正确报警，应查明其他原因。

（6）如初步判断为发电机绝缘过热故障后，应断开装置电源，进行取样工作，并速将取样送检化验，进行色谱分析，为发电机故障分析提供科学依据。

十六、发电机失磁运行

（一）发电机失磁的现象

（1）发电机转子电流等于或近于零。

（2）发电机有功功率、定子电压显示降低。

（3）发电机定子电流表指示升高，并摆动。

（4）发电机无功功率显示为负值。

（5）另一台发电机无功功率增大并有可能进行强励。

（6）失磁保护动作信号发出，失磁保护动作。

（二）发电机失磁的处理

（1）若发电机失磁保护动作跳闸，则按机组跳闸进行处理。

（2）若发电机失磁保护拒动，应立即同时按下两个"发电机紧急停机按钮"，将发电机解列。

（3）对励磁回路检查，隔离故障点做好安全措施，通知检修上票处理。

十七、汽轮机 PC 段失电故障处理

（一）故障现象

（1）汽轮机变保护动作，高低压侧开关跳闸。

（2）所带汽轮机 PC 段母线电压显示回零。

（3）就地设备损坏，可能伴有异味、冒烟、着火等现象。

（4）所带负荷跳闸，相关备用设备联启。

（二）故障处理

（1）检查备用设备联启正常，UPS 备用电源切换正常，稳定机组运行。

（2）若汽轮机变保护动作跳闸，迅速去 6kV 配电室检查变压器电源开关保护动作（速断、零序）报警，将变压器电源开关停电，检查开关间隔及电缆夹层有无异常现象。

（3）检查相应汽轮机 PC 段失电情况，对变压器、母线进行检查，将失电母线工作电源进线开关停至试验位，检查母线各间隔无明显故障后将母联断路器送电，联系主值远方合上母联断路器给失电母线充电，恢复正常负荷运行；如发现有冒烟、着火现象，立即汇报主值，并使用干式灭火器进行扑救。合上变压器高压侧接地开关，在变压器低压侧安装一组接地线，布置好安全措施，通知检修人员上票处理。

（4）如确认某一负荷故障，越级跳开汽轮机 PC 段工作电源进线开关导致母线失电，则将故障负荷电源开关停电，尽快联系主值合上汽轮机 PC 段工作电源进线开关给母线充电，恢复正常负荷的运行。

（5）如母线故障导致汽轮机 PC 段工作电源进线开关跳闸，则将失电母线工作电源进线开关及母联断路器停电，取下母线 TV 一、二次熔丝，在母线上安装一组接地线，联系检修办理抢修工单处理。

（6）如经检查未见异常，则将变压器高、低压侧开关、母联断路器及所有负荷开关停电，断开母线 TV 一次开关，测量变压器高、低压侧开关、变压器、PC 段母线绝缘合格，将故障变压器高、低压侧开关送电，联系主值给变压器及母线充电正常后，将负荷逐路送电、启动；如再次发生跳闸，将故障设备停电做好安全措施，联系检修处理。恢复其他设备运行。

第二节　直流系统的异常及事故处理

一、直流母线电压异常

（一）现象

（1）DCS 画面上直流母线电压表指示过高或过低。

（2）DCS 画面上"直流母线电压异常"报警。

（3）就地直流母线电压表指示过高或过低。

（4）充电机监控器、直流接地选线监测装置有电压异常报警。

（二）处理

（1）检查母线电压值，判断直流接地选线监测装置或监控器报警是否正确。

（2）检查充电电流是否太大、太小，并适当调整。

（3）若充电机、蓄电池故障，应将其退出运行，改由另一段直流母线供电，通知检修处理。

（4）若系统故障造成充电机失去交流电源致使蓄电池放电过甚，导致直流电压严重降低，应设法迅速恢复充电机电源，同时停用不重要的直流负载如事故照明等，并控制直流负荷。

二、直流系统接地故障处理

（一）故障现象

（1）DCS 画面有母线接地报警。

（2）微机绝缘监测仪显示屏上有"故障"显示，监控器上查询有绝缘故障报警。

（二）故障处理

（1）检查微机直流绝缘监测仪，用其确定故障线路编号，判明接地极性及接地程度。

（2）根据微机直流绝缘监测仪显示故障线路编号，顺着线路进行查找。

（3）询问有关岗位该回路是否有人工作，若有则立即停止工作。

（4）确认热机有无新启、停的设备，对有怀疑的设备系统应重点进行查找。

（5）从次要负荷到重要负荷，从室外到室内，最后停保护、热控负荷的顺序依次瞬停查找。

（6）试停电压表、变送器、绝缘监察装置后若仍接地，则说明充电装置、蓄电池及母线有接地点。

（7）试拉蓄电池直流输出开关若仍接地，则说明充电装置及母线有接地点。

（8）试拉直流电源进线开关，如果接地消失，说明是直流电源进线接地。如果接地仍不消失，说明是直流母线接地，应将控制直流负荷切至非接地母线运行，根据值长命令将故障母线停电。

（9）当查找出接地设备后，通知检修处理，处理完毕，尽快恢复原方式。

三、蓄电池出口熔断器熔断故障处理

（一）故障现象

（1）监控器有电池熔断器故障报警。

（2）就地蓄电池出口熔断器熔断。

（二）故障处理

（1）检查充电装置是否跳闸，直流负荷是否过大，如充电机没有跳闸，直流负荷偏大，应及时调整充电机的浮充电，必要时停用一些不重要的负荷，以维持母线电压。如充电机动作跳闸，检查是否有短路现象，若未见异常，应立即重新开启，保证控制电源的供电。

（2）拉开蓄电池组直流输出开关，取下熔断器，查找熔断器熔断原因，更换熔断器后，重新投入蓄电池组。若有短路现象，联系检修处理。

（3）若蓄电池组短时不能恢复，直流母线正常，将该直流母线切至另一段供电。

（4）若直流母线故障，短时不能恢复，将该直流母线负荷切至另一段供电。

四、充电机故障处理

（一）故障现象

（1）DCS画面来"模块故障"或"充电机交流电源消失"报警。

（2）监控器上查询有模块故障或交流故障报警。

（二）故障处理

（1）如高频模块故障，则将故障模块退出由检修处理，并检查各工作模块电流无超限，必要时调整充电装置的输出电流。

（2）如为交流输入断相或跳闸，应停用充电机，投用备用充电机，并检查柜内组件是否有短路现象。通知检修人员进行处理。

第三节　典型附属设备异常的原因分析及处理

一、汽轮机部分

（一）开冷水泵跳闸

1. 现象

（1）"开冷水泵跳闸"声光报警发出。

（2）开冷水母管压力突降。

2. 处理

运行的开式水泵跳闸，备用泵应联启，否则手动启动。如备用泵抢合不上，在判断故障泵非电气原因跳闸后可抢合原运行泵，若仍然合不上，应及时开足开式水泵旁路门，加强对闭冷水温度的监视，必要时可适当提高循环水母管压力，降低机组负荷，不得已时可切除次要用户的供水，确保真空泵冷却器和闭式水冷却器正常运行，并监视闭冷水温的上升速度，及时调整闭式水用户供水量的分配，同时及时联系检修处理。

（二）闭冷水泵出口母管压力低

1. 现象

（1）LCD 上闭冷水母管压力低报警。

（2）如压力降到 0.5MPa 时，备用泵启动。

2. 原因

（1）泵入口滤网堵或进、出口门位置不正常。

（2）运行泵组异常，出力降低。

（3）闭冷水系统泄漏。

3. 处理

（1）备用泵启动后，检查出口母管压力应恢复正常。

（2）检查滤网压差，如压差增大，则切换备用泵，并联系检修清洗或更换滤网。

（3）全面检查闭冷水系统，如有泄漏，则设法隔离泄漏点。

（4）如两台泵运行，而出口母管压力仍持续下降，则申请故障停机，并立即将循环水、空气压缩机冷却水切至正常机组运行。严密监视各转机轴承、油站、电机线圈温度。

（5）如闭冷器泄漏，则切换闭冷器运行。

（三）闭冷水箱水位高

1. 现象

（1）水箱水位调节门联锁关闭。

（2）闭冷水箱液位高 LCD 报警。

2. 原因

（1）闭冷水箱水位开关自动调节失灵。

（2）闭冷水系统流量波动大。

（3）公用闭冷水系统操作所致。

3. 处理

（1）如水位调节动作异常，则手动调节水箱水位正常。

（2）如水位上升过快，则可打开闭冷水箱底部放水门放水，待水位正常后关闭。

（3）如公用闭冷水系统操作所致，则应恢复原运行方式，查明原因消除隐患后操作。

（四）闭冷水箱水位低

1. 现象

（1）闭冷水箱水位降至低值时，联锁开启闭冷水箱补水门。

（2）LCD 闭冷水箱水位低报警。

2. 原因

（1）水位自动调节失灵。

（2）凝结水压力低。

（3）闭冷水系统泄漏严重。

3. 处理

（1）如水位自动调节失灵应手动调节水箱水位正常。

（2）如闭冷水系统泄漏，则设法隔离泄漏点，如因泄漏而压力维持不住。可酌情降负荷，减少闭冷水用户，同时严密监视各用户温度。

（3）如凝结水补水压力低，则启动凝结水输水泵向闭冷水箱补水。

（五）主机控制油压下降

1. 现象

（1）LCD 及就地表计指示主机控制油压下降。

（2）主机控制油压低报警。

2. 原因

（1）主机控制油箱油位低。

（2）主机控制油系统泄漏。

（3）主机控制油泵故障。

（4）主机控制油泵进、出口滤网脏污。

（5）主机控制油系统安全门误动。

（6）备用主机控制油泵出口逆止门不严。

3. 处理

（1）当油压降至联泵值时，确认备用泵联动正常，否则手动启动。

（2）若两台主机控制油泵运行仍无法维持主机控制油压，应做好停机准备。

（3）当达到停机保护值时，保护应动作正常，否则手动停机。

（4）发现主机控制油系统泄漏，应在尽量维持主机控制油压的前提下，隔离泄漏点，并及时联系检修加油，若漏油严重不能隔离，应申请故障停机。

（5）检查安全门动作情况，若误动应及时联系检修处理。

（6）若运行泵滤网差压高，应启动备用泵，停止运行泵，联系检修清洗滤网。

（7）运行泵工作异常，应切至备用泵运行并联系检修处理。

（六）循环水量减少

1. 现象

（1）凝汽器循环水出水温度升高。

（2）循环母管压力上升或下降。

（3）凝汽器真空下降。

2. 处理

（1）虹吸破坏导致真空下降时，关小虹吸破坏侧凝汽器循环水出水门，开启凝汽器水室真空泵，空气抽尽后停运，开大凝汽器循环水出水门，重新建立循环出水虹吸。

（2）检查循环水泵进口滤网是否脏堵。

（3）检查循环水至凝汽器进、出口门开度。

（4）若凝汽器脏污结垢，严重时应隔离半边凝汽器进行清理。

（5）检查运行循环水泵工作情况。

（6）检查备用循环水泵出口蝶阀状态。

（七）轴封供汽不足

1. 现象

（1）凝汽器真空下降。

（2）轴封供汽母管压力下降。

（3）就地可听到轴封处有吸气声。

2. 原因

（1）轴封汽母管溢流调节门失灵。

（2）辅汽至轴封供汽调节门失灵，或阀门误关。

3. 处理

（1）轴封汽母管溢流调节门失灵，应关小调节门后电动门，或手动调节以维持正常的轴封母管压力，同时联系检修处理。

（2）若辅汽至轴封供汽调节门失灵，切手动调节，或开启旁路门手动调节，并关闭调节阀前截止门，联系检修处理。

（八）真空泵故障

1. 原因

（1）运行中真空泵跳闸，备用真空泵未自启动。

（2）分离水箱水位过低或过高。

（3）调整不当或真空泵密封水温度太高。

2. 处理

（1）运行中真空泵跳闸，备用真空泵未自启动，应立即手动启动。

（2）分离水箱水位过低应查找原因：自动补水失灵，则开启补水旁路门并补水至正常水位；补水门误关，应立即开启；放水门误开，则立即关闭放水门；补水水源中断应立刻恢复或切换水源。

（3）分离水箱水位过高应检查真空泵电流是否超限，否则调备用真空泵运行，并开分离器放水门放水，检查补水电磁阀工作是否正常，补水旁路门是否误开。

（4）真空泵出口密封水温度应低于真空泵入口绝对压力所对应的饱和温度，若温度高，应开大密封水冷却器冷却水门。

（九）凝结水泵跳闸

1. 现象

（1）LCD 报警，电流到零，凝结水母管流量骤降，出口压力稍降。

（2）凝汽器热井水位上升，除氧器水位下降。

2. 处理

（1）首先应确认备用泵自启，否则手启，启动后确认出口门联锁动作正常。

（2）调整凝汽器水位和除氧器水位至正常值。

（3）如备用泵启动不成功，可强行再启动一次跳闸泵。强起不成功应据当前负荷考虑是否降负荷处理。

（4）查明跳闸原因。

（十）凝结水泵打空泵

1. 现象

（1）电流下降并左右摆动。

（2）凝结水泵出口压力下降，凝结水流量下降。

2. 处理

（1）立即到现场听是否有异声。

（2）停故障泵，手启备用泵。

（3）调节凝汽器水位、除氧器水位正常。

（4）查明凝结水泵打空泵的原因。

（十一）凝汽器水位高

1. 现象

（1）凝结水泵跳闸，备用泵未启动。

（2）凝汽器钛管大量泄漏。

（3）凝汽器热井水位调节阀失灵、旁路误开。

（4）凝结水泵入口法兰漏空气或凝结水泵密封水中断，凝结水泵打不出水。

（5）凝结水泵出口管道上有关阀门误操作，包括化学精处理装置有关阀门误关或凝结水泵再循环门故障。

（6）除氧器水位调整器故障。

2. 处理

（1）运行凝结水泵跳闸，备用泵未自启动，应立即手动启动，检查凝结水泵跳闸原因，并联系检修处理。

（2）凝汽器不锈钛管大量泄漏，经化验凝结水水质氢电导率大幅度上升时，应汇报值长并根据凝汽器真空适当减负荷，凝汽器分别隔离，逐个查漏。

（3）凝汽器热井水位调节阀失灵，应立即隔离失灵水位调节阀，并联系检修进行处理，用旁路手动阀控制水位。

（4）备用泵出口逆止门不严，须关闭备用泵出口电动门，退出备用，通知检修处理。

（5）凝结水泵入口滤网堵塞，应启动备用泵，停止故障泵，解除联锁，通知检修处理，并隔绝操作，应汇报值长，注意凝汽器水位正常。

（6）除氧器水位调节门故障，应立即切旁路运行，并联系检修处理。

（十二）凝汽器真空下降

1. 现象

（1）凝汽器真空下降，排汽温度升高。

（2）凝结水温度相应升高；机组负荷相应下降。

（3）同一负荷下，蒸汽流量增加，轴向位移增大。

（4）当凝汽器压力报警。

2. 原因

（1）真空系统严密性试验不合格、真空破坏门误开或水封已被破坏。

（2）循环水量严重减少或循环水管大漏。

（3）循环水泵故障跳闸，备用循环水泵未启动；造成循环水中断。

（4）循环水入口温度升高。

（5）轴封供汽压力太低（包括给水泵汽轮机），轴加水位不正常或水封被破坏；疏水调节不正常，有泄漏真空现象。

（6）真空泵及其辅助设备故障。

（7）凝汽器水位调节不正常，迅速升高至事故水位时，钛管泄漏。

（8）凝汽器管板或管壁严重结垢，循环水出水真空被破坏。

（9）真空系统阀门操作不当或误操作。

（10）备用真空泵进口电动门关闭不严密。

（11）主机、给水泵汽轮机排汽隔膜破裂、泄漏。

3. 处理

（1）发现真空下降时，应立即核对表计，并对照排汽温度，检查汽封压力、循环水压力和凝汽器水位等，迅速查明原因，及时分析处理，同时汇报值长。

（2）若真空系统有操作，应立即停止操作，并恢复操作前状态。

（3）立即启动真空泵、备用循环水泵。

（4）当凝汽器压力下降到设定值时，确认备用真空泵自启，否则手启动。

（5）如备用真空泵启动后凝汽器压力继续下降，汇报值长，降低机组负荷直至零，仍不能维持真空，申请停机。切断所有至凝汽器的疏水，关闭旁路。

（6）凝汽器压力升到28kPa，主汽轮机应自动脱扣，否则，应手动紧急脱扣。

（7）凝汽器压力升到28kPa，给泵 A/B 应自动脱扣，否则，应手动紧急脱扣。

（8）如两台循环水泵脱扣，或循环水确已中断，应立即脱扣汽轮机同时关闭凝汽器循环水出口门，以防汽轮机排汽隔膜破裂。

（9）事故处理过程中，注意倾听机组声音、振动、胀差、轴向位移、推力轴承金属温度、回油温度的变化情况。

（十三）高压加热器水位升高

1. 原因

（1）水侧泄漏或爆管。

（2）正常疏水调节系统失灵，经处理无效。

（3）加热器泄漏。

（4）加热器的所有水位计及 LCD 显示均故障，无法监视水位。

2. 处理

（1）当水位升至"高"报警时，该加热器事故疏水门打开，若水位升至"高-高"报警时，保护动作，该加热器解列。

（2）若高压加热器泄漏，则紧急停用隔离泄漏高压加热器。

（3）若加热器的所有水位计及 LCD 显示均故障，无法监视水位时，应立即停用该高压加热器，联系检修处理。

（十四）高压加热器水位低

1. 原因

（1）疏水调节系统失灵正常疏水门开度太大。

（2）事故疏水调节门误开。

（3）抽汽隔离门、逆止门误关。

2. 处理

（1）若疏水调节系统失灵正常疏水门开度太大，应立即切为手动并关小，调节水位正常。

（2）若事故疏水调节门误开，应立即切为手动关小并关闭，调节水位正常。

（3）若抽汽隔离门、逆止门误关时，应立即手动开启。

（十五）除氧器含氧量增大

1. 原因

（1）联胺加药不足或中断。

（2）进汽不足或中断。

（3）除氧器压力异常升高。

（4）至除氧器排气管堵塞。

2. 处理

（1）调整联胺加药。

（2）增大进汽或切换汽源。

（3）注意保持负荷平稳。

（十六）除氧器振动

1. 原因

（1）除氧器进水、进汽突增或突降。

（2）给水流量大幅度晃动，造成除氧器水位快速波动。

（3）高压加热器大量疏水突然进入除氧器。

2．处理

（1）调整除氧器进水、进汽。

（2）调整给水流量、调整除氧器水位。

（3）调整高压加热器的疏水量及疏水方式。

（十七）除氧器压力突然下降

1．原因

（1）除氧器进汽突然中断。

（2）除氧器水位调节阀失灵，大量凝结水进入。

（3）除氧器疏水阀、安全阀误开。

2．处理

判断除氧器压力下降原因后，采取相应措施。

（十八）除氧器压力升高

1．原因

（1）凝结水泵跳闸或水位调节阀失灵进水中断。

（2）机组过负荷。

（3）高压加热器疏水量突然增大。

（4）除氧器压力表计失灵。

2．处理

（1）迅速恢复除氧器进水至正常。

（2）调节控制负荷至正常。

（3）检查高压加热器疏水运行情况，必要时高压加热器疏水切至凝汽器。

（4）除氧器压力高时，注意安全门动作正确，禁止除氧器超压运行。

（5）表计失灵，联系检修处理。

（十九）除氧器水位高

1．原因

（1）除氧器水位自动调整失灵或水位调节旁路门误开。

（2）机组甩负荷或减负荷速度太快。

（3）高压加热器疏水量大。

（4）水位计误显示。

2．处理

（1）核对有关水位计，确认除氧器水位是否高。

（2）水位计故障，应尽快联系检修处理，严格控制凝结水，给水流量，必要时应稳定机组负荷。

（3）水位自动调整失灵，应立即切为手动控制，若水位调节旁路门误开，应手动关闭。

（4）机组甩负荷或减负荷速度太快，应及时调整除氧器进水量，若自动调节跟不上切手动调节，正常后切回自动控制。

（5）高压加热器运行异常，按有关规定处理。

（6）当除氧器水位升至高一值，应检查除氧器溢放水至机组排水槽电动二次门自动开启，否则 DCS 上手动开启，除氧器溢流投入，通知化学人员注意机组排水槽水位，并派人就地检查溢流管道的振动、水击情况。如水位仍无法维持，除氧器水位上升至高二值，应开启除氧器放水电动门进行事故放水。除氧器水位回落后，关闭除氧器放水电动门，检查除氧器溢放水至机组排水槽电动二次门自动关闭，否则手动关闭。

（二十）除氧器水位低

1. 原因

（1）除氧器进水量太小或除氧器水位自动调整失灵。

（2）凝结水泵运行异常或凝水再循环门运行中突然开启。

（3）凝结水、给水系统管道爆破大量漏水。

（4）除氧器放水门或溢流门误开。

（5）机组负荷变化太快，除氧器水位调节跟不上。

（6）水位计指示不准。

2. 处理

（1）核对所有水位计，确认除氧器真实水位。

（2）若水位计故障，汇报值长尽快联系检修处理，严格监视凝结水、给水流量，必要时应稳定机组负荷。

（3）水位自动调整失灵，立即切为手动调整。

（4）凝结水泵运行异常，应切换备用泵运行，凝水再循环门误开应立即关闭。

（5）凝结水、给水管道泄漏，按有关规定处理，通知检修人员处理。

（6）除氧器放水门误开应立即关闭。

（7）机组升荷速度过快，必要时开启除氧器水位调节门旁路门调节。

（8）除氧器水位至"低"报警时，开启除氧器水位调节门旁路门，或增开一台凝结水泵运行，必要时稳定机组或适当减负荷。

（9）除氧器水位至"低-低"报警时，给泵跳闸。

（二十一）氢压降低

1. 原因

（1）补氢调节阀失灵或供氢系统压力下降。

（2）密封油压力降低。

（3）氢冷器出口氢气温度突降。

（4）氢系统泄漏或误操作。

（5）表计失灵。

2. 处理

（1）如密封油中断，应紧急停机并排氢。

（2）发现氢压降低，应核对就地表计，确认氢压下降，必须立即查明原因予以处理，并增加补氢量以维持发电机内额定氢压，同时加强对氢气纯度及发电机铁芯、线圈温度的监视。

（3）检查氢温自动调节是否正常，如失灵应切至手动调节。

（4）若氢冷系统泄漏，应查出泄漏点。同时做好防火防爆的安全措施，查漏时，应用检漏计或肥皂水。

（5）管子破裂、阀门法兰、发电机各测量引线处泄漏等引起漏氢。在不影响机组正常运行的前提下设法处理，不能处理时停机处理。

（6）发电机密封瓦或出线套管损坏，停机处理。

（7）误操作或排氢阀未关严，立即纠正误操作，关严排氢阀，同时补氢至正常氢压。

（8）怀疑发电机定子线圈或氢冷器泄漏时，必要时停机处理。

（9）氢气泄漏到厂房内，应立即开启有关区域门窗，启动屋顶风机，加强通风换气，禁止一切动火工作。

（10）若氢压下降无法维持额定值，应根据定子铁芯温度情况，相应降低机组负荷直至停机。

（11）密封油压低，无法维持正常油氢差压。设法将其调整至正常或增开备用泵，若密封油压无法提高，则降低氢压运行。氢压下降时按氢压与负荷对应曲线控制负荷。

二、锅炉部分

（一）空气压缩机排气压力低

1. 现象

集控室 LCD 上出现系统压力低报警。

2. 原因

（1）进气滤网脏。

（2）油气分离器的压力释放阀未关闭。

（3）进气阀开度小。

3. 处理

（1）检查空气压缩机的运行方式，检查压力设定值是否正确。

（2）联系检修人员对入口滤网进行更换。

（3）检查油气分离器的压力释放阀开度，如果是因为连杆位置不正确，应联系检修人员进行调整。

（二）空气压缩机高温故障

1. 现象

集控室 LCD 上出现空气压缩机报警，就地 LCD 上空气压缩机高温报警。

2. 原因

（1）环境温度高。

（2）油量不够。

（3）冷却器结垢/冷却风量不足。

（4）温控阀故障。

（5）温度传感器故障。

3. 处理

（1）按空气压缩机跳闸处理。

（2）若由环境温度高引起，应联系检修人员增加通风设备。

（3）其他故障引起，应联系检修人员停运后处理。

（三）空气压缩机故障停运

1. 现象

LCD上出现空气压缩机停机报警，就地发空气压缩机跳闸报警。

2. 原因

（1）无电压。

（2）电压偏低。

（3）运行压力过高。

（4）空气压缩机运行温度过高。

（5）油压过低。

（6）水压过低。

（7）电机过载。

3. 处理

（1）检查电源是否正常，恢复电源。

（2）运行温度过高，增加冷却风机或加强通风。

（3）水压过低时检查闭冷水压力以及阀门情况，恢复闭冷水压力。

（4）电机过载联系检修处理。

（四）冷干机运行异常

1. 现象

冷干机冷凝压力过高。

2. 原因

（1）入口温度过高。

（2）冷凝器闭冷水侧结垢。

（3）空气处理量过大且压力低于 $4 \times 10^5 \, \text{Pa}$。

（4）冷媒压缩机进排气阀片磨损。

3. 处理

（1）若入口温度过高，改善干燥机进气温度。

（2）若冷凝器闭冷水侧结垢，清洗。

（3）若空气处理量过大且压力低于 $4 \times 10^5 \, \text{Pa}$，控制排气量及排气压力。

（4）若冷媒压缩机进排气阀片磨损，应联系检修及时换新。

（五）冷干机故障报警

1. 现象

冷干机露点高报警。

2. 原因

（1）吸附剂超过使用期限。

（2）吸附剂被污染。

（3）进气压力过低或进气温度过高。

3. 处理

（1）若吸附剂超过使用期限，更换吸附剂。

（2）若吸附剂被污染，检修前置过滤器后更换吸附剂。

（3）若进气压力过低或进气温度过高，增加进气压力或降低进气温度。

（六）再生塔故障

1. 原因

（1）消声器阻塞。

（2）再生阀没有完全打开。

（3）逆止阀密封不良。

2. 处理

（1）若消声器阻塞，清洗或更换消声器。

（2）若再生阀没有完全打开，检修再生阀。

（3）若逆止阀密封不良，检修逆止阀。

（七）等离子断弧

1. 原因

（1）阴极头、阳极脏污。

（2）载体风压及拉弧间隙不当。

（3）阴极头、阳极漏水。

（4）电气系统故障。

2. 处理

（1）等离子断弧后，检查油枪自动投入正常。

（2）调整载体风压。

（3）通知检修检查处理等离子点火器或电气设备。

（八）磨煤机润滑油箱油位低

1. 原因

（1）润滑油系统泄漏。

（2）油泵故障或油泵靠背轮断掉。

（3）润滑油过滤器不洁，阻力大。

（4）润滑油黏度高。

2. 处理

（1）若发现油系统泄漏或油泵故障，应即汇报值长停用油泵并联系检修。

（2）若是滤网差压大，应切换滤网，并应联系检修进行清洗滤网。

（3）若润滑油黏度高，应检查齿轮箱润滑油电加热是否正常。

（九）磨煤机齿轮箱内温度异常

1. 原因

（1）冷却器冷却水量过小或过大。

（2）冷却器阻塞。

（3）电加热器或电加热带故障。

（4）磨煤机齿轮箱润滑油压力低。

2. 处理

（1）调节冷却水流量。

（2）联系检修清理冷却器。

（3）检查电加热器、电加热带是否故障。

（十）磨煤机出口温度异常

1. 原因

（1）磨煤机着火。

（2）热风或冷风调节器故障。

（3）磨煤机出口温度故障。

（4）给煤太湿。

2. 处理

（1）若磨煤机出口温度有不正常的升高是着火引起，应紧急停用该磨煤机，并对磨煤机进行蒸汽灭火。

（2）若磨煤机出口温度过低，是煤太湿引起，应适当减少给煤量，开大热风调整门，关小冷风调节门或适当提高磨煤机出口温度设定值。

（3）若是调节器或控制器故障所引起的磨煤机出口温度不正常，应联系检修处理。

（十一）磨煤机电动机电流异常

1. 原因

（1）磨煤机超负荷或给煤量太小。

（2）旋转分离器转速控制不正常。

（3）磨碎力太大。

（4）电动机故障或电动机靠背轮轴断裂。

（5）电动机电流显示失灵。

2. 处理

（1）适当减少磨煤机出力或检查给煤机运行是否正常。

（2）适当调整分离器转速。

（3）联系检修处理。

（十二）磨碗压差异常

1. 原因

（1）磨煤机过负荷或给煤量太少。

（2）煤粉太细。

（3）压力开关堵塞或泄漏。

（4）磨煤机的风量太大或太小。

2. 处理

（1）适当减少给煤量或检查给煤机运行是否正常。

（2）适当调整分离器转速。

（3）联系检修检查压力开关是否正常。

（4）检查磨煤机风量控制是否正常。

（十三）磨煤机异声

1. 原因

（1）磨碗上面有杂物或磨辊运行不正常。

（2）弹簧压力不均匀。

（3）刮板装置断裂。

2. 处理

发现以上情况时，运行人员应停用该磨煤机，并应联系检修处理。

（十四）磨煤机轴承温度过高

1. 原因

（1）轴承故障。

（2）齿轮箱油位太低。

（3）润滑油冷却器故障或冷却水调门失灵关闭。

2. 处理

（1）就地检查轴承温度是否正常。

（2）联系检修加油。

（3）检查润滑油冷却器是否正常。

（十五）磨煤机爆炸

1. 现象

（1）磨煤机出口温度急剧升高。

（2）磨煤机内部可能有巨大响声。

（3）磨煤机出口风压，进出口差压剧烈波动。

2. 原因

（1）原煤中混入易燃易爆物品。

（2）分离器或风室内堆积煤粉。

（3）石子煤斗清理不及时，造成积粉。

3. 处理

磨煤机运行中发生自然、爆炸时，应立即停用磨煤机，关闭冷、热风隔绝门，出口门，密封风门，投入磨煤机消防蒸汽。待磨煤机出口温度正常后，对跳闸磨煤机进行吹扫。

（十六）磨煤机阻塞

1. 现象

（1）磨煤机电流上升。

（2）磨煤机风量及出口温度都将下降。

2. 原因

（1）磨煤机风量控制不当，风量过小，给煤量太多。

（2）磨煤机出口门未开足或被误关。

（3）磨盘、磨辊磨损严重或研磨力调整不当。

（4）石子煤斗未按时清理而堵塞，造成风室内大量积煤。

3. 处理

（1）联系灰控值班员对石子煤斗进行人工出渣。

（2）若上述处理无效时，应停用给煤机和磨煤机。

（十七）给煤管阻塞

1. 现象

（1）磨煤机电流下降。

（2）磨煤机风量、出口温度都将上升。

（3）当给煤管全部阻塞时，将使给煤机因"堵煤"而跳闸。

2. 原因

（1）原煤中水分太大。

（2）给煤量太大。

（3）给煤管闸门被误关。

3. 处理

（1）当给煤管闸门误关时，应即开启，并调整给煤量。

（2）将磨煤机的给煤量、风量、出口温度切"手动"。

（3）减少给煤量及维持锅炉燃料不变。

（4）敲击给煤管，使积煤震落，同时应维持磨煤机风量、出口温度正常。

（十八）煤粉管阻塞

1. 现象

（1）煤粉燃烧器无煤粉喷出或煤粉量很少。

（2）磨煤机出口风压上升。

2. 原因

（1）磨煤机风量小，煤粉细度过粗，出口风压及出口温度低。

（2）磨煤机出口至各煤粉管的风粉混合物分配不匀。

（3）燃烧器喷口结焦。

3. 处理

（1）增大磨煤机风量、提高出口风压。

（2）清除燃烧器喷出结焦。

（3）敲击阻塞的煤粉管直至畅通。

（4）当无法敲通时，应即停用磨煤机，并联系检修处理。

（十九）给煤机皮带故障

1. 现象

（1）磨煤机出口温度上升。

（2）锅炉负荷或汽压下降。

（3）给煤机皮带不转动。

2. 原因

给煤机皮带过松，张力小。

3. 处理

当发现以上情况时，应即停用该给煤机，并应联系检修处理。

（二十）给煤机清扫链故障

1. 现象

（1）给煤机清扫链停止转动。

（2）给煤机内严重堵煤，引起给煤机跳闸。

（3）给煤机电流升高。

2. 原因

（1）给煤机皮带损坏引起漏煤。

（2）给煤机清扫链电动机热偶故障。

（3）清扫链销子断裂。

（4）来煤中有异物。

3. 处理

（1）发现给煤机清扫链不转，应及时停用给煤机，并检查给煤机清扫链电动机热偶是否动作，经处理后给煤机清扫链仍不转则应联系检修处理。

（2）若给煤机已发生堵煤跳闸，则应停用给煤机和磨煤机，并联系检修处理。

（二十一）送风机液压泵故障

1. 现象

（1）油泵跳闸报警，跳闸油泵红灯灭、绿灯亮。

（2）油压低一值，备用油泵自启动。

（3）若备用油泵未自动投入，油压低二值风机跳闸。

2. 原因

（1）机械部分或电气部分故障。

（2）误操作或误碰断路器按钮。

3. 处理

（1）若备用油泵已联锁投入，解除油泵联锁，维持运行油泵出口压力正常，检查油泵跳闸原因。

（2）风机油系统时发生一台油泵跳闸，若备用油泵没有自启动可立即强投备用油泵一次，并汇报机组值班员。

（3）若两台油泵都强投不上，风机已跳闸，则应汇报值长，通知检修处理。

（二十二）空气预热器及风机故障

1. 现象

（1）锅炉燃烧不稳或熄火。

（2）机组负荷下降。

（3）失电或跳闸的辅机电流指示到零。

（4）保护动作或电气故障跳闸时，信号闪光及报警。

（5）一台空气预热器故障跳闸时，对应的送风机、引风机将联动跳闸，空气预热器空气电动机自动投入。

（6）一台引风机失电或跳闸时，炉膛正压报警。

（7）一台送风机失电或跳闸时，总风量下降，炉膛负压增大并报警。

（8）两台空气预热器同时故障跳闸时，将联动两台引风机、两台送风机跳闸并产生 MFT。

（9）两台引风机同时跳闸故障时，将联动两台送风机跳闸并产生 MFT。

（10）两台送风机同时故障跳闸时，将联动两台引风机跳闸并产生 MFT。

（11）两台一次风机同时失电或跳闸时，将造成一次风丧失，使磨煤机全部跳闸。

2. 原因

（1）厂用电故障失电。

（2）辅机的电气设备故障。

（3）电动机继电保护动作。

（4）辅机联锁或保护动作。

3. 处理

（1）单台辅机跳闸按 RB 进行处理。

（2）两台辅机跳闸，锅炉达到 MFT 条件，按 MFT 处理。

（3）复置失电或跳闸的辅机，检查各联动应正常，发现拒动应即手操使其停用。

（二十三）空气预热器及风机主轴承温度高

1. 原因

（1）主轴承有机械故障。

（2）轴承箱油位过低，轴承密封处漏油，轴承缺油或油质恶化。

（3）环境温度太高。

（4）辅机通流介质温度过高。

2. 处理

（1）如轴承箱油位过低，紧急时值班人员应立即进行加油，并及时通知检修部门。

（2）如润滑油变质，应及时通知检修换油。

（3）若环境温度高，应通知检修设法加强通风冷却，如增设临时通风机等。

（4）如流通介质温度过高，则应设法降低介质温度。

（5）如轴承密封处泄漏，应及时通知检修处理。

（6）如轴承有缺陷时，应汇报值长，要求降低该辅机负荷。

（7）如空气预热器轴承油系统温度高，应就地检查油泵是否自启动，若未自启动应立即手动启动油泵，并联系热工查明未自启动原因。

（8）当轴承温度高至跳闸值时，保护拒动时应紧急手动停用该辅机。

（二十四）风机的失速

1. 原因

（1）风机在不稳定工况区域运行。

（2）风门挡板操作不当，造成系统的阻力增加。

（3）并联运行的两台风机发生"抢风"现象，使其中一台风机进入不稳定区域运行。

2. 现象

（1）失速信号报警。

（2）失速风机的风压、电流发生大幅度的变化或摆动，伴随有周期性的鸣音。

（3）风机噪声明显增加，严重时机壳、风道也发生振动。

（4）当发生"抢风"现象时，一台风机的电流、风压上升，另一台则下降。

（5）炉膛负压变化，甚至造成燃烧不稳。

3. 处理

（1）紧急降低风机的负荷，迅速关小未失速风机的动叶，然后适当关小失速风机的动叶，使两台风机动叶开度、电流相接近，直至失速现象消失。

（2）迅速采取降低系统阻力的措施，如开启辅助风挡板等。

（3）处理过程中应参照氧量，调整锅炉燃料和给水量，维持各参数正常。

（4）失速现象消失后，应找出失速的原因，方可逐步恢复锅炉负荷。

（5）当采取上述各项措施均无效，且威胁设备安全运行时，应立即停用该风机。

（二十五）送风机调节装置故障

1. 原因

（1）送风机动叶调节系统油压不正常地降低或系统、接头漏油、泄压阀误动作或定值偏低。

（2）送风机液压缸有缺陷。

（3）送风机动叶执行机构故障。

2. 现象

（1）故障风机的动叶指令开大或关小时，风机的动叶的实际反馈不变，风机电流、烟压或风压无变化。正常风机的动叶或导叶开度出现不正常的开大或关小，电流明显偏离正常值。

（2）送风机动叶调节系统油压低。

（3）送风机液压油系统漏油时，油压可能降低，油箱油位下降，严重时动叶自动开大或关小。

（4）送风机动叶调节臂上销子脱开。

3. 处理

（1）如送风机动叶油压不正常，应立即就地检查备用油泵自启动；如由于泄压阀定值偏低、故障或误动作，除设法维持油压正常外，还应及时联系检修处理。

（2）如送风机液压、润滑油系统漏油，应及时联系检修处理，尽量维持风机运行。如泄漏严重或油管爆破，使液压油无法维持（动叶自动开大或关小）时，应立即停用该风机。

（3）送风机所属的动叶油泵全部故障、脱扣或液压油系统无法向液压缸供油或润滑油时，应立即降低锅炉负荷，紧急停用该风机。

（4）在调节装置故障不能关小的情况下，应保持负荷稳定，固定动叶或静叶原开度，通知检修处理。

（二十六）锅炉辅机严重振动

1. 原因

（1）辅机主轴承、电动机轴承或减速箱机械故障。

（2）辅机动平衡未校好或与电动机的中心未校好。

（3）风机发生失速。

（4）叶片或转子碰壳。

（5）叶片或转子局部损伤、断裂或磨损严重。

（6）转子变形，预热器传热元件或密封件损坏严重。

（7）辅机、电动机或轴承座底脚螺栓断裂或松动。

2. 现象

（1）就地检查辅机、电动机、主轴承或机壳振动严重。

（2）若风机失速引起，则同时伴随着电流的晃动和风压的大幅度波动。

（3）若轴承故障，轴承温度将不正常地升高。

（4）如叶片、转子碰壳或叶片断裂时，从外壳处能听到金属摩擦声或撞击声。

3. 处理

（1）如风机失速引起则按风机失速处理。

（2）如轴承故障或损坏引起，则按轴承故障温度高处理。

（3）如底脚螺栓断裂或松动，应立即汇报值长，联系检修处理。

（4）如叶片、转子碰壳或叶片断裂，转子严重变形或传热元件、密封件严重损坏时，应立即停用辅机。

（二十七）空气预热器着火（二次燃烧）

1. 现象

（1）空气预热器进、出口烟温升高，排烟温度升高，烟压异常，氧量变小；空气预热器火灾探测装置报警。

（2）空气预热器电流摆动大，轴承、外壳温度升高，严重时发生卡涩。

（3）热一次、二次风温不正常升高。

（4）炉膛压力波动，引风机静叶自动开大，引风机电流上升。

2. 原因

（1）锅炉启动（停运）过程中，煤、油混燃时间太长，使尾部受热面、空气预热器波形板积存燃料。

（2）锅炉燃油期间油枪雾化不良。

（3）锅炉低负荷运行时间过长，使尾部烟道内积存可燃物。

（4）煤粉过粗或燃烧调整不当，使未燃尽的煤粉进入锅炉尾部烟道。

（5）吹灰器故障，长期投运不正常。

3. 处理

（1）空气预热器入口烟温不正常升高时，应分析原因并采取相应调整措施，同时对烟道及空气预热器受热面进行吹灰。

（2）经处理无效使空气预热器出口烟温上升至200℃时，汇报值长，按紧急停炉处理。

（3）停炉后，停引、送风机，炉膛严禁通风，严密关闭着火侧风烟挡板。

（4）投入相应吹灰器进行灭火，投入消防水进行灭火。

（5）空气预热器燃烧严重时，投入水冲洗进行灭火，灭火期间，保持空气预热器运转，严禁打开空气预热器人孔门观察。

（6）确认着火已熄灭，接值长命令后，进行通风、吹扫，准备点火。

（二十八）火检冷却风机跳闸

1. 现象

（1）火检冷却风机跳闸声光报警发出。

（2）备用风机投入运行。

（3）LCD显示跳闸风机故障报警。

2. 原因

（1）运行风机厂用电源失去。

（2）电气设备故障。

（3）风机机械故障，电动机继电保护动作。

（4）人为误动。

3. 处理

（1）检查备用风机启动正常，火检冷却风母管压力正常。

（2）备用风机未联启，手动启动。

（3）检查风机跳闸原因，处理完毕恢复正常运行。

（二十九）火检冷却风母管压力低

1. 现象

（1）火检冷却风母管压力低声光报警发出。

（2）备用风机可能联投。

（3）LCD 显示火检冷却风母管压力低。

2. 原因

（1）运行风机跳闸，备用风机未联投。

（2）两台风机厂用电源失去。

（3）系统泄漏。

（4）两台风机机械故障，无出力。

3. 处理

（1）若运行风机跳闸，备用风机未联投，立即手动启动备用风机运行。

（2）如为电源失去、系统泄漏或机械故障等原因通知检修立即抢修。

（3）如果两台火检冷却风 300s 内不能启动，确认锅炉 MFT 动作正常。

（三十）分离器水位高

1. 原因

（1）机组启动过程中给水控制不当或储水箱液位控制阀控制失灵。

（2）机组正常运行时分离器水位调节阀失灵、煤水比失调、过冷水调节阀误开。

2. 处理

（1）机组启动时加强给水控制，避免给水大幅过调，造成分离器水位较大波动。

（2）储水箱液位控制阀、分离器水位调节阀控制失灵，切手动进行干预，阀门故障及时通知检修处理。

（3）过冷水阀误开，及时切手动关闭或将过冷水手动门关闭。

（4）分离器水位升高时注意控制主汽温度。

（三十一）分离器水位低

1. 原因

（1）机组启动过程中给水控制不当。

（2）机组启动过程中燃料量增加太快。

（3）机组启动过程中给水泵勺管、出口调节门、启动循环泵出口调节阀控制失灵。

2. 处理

（1）机组启动时加强给水控制。

（2）机组启动过程中燃料量增加要平稳。

（3）调节失灵切手动干预，调门故障通知检修处理。

（三十二）吹灰程序故障

1. 原因

（1）吹灰设置不当，吹灰程序启动不在"准备就绪"状态。

（2）吹灰系统有故障报警。

（3）吹灰上位机故障。

（4）吹灰电源跳闸。

2. 处理

（1）检查吹灰设置是否正确。

（2）检查电源是否正常。

（3）对故障信号复位。

（4）经上述检查正常后，程序仍不能启动，通知检修处理。

（三十三）吹灰器过载

1. 原因

（1）吹灰器电机缺相。

（2）吹灰管弯曲、锈蚀引起卡涩。

2. 处理

（1）检查动力柜内的接触器、继电器，复位吹灰器热继电器，尽快将吹灰器退出炉外。

（2）若吹灰电动机不能将吹灰器退出，通知检修手动将吹灰器退出，防止吹灰器停在炉内吹坏锅炉受热面和吹灰器枪管弯曲。

（三十四）吹灰调节门失灵

1. 原因

（1）机械卡涩。

（2）控制汽源丢失。

（3）吹灰调门控制电源丢失。

（4）控制模块故障。

2. 处理

（1）若吹灰母管压力低，吹灰程序停止。

（2）若吹灰母管压力高于安全门动作值，检查吹灰安全动作正常。并立即关闭吹灰电动门，结束吹灰。

（3）尽快恢复吹灰调节门控制电源或控制气源。

（4）若控制模块故障，通知检修处理。

（三十五）电场完全短路

1. 现象

（1）一次电压低，只有 30V 左右，一次电流、二次电流接近额定值，二次电压趋向于零，电场不发生闪络。

（2）若设备跳闸时，液晶显示屏显示"短路报警"，故障灯亮且报警铃响。

2. 原因

（1）高压引出端或隔离开关误处于接地位置。

（2）电晕线脱落，与阳极板或外壳接触。

（3）极板或其他零部件、成片铁锈脱落，在阴阳极间搭桥短路。

（4）高压电缆或电缆终端盒绝缘破坏，高压绝缘部件（如阴极支柱绝缘子、瓷套筒、瓷转轴、隔离开关瓷柱绝缘子、穿墙套管、挡灰板等）污损或结露造成漏电击穿、严重爬电。

（5）硅堆击穿短路或变压器二次侧绕组短路。

（6）料位计指示失灵，灰斗棚灰或满灰，触及阴极框架造成灰短路。

3. 处理

（1）停止该电场高压硅整流设备运行，拉开电源断路器。

（2）检查高压隔离开关操作位置是否正确，接触是否良好。

（3）检查该电场灰斗下灰是否故障，有故障时及时处理。

（4）检查该电场电加热系统是否故障，有故障及时处理。

（5）以上故障排除，可再次做升压试验。若仍不能排除故障，则停止供电，断开主回路电源断路器，汇报值长，将故障情况做好记录。

（三十六）电场内部不完全短路

1. 现象

（1）一次电压、二次电压较低，一次电流、二次电流偏大。

（2）二次电流表指示针摆动剧烈呈不稳定状态。

2. 原因

（1）阴极线损坏未完全脱落，在气流中晃动，或阴极框架发生振动。

（2）高压电缆或电缆终端盒绝缘不良，高压绝缘部件（如阴极支柱绝缘子、瓷套筒、瓷转轴、隔离开关瓷柱绝缘子、穿墙套管、挡灰板等）污损或结露造成漏电、绝缘不良。

（3）电场内零部件或铁锈脱落与电极接触，尚未在阴阳极间搭桥，但使实际异极距缩小，引起闪络。

（4）振打系统故障，阴极线和阳极板局部粘尘过多，使实际异极距缩小，引起闪络。

（5）灰斗下灰不正常，灰斗短期满载与阴极下部接触。

（6）流过除尘器烟气比电阻过低。

3. 处理

(1) 停止该电场高压硅整流设备运行，拉开电源断路器。

(2) 检查该电场振打装置是否正常，及时处理故障。

(3) 检查该电场灰斗下灰是否故障，有故障及时处理。

(4) 检查该电场电加热系统是否故障，有故障及时处理。

(5) 以上故障排除后，可作升压试验，做好记录若无效果，可将二次电流降至 0.12A 二次电压升至 30kV，如不能运行，则停止该电场供电，及时汇报单元长。将故障情况做好记录。

（三十七）电场开路

1. 现象

(1) 二次电压升至 30kV 以上仍无电流。

(2) 若设备跳闸时，显示"停机"。

2. 原因

(1) 高压隔离开关操作有误，悬空或接触不良。

(2) 高压回路测点后有开路现象（如线头松动或断线）。

(3) 高压阻尼电阻烧坏。

3. 处理

停止该电场高压硅整流设备运行，检查高压隔离开关是否操作位置有误，接触是否良好，若此项正常，汇报值班员。将故障情况做好记录。

（三十八）高压硅整流变压器过电流

1. 现象

(1) 一次电压、二次电压、二次电流基本正常，一次电流特别大，表针出现抖动，并且伴随着一次电流的突然上跳，二次电流和二次电压同时下跌。

(2) 若设备跳闸，液晶显示屏显示"过电流报警"。

2. 原因

(1) 高压硅整流变压器低压包匝间频繁闪络甚至短路。

(2) 高压硅整流变压器穿芯螺栓接地。

(3) 取样电阻接触不良。

3. 处理

停止该电场高压硅整流设备运行，汇报值长，联系检修对变压器一次侧进行检测处理。将故障情况做好记录。

（三十九）高压硅整流变压器"油温高"报警

1. 现象

(1) 高压硅"危险油温"报警，跳闸并伴有警铃响。

(2) 变压器油温超过或达到 85℃值。

2. 原因

(1) 变压器油位低或变压器油含水变质。

（2）高压硅整流设备严重偏励磁。

（3）变压器匝间短路。

（4）变压器油温表损坏误动作。

3. 处理

（1）停止该电场高压硅整流设备运行，检查变压器实际温度，查明原因。

（2）联系检修处理，汇报单元长，将故障情况做好记录。

（四十）除尘效率不高

1. 现象

（1）烟囱排放烟气含尘浓度较大。

（2）烟气浓度值较大。

2. 原因

（1）锅炉工况变化，烟气条件波动很大，烟气参数不符合要求。

（2）分布板部分堵塞，气流分布不均匀。

（3）灰斗内的阻流板脱落，气流发生短路粉尘二次飞扬。

（4）漏风严重。

（5）振打装置故障，振打程序失灵或振打力度不符合要求。

（6）高压硅整流设备控制系统故障。

3. 处理

（1）检查电除尘器是否漏风，消除漏风点。

（2）检查振打系统是否正常，排除振打装置故障，调整振打周期。

（3）通知检修，消除控制系统故障。

（四十一）电除尘器失电

1. 现象

（1）故障设备的输出电压、电流到零。

（2）故障电源供电的振打装置和电加热停止运行。

2. 原因

（1）除尘变压器失电。

（2）除尘变压器至配电柜供电断路器断开。

3. 处理

（1）停止故障电源供电的高压硅整流设备及各低压设备。

（2）联系电气检查，并要求尽快恢复电源。

（3）电源恢复后，按正常投运步骤对电除尘器恢复通电。

（四十二）电气设备故障

1. 原因

（1）电缆连接处松动，接触电阻大，造成长期过热，将绝缘物烤焦和导体烧红。

（2）电气设备过热严重或绝缘击穿造成短路。

2. 处理

(1) 发现电气设备有焦煳味时，应立即停止运行，查明故障点，通知检修。

(2) 遇有电气设备着火时，应立即将有关设备电源切断，然后进行灭火，对带电设备应使用干式灭火器、1211 灭火器，不得使用泡沫灭火器，对注油设备应使用干式灭火器或干砂等到灭火。

(四十三) 灰斗棚灰

1. 原因

(1) 灰斗内部有异物落下，将下灰孔堵死。

(2) 灰斗有漏风点致使灰温降低而结块。

(3) 干除灰系统故障或长期不运行致使灰斗积灰。

(4) 排灰手动阀误关或仓泵的入口圆顶阀故障关闭。

2. 处理

(1) 停止该灰斗对应的电场高压硅整流设备运行。

(2) 检查发现灰斗棚灰要及时疏通或用大锤振打灰斗承击砧，直至下灰正常。

(3) 检查灰斗是否有漏风点。

(4) 检查灰斗气化风是否正常，尽快恢复干除灰系统运行。

(5) 检查排灰阀和仓泵入口圆顶阀运行情况发现故障及时联系处理。

(6) 灰斗棚灰处理完毕，恢复高压硅整流设备运行。

(四十四) 送风机或引风机跳闸 RB

1. 现象

(1) LCD 上"RB"、送引风机跳闸声光报警发出。

(2) 机组主控方式自动切至 TF 方式。

(3) 磨煤机以程序方式跳闸，保留三台磨运行。

(4) 锅炉主控 BID 指令自动下降到 50%，机组负荷快速下降。

(5) 炉膛负压异常、风量快速下降。

2. 处理

(1) 确认 RB 动作正常，否则手动进行 RB 处理。

(2) 注意运行侧送、引风机不过流。

(3) 加强两侧排烟温度的监视，防止排烟温度变化大使空气预热器膨胀受阻，引起电流波动。

(4) 确认跳闸风机入口动叶与出口挡板关闭，手动关闭跳闸送风机再循环挡板。

(5) 确认炉膛负压、二次风母管压力、锅炉总风量等参数正常。

(6) 燃料主控在手动时，手动调整至 500MW 对应煤量。

(7) RB 发生后，应确认磨煤机跳闸正常，消防蒸汽联锁投入正常。

(8) RB 发生以后，应加强对汽温的控制。

（9）机组工况稳定后，复归 RB，投入 CCS 方式。

（10）检查风机跳闸原因，恢复跳闸侧引、送风机运行。

（11）在 RB 过程中若发生 MFT，则按 MFT 事故处理。

（四十五）一次风机跳闸 RB

1. 现象

（1）LCD 上"RB""一次风机跳闸"声光报警发出。

（2）机组主控方式自动切至 BI 方式。

（3）磨煤机以从下到上的次序跳闸，保留三台磨运行。

（4）锅炉主控 BID 指令自动下降到 47%，机组负荷快速下降。

（5）一次风压、磨煤机一次风量快速下降，炉膛负压波动。

2. 处理

（1）确认 RB 动作正常，否则手动进行 RB 处理。

（2）注意运行一次风机不过流。

（3）确认跳闸一次风机动叶、出口挡板、冷风挡板关闭。

（4）确认跳闸磨一次风冷、热风挡板关闭，手动关闭备用磨冷、热风挡板。

（5）确认一次风母管压力、磨一次风流量等参数正常，防止一次风压低堵磨、一次风量低跳运行给煤机。

（6）燃烧不稳、一次风机出力不足及时增投油枪。

（7）燃料主控在手动时，手动调整至 470MW 对应煤量。

（8）RB 发生后，应确认磨煤机跳闸正常，消防蒸汽联锁投入正常。

（9）RB 发生以后，应加强对汽温的控制。

（10）机组工况稳定后，复归 RB，投入 CCS 方式。

（11）检查一次风机跳闸原因，确认跳闸一次风机未倒转，恢复跳闸一次风机运行。

（12）在 RB 过程中若发生 MFT，则按 MFT 事故处理。

（四十六）空气预热器跳闸 RB

1. 现象

（1）LCD 上"RB""空气预热器跳闸"，同侧送、引、一次风机跳闸声光报警发出。

（2）机组主控方式自动切至 BI 方式。

（3）磨煤机以从下到上的次序跳闸，保留三台磨运行。

（4）锅炉主控 BID 指令自动下降到 47%，机组负荷快速下降。

（5）炉膛负压异常，总风量、一次风压、磨煤机一次风量快速下降。

2. 处理

（1）确认 RB 动作正常，否则手动进行 RB 处理。

（2）注意运行一次风机、吸、送风机不过流。

（3）确认跳闸风机动叶、进出口挡板、空气预热器烟气侧、二次风侧、一次风侧进出口挡板关闭。

（4）确认跳闸空气预热器气动马达联锁启动正常，就地提升扇形板至最大位置，确认空气预热器转动正常。若气动马达启动失败，应及时进行手动盘车。

（5）确认跳闸磨一次风冷、热风挡板关闭，手动关闭备用磨冷、热风挡板。

（6）确认一次风母管压力、磨一次风流量等参数正常，防止一次风压低堵磨、一次风量低跳运行给煤机。

（7）监视跳闸空气预热器进出口烟温正常，发生二次燃烧应投入消防水系统。

（8）燃烧不稳、一次风机出力不足及时增投油枪。

（9）燃料主控在手动时，手动调整至 470MW 对应煤量。

（10）RB 发生后，应确认磨煤机跳闸正常，消防蒸汽联锁投入正常。

（11）RB 发生以后，应加强对汽温的控制。

（12）机组工况稳定后，复归 RB，投入 CCS 方式。

（13）检查空气预热器跳闸原因，恢复跳闸侧空气预热器、风机运行。

（14）在 RB 过程中若发生 MFT，则按 MFT 事故处理。

（四十七）燃料 RB

1. 现象

（1）LCD 上"RB"、给煤机或磨煤机跳闸声光报警发出。

（2）机组主控方式自动切至 BI 方式。

（3）锅炉主控 BID 指令自动下降，机组负荷快速下降（五台制粉系统运行，一台制粉跳闸，BID 指令降至 750MW；四台制粉系统运行，一台制粉跳闸，BID 指令降至 500MW）。

2. 处理

（1）确认 RB 动作正常，否则手动进行 RB 处理。

（2）RB 发生后，应确认磨煤机跳闸正常，消防蒸汽联锁投入正常。

（3）RB 发生以后，应加强对汽温的控制。

（4）机组工况稳定后，复归 RB，投入 CCS 方式。

（5）检查磨煤机跳闸原因，恢复跳闸磨煤机运行。

（四十八）仪用气失去

1. 现象

（1）"仪用气压力低"报警。

（2）仪用气母管压力下降。

（3）所有气动控制阀门、挡板失控。

（4）由于气动控制阀门失灵，可能导致辅汽等安全门动作。

2. 原因

（1）厂用电源失去。

（2）运行仪用空气压缩机跳闸后，备用空气压缩机不能投入。

（3）仪用气管道爆破。

（4）人员误操作。

3. 处理

（1）若由于厂用电中断引起仪用气中断则按厂用电中断处理。

（2）仪用气失去且在短时间内不可能恢复时，应申请停机。

（3）仪用气失去，若真空无法维持，立即切断所有至凝汽器的疏水。

（4）仪用气失去后，确认所有气动门均按失气状态动作正常。

（5）汽轮机惰走过程中，检查顶轴油泵、盘车投入正常。

（6）停炉以后，应确认密封风机停运、所有磨煤机一次风隔离挡板关闭、炉膛负压正常，必要时脱扣所有送、引风机。

（7）将主机润滑油、给水泵汽轮机润滑油油温切到冷却水旁路门控制。

（四十九）火灾

1. 现象

（1）就地发现明火、烟气。

（2）消防控制盘报警。

2. 原因

（1）润滑油、燃油系统漏油。

（2）制粉系统爆炸或自燃。

（3）电缆故障或室内配电装置故障。

（4）变压器或互感器故障。

（5）氢气系统泄漏起火，严重时引起爆炸。

（6）工作人员不慎引起。

3. 处理

（1）发生火警信号后，应迅速赶到火灾现场，了解火警及消防系统动作情况。立即通知消防队，并汇报有关领导，采取一切有效措施控制火势，不使蔓延。

（2）尽量隔离着火区域并保证机组安全运行。

（3）当火灾严重威胁人身及机组安全时，应紧急停机。

（4）电气设备火灾时，应首先切断电源，然后使用干式灭火器灭火。电气设备附近火灾威胁电气设备安全时，应停止设备运行，并切断电源。

（5）主变压器、高压厂用变压器、高压备用变压器着火时，应紧急停运，然后进行灭火。

（6）主机油系统发生火灾时，应立即破坏真空紧急停机，在惰走过程中迅速排氢。如润滑油箱附近着火，严重威胁机组安全时，打开油箱事故放油门放油。但应保证主机转速到零前，润滑油不中断，以防轴承烧毁。

（7）给水泵汽轮机油系统火灾时，应紧急停运给水泵汽轮机。

（8）发电机内部失火，应立即紧急停机，并迅速排氢，向发电机充二氧化碳灭火，火没有完全熄灭时，禁止使用盘车装置。

（9）燃油系统附近着火时，应立即隔绝燃油系统，灭火处理。

（五十）过热器、再热器管壁温度超限

1. 现象

LCD上管壁温度显示过热器、再热器管壁温度超限报警。

2. 原因

（1）炉膛燃烧中心上移，炉膛出口烟温升高。

（2）水冷壁结渣、结灰严重。

（3）炉内燃烧工况扰动。

（4）煤种变化。

（5）尾部烟道挡板开度变化。

（6）主、再热汽温超限。

（7）烟道二次再燃烧。

（8）高压加热器未投，给水温度低。

3. 处理

（1）加强受热面吹灰。

（2）尽量投用下层磨煤机或增大下层磨煤机出力，降低火焰中心高度。

（3）若风量偏大时，应适当减小风量。

（4）通过调节尾部烟道挡板来调节汽温，必要时适当降低主、再热汽温来控制壁温。

（5）若是煤种变化引起，应及时调整。

第四节　转动机械润滑油恶化

一、转动机械润滑油恶化的危害

（一）加剧轴承振动

对于全油膜润滑滑动轴承，轴颈和轴承的轴瓦表面被一层薄的油膜隔开，通过油膜支撑轴颈给予的负荷，润滑油供给系统则向轴瓦和转动的轴颈之间的间隙不断的供应润滑油。若油品被水分、金属粉末、灰尘和油劣化产物沉淀、油泥等杂质污染，将会改变润滑油的黏度等性能，而形成不了液体摩擦代替固体摩擦，润滑油起不到润滑功能。对于滚动轴承油质恶化，轴承滚珠之间、滚珠与轴径之间润滑性能下降，摩擦加剧，轴承、转动机械极易受损。润滑油温的高低影响黏性。润滑油温高时，润滑油的黏性将下降，油膜形成较薄或不易形成，影响润滑效果。润滑油温过低，润滑油的黏性就增大，润滑油流动过慢，同样影响润滑效果。另外，润滑油温过高或过低还可能引发轴承的油膜振动。润滑油必须拥有特定的黏附性和黏度，而且润滑油的表层摩擦附着力要远远大于润滑油自身组成分子之间的摩擦力，由此，才可以在两摩擦面间形成液体摩擦，轴颈与轴瓦底部之间形成压力很高的油膜，支撑着转子质量在轴瓦中滑动，起到润滑作用。而若润滑油不达标，其黏着性较差，对摩擦面所产生的附着力较低，致使油膜易遭到破坏，高速运转过程中加剧摩擦，发生强烈振动，轴瓦烧坏，严重时甚至烧毁。

（二）轴承温度过高

转动机械在正常运行过程中转数较高，一般为 1000～3000r/min，转子在轴瓦中转动时，轴颈与轴承之间的摩擦产生热量；接触高温工质的设备，高温传递至轴颈；电机线圈和磁铁所产生的热量也传递至轴颈，轴颈温度骤升。因此轴承需要不断的冷却，所以润滑油对轴承还起到冷却作用，润滑油将带走这些热量。若油质劣化，产生沉淀物和油泥，在热油中这些老化产物呈溶解状态，这些老化产物沉积下来，不能很快将大量热量散发出来，致使冷却效果无法控制轴承与轴颈处温度，转动机械轴承温度随之升高。其温度过高，将产生严重磨损事故。

二、转动机械润滑油恶化的原因

润滑油中的水分、杂质、乳化剂以及油温的高低，均能引起油的恶化。

（一）过热氧化

一般润滑油在 60℃以上，每增加 10℃，氧化速率增加一倍。所以，设有冷却器的润滑油系统，其冷却器应正常工作。润滑油箱的加热器应设置在底部，均匀布置，并带有温度联锁停运功能，防止过度加热。

（二）油中进水

油中进水是较为常见的故障类型。油中进水的原因很多，比如室外油箱渗入雨水；油系统冷却器泄漏，冷却水进入油箱；给水泵汽轮机给水泵组的密封水、轴封汽进入油系统等。油中进水会导致润滑油乳化，颗粒度增加。润滑油抗乳化是其对润滑油的基本要求，通常其抗乳化指标都小于8min。润滑油中的乳状液会锈蚀有关金属部件，如轴承和轴瓦的光滑表面。

（三）油中进杂质与老化

转动机械长时间运行后，轴承磨损的金属粉末、铁锈以及外界的灰尘会进入油中。润滑油中的杂质含量，油系统管道中杂质的颗粒数量，使润滑油系统的油产生恶性循环。因为当杂质不断的在油箱和轴承中循环，杂质颗粒在轴瓦与轴颈中不断的摩擦，使润滑油中的杂质颗粒数又再增加。杂质的增多使油滤网堵塞或使某轴承的温度不在规定范围内，造成油黏度升高，油质老化。

三、油质恶化的预防和处理

油质恶化带来的危害是巨大的，如何防止油质的恶化是转动机械运行中的一项重要任务。

（1）新安装和油系统检修后，必须对油系统完全冲洗，直至合格。并在清洗后用压缩空气吹干再将管接头封好待装复。

（2）新安装设备，要认真检查润滑油系统的滤网符合运行要求。在运行过程中，要加强对润滑油系统滤网的监视，滤网前后差压超限时，及时清理或更换。

（3）转动机械润滑油应定期化验，有在线滤油设备的应按规定投运。

（4）油箱顶部若带有排油烟风机，应保持运行，连续不断地抽走从油箱油中分离出来的气体和蒸汽，使其不能在油箱中凝结。同时，轴承箱上的通气孔应通畅，避免轴承内产生负压而吸入蒸汽、湿汽或凝结水珠。

（5）油系统的冷却器和加热器应定期检查，保证设备完好。冷油器冷却水侧压力必须小于油侧压力，以防止因冷油器的管束破损使冷油器的冷却水进入油系统中。冷油器检修后投运时，必须对冷油器进行查漏。在正常运行过程中要进行定期查漏，如发现冷油器泄漏时，应立即投入备用冷油器，退出泄漏的冷油器。

（6）为了确保润滑油的使用效用及抗乳化性能的提升，应依据运行中的润滑油的油质变化状态，在润滑油中添加适量的抗乳化剂，以排除润滑油中多余的水分，达到脱水的目的。

（7）发现油质异常，应及时处理，详见表 9-1。

表 9-1 运行中转动机械油质异常原因及处理措施

序号	项目	警戒极限	异常原因	处理措施
1	外观	（1）乳化不透明。 （2）有颗粒悬浮物。 （3）有油泥	（1）油中含水或被其他液体污染。 （2）油被杂质污染。 （3）油质深度劣化	（1）脱水处理或换油。 （2）过滤处理。 （3）投入油再生装置或必要时换油
2	颜色	（1）迅速变深。 （2）颜色异常	（1）有其他污染物。 （2）油质深度劣化。 （3）添加剂氧化变色	（1）换油。 （2）投入油再生装置
3	运动黏度（40℃）（mm²/s）	比新油原始值相差±5%以上	（1）油被污染。 （2）油质已严重劣化。 （3）加入高或低黏度的油	如果黏度低，测定闪点，必要时进行换油
4	颗粒污染等级 SAEAS4059 级	>8	（1）补油时带入颗粒。 （2）系统中进入灰尘。 （3）系统中锈蚀或部件有磨损。 （4）精密过滤器未投运或失效。 （5）油质老化产生软质颗粒	查明和消除颗粒来源，检查并启动精密过滤装置、清洁油系统，必要时投入油再生装置

续表

序号	项目	警戒极限	异常原因	处理措施
5	抗乳化性（54℃）（min）	>30	油污染或劣化变质	进行再生处理，必要时换油
6	水分（mg/L）	>100	（1）冷油器泄漏。（2）油封不严。（3）油箱未及时排水	检查破乳化度，启用过滤设备，排出水分，并注意观察系统情况消除设备缺陷

四、转动机械常用油脂

（一）7008 航空润滑脂

长城 7008 通用航空润滑脂是以皂基稠化剂稠化合成油，并加有结构改善剂及抗氧添加剂精制而成的通用航空润滑脂，而且 7008 航空润滑脂还加有优异的防锈添加剂。

良好的高低温性能，保证润滑部件宽温度范围内正常运转；良好的氧化安定性，保证润滑部位高温长期正常工作；良好的机械安定性和胶体安定性，保证本产品正常黏附在润滑部位而不会流失；具有优异的防锈性，有效地防护轴承的金属部件不受外界侵蚀。

（二）3 号二硫化钼锂基脂

3 号二硫化钼是由优质锂基并加入大量二硫化钼，含固体膜（二硫化钼）润滑，对重负荷、低速作业提供优异保护性。具有良好氧化稳定性，较长的使用期，优异的出抗锈蚀性能。优良的固体润滑剂，具有极强的耐高温性能，即使润滑脂分解变质，二硫化钼还能保持其润滑效能。稳定的抗磨损性能和机械安定性，可以减少轴承因较高压强以及冲击荷载造成的各种磨损。3 号二硫化钼极佳耐压抗磨损性，延长金属传动部件的寿命。3 号二硫化钼不溶于水，抗水冲洗性强，在潮湿条件下能有效地润滑。3 号二硫化钼耐高温 200℃以上，黏附性强，具有较高的滴点，工业上可代替石墨的润滑。产品具有分散性好，不黏结的优点，可添加在各种油脂里，形成绝不黏结的胶体状态，能增加油脂的润滑性和极压性。

（三）美孚 EP3

美孚力士润滑脂 EP3 产品特性：减少重载或冲击载荷及振动下的磨损，设备可靠性好，利用率高。防锈防腐及抗水充失性好，能够在有水冲的情况下保护设备并提供良好润滑。延长轴承在潮湿环境下使用寿命，从而减少更换轴承费用和意外停工。在集中润滑系统中的泵送性好（Mobilux EP0 和 1）。有效的泄漏控制（Mobilux EP 004 和 Mobilux EP 023）。

（四）长城 3 号锂基脂

长城 3 号锂基脂是通用的锂基润滑脂。本产品采用羟基脂肪酸锂皂稠化精制矿物油，加有抗氧、防锈等添加剂制成，可取代钙基、钠基润滑脂。

产品适用于多种润滑方式，1号脂可用于集中润滑系统，2、3号可用于手工注脂方式。按 GB 7631.8—1990《润滑剂和有关产品（L类）的分类　第8部分：X组（润滑脂）》的规定分为：L-XBCBA00、L-XBCBA0、L-XB-CHA1、L-XBCHA2、L-XBCHA3。性能特点：通用性强，具有优良的机械安定性和氧化安定性、良好的抗水淋性和防锈性，可应用在潮湿及与水接触的机械部件上技术规格，符合国标 GB 7324 应用范围，适用于一般机械设备的滚动轴承和滑动轴承及其他摩擦部位的润滑，使用温度为−20～120℃。

（五）倍力 XO 润滑脂

含有独特的触变合成物。本油脂粘皂不易硬化，油皂不易分离，在经过严酷机载剪切、高温后能迅速回复其原状并保持高强度保护膜不变。与其他油脂相比，倍加润脂连续经受 250℃高温仍能够完成润滑保护作用。同时也可以在−40℃的情况下正常润滑，其剪切表现出油脂出色的不变性。

产品特征：适用温度−40～250℃，滴点大于 300℃，明显降低摩擦和磨损（减少 85%以上的磨损），抗极压（每平方英寸承受 20 万英磅的压力），防水、防腐蚀保护，使用寿命长，是普通油脂的 4 倍，延长零件使用寿命 3 倍以上，明显减少油脂用量，节省维修保养时间，减轻劳动强度，显著降低金属摩擦时的噪声 15%，独特的剪切稳定性和优秀的防锈功能。

第五节　附属设备联锁保护

一、空气预热器联锁保护

（一）空气预热器主驱动电机联锁

（1）空气预热器主驱动电机启动许可条件（与）：

1）空气预热器主电机选择远方控制方式；

2）空气预热器传动装置油泵已运行。

（2）空气预热器主驱动电机停止许可条件：空气预热器入口烟温小于 205℃，持续 3s。

（3）主电机自启动条件：备用投入且空气预热器辅助电机停运延时 3s。

（二）空气预热器辅助驱动电机联锁

（1）空气预热器辅助驱动电机启动许可条件：空气预热器辅电机选择远方控制方式。

（2）空气预热器辅助驱动电机停止许可条件：空气预热器入口烟温小于 205℃，持续 3s。

（3）空气预热器辅助驱动电机自启动条件：备用投入且空气预热器主驱动电机停运延时 3s。

（三）导向轴承润滑油系统

（1）空气预热器导向轴承油泵自启动条件：空气预热器导向轴承油泵联锁投入且空气预热器导向轴承温度大于 60℃。

（2）空气预热器导向轴承油泵自动停止条件：空气预热器导向轴承油泵联锁投入且空气预热器导向轴承温度小于 50℃。

（四）支撑轴承润滑油系统

（1）空气预热器支撑轴承油泵自启动条件：空气预热器支撑轴承油泵联锁投入且空气预热器支撑轴承温度大于 50℃。

（2）空气预热器支撑轴承油泵 A 自动停止条件：空气预热器支撑轴承油泵联锁投入且空气预热器支撑轴承温度小于 45℃。

二、引风机联锁保护

引风机跳闸条件：

（1）同侧送风机停运。

（2）同侧空气预热器停运（主、辅电机均停运）。

（3）引风机运行 60s 后且入口烟气电动挡板全关且未开。

（4）引风机运行 60s 后且出口烟气电动挡板全关且未开。

（5）炉膛压力低三值（<−3500Pa，三取中）延时 1s。

（6）炉膛压力低（<−3000Pa）时，若送风机 A 停运，延时 1s 跳引风机 A；若送风机 B 停运，跳引风机 B 延时 1s。

（7）引风机轴承振动 X/Y 向 1、2 高>6.3mm/s 且 Y/X 向 1、2 轴振高高>11mm/s 延时 3s。

（8）引风机失去润滑油：引风机润滑油压力小于 0.08MPa 且任一轴承温度高（达到报警值）延时 5s 或两台润滑油泵全停延时 5s。

（9）引风机驱动端轴承温度高（>110℃，3 取 2）延时 3s。

（10）引风机推力轴承温度高（>110℃，3 取 2）延时 3s。

（11）引风机支撑轴承温度高（>110℃，3 取 2）延时 3s。

（12）引风机非驱动端轴承温度高（>110℃，3 取 2）延时 3s。

（13）引风机电机驱动端轴承温度高高（>80℃，2 取 2）延时 3s。

（14）引风机电机非驱动端轴承温度高高（>80℃，2 取 2）延时 3s。

三、送风机联锁保护

送风机跳闸条件（或）：

（1）同侧引风机跳闸。

（2）同侧空气预热器停止。

（3）送风机运行 60s 后送风机 A 出口电动挡板全关并且无未开。

（4）炉膛压力高三值（>2500Pa，3 取 2）延时 1s 跳送风机 3B；延时 5s 跳送风机 A。

（5）送风机轴承振动 X/Y 向 1/2 高（＞6.3mm/s）且 Y/X 向 1/2 高高（＞11mm/s）延时 10s。

（6）送风机失去润滑油：

1）两台液压润滑油泵均停；

2）润滑油压小于 0.08MPa 且送风机任一轴承温度高，延时 5s。

（7）送风机驱动端轴承温度高（＞110℃，3 取 2）延时 3s。

（8）送风机非驱动端轴承温度高（＞110℃，3 取 2）延时 3s。

（9）送风机推力轴承温度高（＞110℃3，取 2）延时 3s。

（10）送风机电机驱动端轴承温度高（＞80℃，2 取 2）延时 3s。

（11）送风机电机非驱动端轴承温度高（＞80℃，2 取 2）延时 3s。

四、一次风机联锁保护

一次风机跳闸条件（或）：

（1）锅炉 MFT。

（2）本侧空气预热器停运。

（3）一次风机运行 60s 后，一次风机出口电动挡板全关且未全开。

（4）一次风机轴承振动 X/Y 向 1/2 高（＞6.3mm/s）且 Y/X 向 1/2 高高（＞11mm/s），延时 3s。

（5）一次风机失去润滑油：

1）两台液压润滑油泵均停；

2）润滑油压小于 0.08MPa 且一次风机任一轴承温度高，延时 5s。

（6）一次风机驱动端轴承温度高（＞110℃，3 取 2）延时 3s。

（7）一次风机推力轴承温度高（＞110℃，3 取 2）延时 3s。

（8）一次风机支撑轴承温度高（＞110℃，3 取 2）延时 3s。

（9）一次风机非驱动端轴承温度高（＞110℃，3 取 2）延时 3s。

（10）一次风机电机驱动端轴承温度高高（＞80℃，2 取 2）延时 3s。

（11）一次风机电机非驱动端轴承温度高高（＞80℃，2 取 2）延时 3s。

五、稀释风机

（一）停止允许条件（或）

（1）两侧 SCR 反应器入口加氨关断阀已关。

（2）另一稀释风机已运行。

（二）自启动条件（或）

（1）备用投入，运行稀释风机跳闸。

（2）备用投入，稀释风机运行且任一侧反应器稀释空气流量低（＜3400m³/h），延时 2s。

六、锅炉启动循环泵跳闸条件

以下条件为或：

（1）启动再循环泵运行 60s 后，启动循环泵进出口差压小于 0.2MPa。

（2）贮水箱水位低（＜1m，3 取中）。

（3）锅炉启动循环泵电机温度 1/2/3 高（＞65℃，3 取 2）延时 3s。

（4）启动再循环泵合闸状态且锅炉启动循环泵进口电动阀全关且未开。

（5）启动再循环泵合闸状态且出口流量小于 300t/h 且再循环阀开度小于 95%，延时 30s。

七、制粉系统联锁保护

磨煤机跳闸条件（或）：

（1）磨煤机稀油站油分配器进口油压低，延时 2s（3 取中＜0.1MPa）。

（2）磨煤机稀油站油泵均不在高速运行，延时 10s。

（3）磨煤机液压站加载油压力小于 2.0MPa，延时 600s。

（4）磨煤机电动机驱动端轴承温度大于 95℃（2 取 2），延时 1s。

（5）磨煤机电动机非驱动端轴承温度大于 95℃（2 取 2），延时 1s。

（6）两台密封风均停且密封风母管压力低（＜10kPa）延时 5s。

（7）两台一次风机全停。

（8）磨煤机出口风粉混合物温度大于 115℃（3 取 2），延时 3s。

（9）磨煤机稀油站推力轴承油槽温度大于 70℃（3 取 2），延时 1s。

（10）磨煤机磨辊轴承润滑油温度大于 100℃（3 取 2），延时 1s。

（11）磨煤机稀油站减速机高速轴承温度大于 90℃，延时 3s。

（12）磨煤机运行时有 3/4 出口挡板关，延时 2s。

（13）给煤机运行 180s，2/4 煤火焰丧失；该条件对 A、C、D、E、F 磨及 B 磨正常模式下有效；给煤机运行 180s，点火能量丧失。

（14）给煤机运行且磨煤机 A 进口一次风风量小于 85t/h 延时 20s 或磨煤机 A 进口一次风风量小于 74.7t/h，延时 3s。

（15）RB（对于 A/E/F 磨煤机有效）。

（16）手动紧急停磨。

（17）锅炉 MFT 跳闸保护动作。

（18）该条件仅对磨煤机 B 有效：等离子模式下，任两个等离子断弧或任一个等离子断弧，对应油枪在 20s 后仍无火信号。

八、给水前置泵联锁保护

给水前置泵保护停止条件（任一条件满足时）：

（1）给水前置泵运行 10s 后，进水电动门未全开。

（2）除氧器水位小于 -2060mm。

（3）给水前置泵任一轴承温度大于100℃，延时2s。

（4）给水前置泵电机任一轴承温度大于100℃，延时2s。

（5）给水泵再循环调节门阀位小于70％（或进水电动门全关）且给水泵进水流量小于250t/h，延时15s。

九、给水泵联锁保护

给水泵保护停止条件（任一条件满足时）：

（1）给水前置泵在跳闸位或不在合闸位或电流小于2A（3取2）。

（2）给水泵任一轴承密封水回水温度大于90℃，延时10s。

（3）除氧器水位小于－2060mm（3取中），延时3s。

（4）给水泵进水压力与除氧器压力之差小于0.5MPa。

（5）给水泵任一轴承温度大于100℃，延时2s。

（6）给水泵任一推力轴承温度大于120℃。

（7）给水泵汽轮机排汽温度大于120℃（3取2）。

（8）给水前置泵运行且给水泵进水流量小于左边界流量、延时5s。

十、给水泵汽轮机保护跳闸条件

保护跳闸条件（任一条件满足时）：

（1）给水泵汽轮机轴振动大于0.12mm（2取1），延时1s。

（2）给水泵汽轮机轴向位移大于±1.2mm（2取1）。

（3）给水泵汽轮机转速大于6300r/min（3取2）。

（4）给水泵汽轮机转速大于15r/min、润滑油母管油压小于3.23bar（3取2），延时1s。

（5）给水泵汽轮机转速大于540r/min、排汽缸真空小于－68kPa（3取2），延时1s。

（6）给水泵汽轮机正、负推力轴承任一金属温度大于107℃（同一测点两信号无质坏时两信号相"与"，有一个信号质坏时取单信号，两信号同时质坏不跳机）。

（7）给水泵汽轮机轴承任一金属温度大于107℃（同一测点两信号无质坏时两信号相"与"，有一个信号质坏时取单信号，两信号同时质坏不跳机），延时1s。

（8）DCS来跳给水泵汽轮机信号（2取2）。

（9）控制画面中手动跳机按钮（TRIP）。

（10）控制台上手动跳机按钮（2取2）。

（11）低压主汽门和调节汽门任一跳机电磁阀断线且高压主汽门和调节汽门任一跳机电磁阀断线。

第三篇　集控值班

第十章　机组与电力系统

第一节　机组与电力系统简介

电力系统是由发电、变电、输电、配电、用电等设备和相应的辅助系统，按规定的技术和经济要求组成的一个统一系统，主要由发电厂、输配电系统及负荷组成。一个现代电力系统是由极宽阔的地域内的大量电力设备互联在一起形成的，发电、变电、输电、配电、用电等设备称为电力主设备。

发电厂机组（火电机组、水电机组、核电机组、风力发电机组等）是电力主设备之一，机组将一次能源转换为电能，经过输电线路进行远距离输送，在变电站内进行电压等级转换和线路的投切、保护，送至负荷所在区域的配电系统，再由配电变电站和配电线路把电能分配给负荷（用户）。发电厂机组是电力系统的电源点，作为电力系统中的重要一环，与变电、输电、配电一起组成电网，是电网的基础，与电网相辅相成。

截至 2021 年底，全国电力系统发电装机容量 23.77 亿 kW，其中，火电装机容量 13.0 亿 kW，水电装机容量 3.9 亿 kW，风电装机容量 3.3 亿 kW，太阳能发电装机容量 3.1 亿 kW。"双碳"目标是我国电力行业当前及今后一段时期的主要目标任务，但是在电化学储能、抽水蓄能、电网调度以及核电等各类电源短期内不会有较大技术革新和装机变化的情况下，传统的化石能源仍将是我国能源体系的重要支撑。

第二节　电力系统安全经济运行与调度管理基本知识

一、电力系统安全经济运行

电力系统是经济发展的基础，也是各项工作的保障，随着经济的向前迈进，电力系统日趋复杂，对电力系统也提出了更高要求。电力系统安全经济运行的主要任务，就是在保证整个系统安全可靠和电能质量符合标准的前提下，努力提高电能生产和输送的效率，尽量降低供电的燃料消耗或供电成本。

电力系统正常运行方式应遵循安全、优质、经济运行原则，实现连续可靠运行，并满足下列要求：

（1）具有足够的备用容量。

（2）能迅速平息事故，避免事故范围的扩大，最大限度保证对重要用户的连续可靠供电。

（3）应满足 GB 38755《电力系统安全稳定导则》的要求。当电网发生 $N-1$ 故障时，能保证电网稳定运行。电网重要断面发生 $N-2$ 严重故障时，必须有预案。

（4）短路电流不超过断路器的额定遮断电流。

（5）继电保护和安全自动装置应能按预定的配合要求正确动作。

（6）电能质量符合国家规定。

二、调度管理基本知识

电力系统是一个庞大的产、供、销电能的整体，增强电力系统运行的安全性、经济性与电网调度有着密切的联系，这也是电力生产的特点。

1. 统一调度和分级管理

根据电力生产的特点，电网中的每一环节都必须在调度机构的统一领导下，随用电负荷的变化协调运行。如果没有统一的组织、指挥和协调管理，电网就难以维持正常的运行。因此，电网必须实行统一调度、分级管理的原则，我国电网调度机构分为五级，即国家调度中心、分中心调度中心、省级调度中心、地区调度中心和县级调度中心。

所谓统一调度，其内容一般包括：

（1）由电网调度机构统一组织全网调度计划（或称电网运行方式）的编制执行，其中包括统一平衡和实施全网发电、供电调度计划，统一平衡和安排全网主要发电、供电设备的检修进度，统一安排全网的主接线方式，统一布置和落实全网安全稳定措施等。

（2）统一指挥全网的运行操作和事故处理。

（3）统一布置和指挥全网的调峰、调频和调压；统一协调和规定全网继电保护、安全自动装置、调度自动化系统和调度通信系统的运行。

（4）按照规章制度统一协调有关电网运行的各种关系。

在形式上，统一调度表现为在调度业务上，下级调度必须服从上级调度的指挥。

所谓分级管理，是指根据电网分层的特点，为了明确各级调度机构的责任和权限，有效实施统一调度，由各级电网调度机构在其调度管辖范围内具体实施电网调度管理的分工。

2. 调度管辖和调度许可

调度管理分为"调度管辖"及"调度许可"二类。

（1）属于调度管辖的设备，其运行方式、倒闸操作及事故处理均应按值班调度员的调度指令执行，在未得到值班调度员的指令前，不得自行操作。只有在危及人身或设备安全的紧急情况下，才可不经值班调度员的同意先行断开有关电源，但事后应尽速报告值班调度员。

（2）属于调度许可的设备，在操作前均应得到值班调度员的许可后方可执行，但值班调度员不发布操作指令。

3.调度管理的重要性

（1）各级调度机构和并入电网的各类发电厂均应严格履行并网调度协议。

（2）各级调度机构、各并网发电厂、变电站的运行值班人员，必须严守调度纪律，服从调度指挥。任何单位和个人不得非法干预电力调度的值班人员发布或者执行调度指令。

（3）电网值班调度员发布的调度指令，有关值班调度（调控）员、发电厂值长（或电气班长、机炉长）、监控值班或运行操作人员必须立即正确执行。如接令值班人员认为所接受的调度指令不正确时，应立即向发布该调度指令的值班调度员报告并说明理由，由发令的值班调度员决定该调度指令的执行或者撤销。如果发令的值班调度员重复该调度指令时，接令值班人员必须立即执行；若执行该调度指令将危及人身、设备或电网安全时，接令值班人员应拒绝执行，同时将拒绝执行的理由及改正调度指令内容的建议报告发令的值班调度员和本单位直接领导。如有无故拖延、拒绝执行调度指令，破坏调度纪律，有意虚报或隐瞒情况的现象发生，责任单位应追究相关人员的责任并严肃处理。

（4）电力调度管辖范围内的联系对象在正式上岗前必须经过电力调度管理知识培训，考试合格后方可正式上岗值班。

4.调度持证上岗

为加强电网调度管理，维护电网调度运行的正常秩序，保证电网安全稳定运行，根据《电网调度管理条例》第11条："调度系统值班人员须经培训、考核并取得合格证书方得上岗"的规定以及《国家电网公司调度机构直调厂站运行值班人员持证上岗管理办法》，调度系统值班人员：①发电厂值长及其他需与电网调度员进行电力调度业务联系的人员；②变电站（监控中心）正、副值班员；③按调度规程规定其他有权与电网调度员进行电力调度业务联系的人员，在上岗前须取得相关调度机构颁发的《调度运行值班合格证书》，方得上岗与调度进行电力调度业务联系。

第三节　机组与电力系统的协调运行

一、电网对电厂的基本要求

发电厂作为并网主体，并网运行遵循电力系统客观规律、市场经济规律以及国家和省能源发展战略的要求，实行统一调度、分级管理，与电网企业根据平等互利、协商一致和确保电力系统安全运行的原则，签订并网调度协议和购售电合同，按照所在电网防止大面积停电预案的统一部署，落实相应措施，编制停电事故处理预案及其他反事故预案，参加反事故演练。

二、电网对电厂机组的运行管理要求

电厂运行管理包括执行调度纪律管理、继电保护和安全装置运行管理、自动化设备运行管理、信息安全防护管理和通信设备运行管理等，服从调度机构的指挥，准确执行调度指令，不得以任何借口拒绝或者拖延执行。

继电保护和安全自动装置配置及运行维护、自动化设备配置及运行维护、通信设备配置及运行维护，应执行国家、电网和调度机构有关规程、标准以及相关规定。同时，按照规定要求做好调度数据网及电力监控系统安全防护的管理和配置工作。

三、发电机组运行管理

电网对火力发电机组的运行管理分为以下五个部分：

（一）执行日调度发电计划负荷及电量偏差管理

各发电机组的日发电计划以电网调度机构下达的日发电负荷计划曲线（含修改）为准，能量管理系统（EMS）每 5min 为一个采样点，全天 288 个采样点，采样到的各发电机组发电负荷实绩与对应的日发电负荷计划曲线值比较（机组正常启动和停运过程中除外），当偏差超过 ±3% 为不合格点（通过认定的热电联产和资源综合利用机组偏差标准为 ±5%）。

（二）机组调差能力管理

机组调差能力以核定的最高、最低技术出力为依据，统调 10 万 kW 以上燃煤机组调差能力必须达到额定容量的 50%，达不到要求的运行机组按规定考核。

（三）机组非计划停运管理

机组非计划停运考核分为计次考核和计时考核两部分。执行非计划停运考核的机组，不再执行日调度发电计划负荷及电量偏差考核。

计次考核：在一、二、四季度，机组每发生一次考核范围内的停运，按照停运容量每 1 万 kW 高峰时段 4000 元、腰荷时段 2000 元、低谷时段 1000 元的标准进行考核。在三季度，机组每发生一次考核范围内的停运，按照停运容量每 1 万 kW 高峰时段 8000 元、腰荷时段 4000 元、低谷时段 2000 元的标准进行考核。

计时考核：机组每发生一次考核范围内的停运，按照机组停运时间对该机组所属发电企业进行考核。

考核范围内的停运发生在 22:00 至次日 6:00 期间，并在次日 6:00 前并网者，且不影响全省的发用电平衡，免于计时考核。如 6:00 以后不能并网，从 6:00 开始执行计时考核。

（四）机组检修管理

发电机组的计划检修应按照批准的时间进行，未经批准的计划检修超期时间计入临检时间。出现以下情况之一者进行考核：①未在规定的时间内上报、调整计划检修工期手续；②计划检修工作不能按期完工时，未在规定的时间内办理延期手续；③设备检修期间，办理延期申请超过一次；④因电厂自身原因，使电网调度机构批准的计划检修工作临时取消。

（五）机组调节性能管理

机组调节性能管理包括 AGC 调节性能管理、一次调频性能管理、进相运行功能管理、无功电压（AVC）调节性能管理。

1. AGC

在电力系统中，自动发电控制（Automatic Generation Control，AGC）是调节不同发电厂的多个发电机组有功输出以响应负荷变化的系统。AGC 是能量管理系统（EMS）中的一项重要功能，它控制着调频机组的出力，以满足不断变化的用户电力需求，并使系统处于经济的运行状态。

2. 一次调频

一次调频是指电网的频率一旦偏离额定值时，电网中机组的控制系统就自动地控制机组有功功率的增减，限制电网频率变化，使电网频率维持稳定的自动控制过程。

电网为一个巨大的惯性系统，根据转子运动方程，当电网有功功率缺额时，发电机转子加速，电网频率升高，反之电网频率降低。因此，一次调频功能是动态的保证电网有功功率平衡的手段之一。当电网频率升高时，一次调频功能要求机组降低并网有功功率，反之，机组提高并网有功功率。主要参与电网一次调频的有火电机组、水电机组，部分风电、光伏、储能也具备电网一次调频能力。

3. 进相运行

发电机正常运行时，向系统提供有功的同时还提供无功，定子电流滞后于端电压一个角度，此种状态即迟相运行。当逐渐减少励磁电流使发电机从向系统提供无功而变为从系统吸收无功，定子电流从滞后而变为超前发电机端电压一个角度，此种状态即进相运行。同步发电机进相运行时较迟相运行状态励磁电流大幅度减少，发电机电势 E_q 亦相应降低。从功角关系看，在有功不变的情况下，功角必将相应增大，发电机的静态稳定性下降。

4. 无功电压调节

通过自动控制程序，根据电网实时运行工况，在线计算无功电压控制策略，在控制区内自动闭环控制无功和电压调节设备，以实现控制区合理无功电压分布的控制。AVC 是由主站无功自动控制程序、信息传输路径、信息接收装置、子站 AVC 控制系统及执行机构等环节组成的整体。

四、机组参与电网辅助服务

电力辅助服务是指为维持电力系统安全稳定运行，保证电能质量，促进清洁能源消纳，除正常电能生产、输送、使用外，由火电、水电、核电、风电、光伏发电、光热发电、抽水蓄能、自备电厂等发电侧并网主体，电化学、压缩空气、飞轮等新型储能，传统高载能工业负荷、工商业可中断负荷、电动汽车充电网络等能够响应电力调度指令的可调节负荷（含通过聚合商、虚拟电厂等形式聚合）提供的服务。

电力辅助服务的提供方式分为基本电力辅助服务和有偿电力辅助服务。

基本电力辅助服务为并网主体义务提供，无需补偿，包括一次调频、基本调峰、基本无功调节、稳定切机等。

有偿电力辅助服务包括自动发电控制（AGC）、二次调频、有偿调峰、旋转备用、热备用、有偿无功调节、转动惯量、爬坡、稳定切负荷、黑启动等，可通过固定补偿或市场化方式提供，所提供的电力辅助服务应达到规定标准，鼓励采用竞争方式确定承担电力辅助服务的并网主体，市场化方式包括集中竞价、公开招标/挂牌/拍卖、双边协商等。鼓励新型储能、可调节负荷等并网主体参与电力辅助服务。

机组参与电力辅助服务，并接受电网两个细则考核，是机组与电力系统协调运行的准则，以江苏公司为例，机组除了保证基本电力辅助服务外，主要参与 AGC、启停调峰、深度调峰等有偿电力辅助服务。

五、机组与电力系统异常处理原则

1. 系统事故处理的一般原则

（1）尽速限制事故的发展，消除事故的根源并解除对人身和设备的威胁。

（2）用一切可能的方法保持对用户的正常供电。

（3）尽速对已停电的用户恢复供电，对重要用户应优先恢复供电。

（4）调整系统的运行方式，使其恢复正常。

2. 机组及电力系统异常处理汇报要求

现场通过对一、二次设备的检查，迅速向有关调度汇报具体情况。其内容包括：

（1）一、二次设备事故后的状态。

（2）继电保护和安全自动装置动作情况及初步分析。

（3）现场处理意见和将采取的措施。

3. 发电厂与各级调度通信全部中断

（1）发电厂若发现线路输送功率超过稳定限额时，自行降低出力、使输送功率降至稳定限额以内。

（2）现场值班人员在运行中发现系统电压超过电压曲线规定范围时，可按电压调整规定自行调整，使电压调至规定范围以内。

4. 控制母线运行电压

（1）高峰负荷时，应按发电机 $P—Q$ 曲线所规定的限额，增加发电机的无功出力，使母线电压逼近电压曲线上限值运行。

（2）低谷负荷时，应按发电机允许最高力率，降低发电机无功出力，使母线电压逼近电压曲线下限值运行，根据调度要求，具有进相能力的发电机应达到进相运行值。

（3）轻负荷时，适当调整发电机无功出力，使母线电压在电压曲线之中运行。

（4）当调整发电机无功出力后，母线运行电压仍超出电压曲线范围时，发电厂运行人员应及时汇报上级值班调度员。

5. 电网频率事故处理

GB/T 15945《电能质量　电力系统频率偏差》规定以 50Hz 正弦波作为我国电力系统的标准频率（工频），并规定：电力系统正常运行条件下频率偏差限值为 ±0.2Hz，当系统容量较小时，偏差限值可放宽到 ±0.5Hz。

当电网频率高出正常值时，须紧急降低机组有功出力。按紧急程度，措施有：①高频切机装置动作，切除部分机组；②调度员下令部分机组拉闸停机；③电厂值班员紧急降低机组出力。

当电网频率低于正常值时，须紧急增加机组有功出力。按紧急程度采取措施：①迅速调用旋备容量；②迅速开启备用机组（通常为启动快的水电机组）；③停用抽水状态的抽水蓄能机组等。或采取紧急调整负荷措施：①由低频减载装置动作切除负荷；②调度员下令断开负荷线路开关或负荷变压器断路器；③由变电站按事先规定的顺序自行断开负荷线路开关。

第十一章　机组计算机控制系统

第一节　机组自动控制系统的总体结构

控制系统设计遵循先进、可靠、安全、经济、适用、开放的原则。系统控制器采用 DCS、计算机系统，能实现锅炉及辅机的热工控制、电气检测、联锁保护、自动调节及控制等，实现机组生产过程控制自动化。

目前国产主流的 DCS 厂家有国电智深、北京和利时、南京科远、浙江中控、上海新华、上海自仪等。下面以某电厂 DCS 为例说明。DCS 控制系统包括单元机组 DCS 控制系统、公用系统 DCS 控制系统。锅炉吹灰控制、烟气脱硝控制（SCR）、给水泵汽轮机（MEH、METS）、高中低三级旁路系统（BPC）、循环水泵等，均纳入单元机组 DCS 控制。

一般是两台机组设一套公用 DCS 系统，两台机组公用系统（空压机站、邻炉加热、公用厂用电系统）纳入公用系统 DCS 网络，并分别与两台机组 DCS 相连。两台机组分散控制系统均能对上述公用系统进行监视和控制，两套分散控制系统对公用系统的操作具有互锁功能，即任何时候仅有一台机组能发出有效操作指令。下文以泰州电厂机组控制系统总体结构为例进行介绍。

DEH 控制系统随汽轮机配套供货，采用的是西门子 SPPA-TXP3000 系统。控制范围包括：汽轮机 DEH、ETS 系统、汽轮机润滑油系统、EH 油系统、汽轮机轴封系统、主机盘车、发电机的氢油水系统、汽轮机抽汽逆止门以及部分机侧疏水阀。

辅控 DCS 控制系统与主控 DCS 一样也采用国电智深 EDPF-NT PLUS 分散控制系统。包括除灰、除渣 DCS 控制系统、凝结水精处理、汽水取样分析和化学加药 DCS 控制系统，其中凝结水精处理控制系统还采用了现场总线技术（脱硫 DCS 控制系统单独设置，不纳入辅网）。辅网操作员站分别布置在脱硫控制室和集控室，其中除灰、除渣、脱硫系统的操作员站统一布置在脱硫集控室内，实现对灰渣、脱硫的监控，仅对水系统显示，布置在集控室的辅网操作员站实现对水系统监控，仅对灰渣系统显示。除灰、除渣、脱硫系统的电子设备室、后备操作员站分别布置在除灰控制楼、脱硫控制楼内。

EDPF-NT PLUS 分散控制系统具有多层次自诊断功能，能诊断网络、站、模件直至 I/O 点。并以 LCD 画面形式全面提供诊断信息，使运行人员一目了然。EDPF-NT PLUS 分散控制系统的所有处理器模件、电源、网络及通信均冗余配置，一旦某个工作的处理器模件发生故障，系统能自动地以无扰方式，快速切换至与其冗余的处理器模件，并在操作员站报警。

　　EDPF-NT PLUS 控制柜内部控制器和 I/O 模块的供电为双路直流（24/48V）并行供电，不存在切换时间，保证了控制柜内设备的安全、可靠、连续供电要求，任一路电源故障后提供报警信号至 DCS。当两路 DCS 电源全部丧失时，系统的输出为失电状态，4～20mA 模拟量输出为 0mA，开关量输出为 0 状态，对马达、电动门的运行状态无影响。电磁阀将失电向预定的安全方向动作；对 4～20mA 输出的驱动执行器的影响取决于执行器的预设置。例如，当接收 4～20mA 控制信号的电动执行器具有保位功能时，控制器电源丧失将使电动执行器保位拒动。

　　EDPF-NT PLUS 分散控制系统多个 DCS 子系统的互联无需使用网关、网桥或路由器。公用系统 DCS 网络设备连接至两个机组的冗余工业网络交换机上，通过网络交换机的访问控制列表（Access Control List，ACL）技术实现两台机组 DCS 域之间的完全隔离和与公用系统 DCS 的合法信息访问。这样，不需设置专门的域间隔离设备，既保证了数据的高速通过，也减少了设备种类和数量，降低了风险。

　　EDPF-NT PLUS 分散控制系统采用扁平化对等型网络结构，系统内没有网络服务器、核心主计算机等处于核心地位的计算机装置，不存在危险集中和功能集中的风险。EDPF-NT 的数据高速公路采用双网并发，接收冗余过滤的冗余工作方式，不存在网络切换延时。任一网络故障，不影响系统性能。系统采用多域隔离工作模式后，任何网络故障被局限在更小的范围内，绝不会蔓延至全网，系统可靠性更高。

　　时钟同步在 DCS 系统中非常重要，因为直接关系到通信和控制的确定性以及 SOE 的分辨率和准确性。EDPF-NT 系统支持网络时间同步协议 NTP 和 RS232/RS485 报文时间同步输入。当使用 NTP 信号时，GPS 卫星时钟作为网络同步时钟服务器将一路 NTP 信号直接与 DCS 的核心网络交换机连接，DCS 所有工作站作为 NTP 终端保持与 NTP 时钟服务器的同步。当使用 RS232/RS485 同步报文输入时，该一路 GPS 同步时钟报文信号与 DCS 的时钟主站（任意指定系统内 1 台或 2 台人机交互工作站或过程控制站）连接。DCS 时钟主站将 GPS 报文信号广播至全网实现 DCS 的时钟同步。EDPF-NT 系统过程控制站控制器均设计有 GPS 时钟秒脉冲信号接口，当使用 SOE 功能时，所有安装有 SOE 模件的过程控制站控制器要接入一路 GPS 同步时钟秒脉冲信号以使过程控制站间时钟同步精度达到微秒级。EDPF-NT 过程控制站控制器提供 GPS 秒脉冲信号接口，用于控制器之间时钟高精度同步。每套过程站控制器与 I/O 模件之间还专设同步脉冲电路。确保跨站 SOE 分辨率小于 1ms。站内 SOE 分辨率小于 0.3ms。

　　EDPF-NT 系统的通信接口支持 RS232C，RS485/422 和以太网方式连接，使用 TCP/IP、MODBUS/MODBUS PLUS、profibus 通信协议。所有通信接口内置于分散处理单元（DPU），或作为一个独立的多功能网关挂在数据高速公路上，通信接口为冗余设置（包括冗余通信接口模件），冗余的通信接口在任何时候都同时工作。其中的任一通信接口故障不会对过程监控造成影响。

DCS 和 SIS 系统处于不同的安全等级，因此 DCS 和 SIS 间的连接须进行安全防护（如采用单向安全隔离措施等），以确保 DCS 系统的安全封闭运行。为确保 DCS 系统的长期运行安全，EDPF-NT 系统特为用户提供了 SIS/MIS 接口工作站，采用"单向安全隔离网关系统"的解决方案，实现在 DCS 和 SIS 边界的单向隔离和传送实时数据功能，确保 SIS 侧的任何问题都不会影响到 DCS 系统中。

EDPF-NT PLUS 分散控制系统组态方式采用 Windows 系统下 Microsoft Visio 的图形化组态模式，全部算法块均与美国科学仪器制造商协会（SAMA）颁布的 SAMA PMC22 仪表和控制系统功能图表示法一致，采用此种组态方式的好处是，技术人员不需进行任何针对 EDPF-NT 控制系统的培训就可直接读懂逻辑图，而且只要会使用 Visio 软件的技术人员就能立即上手组态。

第二节 机组的控制方式

电厂单元机组控制要解决的问题是机组的功率自动调节，也就是锅炉和汽轮机作为一个生产整体来适应外界负荷的需要，这样就牵涉到锅炉和汽轮机的调节性能。从电网角度考虑，机组负荷调节要有快速的响应性，而从电厂机组的运行来看，快速的负荷调节要在保证机组安全稳定运行的前提下进行。机、炉的调节特性有很大差异，锅炉热惯性大、反应慢，汽轮机惯性小、反应快，在增减负荷时，汽轮机的调阀进行快速调节，会引起机前压力较大波动，造成锅炉压力不稳，从而影响机组的稳定和安全。电厂集控机组的机炉协调能很好地解决这个矛盾。但是在机组的启停和重要辅机故障及事故处理时，机组的协调并不能完全适应机组的安全稳定调节，这就引出了机组的其他几种控制方式。

单元机组的控制方式基本上分为机炉手动控制方式、汽轮机跟随控制方式、锅炉跟随控制方式、机炉协调四种方式，其中机炉协调又可分为以炉跟机为基础的协调控制方式、以机跟炉为基础的协调控制方式。

一、机炉手动控制方式（基础控制方式，BASE）

这种控制方式锅炉、汽轮机都是手动，汽轮机和锅炉的控制指令均由操作员手动控制，机、炉各自运行，之间不存在任何关联。主控系统中的负荷要求指令跟踪机组的实际出力，为投入自动做好准备。

该方式适用于机组启动的初级阶段和停机的最后阶段，特别是机组并网后到切缸前这一阶段，在参数不稳定和操作量较大的情况下，该方式能很好地稳定机炉运行，在机组滑停的最后阶段，该方式也经常应用，它能使机组在各自手动状态下稳定运行，操作员人为控制的主动性增加，机动性增强，调整手段增多，灵活地适应于现场操作。

在机炉设备出现故障或机组协调不稳定时，应解除机炉主控。机组的子控制系统自动无法投入时，也应切为手动方式运行。

该方式的缺点是：所有操作均由人工判断、操作，易引起误操作。设置100％高压旁路的机组，旁路可设置自动，控制机组压力不超压。

二、汽轮机跟随控制方式（TF）

在 TF 方式下，机组负荷的改变是通过锅炉输入控制来完成。汽轮机控制主蒸汽压力。由于直接调整锅炉的输入，该方式极大地稳定了机组运行，见图11-1。然而，这种运行方式对机组负荷响应特性却不如协调控制方式（CCS）和锅炉跟随（BF）方式。发生辅机故障快速减负荷（RB）时，会自动地选择汽轮机跟随控制方式。

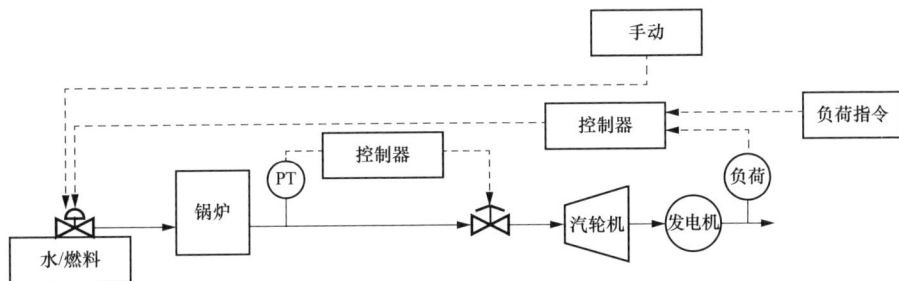

图 11-1　TF 方式控制原理图

（1）由于机组启动初期，燃烧相对不稳定，则压力不稳定，在此工况下，投入汽轮机跟随方式，机前压力设定后，汽轮机调阀根据设定值进行自动调整，锅炉燃烧弱时，汽轮机关小调阀，燃烧强时，开大调阀，始终使机前压力保持稳定。如果要增加负荷，可手动增加锅炉燃料量，使调阀自动开大，相应的就使负荷增加。

（2）在正常滑参数停机的中后期，也可很好地进行应用。通过减小燃料量，调阀自动关小，负荷减至停机前，直至机组打闸。但在机组大小修前的停机时，停机后期不适宜投入，因为，随着燃料量的减小，调阀逐渐关小，汽轮机的冷却蒸汽量减小，对汽缸的深度冷却不够。

（3）在机组的正常运行中，如果汽轮机调阀、大机振动有问题时，也不适宜投入，以免调阀调整频繁，加剧问题扩大。

三、锅炉跟随方式（BF）

机组负荷由汽轮机控制，锅炉调整压力，锅炉的燃烧量按照汽轮机的需要来自动调整。锅炉侧处于被动跟随状态，调节具有一定的滞后性，不利于锅炉的稳定运行，见图11-2。

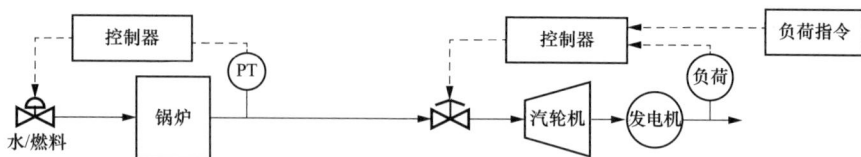

图 11-2　BF 方式控制原理图

此方式在现在集控单元机组应用较少。在汽轮机投入手动情况下，汽轮机阀位变化，负荷也相应的变化，锅炉则自动调整燃料量，跟踪压力，以维持当前压力。在汽轮机有故障时，投入锅炉主控自动，解除汽轮机自动，固定阀位，对汽轮机的稳定运行有利，但由于锅炉调整频繁，对锅炉的运行调节不利。

（1）在机组大小修前的滑停中期，投入该方式对降缸温比较有利。在参数降至一定程度，解除汽轮机主控，使汽轮机调阀固定在一个相对较大的开度，然后根据当前缸温来匹配的降低汽温，这样在较大开度的调阀下（保证蒸汽流通量）来降低汽温，能使缸温很好地得到冷却。但在滑停后期也应解除锅炉主控，否则锅炉燃料量不会自动减小，燃烧不会减弱，对温度和压力的进一步下降不利，解除锅炉主控后，机、炉均在手动，此时变为 BASE 控制方式。手动减少燃料量，降低锅炉燃烧，锅炉压力下降，在汽轮机调阀不变的情况下，使汽压、汽温、负荷下滑，在汽温汽压下降到一定程度后，手动关小调阀，以免打闸前负荷过高。

（2）在机组正常运行时，特别是高负荷时，不要轻易使用该方式，更不要随便手动增加阀位，以免机组过负荷或使机组振动加剧。

四、协调控制方式（CCS）

在单元机组控制系统的设计中，考虑锅炉和汽轮机的差异和特点，采取某些措施，让机炉同时按照电网负荷的要求变化，接受外部负荷的指令，根据主要运行参数的偏差，协调地进行控制，从而在满足电网负荷要求的同时，保持主要运行参数的稳定，称为协调控制方式。这种控制方式可以极大地满足电网的需求。为了投入协调控制方式（CCS），首先把锅炉输入控制和汽轮机主控投入自动，再把所有的主要控制回路投入自动运行，如给水、燃料量、风量和炉膛压力控制，见图 11-3。

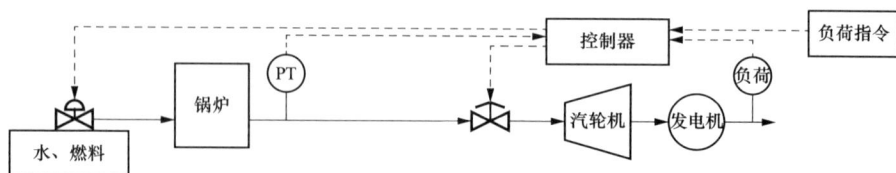

图 11-3　CCS 方式控制原理图

CCS 是由负荷指令处理回路和机炉主控制回路这两部分组成。

负荷指令处理回路的作用：

（1）该回路接受的外部指令是电网调度的负荷分配指令、机组运行人员改变负荷的指令、电网频率自动调整的指令。根据机组运行状态和电网对机组的要求，选择一种或几种。

（2）限制负荷指令的变化率和起始变化幅度，根据机组变负荷的能力，规定对机组负荷要求指令的变化不超过一定速度，以及起始变化不超过一定幅度。

（3）限制机组最高和最低负荷。

（4）甩负荷保护，在机组辅机故障时，不管外部对机组的负荷要求如何，为保证机组继续运行，必须把负荷降到适当水平。

（5）根据机组的辅机运行状态，选择不同的运行工况。

机炉主控制回路的作用：

（1）经过处理的负荷指令 Po，对锅炉调节系统和汽轮机调节系统发出协调的指挥信号锅炉指令 Pb 和汽轮机指令 Pv；

（2）根据机组输出功率与负荷要求之间的偏差，决定不同的运行方式。

1. 以炉跟机为基础的协调控制方式（CCS-BF）

这是常用的协调控制方式。锅炉、汽轮机自动系统都投入，锅炉主要调节主汽压力，汽轮机主要调节功率。可以参加电网调频，可以投入 AGC。自动发电量控制（Automatic Generation Control，AGC）是能量管理系统（EMS）中的一项重要功能，控制着调频机组的出力，以满足不断变化的用户电力需求，并使系统处于经济的运行状态。

其基本原理：当外界需要负荷增加时，功率信号加大，出现正的偏差信号，加到汽轮机主控器上，使汽轮机调阀开大，负荷增加，同时该信号也加到锅炉控制器上使燃料量增加，提高锅炉蒸汽量。汽轮机调阀的开大，引起汽压下降，锅炉虽已增加了燃料量，但由于锅炉的延迟性，出现了正的压力偏差信号，此信号促使锅炉燃料量进一步加大，压力偏差信号按负方向加到汽轮机主控器上，使调阀关小，汽压恢复。正的功率偏差使调阀开大，开大后导致正的压力偏差，又使调阀关小，这两个偏差信号使调阀在开大到一定程度后停在某一位置。协调控制方式中，会同时出现功率和压力偏差信号，但功率偏差信号的作用会被压力偏差信号作用抵消，两者之间建立一定关系，该关系不能长时间维持，因为功率及压力偏差信号会逐渐消失，同时调阀在功率偏差和主汽压恢复下，提高了机组负荷，使功率偏差也逐渐缩小，最后功率和压力偏差均趋于零，机组在新的负荷下达到新的稳定状态。

2. 以机跟炉为基础的协调控制方式（CCS-TF）

锅炉、汽轮机自动系统都投入，汽轮机主要调节主汽压力，锅炉主要调节负荷。这种方式不利于电网调频，功率调节较慢。

第三节　炉膛安全监控系统

一、概述

炉膛安全监控系统（Furnace Safeguard Supervisory System，FSSS）包括燃烧器控制系统及燃料安全系统，它是现代大型火力发电机组的锅炉必须具备的一种监控系统。它能在锅炉正常工作和启停等各种运行方式下，连续地密切监视燃烧系统的大量参数与状态，不断地进行逻辑判断和运算，必要时发出运作指令，通过各种联锁装置使燃烧设备中的有关部件（如磨煤机组、点火器组、燃烧器组等）严格按照既定的合理程序完成必要的操作，或对异常工况和未遂性事故做出快速反应和处理。防止炉膛的任何部位积聚燃料与空气的混合物，防止锅炉发生爆燃而损坏设备，以保证操作人员和锅炉燃烧系统的安全，FSSS 是监控系统，是安全装置，是安全联锁功能级别中的最高等级。FSSS 公用逻辑包括内容：油泄漏试验、炉膛吹扫、MFT 及首出记忆、OFT 及首出记忆、点火条件点火能量判断。

二、油系统泄漏试验

锅炉点火采用两种方式，第一种方式为采用微油直接点燃煤粉；第二种方式为采用油枪点燃煤粉。为防止供油管路泄漏（包括漏入炉膛），油系统泄漏试验是针对进油气动快关阀及单个油角阀的密闭性所做的试验。油泄漏试验在没有旁路的情况下，操作员在 CRT 上点击"启动"按钮，发出启动油泄漏试验指令，程序将按照预先设计的试验过程执行。在确定不必要进行泄漏试验的情况下，也可予以旁路。油泄漏试验成功是炉膛吹扫条件之一。

油泄漏试验允许条件：无 MFT 跳闸条件；进油母管压力允许；（2.5MPa）进油快关阀已关；回油快关阀已关；所有油角阀全关（油枪油角阀全关）。

若允许条件满足，将在 CRT 上显示"泄漏试验就绪"，这时可以从 CRT 上发出"启动"指令来自动进行下列步骤：

（1）步骤一。条件：油泄漏试验允许；指令：关回油快关阀；开进油快关阀。

（2）步骤二。条件：回油快关阀已关且进油快关阀已开，在 60s 内供油母管压力高（3.0MPa），则充油成功，否则失败；指令：关进油快关阀。

（3）步骤三。条件：进油快关阀已关延时 300s，供油母管压力不低（3.0×90%＝2.7MPa），则保压成功，否则失败；指令：泄漏试验成功；注：充油失败和保压失败立即关闭进油快关阀。

在试验的过程中，以下任一条件终止油泄漏试验：MFT 信号；油泄漏试验进行 10min 后；油泄漏试验旁路；油泄漏试验成功；油泄漏试验失败。

以下任一条件复位油泄漏试验成功信号：油泄漏试验请求脉冲；油泄漏试验正在进行脉冲。

三、炉膛吹扫

锅炉点火前，必须进行炉膛吹扫，这是锅炉防爆规程中基本的防爆保护措施。在锅炉的炉膛，烟道和通风管道中积聚了一定数量的可燃混合物突然同时被点燃，这种现象称为爆燃，严重的爆燃即为爆炸。由于炉膛压力骤增，超过炉膛结构所能承受的压力，使炉墙外延崩塌称为外爆。当炉膛压力过低，其下降幅值超过炉膛结构所能承受压力时，炉膛就会向内坍塌这种现象称为炉膛内爆。在正常工况下，进入炉膛的燃料立即被点燃，燃烧后，生成的烟气也随时排出，炉膛和烟道内没有可燃混合物积存，因而也不会发生爆燃，但如果运行人员操作不当，设备或控制系统设计不合理，或者设备和控制系统出现故障等，就有可能发生爆燃，FSSS 的首要目标是防止锅炉在启、停及任何运行过程中，且任何部位产生积聚爆炸性燃料和空气混合物的可能，否则会产生损坏锅炉和燃烧设备的恶性爆炸事故。炉膛吹扫的目的是将炉膛内的残留可燃物质清除掉，以防止锅炉点火时发生爆燃。吹扫条件如下：

（1）MFT 动作（炉膛吹扫未完成）；

（2）无 MFT 跳闸条件；

（3）两台空预器均运行；

（4）任一引风机运行；

（5）任一送风机运行；

（6）一次风机全停；

（7）所有磨煤机全停；

（8）所有给煤机全停；

（9）进油快关阀全关；

（10）回油快关阀全关；

（11）所有油角阀全关；

（12）两台除尘器均停；

（13）二次风挡板在吹扫位（开度 100％）；

（14）炉膛中无火焰；

（15）风量合适≥30％；

（16）油泄漏试验成功或旁路。

当吹扫条件全部满足后，操作员就可以启动吹扫，按开始键开始吹扫计时，时间为 300s。为了使炉膛吹扫彻底、干净，吹扫过程必须在

30％至40％额定风量下持续5min。5min的吹扫可以使炉膛得到5次以上的换气。在吹扫过程中，FSSS逻辑连续监视吹扫允许条件。在吹扫过程中如果某个吹扫允许条件不满足了，就会导致吹扫中断，同时吹扫计时器清零，屏幕显示吹扫中断，操作员就要重新启动吹扫程序。当所有吹扫条件全部满足并且持续5min，吹扫完成，在显示器上指示"炉膛吹扫完成"信号屏幕显示吹扫结束。"炉膛吹扫成功"信号是复位MFT的必要条件。MFT发生时，通过一个MFT脉冲信号清除"炉膛吹扫完成"信号。

四、主燃料跳闸（MFT）

主燃料跳闸（MFT）是锅炉安全保护的核心内容，是FSSS系统中最重要的安全功能。在出现任何危及锅炉安全运行的危险工况时，MFT动作将快速切断所有进入炉膛的燃料，即切断所有油和煤的输入，以保证锅炉安全，避免事故发生或限制事故进一步扩大。当MFT跳闸后，有首出跳闸原因显示；当MFT复位后，首出跳闸记忆清除。MFT跳闸条件如下：

（1）手动MFT。

（2）MFT继电器动作。

（3）两台空预器全停延时300s。

（4）两台引风机全停。

（5）两台送风机全停。

（6）一次风机跳闸且任一煤层投运且无油角投运，延时3s。

（7）给水泵全停且有任一燃烧器投运记忆，延时3s。

（8）火检冷却风机全停延时300s后延时3s MFT动作。

（9）炉膛压力高高延时2s。

（10）炉膛压力低低延时2s。

（11）总风量低。

（12）汽轮机跳闸且锅炉负荷＞30％或负荷＜30％且高旁或低旁在10s之内没有离开关位（应确认旁路泄压能力）。

（13）失去全部燃料。满足以下任一条件，认为失去油燃料：油角阀全关进油快关阀全关；满足以下任一条件，认为失去煤燃料：所有磨煤机全停所有给煤机全停延时180s。当煤燃料与油燃料都失去时，认为失去全部燃料。该条件还要"与"上"有燃烧器投运记忆"信号。即在停炉时不认为失去全部燃料。

（14）失去全部火焰。当一层油≥2个角无火，认为该油层失去火焰；当一层煤≥3个角无火或给煤机停止延时180s，认为该煤层失去火焰；对于B煤层，在等离子模式下拉弧成功后2/4断弧；在正常点火模式下≥3个角无火或B给煤机停止延时180s；当无油火焰检测且无煤火焰检测时，认为无火焰检测；当无火焰检测并且有给煤机投运记忆时延时10s，产生失去全部火焰。

（15）再热器保护丧失。

（16）脱硫请求 MFT。

（17）除尘器烟温超限。

MFT 发生后，联锁以下设备动作：

（1）跳闸所有油燃烧器；

（2）关闭所有主燃油阀；

（3）跳闸所有给水泵；

（4）跳闸所有磨煤机；

（5）跳闸所有给煤机；

（6）跳闸所有一次风机；

（7）跳闸等离子；

（8）关减温水总门和分路电动门、调门（发脉冲指令）；

（9）送 MFT 指令至 MCS、ETS、吹灰等系统。

MFT 设计成软、硬两路冗余，当 MFT 条件出现时软件会送出相应的信号来跳闸相关的设备，同时 MFT 硬继电器也会向这些重要设备送出一个硬接线信号来使其跳闸。例如，MFT 发生时逻辑会通过相应的模块输出信号来关闭主跳闸阀，同时 MFT 硬接点也会送出信号来直接关闭主跳闸阀。这种软硬件互相冗余有效地提高了 MFT 动作的可靠性。此功能在 FSSS 跳闸继电器柜内实现。

五、油燃料跳闸（OFT）

油燃料跳闸（OFT）逻辑检测油母管的各个参数，当有危及锅炉炉膛安全的因素存在时，产生 OFT。关闭主跳闸阀，切除所有正在运行的油燃烧器。OFT 跳闸条件如下：

（1）手动 OFT（运行人员关闭进油快关阀）；

（2）MFT；

（3）进油快关阀未全开；

（4）进油母管压力低低（1.8MPa）（2/3）延时 5s，且任一油角阀未全关；

（5）以下条件全部满足，自动复位 OFT；

（6）无 OFT 跳闸条件存在；

（7）进油快关阀全关；

（8）油泄漏试验完成或在旁路；

（9）运行人员开进油快关阀指令。

当 OFT 发生后，联锁以下设备动作：跳闸所有油燃烧器；关进油快关阀；关回油快关阀。

第四节　汽轮机的调节控制及保护

一、汽轮机调节系统的任务、基本原理和组成

（一）调节系统的任务

汽轮机调节系统的任务，一方面是要供给电力用户足够的、合格的电力，根据用户的需要及时调节汽轮机的功率；另一方面是保证汽轮机的转速始终维持在额定转速左右，从而把发电频率维持在规定的范围内。以上两项任务并不是孤立的，而是有机地联系在一起的。其中，发电电压除了与汽轮机转速有关外，还可以通过对励磁机的调整来进行调节，而发电频率则直接取决于汽轮机的转速，转速越高发电频率就越高，反之则越低。因此，汽轮机必须具备调速系统，以保证汽轮发电机组根据电力用户的要求，供给所需要的电量，并保证电网频率稳定在一定范围之内。

对于具有一对磁极，工作转速为 3000r/min 的发电机组，其发电频率为

$$f＝发电机每分钟转数/60 \qquad (11\text{-}1)$$

显然，在额定转速下运行时，发电频率是 50Hz。GB/T 15945—2008《电能质量　电力系统频率偏差》规定：电力系统正常运行条件下频率偏差限值为±0.2Hz，亦即转速的波动不允许超过±12r/min。

维持汽轮机稳定运转，一方面是为了满足电力用户的要求，同时也是发电厂自身的需要。汽轮机和发电机工作时，都在高速下运转，汽轮机的叶轮、叶片和发电机转子都承受着很大的离心力，而且离心力的大小和转速的平方成正比，转速增加，将会使这些部件的离心力急剧增加，当转速过大时，就会使这些部件破坏，甚至造成重大事故。

为了保证汽轮机安全运行，除了调速系统外，还具有各种保护设备，如超速保护、轴向位移保护等，这些保护设备都能使运行中的汽轮发电机组在遇到危险工况时自动停止运转，以避免大的事故发生。

（二）调节系统的基本原理

汽轮发电机组在运行中其转子上受到的力矩有三个：一是蒸汽做功产生的主动力矩 M_T；二是发电机的电磁阻力矩 M_L；三是各种摩擦引起的摩擦力矩 M_F。在稳定工况下，这三种力矩的代数之和必然为零，即

$$M_T－M_L－M_F＝0 \qquad (11\text{-}2)$$

在机组结构已定时，主动力矩 M_T 与汽轮机的输出功率成正比，与转速成反比；摩擦阻力矩 M_F 是转速的二次函数；在其他条件不变的情况下，电磁阻力矩 M_L 与发电机输出电流成正比，是转速的函数（转速升高，磁场密度增大，电磁阻力矩增大）。其中，摩擦力矩与蒸汽产生的主动力矩、发电机的电磁阻力矩相比非常小，常常可以忽略不计。在运行中只要主动

力矩和电磁阻力矩不平衡，转子就会产生角加速度，使汽轮发电机转子升速或降速。

作用在转子上的力矩平衡方程可写为

$$J \times \mathrm{d}\omega/\mathrm{d}t = M_T - M_L \qquad (11\text{-}3)$$

式中　J——汽轮发电机转子的转动惯量，$kg \cdot m^2$；

　　　ω——汽轮发电机转子的角速度，$1/rad$。

当功率平衡（外界用电量保持不变）时，$M_T = M_L$，因为 $J \neq 0$，所以 $\mathrm{d}\omega/\mathrm{d}t = 0$，即角速度 $\omega =$ 常数，转速维持恒定。当用户耗电量减少时，阻力矩 M_L 相应减少，如果主动力矩 M_T 仍保持不变，则 $M_T - M_L > 0$，$\mathrm{d}\omega/\mathrm{d}t > 0$，即转子的角速度 ω 增加（汽轮机转速升高），发电频率也随之增加；反之，当用户耗电量增加时，转子的角速度将减小（汽轮机转速降低），发电频率降低。

由此可见，汽轮机转速的变化与汽轮机的输入、输出功率不平衡有着极其密切的关系，只要维持汽轮机输入、输出功率平衡，就能保持其转速的稳定。汽轮机的调节系统是根据这个基本原理设计而成的，它能够感受汽轮机转速的变化，并根据这个转速变化来控制调节阀的开度，使汽轮机的输入和输出功率重新平衡，并使转速保持在规定的范围内，从而使汽轮发电机组的发电频率保持在规定的范围内。所以，汽轮机调速系统的主要任务是调节汽轮机的转速。

（三）调速系统的组成

汽轮机调速系统通常由转速感受机构、传动放大机构、执行（配汽）机构和反馈装置组成。

1. 转速感受机构

转速感受机构的作用是测量汽轮机转速的变化，并将其转变成其他物理量输送给传动放大机构。组成转速感受机构的元件按其原理可分为机械式、液压式和电子式三大类。

2. 传动放大机构

传动放大机构的作用是接受转速感受机构送来的信号，并将其进行放大后输送到执行机构，同时发出反馈信号。组成传动放大机构的元件型式较多，按其作用可分为信号放大和功率放大两大类；按其工作原理可分为断流式和贯流式（又称节流式）两大类。通常情况下，整个传动放大机构是由作为前级传动放大的节流传动放大装置和最终提升调节汽门的断流传动放大装置两部分组成。

3. 执行（配汽）机构

执行（配汽）机构的作用是接受放大后的调节信号，调节汽轮机的进汽量，即改变汽轮机的功率。组成执行机构的元件主要是调节汽阀和油动机。油动机因有提升力大、动作快、体积小等特点，是现代大型汽轮机调节系统中带动调节汽阀的唯一执行机构。油动机主要有旋转式、双侧进油往复式和单侧进油往复式几种。

4. 反馈装置

设置反馈装置使调速系统构成了闭环控制，目的是保持调节系统的稳定性。调节系统必须设有反馈装置，使某一机构的输出信号对输入信号进行反向调节，这样才能使调节过程稳定。组成反馈装置的元件有杠杆反馈、窗口反馈和弹簧反馈等。反馈一般有动态反馈和静态反馈两种。

二、汽轮机调节系统的特性

（一）调节系统的静态特性

1. 调节系统静态特性的概念

汽轮机的调节系统，虽形式多样，但都有一个共同的特性，就是当汽轮机负荷增加而转速降低时，由于调节系统作用的结果，增加了汽轮机的进汽量，使汽轮机的输入和输出功率重新平衡，并使汽轮机在新的稳定转速下旋转，但此时的新稳定转速比负荷增加以前的稳定转速要低。反之，如果汽轮机负荷降低，调节系统调节后新的稳定转速要比负荷降低前的稳定转速高。也就是说，汽轮机的负荷不同对应的稳定转速不同。

把稳定状态下，整个调节系统的输入信号、汽轮机的转速 n 与输出信号汽轮机的功率 P（或流量 G）的关系称为调节系统的静态特性，其关系曲线称为调节系统的静态特性曲线。

在调速系统中，每一机构都有一个输入信号和一个输出信号，当输入信号变化时，输出信号也相应地作有规律的变化，并且最终达到一个新的稳定状态。如果抛开由一个稳定状态变化到另一个稳定状态的中间过程，只考虑各个稳定状态下输入信号和输出信号之间的关系，则称为该机构的静态特性，而这个输入信号与输出信号之间的关系曲线，则称为该机构的静态特性曲线。

液压调节系统的静态特性可以表示为

$$\Delta P / \Delta n = (\Delta x / \Delta n) \times (\Delta m / \Delta x) \times (\Delta P / \Delta m) \tag{11-4}$$

$$\Delta P / \Delta n = (\Delta P_1 / \Delta n) \times (\Delta m / \Delta P_1) \times (\Delta P / \Delta m) \tag{11-5}$$

上两式说明调节系统的静态特性 $\Delta P / \Delta n$ 取决于转速感受机构的静态特性 $\Delta x / \Delta n$（$\Delta P_1 / \Delta n$）、传动放大机构的静态特性 $\Delta m / \Delta x$（或 $\Delta m / \Delta P_1$）和执行机构的静态特性 $\Delta P / \Delta m$。可以证明，$\Delta x / \Delta n$、$\Delta P_1 / \Delta n$、$\Delta m / \Delta x$、$\Delta m / \Delta P_1$ 和 $\Delta P / \Delta m$ 都近似地等于常数，所 $\Delta P / \Delta n \approx$ 常数，即调节系统的静态特性曲线可以近似地看成直线。

因为并列在电网中的机组，其转速决定于电网的频率而不能随意改变，因而调节系统的静态特性曲线一般是通过试验方法求得的，不能直接获得。通过试验分别测出转速感受机构、传动放大机构和执行机构的静态特性曲线后，即可通过四象限图（或称调节系统四方图）间接得出调节系统的静态特性曲线，见图 11-4。

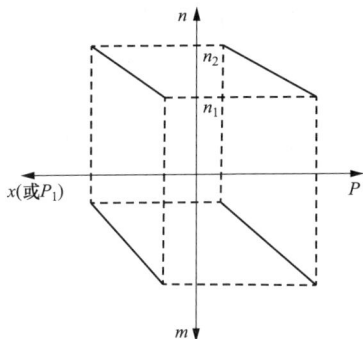

图 11-4　调节系统四方图

2. 速度不等率

（1）速度不等率的定义。

由图 11-4 可以看出，汽轮机调节系统产生的控制作用不能使汽轮机转速维持在一个恒定值上，在稳定状态下，汽轮机转速和功率具有一定的对应关系。设汽轮机在空载时的转速为 n_{max}，额定功率时的转速为 n_{min}，汽轮机额定转速为 n_0，则将 n_{max} 和 n_{min} 的差值与 n_0 之比来表征汽轮机转速与功率的对应关系称为速度不等率 δ（也称速度变动率、不均匀度等）。根据定义速度不等率可表示为

$$\delta=[(n_{max}-n_{min})/n_0]\times100\%　\qquad(11\text{-}6)$$

速度不等率 δ 是衡量调节系统静态品质的一个重要指标，它反映了汽轮机由于负荷变化所引起转速变化的大小。速度不等率越小说明在一定负荷变化下转速变化越大，反映在静态特性曲线上，曲线越陡；反之静态特性曲线越平。

对不同的汽轮机，要求有不同的速度变动率。对带尖峰负荷的机组，要求其静态特性曲线陡一些，即速度变动率应小一些，以使机组能承担较大的负荷变动。但速度变动率过小时，机组进汽量的变化相应很大，机组内部各部件的受力、温度应力等的变化也将很大，有可能损坏部件。极端情况是 $\delta=0$，这时当外界负荷变化，电网频率改变时，机组运行将不稳定，从额定负荷到空负荷，或从空负荷到额定负荷，产生负荷晃动，机组无法运行。因此，一般取 $\delta=3\%\sim6\%$。

速度不等率的大小对并列运行机组的负荷分配、甩负荷时转速的最大飞升值以及调节系统的稳定性等都有影响。一般要求调节系统的速度不等率在 $3\%\sim6\%$ 范围内。

（2）速度不等率对一次调频的影响。

汽轮发电机组在电网中并列运行，当外界负荷发生变化时，将使电网频率发生变化，从而引起电网中各机组均自动地按其静态特性承担一定的负荷变化，以减少电网频率改变的过程，称为一次调频。

在一次调频过程中，各台机组所自动承担的变化负荷的相对值（即占

电网总容量的百分数）与该机的额定功率和速度不等率有关。并列运行机组当外界负荷变化时，速度不等率越大，机组额定功率越小，分配给该机组的变化负荷量就越小；反之则越大。因此带基本负荷的机组，其速度不等率应选大一些，使电网频率变化时负荷变化较小，即减小其参加一次调频的作用。而带尖峰负荷的调频机组，速度不等率应选小一些。

当汽轮机参与电网一次调频时，通常设定 δ 在 $4.5\% \sim 5.5\%$ 之间。一般希望将 δ 设计成连续可调，即视运行情况可进行调整。在机组处于空负荷区段以及额定负荷区段，δ 取大一些，在中间负荷区段，δ 可取相对小一些。在空负荷区段速度变动率取大一些，目的是提高机组在空负荷时的稳定性，以便机组顺利并网；在额定负荷区段，速度变动率取大一些，可使机组在经济负荷运行时稳定性较好。然而 δ 也不能太大，以免动态过程发生严重超速。从静态特性看，如果机组从满负荷慢慢降至空负荷，汽轮机的转速将由额定转速 n_0 升至 $(1+\delta) \times n_0$，如果机组突然从电网中解列出来，甩掉全负荷，那么仅靠转速升高来导致阀门关小是不够的，因为在阀门关闭过程中蒸汽仍将进入汽轮机，再加上原来储蓄在汽轮机内蒸汽的能量，就会导致汽轮机转速大大超过空负荷稳定转速 $(1+\delta) \times n_0$。且 δ 越大，超速就越严重。

当电网频率变化时，从一次调频观点看，电网中各机组参与增减负荷。但从经济运行考虑，对于大容量的高效机组仍希望运行在其最大连续出力的运行点上（即经济负荷点），要求频率变化对运行点的影响尽量小，这就要有较大的转速不等率 δ。可是，随着电网容量的不断扩大，单机功率的大小是相对变化的，所以要求汽轮机调节系统具有在运行中可以调整的转速不等率。如图 11-5 所示，在一定范围内，如功率在（$\pm3\% \sim \pm30\%$）P_0、频率在 $\pm0.05 \sim \pm0.20 \mathrm{Hz}$ 范围内变化，在参考功率 P_0 附近的局部转速不等率可调到 10%，甚至 ∞，这时，频率的变化就不影响功率了。相反地，当转速不等率减小后，频率的微小变化也将造成功率较大幅度的变化，这在很大程度上阻止了频率的释化，也就是说，减小转速不等率对稳定电网频率有明显的效果。

3. 迟缓率

由调节系统的静态特性可知：一个转速应该只对应着一个稳定功率，或者说一定的功率应该只对应着一个稳定转速，但在实际运行中并不是这样，在单机运行时，机组功率取决于外界负荷而保持不变时对应的转速发生摆动；在并网运行时，转速取决于电网频率而保持不变时对应的功率发生摆动，这就是调节系统的迟缓现象。由于迟缓现象的存在，使调节系统在转速上升和转速下降时的静态特性曲线不再是同一条，而是近于平行的两条曲线，见图 11-6。

由于迟缓现象的存在，转速上升过程的特性曲线 ab 与转速下降过程的

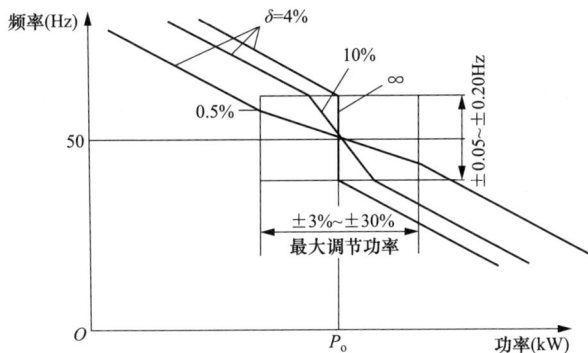

图 11-5 具有可调转速不等率的静态特性曲线图

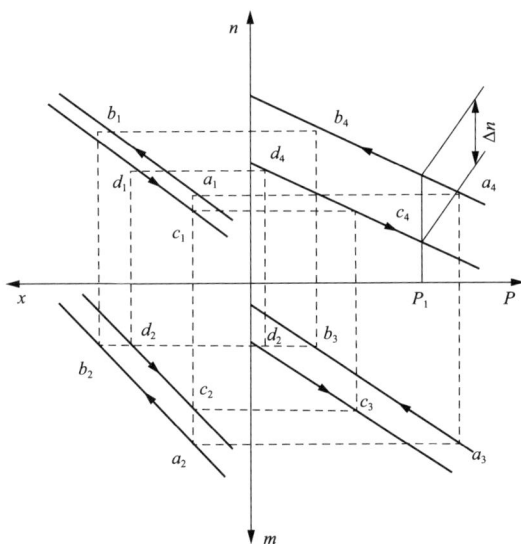

图 11-6 考虑迟缓现象后的静态特性图

特性曲线 cd，在同一功率下的转速差 Δn 与额定转速 n_0 之比的百分数称为调节系统的迟缓率或不灵敏度，用 ε 表示，即

$$\varepsilon = (\Delta n / n_0) \times 100\% \qquad (11\text{-}7)$$

迟缓率对汽轮机的正常运行是十分不利的，因为它延长了汽轮机从负荷发生变化到调节阀开始动作的时间，造成了汽轮机不能及时适应外界负荷改变的不良现象。

汽轮机单机运行时，机组发出的功率决定于外界电负荷，因此，迟缓率的存在将会引起机组转速的自振，引起调节系统晃动，使调节过渡恶化，还会使汽轮机在突然甩负荷后，转速上升过高，从而引起超速保护装置动作，这也是汽轮机正常运行所不允许的。因此，希望迟缓率 ε 越小越好。国际电工委员会建议大功率汽轮机调节系统的迟缓率 $\varepsilon \leqslant 0.06\%$。同时，为了使电网随机频率偏差能保持在较小的允许范围内，如在 0.08% 以内，利用汽轮机来平滑电网频率的随机偏差，曾提出迟缓率应取为 0.02%，要求

531

采用高精度的电液调节系统。

从汽轮机调节系统的静态特性曲线可以看出，汽轮机的功率和转速本来是单值对应的关系，但由于调节系统存在迟缓现象，就使调节系统存在一个不灵敏区，在这个不灵敏区内调节系统没有调节作用，上述功率和转速的单值对应关系遭到了破坏，它所产生的后果随机组的运行方式不同而不同。当机组孤立运行时，由于汽轮机的功率只取决于外界负荷，不能任意变动，则单值对应关系的破坏反映在转速上，即机组的转速在不灵敏区内任意摆动，见图 11-7（a），其自发摆动的范围（相对值）即为 ε。当机组并列在电网中运行时，由于转速决定于电网频率，不能随意变动，这种单值对应关系的破坏则反映在功率上，造成功率可在一定范围内自发摆动，见图 11-7（b），其自发摆动范围与迟缓率和速度变动率的大小有关。当机组转速变化 $\delta \times n_0$ 时，对应的功率变化为额定功率 P_n，当转速变化 $\varepsilon \times n_0$ 时，对应的功率变化为 ΔP，见图 11-8，根据相似三角形对应边成比例的关系可得

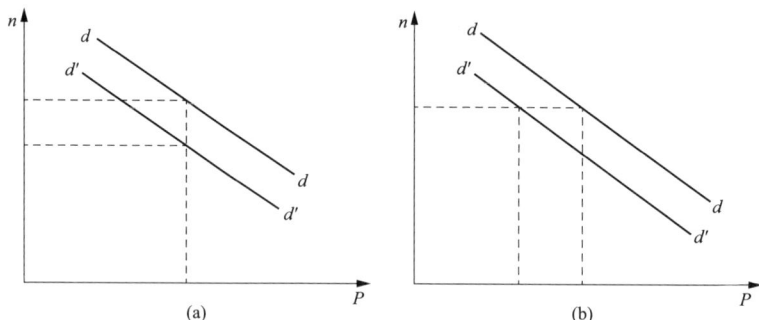

图 11-7　迟缓率对运行机组的影响示意图

（a）迟缓率对运行机组转速的影响；（b）迟缓率对运行机组功率的影响

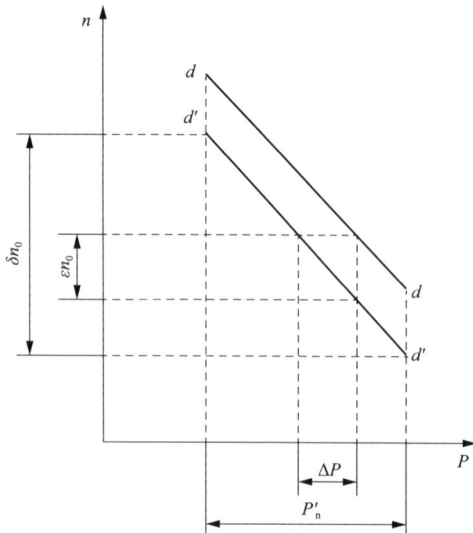

图 11-8　速度变动率和迟缓率对功率自发变化的影响示意图

$$\varepsilon \times n_0 / \delta \times n_0 = \Delta P / P_{\mathrm{n}} \tag{11-8}$$

则

$$\Delta P = (\varepsilon / \delta) \times P_{\mathrm{n}}$$

迟缓率是调节系统最重要的指标之一，过大的迟缓率会使调节系统不能正常工作。无论在设计、运行及检修工作中，都应设法把它减小到最低限度。由于整个调节系统的迟缓率是由各个组成元件的迟缓率积累而成的，所以要减小调节系统的迟缓率应尽量设法提高每个元件的灵敏度。在运行中，还要注意对油质的监视，以防止因油质恶化而引起的卡涩。

调速系统形式的不同，其能达到的转速控制精度也不相同，而且随着技术水平的提高，对系统迟缓率的要求也不断提高，通常对迟缓率的要求如下：

(1) 高压抗燃油纯电调系统：$\varepsilon \leqslant 0.067\%$；

(2) 低压汽轮机油纯电调系统：$\varepsilon \leqslant 0.1\%$；

(3) 机械/液压调速系统：$\varepsilon \leqslant 0.3\%$；

(4) 给水泵调速系统：$\varepsilon \leqslant 0.1\%$。

4. 同步器

从调节系统静态特性曲线可以看出，当不考虑迟缓率影响时，汽轮机的每一个负荷都对应着一个确定的转速。这样，对孤立运行机组，它的转速随负荷的变化而变化，也就是说发电频率将随负荷变化而变化，使供电质量无法保证。对并网运行的机组，它的转速取决于电网频率，当电网频率不变时，机组只能带一个与该转速相对应的固定负荷，而不能随用户用电量的变化而变化。显然，这样的调节系统是不能满足要求的。因此，调节系统中都设有专门的机构——同步器，它既能在转速不变的情况下改变机组的负荷，又能在负荷不变的情况下改变机组的转速。

(1) 同步器的作用。

从调节系统的静态特性曲线上看，只要能将静态特性曲线平行移动，就能解决上述问题。例如，当机组孤立运行时，其转速是由外界负荷决定的，见图 11-9(a)，在负荷 P_1 下汽轮机的转速为 n_0，当负荷改变至 P_2 时，汽轮机的转速就变为了 n_1。如果需要在负荷 P_2 下运行，而转速仍维持 n_0，则只需将静态特性曲线向下平移即可。对并网运行机组，如图 11-9(b) 所示，转速由电网频率决定基本保持不变，如果将静态特性曲线向上平移则可以增大汽轮机所带的负荷。利用同步器平移调节系统的静态特性曲线，可以人为改变孤立运行机组的转速；而机组在并网运行时，则可以人为改变其负荷。

(2) 同步器的工作原理。

由调节系统四方图得知，调节系统的静态特性曲线是根据转速感受机构、传动放大机构、执行机构的静态特性曲线，经过投影作图获得的。因此，只要移动此三条特性曲线中的任一条曲线，都可达到移动调节系统静态特性曲线的目的。由于上述三条曲线基本上呈线性，所以，它们的输入和输出的关系都可写成 $y=ax+b$ 的形式，改变 b 值，即可达到平移曲线的目的，这是同步器的基本工作原理（改变 a 值，能够改变特性曲线的斜率，即能够改变调节系统的速度变动率）。

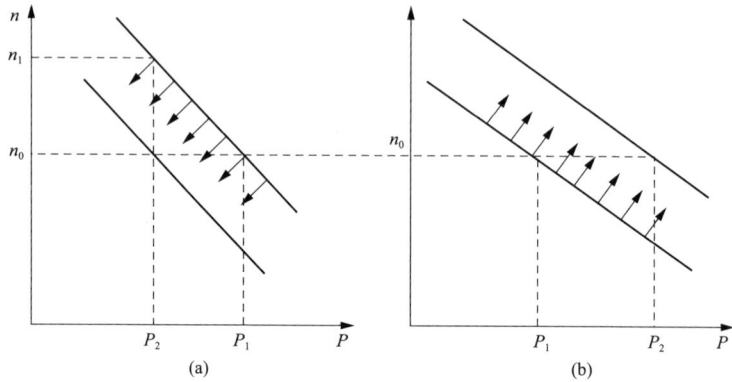

图 11-9　同步器平移静态特性曲线的作用示意图
（a）机组孤立运行时平移静态特性曲线；（b）机组并网运行时平移静态特性曲线

（3）同步器对电网进行二次调频。

必须指出，上述的一次调频只能缓和电网频率的改变程度，不能维持电网频率不变，这时需要用同步器增、减某些机组的功率，以恢复电网频率，这一过程称为二次调频。只有经过二次调频后，才能精确地使电网频率保持恒定值。显然，由于有了一次调频的存在，二次调频的负担大大减轻了。

利用同步器能平移调节系统静态特性曲线的作用，可以顺利实现二次调频。见图 11-10，并网运行的两台机组，在额定转速下根据静态特性曲线的分配，1 号机组的负荷为 P_1，2 号机组的负荷为 P_2，假定某一瞬间电网负荷增加 ΔP，使电网频率下降，机组转速同时下降 Δn，两台机组各自按照自己的静态特性曲线自动承担一部分变化负荷，1 号机组负荷增加 ΔP_1，2 号机组负荷增加 ΔP_2，其总和等于电网负荷的增加量 ΔP，即 $\Delta P=\Delta P_1+\Delta P_2$，达到负荷平衡后，电网频率也就稳定下来，这是一次调频的过程。这时如果操作 1 号机组的同步器，使 1 号机组的静态特性曲线由 aa 上移到 $a'a'$，则在转速 n_1 下，1 号机组增发了功率 $\Delta P_1'$，使总功率（$P_1+\Delta P_1+\Delta P_1'+P_2+\Delta P_2$）大于总负荷（$P_1+P_2+\Delta P_1+\Delta P_2$），于是电网频率升高。随着电网频率升高，1 号机组按 $a'a'$ 静态特性曲线减负荷，2 号机组按其自身静态特性曲线减负荷。当转速升高到 n_0 时，2 号机组负荷恢复到一次调频前的数值 P_2，1 号机组则承担了全部的变化负荷 $\Delta P=\Delta P_1+\Delta P_2$，总功率与外界负荷重新平衡，电网频率稳定在转速 n_0 所对应的数值上，这是二次调频。

二次调频是在电网频率不符合要求时，操作电网中某些机组的同步器，以增加或减少其功率，使电网频率恢复正常的过程。

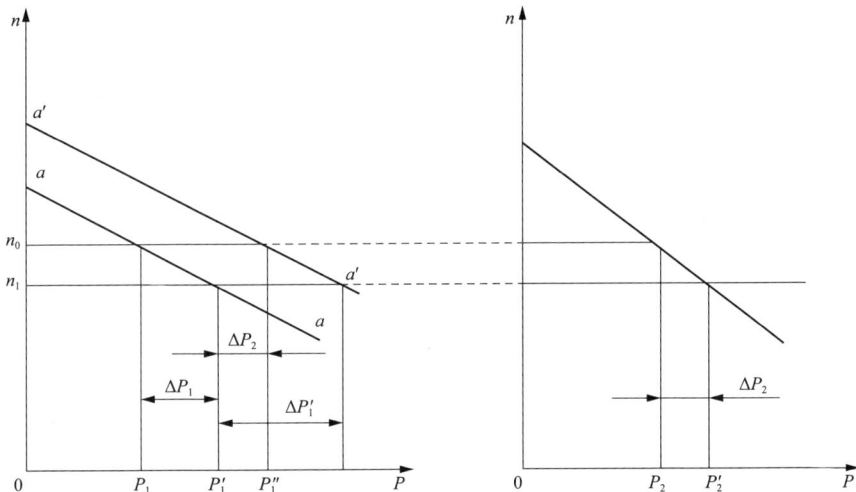

图 11-10　同步器平移调节系统静态特性曲线实现二次调频示意图

（4）同步器的调节范围。

同步器的调节范围是指操作同步器能使调节系统静态特性曲线平行移动的范围。在调节系统中设置同步器的目的之一就是为了调整并网机组的功率，所以静态特性曲线的移动范围应该满足机组顺利地加载到满负荷和减载到零负荷的要求，不仅在正常频率和额定参数时满足，而且在电网频率和蒸汽参数在允许范围内变化情况下也能满足。

在电网频率为 50Hz 和额定蒸汽参数时，要使机组功率能够从零负荷增加到满负荷，或从满负荷降到零负荷，同步器移动静态特性曲线的范围至少要达到图 11-11 中的 a、b 范围，也就是在机组空载时，操作同步器能使机组转速变化的范围至少为 $\delta \times n_0$。

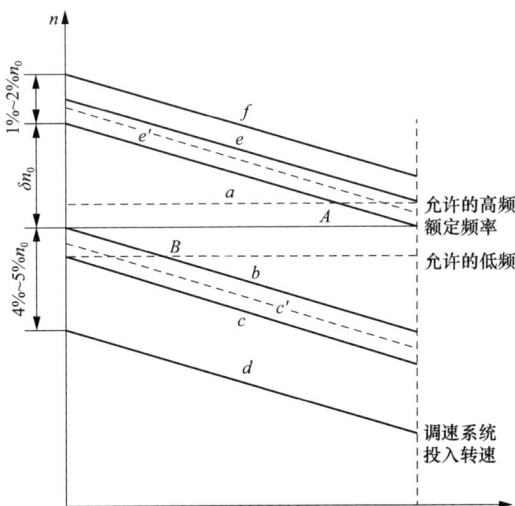

图 11-11　同步器的工作范围示意图

535

当电网频率升高时，由图 11-11 可知，转速线与 a 线相交在功率小于 P_0 的 A 点，机组不能带上满负荷。在电网频率降低时，转速线与 b 线相交在功率大于零负荷的 B 点，机组无法减负荷到零。所以，在考虑电网频率在允许的范围内变化时，静态特性曲线平移的范围应扩大到 c、e 线之间。

静态特性曲线平移的范围还要适应新蒸汽参数和背压在允许范围内变化的要求。当新蒸汽参数提高，或背压降低时，在同一个阀门开度（亦是同一个油动机行程）的条件下，由于机组的进汽量和蒸汽的理想焓降都变大，机组的功率相应增大，反映在调节系统四方图上，第四象限执行机构的静态特性曲线上移（见图 11-12），调节系统的静态特性曲线也随之上移。如果此时恰好又处在低频率下运行，则从 c 线上移后的静态特性（见图 11-11 中的虚线 c'）又和转速线在大于零负荷处相交，使机组不能减负荷到零。同理，在新蒸汽参数降低，或背压升高和高频率同时出现时，从 e 线下移的静态特性曲线（见图 11-11 中的虚线 e'）将与转速线在小于 P_0 的范围内相交，机组无法带上满负荷。所以，在同时考虑蒸汽参数和电网频率变化时，调节系统的静态特性曲线的平移范围应扩大到图 11-11 中的 f、d 之间的范围。一般 f 线确定的零负荷转速比额定转速高出 $6\%\sim7\%$；d 线确定的零负荷转速比额定转速低 $4\%\sim5\%$。同步器在结构上应保证在操作时能使静态特性曲线顺利地在 d 线到 f 线之间移动。

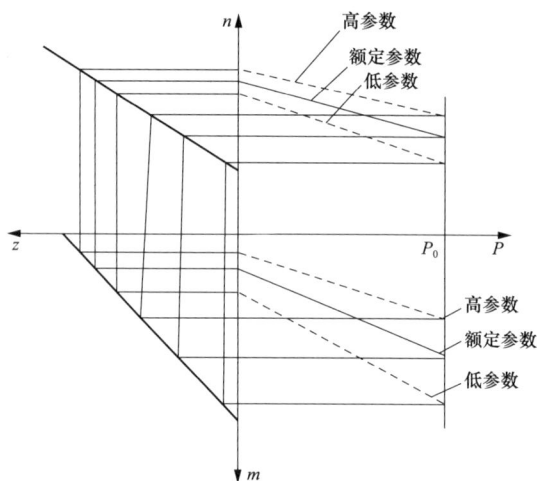

图 11-12　蒸汽参数改变时对静态特性的影响示意图

（二）调节系统的动态特性

调节系统静态特性是稳定状态下的特性。在静态特性曲线上，功率和转速呈单值对应关系，当功率变化时，转速也相应发生变化，它与过渡过程和时间无关。至于当汽轮机功率变化时，汽轮机转速如何从一个稳定状态过渡到另一个稳定状态或者能不能过渡到另一个稳定状态，就属于动态问题了。

调节系统从一个稳定状态过渡到另一个稳定状态过程中的特性，称为调节系统的动态特性。研究调节系统动态特性的目的是：掌握动态过程中各参数（如功率、转速、调节阀开度和控制油压等）随时间的变化规律并判断调节系统是否稳定，评定调节系统调节品质以及分析影响动态特性的主要因素，以便提出改进调节系统动态品质的措施。

调节系统的动态特性指标有稳定性、超调量和过渡过程时间。

1. 稳定性

图 11-13 是汽轮机甩全负荷时，转速（称为被调量）的几种过渡过程。图中 1、2、3 三条过渡线，汽轮机转速都随着时间 t 的延长最终趋近于静态特性所决定的零负荷转速 n_0，这样的过程称为稳定的过程，能完成这样过程的调节系统称为动态稳定的调节系统。曲线 4 的被调量随时间延长变化越来越大，这种系统称为动态不稳定的系统。从普遍意义上讲就是：一个运行中的汽轮机的调节系统，当外界负荷、蒸汽参数等发生变化时，它的输出量（功率或转速）就发生变化，如果上述干扰所引起的输出量的变化随着时间的推移而能稳定在某一个定值（见图 11-13 中的 1、2、3 三条曲线）上，则这个调节系统就是动态稳定的。

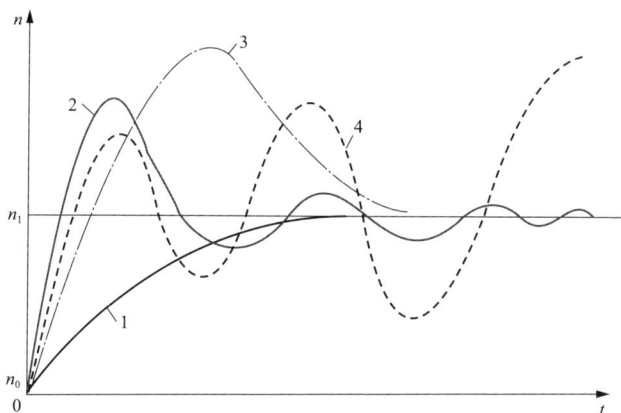

图 11-13　几种不同的过渡过程示意图

显然，汽轮机的调节系统必须是动态稳定的，只有动态稳定，才能使调节系统从一个稳定状态过渡到另一个稳定状态，才能使汽轮机功率与转速保持单值对应的关系，而且要求过渡过程中被调量的振荡次数不能太多，一般不超过 3～5 次。

2. 超调量

图 11-14 为汽轮机甩全负荷时转速的过渡过程曲线，在过渡过程中的最大转速与最后的稳定转速之差称为转速超调量，用 Δn_{max} 表示。甩负荷后，汽轮机的最高转速 $n_{max} = \Delta n_{max} + (1+\delta) \times n_0$，式中 $(1+\delta) \times n_0$ 为机组的最后稳定转速，它取决于 δ 的大小。由图 11-15 可见，在同类型的调节系统中，速度不等率越大，超调量（相对值）越小，其稳定性就越好。该图是

某一调节系统只改变 δ 值通过计算得出的。但应注意：速度不等率越大，甩负荷后机组所达到的最高转速 n_{max} 就越高。为了保证甩负荷时不致引起超速保护装置动作，速度不等率 δ 也不应太大。综合考虑，大部分机组调节系统的速度不等率大约在 3‰~6‰ 的范围内。

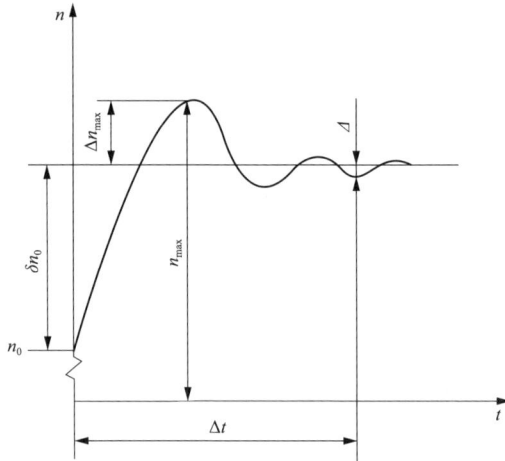

图 11-14　甩全负荷时转速的过渡过程示意图

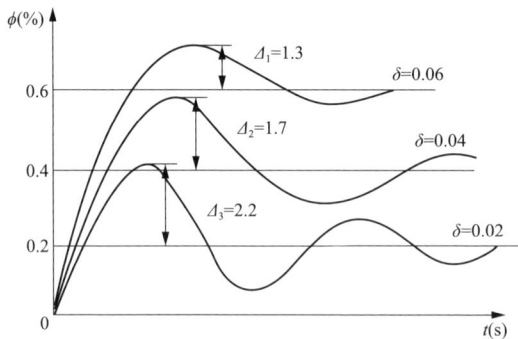

图 11-15　速度不等率对过渡过程的影响示意图

3. 过渡过程时间

调节系统受到扰动后，从调节过程开始到被调量与新的稳定值的偏差 Δ 小于允许值时的最短时间，称为过渡过程时间，图 11-14 中的 Δt 为机组甩全负荷时的过渡过程时间。显然，过渡过程时间越短，系统的稳定性越好。对甩全负荷的过渡过程时间 Δt 一般要求小于 5~50s。

由于被调参数绝对稳定在某一数值上是不可能的，也是没有必要的，所以在汽轮机调节系统中 Δ 一般取 5%，即转速的摆动范围只要不大于 5% $\delta \times n_0$，被调参数就算稳定了。

随着科学技术的不断发展，作为发电设备的汽轮机组，越来越向大容量、高参数方向发展，以便获得尽量高的热效率，降低制造、安装和运行成本。这样设备更加复杂了，特别是在变工况过程中，需要综合控制的因素更多了，单纯液压调节系统已很难满足要求。随着计算机技术的发展，其综合计算的能力是显而易见的，在其可靠性得到显著提高后，现已广泛地用到了电厂各种设备的监视和控制系统中。汽轮机控制系统也不例外，由纯液压调节系统发展为电液并存式调节系统，并已在国内外许多电厂得到了很好应用。

（三）再热器对调节特性的影响

对于一次中间再热机组，再热器是串接在高、中压缸间的中间容积。由于此巨大的中间容积存在，当外界负荷增加、机组转速降低，要求增加机组的负荷时，调节系统开大高压缸调节阀，此时，高压缸的进汽量增加，其功率也随之增加；而中低压缸的功率，则是随着再热器内蒸汽压力的逐渐升高而增加。同时，由于再热蒸汽压力的升高，高压缸前后的压差将逐渐减小，其功率略有下降。因此，汽轮机的总功率，不是随调节阀的开大立即增加到外界负荷所要求的数值，而是缓慢地增加到外界负荷要求的数值（如图 11-16 所示），导致机组调节时，功率变化"滞后"。

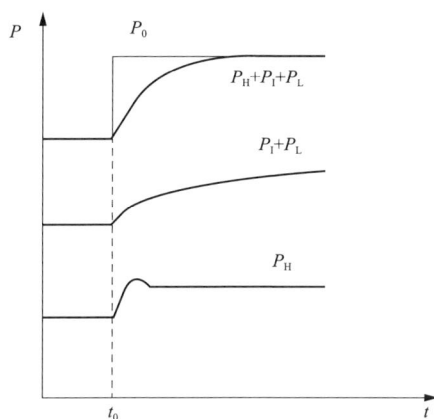

图 11-16　再热机组功率的变化示意图

P_H—高压缸的功率；P_I—中压缸的功率；P_L—低压缸的功率

另外，为了保证再热温度符合要求，锅炉过热器和再热器的蒸汽流量必须近似保持一定比例，故再热机组只能采用单元制连接，而使主蒸汽系统的蓄热能力相对减小，而锅炉燃烧调节过程时间较长，更加大功率变化的"滞后"。再热机组调节时功率变化的"滞后"，降低了机组对外界负荷变化的适应性，造成电网频率波动。

为了克服机组功率变化的"滞后"，再热机组的调节，必须采取适当的校正方法，以提高机组对负荷变化的适应能力。其次，在机组甩负荷或跳闸时，即使高压调节汽门快速关闭，再热器内储存的蒸汽量，也能使汽轮机超速 40%～50%。因此，再热机组必须设置高压调节汽门和中压调节汽门，以便在机组甩负荷时，两种调节汽门同时关闭，以确保机组的安全。

增加中压调节汽门后，由于节流损失，机组运行的经济性将有所降低。为了减少机组在运行时中压调节汽门的节流损失，通常在机组负荷高于某一设定值时，中压调节汽门处于全开状态，机组的负荷仅由高压调节汽门来控制；负荷在低于某一设定值时，中压调节汽门才参与控制。

三、汽轮机运行对调节系统性能的要求

（一）调节系统在机组运行中应满足的要求

（1）调节系统应能保证机组启动时平稳升速至 3000r/min，并能顺利并网；即在机组启动升速过程中，能手动向调节系统输入信号，控制进汽阀门开度，平稳改变转速。

（2）机组并网后，蒸汽参数在允许范围内，调节系统应能使机组在零负荷至满负荷之间任意工况稳定运行；即机组在并网运行时，能手动向调节系统输入信号，任意改变机组功率，维持电网供电频率在允许范围内。

（3）在电网频率变化时，调节系统能自动改变机组功率，与外界负荷的变化相适应；在电网频率不变时，能维持机组功率不变，具有抗内扰性能。

（4）当负荷变化时，调节系统应能保证机组从一个稳定工况过渡到另一个稳定工况，而不发生较大的和长时间的负荷摆动。对于大型机组，由于输出功率很大，而其转子的转动惯量相对较小，在力矩不平衡时，加速度相对较大。在调节系统迟缓率和中间蒸汽容积的影响下，机组功率变化滞后。若不采取相应措施，会造成调节阀过调和功率波动。抑制功率波动的有效方法是：采用电液调节系统，尽可能减小系统的迟缓率，并对调节信号进行动态校正和实现机炉协调控制。

（5）当机组甩全负荷时，调节系统应使机组能维持空转（遮断保护不动作）。超速遮断保护的动作转速为 3300r/min，故机组甩全负荷时，应控制最高动态转速 $n_{max} < (107\% \sim 108\%) \times n_0$；为此，大型机组在甩负荷时，同步器自动回零，并设置防超速保护和快关卸载阀。在机组甩负荷转速达 3090r/min 时，防超速保护和快关卸载阀动作，使高、中压调节阀加速关闭。

（6）调节系统中的保护装置，应能在被监控的参数超过规定的极限值时，迅速地自动控制机组减负荷或停机，以保证机组的安全。高、中压主汽门也设置有快速卸载阀，在机组停机时，其快速卸载阀自动打开，使其加速关闭，以防止转速超过 3300r/min。

（7）当电网频率变化时，从一次调频观点看，电网中各机组参与增减负荷。但是从经济运行考虑，对于大容量机组仍希望运行在其最大连续出力的运行点上（即经济负荷点），要求频率变化对运行点的影响尽量小，这就要有较大的转速不等率 δ。可是，随着电网容量的不断扩大，单机功率的

大小也相对地变化，所以要求汽轮机调节系统具有在运行中可以调整转速不等率。减小转速不等率对稳定电网频率有明显的效果。

（二）快关功能

汽轮机调节系统的另一个重要特性是，当系统发生故障时，能够快速地降负荷（即快关功能），防止负荷不平衡造成转速过大飞升。

对于中间再热机组，降负荷有以下三种调节方式：

（1）只关高压调节阀；

（2）只关中压调节阀；

（3）同时关高、中压调节阀。

对于只关高压调节阀的方法，因为高压缸功率占的比较小，中压缸功率仍有迟延的缘故。如果继续关下而不打开，当高压缸调节阀关下时，由于锅炉出口流量受到剧变，所以高压调节阀前压力将上升到汽包中的压力，且由于锅炉仍在燃烧加热，压力会继续升高（速率一般为 $70 \sim 140\,\mathrm{kPa/s}$）。直流锅炉也类似，汽压升高甚至使安全阀动作。同时，由于迅速关阀门，使汽温剧变，引起较大的热应力。

对于只关中压调节阀的方法，作用比较明显，而且由于再热器容积较大，再热蒸汽的压力比主蒸汽压力低很多，再热安全阀整定压力一般调整在高于额定再热压力的 10% 左右，即使再热压力升高而使安全阀打开问题也不大。此外，引起的汽缸热应力的危害也不大。

对于高、中压调节阀同时关下的方法，对降低机组负荷是最有效的。然而，由于高压调节阀关下所引起的汽压、汽温的变化仍然比较明显。

从上述比较看来，采用关中压调节阀的方法较为合理，但此时应注意轴向推力的变化应在允许的范围内；在甩全负荷时关下高、中压调节阀对防止动态超速则更加有利。

上述三种方法是指调节阀关下后又打开，并将功率回升到原有的功率水平而言。考虑到某些永久性故障后输电线路容量可能较小，就不允许立即恢复到原有功率水平，以免引起振荡甚至导致静态不稳定。所以，只要求恢复到比原来水平低的功率值，以符合已减小的输电容量。

由于从故障发生到处理故障的时间随着电网容量的扩大要求越来越短，所以必须迅速发出控制信号，希望至少在比 $0.3\mathrm{s}$ 短的时间内发出。信号的来源主要有以下三种：

（1）不平衡测量（机组）功率—（电网）负荷。这种方法通常是测取发电机负荷（或三相电流）与汽轮机的功率做比较，以判别是系统暂时故障还是油开关跳闸甩负荷故障，从而发出相应指令，或只关中压调节阀，或同时关高、中压调节阀，并令功率给定值为零。在判别信号时，不仅测取信号的绝对误差值，而且对信号误差的变化率也进行鉴别。当两个条件同时满足时，通过与门发出相应指令。这种方法较实用，已得到广泛应用。

（2）直接测量功角。这种方法有延迟，易受干扰。

（3）测量加速度。这种方法技术要求高，尚未广泛应用。

四、大型中间再热汽轮机组的调节特点

（一）影响大功率再热机组动态超速的主要因素

即使调节阀关闭，残留在汽轮机内的蒸汽容积对汽轮机超速的影响也是很大的。机组从电网中解列出来，在调节阀关闭的过程中，由继续流入的蒸汽流量引起的转子超速量和残留在各段蒸汽容积中的蒸汽所做的功，这两因素引起转子超速量基本上是各自一半。由此可见，要降低动态超速，一方面要加快调节系统的快速性，这包括要缩短自甩负荷信号开始到调节阀开始关闭的延迟时间，以及调节阀油动机从额定负荷位置关到空载位置的时间，另一方面要减小蒸汽容积的时间常数。

（二）高、中压调节阀的匹配关系及旁路装置

中间再热汽轮机由于单机功率大，一般均为电力系统的主力机组，所以要求有较高的经济性。为减小中压调节阀的节流损失，希望它在较大的负荷范围内保持全开状态。当甩负荷时又要求中压调节阀与高压调节阀同时参与调节，迅速关下，以维持汽轮机空转。这样，势必有一个从全开位置转向关下的转折点，一般取额定功率的 30％左右这一点，如图 11-17 所示。此时，高、中压调节阀同时开启，并同时控制空载转速。当功率为 $30\%P_0$ 时，中压调节阀已全开，高压调节阀约为 30％开度。

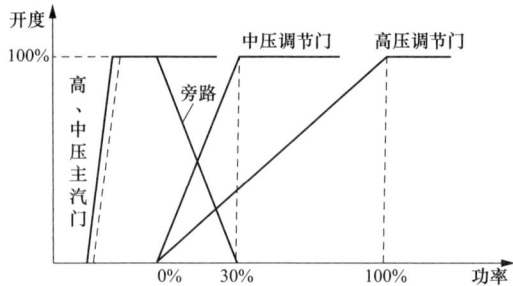

图 11-17　高、中压调节阀开启顺序示意图

在功率从 30％增加到 100％的过程中，中压调节阀一直全开，由高压调节阀来调节功率。为了解决汽轮机空转流量和锅炉最低负荷之间的矛盾，并且为了保护中间再热器，需要设置旁路系统。

旁路系统设计的原则如下：

（1）甩负荷及低负荷时冷却再热器，起着避免干烧的保护作用；

（2）协调汽轮机空载与锅炉最低负荷之间的流量匹配关系；

（3）启动、甩负荷和停机时，回收汽水损失；

（4）有利和方便机组启动；

（5）提高机组负荷适应性和运行方式的灵活性；

（6）减少高压安全阀的动作次数；

（7）减温减压设备要可靠，控制要方便。

一般常用的旁路系统有高/低压两级旁路系统和一级大旁路系统两种基本形式，其他形式的旁路都是在基本形式的基础上再进行组合。

采用高/低压两级旁路系统时，由于保护再热器的需要，当机组在低负荷（如低于30％额定负荷）运行时，随着中压调节阀的关小，应将高/低压旁路都开启，以维持锅炉的最低负荷为30％。这样，锅炉就有一部分蒸汽流量经高压旁路减温减压后进入再热器，起到冷却再热器的作用，然后由再热器出来后再进入二级减温减压，即低压旁路减温减压器，最后排向凝汽器。当机组负荷继续下降，则高/低压旁路就进一步打开到空载时，汽轮机只有空载流量流过，而锅炉仍维持最低负荷蒸发量，多余的蒸汽通过旁路进入凝汽器。由于中间再热器有（冷却）蒸汽流量通过，并且中压调节阀前蒸汽有一定压力，所以控制空载转速时，一定要高、中压调节阀同时调节。

采用一级大旁路时，机组的空载转速由高压调节阀控制。

（三）中压调节阀的快关功能

调节系统的快关（或称快控）功能是必不可少的。当电网发生故障时，由稳定控制装置计算、判定后，发出快控指令，中压调节阀在约0.2s内快速关闭。当全关状态维持一定时间（闷缸时间可调）后，重新开启。高压调节阀的动作视电网故障的严重程度而定，或不动（EVA方式），或关至50％额定负荷所对应的位置（FCP方式），或关至带厂用电运行（FCB方式）。

（四）配汽方式

目前600MW以上汽轮机组（上海汽轮机厂1000MW汽轮机组除外）多数采用混合式配汽方式，即喷嘴—滑压混合式调节。其主要特点是：在低参数（低负荷）向高参数（高负荷）过渡时采用滑参数方式，在高参数区段则采用喷嘴调节方式。采用这种方式，大功率汽轮机组的安全性、经济性基本都能够得到合理保证。

五、液压调速系统及其设备

汽轮机组调节及保安系统的最终动作效果，是使汽轮机汽阀（主汽阀、调节阀以及旁路阀等）在开启（或开度增大）和关闭（或开度关小）之间变化。

在正常的调节过程中，阀门的开启或关闭是比较平缓的。但当发生危急情况时，为了保证机组的安全，则要求阀门迅速完成目标动作，特别是需要阀门快速关闭时，执行机构应能保证既快速又可靠地完成阀门关闭动作。所以调节、保安系统由调节、保安、快关三大部分（回路）组成。

汽轮机通常设置四道阀门，即高压主汽阀（MSV）、高压调节阀（CV）、中压主汽阀（RSV）和中压调节阀（IV）。每只阀门都配置各自独立的液压控制机构，它根据 DEH 装置发出的阀位指令，对阀门进行相应的控制。DEH 装置的阀位指令、油动机的行程和调节阀的开度，都是一一对应的。

通常情况下机组启动时，由高压调节阀控制升速，采用全周进汽（FA）方式，以减小热应力和热变形，带、升负荷过程采用滑参数方式。

中压调节阀的开度与高压旁路阀的开度有关：当高压旁路阀全关时中压调节阀全开，由高压调节阀控制汽轮机的进汽量；当高压旁路阀开启运行时，中压调节阀参与调节中、低压缸的进汽量。

此外，调节系统的快关（或称快控）功能也是必不可少的。

电液调速系统主要是由电液转换器（又称电液伺服阀）、测速装置、滑阀、油动机及弹簧操纵座等组成。

电液转换器是将 DEH 发来的电信号控制指令转换为液压信号的转换、放大部件，它是电液调节系统中的一个关键部件。在电液调节系统中，电气调节装置将转速、功率、阀位等信号进行各种运算后输出电流或电压信号，无论是静态的线速度、精度、灵敏度，还是动态响应等指标，都达到较高的水平，所以电液转换器应尽快地、不失真地完成这一任务。为此，要求电液转换器要具有高的精度、线速度、灵敏度和动态响应。其次，为了达到这些要求，电液转换器在结构上要采取相应的措施，比一般的液压元件有更高的要求。如在动圈式的电液转换器中，电流输入信号所产生的电磁力是很小的，只有 0.98N 左右，不足以作为直接输出信号，而需要采用多级放大的结构。同时为了提高灵敏度，电液转换器的液压放大部分——跟随滑阀，在结构上采取了自定中心的措施。此外还必须把电信号与液压信号两部分加以隔离。

电液转换器的分类主要有以下几种：

（1）从电磁部分的结构来分，有动圈式和动铁式；

（2）从电磁部分的励磁方式来分，有永磁式和外激式；

（3）从液压部分的结构来分，有断流式和继流式，或者分为滑阀式和蝶阀式；

（4）从工质来分，有汽轮机油和抗燃油，或低压式（1.2～2MPa）和高压式（8～16MPa）等。

六、DEH 控制系统

为了实现机炉协调控制，要求机、炉、电以及与之相关的各工作系统在工况变化时，有及时、准确的监视手段，并能迅速地发出相应的控制指令，使机、炉、电以及相关工作系统能在新的工况下，协调、稳定地工作。采用电气调节方式是达到上述要求的最有效方法。

汽轮机的数字电液控制系统（Digital Electro—Hydraulic Control System，简称 DEH），是采用电子元件和电气设备对机、炉、电以及相关工作系统的状态进行监视，以数字的方式传递信号，用计算机分析判断、发出（电气的）控制指令，然后通过电液转换器（伺报阀、伺报放大器）将电气指令信号转换为液压执行机构能够接受的液压执行信号，达到完成控制操作的目的。这种控制系统是将固体电子器件（数字计算机系统）与液压执行机构的优点结合起来，使汽轮机调节系统执行机构（油动机）的尺寸大大缩小，解决了日趋复杂的汽轮机控制问题，并且具有迟缓率小、可靠性高、便于组态和维护等特点。

不同的机组、不同的制造厂，其机组的数字电液控制系统的构成和具体控制逻辑略有不同，但总体的要求基本是相同的，应具备监视、保安、控制和调节的各项功能。传统意义上的汽轮机 DEH 系统仅是指取代纯液压调节系统的数字电液调节系统，比如上海汽轮机厂 1000MW 机组配套的 DEH 系统是西门子公司生产的 SPPA—T3000 控制系统，其系统的控制范围有很大的扩展，除了调速、保安系统，还包括与汽轮机直接相关的润滑油、顶轴油、轴封汽、本体疏水和本体监测保安等系统的功能。

（一）DEH 系统的基本控制原理

图 11-18 是一次再热汽轮机 DEH 系统的调节原理图，图中的输出是转速 ϕ，外扰是负荷变化 R，内扰是蒸汽压力 p，λ_n 和 λ_p 分别为转速给定和功率给定。调节对象考虑了调节级压力特性、发电机功率特性和电网特性，与此相关，设置了调节级压力 p_T、机组功率 P 和转速 n 三种反馈信号。其中转速设有三个独立的测速通道，通过比较选择一个可靠的信号。

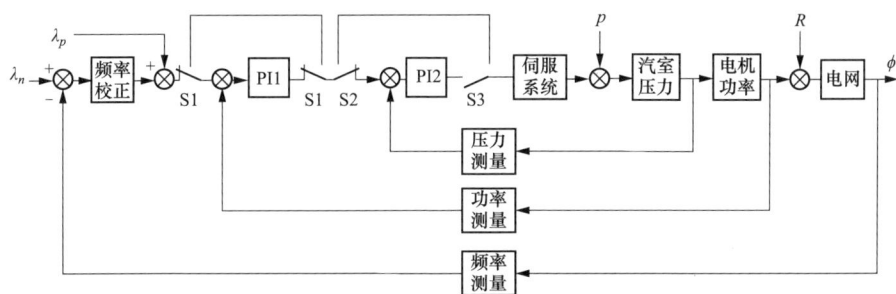

图 11-18 汽轮机 DEH 控制系统原理示意图

由伺服放大器、电液伺服阀、油动机及其线性位移变送器（LVDT）组成的伺服系统，承担功率放大、电液转换和改变阀门位置的任务；调节汽门则因位移而改变进汽量，执行对机组控制的任务。

该系统为串级 PI 控制系统，调节运算是由数字部分完成。系统由内回路和外回路组成，内回路促进调节过程的快速性，外回路则保证了输出严格等于给定值。PI 调节中的比例环节对调节偏差信号迅速放大，积分环节保证了消除系统的静差，是一种无差控制系统。

系统中开关 S1、S2 和 S3 的指向，提供了不同的调节方式，使系统既可按串级 PI 调节，也可按单级 PI1 或 PI2 调节方式运行，以保证系统中某一回路发生故障时，仍能保持正常工作。

当系统受到外扰时，调节级汽室压力首先变化，该压力正比于汽轮机的功率，能准确地代表汽轮机功率的大小，可使系统较快做出响应。发电机功率的变化，既受自身惯性的影响，又受中间再热容积的影响，其系统响应较慢。并网运行机组的转速，受电网频率的影响，但对一台机组而言，影响相对较小，在系统图中用虚线连接，以示影响较弱。因此，这三个变量的系统响应是不同的。

当机组处于调频方式运行时，若电网的负荷增加，有两种情况，一种是功率给定随之增加，直到该给定值与电网要求本机增加的负荷相适应，电网频率回升，系统的调节偏差为零，系统才能保持转速的给定值，也即频率不变。另一种是功率给定仍保持不变，电网频率必须降低，于是转速的偏差代表了功率的增加部分，该情况表明系统的功率给定值及其所保持的负荷值是不一样的，而被转速偏差修正后的负荷给定值，才是调节系统所保持的负荷值。

当机组处于非调频方式运行时，转速偏差信号不应进入系统，或者是将该偏差乘以较小的百分数，使机组对外界电网负荷的变化不敏感，只按系统本身的负荷给定值来控制机组。同理，如果在机组的额定负荷附近设置转速的不灵敏区，则机组处于带基本负荷运行状态。

在串级控制、系统处于调频方式运行受到电网扰动时，电网频率的变化引起调节汽阀动作后，调节级汽室压力反馈回路响应最快，通过内回路PI2的作用，迅速改变调节汽阀的开度，而发电机功率反馈回路的响应则慢一些，但仍是提高机组对负荷适应性的粗调作用，只有通过外回路PI1的细调作用，用外回路去修正内回路的设定值，系统才能最后趋于平衡，此时，系统的实际负荷值已不是负荷给定值，而是经过修正后的负荷设定值。换言之，负荷外扰时，只有负荷给定值与外界负荷要求相适应，才能使功率的反馈等于功率给定值，转速的反馈等于转速的给定值。

外回路的比例积分调节规律应这样设定：比例——积分输出的平衡位置是正负1，当输入的偏差为正时，输出向正1的方向积分；当输入的偏差为负时，输出向负1的方向积分。为了避免输出太强，导致系统的不稳定，应对输出设置上下限制，使它在1的附近波动。内回路的PI参数与外回路互为制约，只有把内回路的快速性与外回路调节参数相互配合，才能获得最佳的调节参数。

DEH系统在串级调节下，外回路PI1为主调节器，当系统处于非调频方式运行时，它保证系统输出的功率严格等于负荷的给定值，在调频方式运行时，被转速修正后的负荷给定值，才是调节系统所应保持的负荷值。内回路不仅反映负荷外扰系统响应的快速性，而且在蒸汽压力内扰下，也能很快地调整汽阀的开度，迅速消除内扰的影响，因而，串级调节系统对于克服再热环节功率的滞后，提高机组对外界负荷的适应性有很大的作用，由于其动态特性最好，一般作为 DEH 系统的基本运行方式。相反，当系统处于单级 PI 调节运行时，系统的动态品质将有所下降，但由于还可继续运行，仍不失为一种重要的冗余控制手段。

（二）DEH 控制系统组成

DEH 系统包括汽轮机控制系统、安全系统、监视系统三部分组成：

（1）汽轮机控制系统的任务是实现汽轮机的转速/负荷调节，是 DEH 系统的最主要部分。

（2）汽轮机安全系统的任务是实现汽轮机的保护跳闸功能以及保护试验、阀门试验等功能。

（3）汽轮机监视系统的任务则是实现对汽轮机转速、振动、轴向位移、蒸汽温度/压力、汽轮机金属温度等一些重要参数的测量、监视功能。

汽轮机组的转速和负荷是通过改变主汽阀和调节汽阀的位置来控制的。汽轮机控制系统 DEH 将要求的阀位信号送至伺服油动机，并通过伺服油动机控制阀门的开度来改变进汽量。DEH 接受来自汽轮机组的反馈信号（转速、功率、主汽压力等）及运行人员的指令，进行计算，发出输出信号至伺服油动机。

DEH 控制系统主要由以下五大部分组成：

（1）电子控制器：主要包括数字计算机、混合数模插件、接口和电源设备等，均集中布置在 DEH 控制柜内，主要用于给定、接受反馈信号、逻辑运算和发出指令进行控制等。

（2）操作系统：主要设置操作盘、图像站的显示器和打印机等，为运行人员提供运行信息、监督、人机对话和操作等服务。

（3）油系统：高压控制油与润滑油分开。高压油（EH 系统）为调节系统提供控制与动力用油，系统设有油泵 2 台，1 台运行、1 台备用，供油油压维持在恒定值 16MPa，它接受调节器或操作盘来的指令进行控制。

（4）执行机构：主要由伺服放大器、电液转换器和具有快关、隔离和逆止装置的单侧油动机组成，负责带动高压主汽阀、高压调节汽阀、中压主汽阀、中压调节汽阀和补汽阀。

（5）保护系统：设有电磁阀用于超速时关闭高、中压调节汽阀和严重超速（$110\%n_0$）、轴承油压低、EH 油压低、推力轴承磨损过大、凝汽器真空过低等情况下危急遮断和手动停机之用。

此外，为控制和监督服务用的测量元件是必不可少的，例如机组转速、蒸汽压力、发电机功率、主汽压力传感器以及汽轮机自动程序控制（ATC）所需要的测量值等。

（三）DEH 控制系统的功能

1. DEH 控制系统的基本功能

（1）汽轮机挂闸/开主汽门；

（2）自动/手动升速；

（3）转速闭环控制（冲转/升速/暖机/转速保持/自动冲临界）；

（4）自动/手动同期；

（5）超速试验（103%n_0、110%n_0）；

（6）OPC 超速保护/AST 跳闸保护；

（7）并网后自动带初负荷；

（8）闭环控制（发电机功率/调节级压力/主汽压力）；

（9）协调控制/AGC 方式运行；

（10）一次调频限制；

（11）汽压保护/真空低快减负荷（RUNBACK）；

（12）阀门试验（主汽门严密性试验/调节阀活动试验）；

（13）阀门管理；

（14）手动/自动无扰切换。

2. DEH 控制系统保证的技术指标

（1）转速控制范围：0~3500r/min，控制精度±1r/min；

（2）负荷控制范围：0%~110%，控制精度±1MW；

（3）转速不等率：3%~6%连续可调；

（4）系统迟缓率：≤0.06%；

（5）甩全负荷转速超调量：≤7%额定转速；

（6）油动机全行程快速关闭时间：≤0.15s；

（7）系统控制运算周期：<50ms；

（8）系统可用率：>99.9%。

（四）DEH 控制系统的功能原理

DEH 控制系统主要完成汽轮机的转速控制、负荷控制、部分保护和试验功能等，其正常调节是通过电液转换执行机构来操纵高、中压调门。

1. 升速控制

转速闭环控制是 DEH 的基本控制功能，其中包括转速给定控制逻辑、暖机控制逻辑、临界转速识别与控制逻辑、超速试验控制逻辑等。在升速过程中，DEH 将转速给定与测速模件采集到的实际转速进行比较，如果有偏差，转速 PI 调节器便产生一个阀位指令，电液转换器控制调节汽门开度发生改变，使汽轮机实际转速逐渐与给定值相等，消除转速偏差。

DEH 控制系统具有自动和手动两种升速方式，这两种方式可根据需要随时进行切换。

自动升速是指 DEH 根据高压内缸金属温度自动从冷态、温态、热态或极热态四条升速曲线中选择相应的升速率，并自动确定低速暖机和中速暖机的转速及暖机停留时间，自动冲越临界转速区域，直到 3000r/min 定速。

手动升速是指运行人员根据经验自行判断机组的温度状态，然后通过操作员站设定目标转速和目标升速率。当运行人员设定的目标转速接近临界转速区时，DEH 程序将自动越过临界区，即运行人员无法将目标转速设定在临界区内。手动升速时低速和中速暖机点及暖机时间由运行人员决定。

由于转速信号十分重要，因此安装了三个测速探头，三路转速测量信号经测速模件内部三选二逻辑处理后，得到 DEH 所需的转速反馈信号。

2. 同期与并网

DEH 设有自动同期和手动同期两种方式。

自动同期是指 DEH 接受自动准同期装置发出的转速增减信号，自动改变汽轮机转速，控制机组并网。自动同期方式下，不需要运行人员干预。

手动同期是指运行人员通过 DEH 操作站手动改变机组转速，实现并网。

自动同期和手动同期的转速范围是 2970～3030r/min，如果超出此范围，则同期操作无效。

发电机油开关合闸后，为了防止逆功率运行，DEH 将自动带初负荷。初负荷设定为额定负荷的 3%～5%，也可根据实际情况进行修改。

3. 超速试验/超速保护

DEH 系统设计防止汽轮机超速的措施，即 103% 超速保护（OPC）、110% 电气超速跳闸（AST）。103% 超速保护是指汽轮机转速超过 3090r/min 时，OPC 电磁阀动作，所有调节阀立刻关闭，保持 7s 或转速降低到 3060r/min 后再重新打开。103% 超速保护动作时，只关闭调节阀，主汽门不动，即汽轮机不跳闸。103% 超速保护后，汽轮机维持 3000r/min。

110% 电气超速跳闸是指转速超过 3300r/min 时，AST 电磁阀动作汽轮机跳闸，主汽门、调速汽门关闭。

4. 并网运行

机组并网带初始负荷后，有四种控制方式供运行人员选择：负荷控制、调节级压力控制、主汽压控制和阀位控制，其中阀位控制是缺省的控制方式。

负荷控制方式下，DEH 控制系统将根据运行人员设定的目标值及变化率，并综合各功率限制条件及频率修正，给出功率定值，同时 DEH 将发电机功率作为被调量和反馈信号，实现功率闭环控制。

调节级压力控制方式则是以调节级压力即高压调节阀后压力作为反馈，实现调节级压力闭环控制。一般来说，调节级压力与进入汽轮机的蒸汽流量成正比，可以用它来代表蒸汽流量的改变。因此，调节级压力闭环控制能迅速有效地调节蒸汽流量，所以，调节级压力是一个快速响应回路。由于调节级压力控制只对蒸汽流量进行调节，变工况时蒸汽流量与汽轮机功率并非比例关系，单独投调节级压力闭环不会提高发电机负荷的稳定性。因此它主要作为负荷控制的一种辅助手段，能够很好地补偿发电机功率反馈的滞后效应，加快负荷控制响应速度，尤其是在阀门切换和阀门在线试验时投入调节级压力控制，有利于改善调节阀位的稳定，减小负荷波动。正常运行过程中，负荷控制是主要的调节手段，是否投调节级压力反馈由运行人员自行决定。

由于锅炉的主蒸汽压力调节器的工作范围较小，而锅炉的蒸发量是由锅炉汽压调节器控制的，因此，汽轮机侧设置主汽压控制回路可以利用汽轮机调节响应速度快的特点，通过控制汽轮机调节阀的开度来调节主蒸汽压力，即所谓的机调压。主汽压控制通常在额定压力时才投入，它是机炉协调运行时的一种主要控制方式。

阀位控制主要用于机组滑压运行时保持调节阀开度不变，以利于锅炉的稳定调节，使机组在供给的蒸汽下发出最大的功率。协调运行时，阀位控制方式使 DEH 成为一个单纯执行器，不进行调节运算。因此，从功频电液调节系统的角度来讲，阀位控制实际上是一种开环控制。由于抗燃油纯电液调节系统中汽轮机运行有单阀和顺序阀两种方式，每个调节阀的阀门特性又决定了阀位与流量是非线性关系，因此运行人员或协调控制系统发出的阀位指令并非真正意义上的调节阀开度，而是相当于汽轮机以单阀方式运行时的累计阀门流量，它与每个调节阀真正的阀位是有区别的。

四种控制回路相互跟踪，回路之间的相互切换都不会造成负荷的波动；四种回路相互闭锁，任何时候只有一个回路起作用。阀位控制是缺省的控制模式，即并网后如果运行人员没有选择控制回路，则系统自动默认阀位控制是当前的控制方式。当机前压力或调节级压力变送器发生故障时，自动退出相应的控制回路，返回阀位控制方式；发电机功率变送器故障时，阀位方式自动投入。

5. 协调控制

单机运行时，汽轮机运行人员可根据汽轮机运行规程从负荷控制、调节级压力控制、主汽压控制和阀位控制四个回路中进行选择。当机炉协调运行时，协调控制系统会自动选择控制回路，DEH 的负荷控制给定也是由协调控制系统以 4～20mA 的模拟量信号形式给出，不需要运行人员干预。

协调是否投入取决于运行人员；切除协调则既可手动，也可自动。所谓手动切除协调，指运行人员通过 DEH 操作站人为发出切除协调命令；自动切除则是系统根据控制逻辑的设计，在下列情况之一发生时，自动解除协调状态：

（1）发电机功率变送器故障；

（2）4～20mA 协调功率指令信号品质坏；

（3）快速减负荷（RUNBACK）；

（4）真空低减负荷；

（5）汽轮机手动；

（6）汽压保护动作。

6. 一次调频限制

在功率给定不变的情况下，机组功率随电网频率的变化而变化，参加一次调频。考虑到机组运行的稳定性，有时要求机组在频率变化范围不大时不参加一次调频，即机组的功率不随电网频率的波动而变化，这就是一次调频限制。

DEH 控制系统的转速不等率设定为 5%，用户可根据需要在 $3\% \sim 6\%$ 内调整。一次调频限制范围在 $\pm 0.5\mathrm{Hz}$ 之间。

7. 汽压保护

汽压保护不同于汽压控制，它实际上是一种单向的汽压限制功能，并不对汽压进行调节，正常运行过程中当机前主蒸汽压力由于某种原因降低到汽压保护限值以下时，DEH 将强迫高压调节阀关小，使汽压得以恢复；当汽压恢复到保护限值之上时（主蒸汽压力大于限值 $0.07\mathrm{MPa}$），调节阀便不再关小，DEH 继续原先的调节控制。

汽压保护动作期间，高压调节阀关小，汽轮机负荷必然也随之减小，出现实际负荷小于给定的现象。为了避免因汽压保护动作使阀门完全关闭，当通过高压调节阀的蒸汽流量小于额定流量的 10% 时，自动解除汽压保护动作，即阀门不再继续关小，维持 10% 流量的开度。运行人员可以根据实际需要决定是否投汽压保护，或者限值设定到多少比较合适。正常滑参数停机时建议切除汽压保护功能或降低汽压保护限值。

8. 真空低减负荷/快速减负荷（RUNBACK）

真空低减负荷是一种保护措施。DEH 根据电厂运行的要求，在冷凝器真空降低时自动减小负荷给定，降低汽轮机负荷，避免机组设备受到损坏。真空低减负荷曲线由电厂提供。

快速减负荷（RUNBACK）是在锅炉侧出现事故工况时，如送/引风机故障或 MFT 动作，锅炉控制系统以开关量信号形式发出指令，DEH 自动以事先设定好的速率快速降低汽轮机负荷。DEH 控制系统设计两档快减负荷（RUNBACK）速率，快速减负荷的终点可以调整。选择快速减负荷（RUNBACK）速率由锅炉控制系统决定。

协调控制期间出现真空低减负荷和快速减负荷时，DEH 将退出协调运行，并自动选择负荷控制方式。

9. 阀门管理

通过阀门管理实现全周进汽和部分进汽，其目的是为了兼顾机组的经济性和快速性，解决变负荷过程中均匀加热与部分负荷经济性的矛盾。所谓单阀，即蒸汽通过所有调节阀和喷嘴室，360°全周进入调节级动叶，所有调节阀同时开启和关闭，阀门以节流调节的方式控制汽轮机负荷。顺序阀则是让调节阀按照一定的次序逐个开启和关闭，在一个调节阀完全开启之前，另外的调节阀保持关闭状态，蒸汽以部分进汽的形式通过调节阀和喷嘴室，即喷嘴调节。单阀方式下，调节级全周进汽，调节级叶片加热均匀，有利于改善热应力，这样可以较快地改变负荷，但节流损失较大。顺序阀方式下，阀门逐个开启，蒸汽通过变化的弧段进入动叶片，节流损失大大减小，机组运行的热经济性得以明显改善，但同时对叶片产生冲击，容易形成部分应力区，负荷改变速度受到限制。因此，冷态启动或低参数下变负荷运行期间，采用单阀方式能够加快机组的热膨胀，减小热应力，延长机组寿命。额定参数下变负荷运行时，机组的热经济性是电厂运行水平的考核目标，采用顺序阀方式能有效地减小节流损失，提高汽轮机热效率。

对于定压运行带基本负荷的工况，调节阀接近全开状态，这时节流调节和喷嘴调节的差别很小，单阀/顺序阀切换的意义不大。对于滑压运行调峰的变负荷工况，部分负荷对应部分压力，调节阀也近似于全开状态，这时阀门切换的意义也不大。对于定压运行变负荷工况，在变负荷过程中希望用节流调节改善均热过程，而当均热完成后，又希望用喷嘴调节来改善机组效率，因此这种工况下要求运行方式采用单阀/顺序阀切换来实现两种调节方式的无扰切换。

假设阀门切换过程中汽轮机运行工况稳定，即真空和主蒸汽参数不变，不考虑凝汽器的影响，汽轮机的负荷仅由蒸汽流量决定，而各个调节阀所控制的流量也只和阀门开度有关，那么可以认为汽轮机负荷是阀门开度的单函数。

在实际的阀门切换过程中，不可避免地会有负荷扰动。但如果投入闭环控制，负荷扰动在一定程度上可以得到改善，即如果投入功率闭环回路，当实际功率与负荷设定值相差大于 4％时，切换自动中止；当负荷调节精度达到 3％以内时，切换又自动恢复。投入调节级压力控制回路与此类似。上述限制过程对运行人员的操作没有任何要求。这样，阀门切换过程中如果投入功率闭环，则功率控制精度在 3％以内；如果投入调节级压力闭环，则调节级压力控制精度在 1.5％以内。单阀/顺序阀切换也可以开环进行，显然，此时负荷扰动的大小与阀门特性曲线的准确性及汽轮机运行工况有关。

启动升速时，既可单阀冲转，也可顺序阀冲转，这是机组 DEH 控制系统设计的突出特点。热态或极热态时，蒸汽初参数较高，单阀方式冲转很难精确控制转速，因此应采用顺序阀方式冲转升速。选择单阀或顺序阀方式启动必须在冲转前进行；一旦冲转开始，为避免因阀门切换造成转速不必要的波动而带来危险（转速或者落入临界区，或者因波动过大引起超速），升速过程中禁止阀门切换。3000r/min 定速后，虽然允许阀门切换，但操作时一定要谨慎。

10. 阀门试验

阀门试验分为严密性试验和在线活动试验两部分。阀门严密性试验目的是检验各个阀门的严密程度，在线活动试验在于检验阀门及执行机构的灵活程度，防止卡涩。其中主汽门在线活动试验由运行人员就地手动进行，不受 DEH 控制。

调节阀在线活动试验必须满足下列条件：

(1) 油开关闭合；

(2) 负荷小于 50％额定负荷；

（3）阀门切换已经完成，并且汽轮机处于单阀方式运行；

（4）汽轮机处于自动控制方式；

（5）协调控制切除；

（6）伺服回路工作状态正常。

阀门在线活动试验分为高压调节阀试验和中压调节阀试验。高压调节阀试验是逐个进行的，而中压调节阀试验则是同时进行试验的，两种阀门试验不得同时进行，即试验高压调节阀时禁止对中压调节阀进行试验，反之亦然。

高压调节阀试验过程分为阀门试验关闭和阀位恢复两个阶段。运行人员通过操作站发出阀门试验指令后，被试验阀门的阀位指令在原来指令基础上叠加一个不断增加的负值，这样该阀门便徐徐关闭，阀门试验关闭的速度是全程 10min。当阀门接近完全关闭时（2%），自动进入阀位恢复阶段，被试验阀门徐徐打开，开启速度也是全程 10min。当被试验阀门的开度指令与试验前的指令相同时，试验结束。

阀门试验过程中，如果投入调节级压力闭环或功率闭环控制，当被试验调门慢慢关闭时，由于反馈的作用，阀位计算指令增大，使其他未试验调门慢慢开启，以弥补被试验阀门关闭引起的负荷下降，这样就可基本维持试验过程中负荷变化不会太大。当然，由于阀门试验要降负荷，而闭环调节要维持负荷，这两种要求的匹配是否合理决定了负荷扰动的大小。

阀门试验恢复阶段未试验调门的动作与此相反。如果阀门试验期间不投闭环控制，则未试验调门的阀位在试验过程中始终不变，汽轮机负荷必然随着被试验阀门的关闭而下降，试验阀门的开启而上升。

如果在试验过程中出现汽轮机手动或汽轮机跳闸，则阀门试验自动中止；显然这种情况只有在阀门试验关闭阶段才有效，因为被试验阀门的开启就是试验结束而进入恢复的过程。另外，在阀门试验关闭阶段，运行人员可随时中止试验过程。

11. 汽轮机自起动及负荷自动控制（ATC）功能

汽轮机自起动及负荷自动控制功能是指具有以最少的人工干预，实现将汽轮机从盘车转速带到同步转速并网，直到带满负荷的能力。

（1）基本要求。

DEH 的 ATC 系统应能根据机组当前的运行状态，特别是转子应力（或应变）的计算结果，自动地变更转速、改变升速率、产生转速保持、改变负荷变化率、产生负荷保持，直至带负荷。

在汽轮机起动或负荷控制的任一阶段，当出现异常工况或者人工发出停止 ATC 程序的指令后，ATC 系统应能将汽轮机退回到所要求的运行方式或自动地按照与起动时基本相反的程序退回到使异常工况消失的阶段。

DEH 的 ATC 系统应能与下列控制系统协同工作，提供必要的接口和指令，以实现汽轮机组从盘车状态直至带满负荷的全部自动操作：

1）汽轮机盘车控制系统；

2）疏水控制系统；

3）汽轮机旁路控制系统；

4）发电机励磁控制系统；

5）发电机自动同期系统。

（2）ATC 起动控制。

ATC 系统的起动程序完成将汽轮机从盘车转速升速到同步转速的任务，其间至少应能完成下列动作：

1）在汽轮机脱离盘车装置之前，核对有关参数，直至所有参数均在要求范围之内；

2）在升速过程中，如遇有关参数超过报警限值，将立即发生转速保持；如该转速落入叶片共振或临界转速上，则在转速保持以前，应将转速下降到共振范围以下；

3）按程序规定加速；

4）如果需要暖机，汽轮机应能自动地被暖机一段经计算确定的时间；

5）在加速期间，升速率应由实际转子应力和预计的转子应力控制；

6）使汽轮机加速到接近同步转速，然后向自动同期装置发出信号，ATC 起动程序结束；

7）汽轮发电机的并网由自动同期装置发出指令来完成，并网后 DEH 控制汽轮发电机带初始负荷。

（3）ATC 负荷控制。

ATC 系统的负荷控制完成从汽轮发电机接带初始负荷直到带上由运行人员或用其他方式事先指定的目标负荷为止的任务。

ATC 负荷控制应能用最短的时间实现所需的负荷变动。

ATC 控制的负荷变化率应取下列三种变化率的最低值：

1）由转子应力变化所决定的负荷变化率；

2）由运行人员根据各种原因，包括基于电厂其他设备的运行状况而给出的负荷变化率；

3）由 DCS 系统给出的负荷变化率。

在 ATC 负荷控制期间，ATC 连续监视汽轮机动态参数如压力、温度、热应力、振动、膨胀等的变化，超限时应报警打印。若负荷变化率的调整纠正不了系统变量的不正常变化时，ATC 程序将使汽轮机从 ATC 控制方式退出，必要时通过紧急跳闸系统（ETS）跳闸停机。

当 DEH 接受 DCS 的指令来控制负荷时，ATC 系统应能监视负荷的变化并具有超越控制的能力。

七、汽轮机跳闸保护

为了确保汽轮机的安全运行，防止设备损坏事故的发生，除了要求其调节系统动作可靠以外，还应该具有必要的保护系统，以便汽轮机遇到调节系统失灵或其他事故时，能及时动作，迅速停机，避免设备损坏或事故扩大。汽轮机跳闸保护又称汽轮机保安系统。

（一）保安系统功能

一旦收到跳闸信号，保安执行机构就立即关闭汽轮机所有进汽阀门，停止汽轮机运行，并强制关闭再热冷段管道中的止回阀（即高压缸排汽止回阀）以及抽汽管道中的抽汽止回阀。

（二）保安系统装置

1. 安全装置及其安全试验装置

安全装置通常是冗余设置的，其目的是提高其动作的可靠性，它接受汽轮机的保护信号，快速泄掉安全油压，关闭汽轮机的主汽阀和调节汽阀。

安全试验装置也是冗余设置的，其目的是：当一套回路处于试验状态、进行安全系统试验通道试验时，另一套回路仍处于正常工作状态，以确保汽轮机组的安全运行。

2. 手动停机按钮

为了保证汽轮机组在任何意外情况下都能够实现停机，通常在集控室和汽轮机机头各自设一个手动停机按钮。在机组一旦出现异常情况需要紧急停机时，可人工按下停机按钮，使保安系统动作停机。

3. 真空破坏阀

真空破坏阀设在汽轮机低压排汽缸处，一旦动作，外界的空气即可进入低压缸，使汽轮机内的蒸汽不再进入低压缸膨胀做功，同时起摩擦、鼓风作用，从而使汽轮机转子的转速受到抑制。

4. 转速测量装置

由于大功率汽轮机采用电调方式，汽轮机转速测量的方法也由以往的机械调速器改为基于电磁感应的电气测速装置。

电气测速装置常用的型式采用三个相互靠近的传感器，根据电磁感应原理，从装在汽轮机主轴上的测速齿轮测取信号，在转速测量装置中，传感器输入的矩形波信号被转换成正比于转轴转动频率的电流信号，并且，两个脉冲之间的时间间隔也被测出，经过串联电流回路，从三个转速实际信号中产生出转速平均值，转速平均值与三个实际信号之差值也受到监视，如果差值大于 5%，相应的转速测量通道将被断开。如果 $1s<T<60s$，而且三个测速装置中有两个发出"轴转动"信号时，才能确认"轴转动"信号，并发出"轴转动"信号；当 $T>60s$ 时，发出"轴静止"（0 转速）信号。输出信号分别接至就地表计和主控室 TSI 盘（包括 CRT 操作盘），以显示汽轮机的转速。输入 TSI 盘的转速信号同时用于汽轮机转速的联锁保护。

另一种转速测量、保护联锁型式是采用测速发电机。

5. 快关装置

快关装置的作用是在液压油油压失去时快速关闭主汽阀和调节阀（包括中压调节阀）。需要注意的是通常快关装置的液压油回路上还配有一个试验电磁阀，当该试验电磁阀动作时，同样会使主汽阀快速关闭。

（三）保安系统主要工作原理

当安全油或液压油失压（即与排油管路接通）时，通过相应的执行机构（如油动机及其弹簧操纵座）关闭汽轮机的进汽阀，以及排汽、进汽止回阀。

（四）保护项目

1. 超速保护

当汽轮机转速超过规定值时，超速保护系统应发出信号并动作，以关闭主汽门并停机。

2. 低油压保护

当轴承润滑油压低于不同整定值时，先后启动交流润滑油泵、直流事故油泵，直至停机。

3. 轴向位移及差胀保护

当汽轮机的轴向位移或差胀达到一定数值时，发出报警信号，增大到更大数值时，使汽轮机跳闸停机。

4. 低真空保护

当真空低于某一定值时报警，若真空继续降低至停机值时跳闸停机。

5. 振动保护

当汽轮发电机组转子振动值超过某一值时报警，超过更大的规定值时停机。

6. 轴承回油温度或瓦温保护

当轴承回油温度或瓦温超过某规定值时报警，超过更大的规定值时停机。

7. 发电机故障保护

当汽轮机电气故障，油开关动作时，跳闸停机。

8. 手动遮断保护

当机组出现异常情况危及人身或设备安全时，可在远方或就地打闸停机。

9. 安全油压保护

当系统安全油压低于规定值时，应跳闸停机。

10. 防火保护

在发生火灾被迫停机时，防火保护动作，自动切断进入主汽门及各调节汽门油动机的压力油通路，同时将油动机的排油放回油箱，以免火灾事故的扩大。

（五）保安系统定期检查试验

为了保证保安系统工作的可靠性，保安系统的有关部分应分别进行定期检查试验，主要包括以下项目：

（1）模拟超速试验，每周一次或在实际超速试验之前进行；

（2）实际超速试验，每年一次；在调节系统部套 A 级检修后或进行其他检修工作之后，也应进行一次实际超速试验；

（3）润滑油母管压力降低跳闸试验，每周一次；

（4）凝汽器真空低跳闸试验，每周一次；

（5）高中压进汽阀门全行程运动试验，每周一次，或在油动机 A 级检修后进行，应按阀门顺序依次进行试验；

（6）高中压进汽阀门严密性试验，每年一次，在机组 A 级检修前后或油动机检修后进行。

八、汽轮机调节控制用油技术要求

随着机组功率和蒸汽参数的不断提高，调节系统的调节汽门提升力越来越大，提高油动机的油压是解决调节汽门提升力增大的一个途径。但油压的提高容易造成油的泄漏，普通汽轮机油的燃点低，容易造成火灾。抗燃油的自燃点较高，通常大于 700℃。这样，即使它落在炽热高温蒸汽管道表面也不会燃烧起来，抗燃油还具有火焰不能维持及传播的可能性。从而大大减小了火灾对电厂的威胁。因此，现代大型机组的控制油以抗燃油代替普通汽轮机油已成为汽轮机发展的必然趋势。

高压抗燃油系统的工质是三芳基磷酸酯型的合成油，具有良好的抗燃性能和稳定性，因而在事故情况下若有高压动力油泄漏到高温部件上时，发生火灾的可能性大大降低。但也有它的缺点，如有一定的毒性，价格昂贵，黏温特性差（即温度对黏性的影响大）。所以一般将调节系统与润滑系统分成两个独立的系统。调节系统用高压抗燃油，润滑系统用普通汽轮机油。

高压控制油系统的主要任务是：为液压控制系统提供在稳态及瞬态工况下所需的具有合适油温并符合清洁度要求的高压驱动油源。由于供油压力高，一般采用电动柱塞油泵。

（一）定义

汽轮机调节控制，一般使用抗燃油。用于带有完整液压供油的电液控制器的抗燃油仅能使用符合规范 TLV901202.A 的抗燃油（名义压力 160bar）。

（二）要求

（1）根据 ISO 6743/4，抗燃油是由磷酸酯组成的无水液体，是磷酸氢氧化物和苯酚和含有自然原材料（自然抗燃油）或人造原材料（抗燃油）的苯酚衍生物的反应生成物，是不含毒害神经量的磷甲酚化合物。

（2）为了提高某些特性，如侵蚀保护、氧化稳定性，可以加入对系统材料或运行无副作用的添加剂。抗燃油不能对以下材料产生腐蚀：铁、铜、铜合金、锌、锡、铝。

（3）抗燃油能够通过再生装置持续再生。不能引起任何侵蚀和腐蚀，尤其是在控制组件的边缘。

（4）抗燃油的黏性等级必须遵守 ISOVG46。

（5）在以上提及的条件和正常再生处理情况下，抗燃油在不保养情况下的最低运行时间为 25000h。

（6）泄漏的抗燃油在接触热表面（550℃）时不能点燃。能够在 70℃时保持长时间运行其物理、化学性质不改变。

（7）抗燃油须能与其他类型但"基"相同（天然或合成）的三芳基磷酸盐酯混合（容积比 3%）。且在该比例混合时抗燃油的性质不改变。

（8）抗燃油须与下列系统包装材料兼容：碳氟橡胶，丁基橡胶，三芳基磷酸酯，聚乙烯，聚胺酰，二异氰盐酸粘胶，聚亚安酯/聚酯。

（9）抗燃油不能对使用它的人员造成安全和健康伤害。

（三）限制值

在寿命期内，不能超过以下限制值：

运动黏度：与交付条件相比最大±5%变化；

中立数：比交付条件最高提高 0.20mgKOH/g；

空气释放：最大 12min；

起泡：50℃；

趋势：最大 220mL；

稳定性：最大 450s。

抗燃油技术要求见表 11-1。

表 11-1 抗燃油技术要求

特性	数值	单位	测试方法	
			DIN/ISO	ASTM
40℃（104℉）运动黏度 ISOVG46	41.4～50.6	mm²/s	DIN51562－1	ASTMD445
50℃（122℉）空气释放	≤3	min	DIN51381	ASTMD3427
中立数	≤0.10	mgKOH/g	DIN51558－1	ASTMD974
水容量	≤1000	mg/kg	DIN51777－1	ASTMD1744
50℃（122℉）泡沫：趋势 稳定性	≤100 ≤450	mL s	—	ASTMD892（次序1）
水可分离性	≤300	s	DIN51589－1	—
抗乳化作用	≤20	min	DIN51599	ASTMD1401
15℃（59℉）时的密度	≤1250	kg/cm³	DIN51757	ASTMD1298

续表

特性	数值	单位	测试方法	
			DIN/ISO	ASTM
闪点（COC）	＞235（＞455）	℃（℉）	ISO2592	ASTMD92
燃点	＞550（＞1022）	℃（℉）	DIN51794	—
弱火焰持续时间	≤5	s	ISO/DIS14935	—
倾点	≤−18（≤0）	℃（℉）	ISO3016	ASTMD97
粒子分离	≤15/12	—	ISO4406	
氯含量	50	mg/kg	DIN51577−3	
氧化稳定性	≤2.0	mgKOH/kg	DIN51373	
水解稳定性，中立数变化	≤2.0	mgKOH/kg	DIN51348	
电阻系数	＞50	MΩ	IEC247	—

九、控制油系统及油动机

上海汽轮机厂控制油系统（简称 EH 油系统）包括油箱及附件、两台 100％容量的交流 EH 油泵、抗燃油再生装置、两台 100％容量的冷油器、蓄能器、油过滤器、油温调节装置等。

给水泵汽轮机的控制油系统与主机控制油系统分开，单独设置，但油源由主机控制油箱提供。

抗燃油系统各部件、管道及油箱，均采用不锈钢材料 1Cr18Ni9Ti。抗燃油冷却器采用风冷却的方法。EH 油系统的所有重要部件，如 EH 油泵、过滤器、蓄能器、仪控设备、电液转换器、电磁阀、行程发送器等，都采用进口或外商独资生产的设备。按照设计和试验规范进行生产、检验和测试，确保系统满足机组的运行要求。

系统由两部分组成：EH 供油系统和 EH 油动机，供油系统和油动机之间通过一组不锈钢的压力油管和回油管连接起来，将供油系统的压力油送到阀门执行机构（油动机），并将执行机构的回油送回到油箱。

（一）EH 供油系统的特点

（1）油箱集成式；

（2）冗余的循环泵和冷却泵；

（3）冷油器采用空冷；

（4）不设机械超速，无隔膜阀；

（5）不采用停机电磁阀和超速保护电磁阀，无安全油压和 OPC 油压，每只油动机设两只冗余的快关电磁阀；

（6）LVDT 采用内置式，直流反馈信号。

（二）EH 供油系统

EH 供油系统是一个集成式的组合油箱，抗燃油装在容量为 800L 的油箱中，其他设备都布置在油箱上，结构紧凑，有利于电厂安装布置。抗燃油是一种磷酸酯型合成油，自燃温度较高，不易燃烧。但是对工作环境温度要求较高，一般要求运行温度控制在 35～55℃之间。

EH 供油系统主要由三部分构成：油箱、压力油系统和在线循环系统，其原理图见图 11-19。

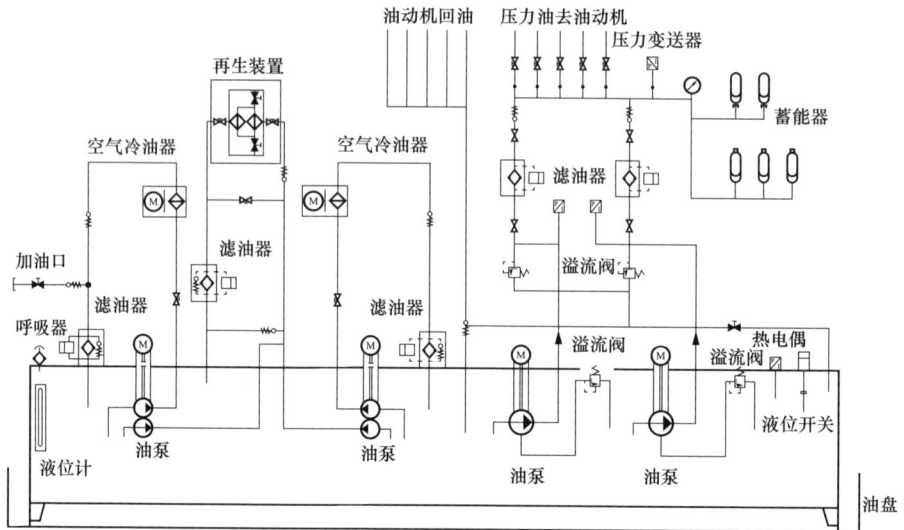

图 11-19　EH 供油系统原理图

1. EH 油泵站的特点

（1）冗余的 EH 油泵；

（2）冗余的过滤器；

（3）再生装置（分子筛＋离子交换器）；

（4）蓄能器（5～50L）；

（5）电子设备（液位开关、压差开关等）；

（6）在线循环系统（循环泵、冷油器、滤油器各两台）；

（7）冷油器采用空气冷却器。

2. 油箱

油箱是供油系统的载体，由不锈钢材料制成，容量约为 800L。油箱中装有控制系统所需的介质——抗燃油。为了防止系统泄漏，在油箱下部还设有油盘，可以容纳整个系统的油量。油泵采用浸入式，安装在油箱的顶部。为了对系统运行状况进行监视，相应的设置了一些测量仪表，如液位开关、油温热电阻、压力变送器、压力开关等。在油箱侧面还装有电气接线盒，所有的电气信号都接到接线盒里。

油箱还带有油位指示器、放油门，油箱顶部还装有呼吸器。

抗燃油必须使用三芳基磷酸酯型的合成油。油质要求符合 DL/T 571《电厂用磷酸酯抗燃油运行维护导则》。

3. 压力油系统

压力油系统由 EH 主油泵、过滤器、溢流阀、蓄能器、控制器以及压力测量装置等组成。

EH 主油泵采用变量恒压泵，安全可靠，采用 $2 \times 100\%$ 配置，一运一备。油泵设定的正常工作压力为 16MPa，油泵的出口压力通过油泵上的压力控制器调节。油泵安装采用浸入式，倒装在油箱上。油泵出口压力调整采用遥控方式，通过安装在控制块上的溢流阀来调整。油泵出口油经过一个过压阀后再进入主滤油器。当油泵出口压力超过正常运行压力一定值时过压阀打开，以防系统超压。过滤器装有个 3μ 的滤芯，将油中的杂质过滤以保证系统中油的清洁。过滤器带有差压指示，当滤芯变脏堵塞后发出报警信号，提醒维护人员更换滤芯。过滤器前后配有隔离阀，以方便更换滤芯。在每个主油泵的出口和压力油总管安装压力变送器，压力信号送给控制系统以监视系统的工作状况，并进行联锁控制和保护。溢流阀安装在控制块上，共两只，分别调节各自控制油泵的出口压力。

为了维持系统变工况运行时油压的稳定，配置 5 只 50L 容量的蓄能器，安装在油箱的侧面，和油泵出口的压力油总管相连。皮囊式蓄能器由一个充满高压气体的气囊和钢筒组成。工作时皮囊充有 9.3MPa 的氮气，皮囊外的钢筒和高压油系统相连。系统工作时，16MPa 压力的高压油作用在皮囊上，将氮气压缩。当系统油压发生波动下降时，受压的氮气发生膨胀，从而向系统提供压力。每个蓄能器都配有安全阀，当系统超压时可泄压，还可将蓄能器从系统中隔离进行检修。

压力油通过总管分成五路，经过隔离阀后分别送到主汽门和调门油动机。五路分别是：左侧主汽门、调门油动机；右侧主汽门、调门油动机；左侧再热主汽门、调门油动机；右侧再热主汽门、调门油动机；补汽阀油动机。

4. 在线循环系统

EH 油系统的关键是电液伺服系统，其核心元件是伺服阀。伺服阀的性能决定整个系统的性能（稳定性、快速性、准确性）。伺服阀对油液的污染非常敏感，电液伺服系统中有 90% 的故障是由于油液污染造成的。因抗燃油对温度和杂质以及油的物理化学特性（如酸值、电导率、含水量等）的要求非常高，为了保证系统的长期可靠运行，并维护控制介质特性的稳定，采用高效过滤器就显得十分重要。系统配置在线循环系统，主要包括冷却系统和再生系统。

循环系统采用两套冗余的系统，每套系统包含一套双联泵，即一台电动机带动两只油泵。一只油泵用于向冷却系统提供油源，另一只油泵用于向再生系统提供油源。

由于抗燃油对于温度的变化非常敏感，如果温度过高，油的老化将非常快。因此，一个性能优良的冷油器非常重要。系统冷却器采用空气冷却，结构简单，不需要冷却水，又避免了冷油器中的水进入到油中。冷却泵将油从油箱送到空气冷却器，通过风扇对油进行冷却，再经过滤油器后送入油箱。滤油器共两套，冗余配置。

两台再生油泵出来的油经过逆止阀后合并为一路油，送到再生装置。再生系统由分子筛和离子交换器组成，改善油质，并过滤油中的杂质，改变抗燃油的酸值。再生后的油再经过滤油器后送回油箱。

树脂是一种有效的去酸材料，使用离子交换树脂的优点如下：①质量稳定；②容易取得；③颗粒相对大而软；④没有可被萃取置换的金属物；⑤阳阴离子树脂组合能去除油液中的金属皂；⑥有利于维持电阻率；⑦系统维护减少；⑧油液寿命增加；⑨能够改善旧油性能；⑩处理废油的负担大大减少。

这些优点意味着这种技术能够广泛的应用，提高磷酸酯合成油的使用和经济效益，延长使用寿命意味着废油处理的最小化。在再生装置前还设有过压阀，如果再生装置发生堵塞，油将通过过压阀旁路回到油箱。

5. 测量设备

为了保证系统的正常运行，系统还配置了相应的热控测量设备。主要包括油位液位开关、油箱油温热电阻、滤油器差压开关、油压变送器等。这些信号送到控制系统，对整个系统进行控制监视。

6. 设备技术规格

上海汽轮机厂 1000MW 机组 EH 油系统设备技术参数见表 11-2。

表 11-2　上海汽轮机厂 1000MW 机组 EH 油系统设备技术参数表

序号	名称	单位	数值
1	抗燃油箱		
1.1	外形尺寸	mm	1650×2700×2900（长×宽×高）
1.2	抗燃油系统需用油量	kg	800
1.3	系统储备容量	kg	1200
1.4	抗燃油设计压力	MPa（g）	16
1.5	抗燃油储油量	m^3	0.8
1.6	抗燃油牌号		HFD－R 磷酸酯（FYRQUEL EHC）
1.7	抗燃油油质标准		NAS1638 5 级（清洁度）
1.8	油箱材质		0Cr18Ni9
2	抗燃油泵		
2.1	型式		开式轴向柱塞变量泵
2.2	型号		AE A10VSO 45 DRG/31R－VPA12N00
2.3	数量	台	2
2.4	控制机构		远程压力控制
2.5	容量	m^3/h	2.4
2.6	最大输出流量	L/min	68

续表

序号	名称	单位	数值	
2.7	出口压力（正常）	MPa（g）	16	
2.8	电动机容量	kW	22	
2.9	电动机电压	V	380	
2.10	电动机转速	r/min	1500	
2.11	旋转方向		顺时针	
2.12	频率	Hz	50	
3	抗燃油再生装置			
3.1	型式		离子交换器＋分子筛	
3.2	数量		1＋1	
3.3	辅助电机泵组（组合泵）		冷却循环泵	磷酸酯再生泵
3.4	型式		内啮合齿轮式定量泵	
3.5	型号		PGF3－3X/032RE07VE4	Z01/25－32
3.6	数量	台	2	2
3.7	最大输出流量	L/min	47	0.35
3.8	正常工作压力	MPa	1.0	0.5
3.9	电动机容量	kW	22	
3.10	电动机电压	V	380	
3.11	电动机转速	r/min	1500	
3.12	旋转方向		顺时针	
3.13	频率	Hz	50	
4	抗燃油输油泵			
4.1	型式		齿轮泵	
4.2	数量	台	1	
4.3	出口压力	MPa（g）	12.5	
4.4	电动机容量	kW	1.5	
4.5	电动机电压	V	380	
4.6	电动机转速	r/min	1500	
4.7	频率	Hz	50	
5	高压过滤器			
5.1	型号		DFBH/HC240QE10Y1.X/－V 或同等级	
5.2	过滤精度	μm	10	
5.3	压差报警	MPa	0.7	
5.4	最高工作压力	MPa	31.5	
5.5	数量	台	2	
6	冷却循环过滤器			
6.1	型号		RFBN/HC0950DO03Y1.X/V 或同等级	
6.2	过滤精度	μm	3	
6.3	压差报警	MPa	0.3	

序号	名称	单位	数值
6.4	最高工作压力	MPa	2.5
6.5	数量	台	2
7	磷酸酯再生过滤器		
7.1	型号		LFNBN/HC063IC10Y1.X/V 或同等级
7.2	过滤精度	μm	10
7.3	压差报警	MPa	0.3
7.4	最高工作压力	MPa	10
7.5	数量	台	1
8	蓄能器		
8.1	型式		皮囊式
8.2	型号		SB330－50A1/114A9－330A
8.3	公称容量	L	50
8.4	有效容量	L	4.1升（16～12MPa）
8.5	蓄能器充气压力	MPa	9.3（20℃氮气）
8.6	最高工作压力	MPa	33
8.7	数量	台	5
9	抗燃油冷却器		
9.1	型式		空冷
9.2	风冷型号		L613D－1.1－4－460/SIE
9.3	最高工作压力	MPa	1.6
9.4	数量	台	2
9.5	电动机容量	kW	0.55
9.6	电动机电压	V	380
9.7	电动机转速	r/min	1500
9.8	旋转方向		顺时针
9.9	频率	Hz	50
10	温度控制		
10.1	最低工作温度（启动）	℃	10
10.2	开始冷却温度	℃	45
10.3	最高工作温度	℃	55
11	液位开关设置		注：液面离油箱顶部高度
11.1	低位	mm	265
11.2	极低位	mm	330
12	设备重量	t	～4（不含油）

（三）EH 油动机

1. 概述

油动机又称伺服马达，通常是控制调节汽门开度的执行机构。油动机的特点是力量大、动作快、体积小，这些特点是其他执行机构（如电动机）

等无法比拟的。所以，目前汽轮机调节系统中，油动机是带动调节汽门的唯一执行机构。油动机的种类很多，有旋转式油动机、双侧进油往复式油动机和单侧进油油动机，近年用得最多的是后者。

2. 提升力和时间常数

（1）油动机提升力的富裕程度常用提升力系数来表示：提升力系数＝油动机提升力×杠杆比/开启调节汽门所需的最大力。

开启调节汽门所需的最大力，可根据调节汽门的计算求得。通常要求油动机的提升力系数大于 3～4，以保证在提升杆稍有卡涩时，仍能将调节汽门开启与关闭。

（2）时间常数是油动机动作的快速性指标，通常是由它在关闭方向的时间常数来代表。具体地说，时间常数是当油动机关闭时，在没有反馈及油动机滑阀的进出油口全开的情况下，油动机从满负荷位置移动到空负荷位置所需要的时间。

3. 上海汽轮机厂 1000MW 机组油动机

在 EH 油控制系统中，汽轮机蒸汽阀门控制采用电液伺服系统，控制介质采用高压抗燃油。电液伺服系统的核心元件是伺服阀。伺服阀根据 DEH 给定电信号和反馈电信号所构成的偏差信号控制阀芯运动，从而控制油动机活塞的运动。油动机活塞驱动相应的蒸汽进汽阀门，快速调节汽轮机的蒸汽量，控制汽轮机按要求运转。

EH 油动机为单侧作用的油动机，即通过 EH 供油系统来的压力油开启，弹簧力关闭。油动机为直装式，直接安装在阀门上，关闭弹簧室在阀门和油动机中间，还可以起隔热的作用。

油动机在全关位置时，弹簧有一定的预压缩量，提供预压力。高压油作用在油缸的活塞上，克服弹簧力的作用，将油动机打开。

油动机根据控制方式的不同，分为主汽门油动机和调门油动机。主汽门油动机为全开全关型，只有全开和全关两种位置。调门油动机为调节型，可根据控制的要求保持在不同的阀位。

上海汽轮机厂 1000MW 超超临界汽轮机共有 9 只油动机，分别是主汽门油动机 2 只、主汽调门油动机 2 只、再热主汽门油动机 2 只、再热调门油动机 2 只，以及补汽阀油动机 1 只。

EH 油动机示意图见图 11-20。

4. EH 油动机的工作原理

图 11-21 和图 11-22 分别为上海汽轮机厂 1000MW 超超临界机组主汽门和调门油动机原理图，上海汽轮机厂 1000MW 超超临界汽轮机的 9 只油动机的工作原理基本相同，下面以调门油动机为例进行说明。

如图 11-22 所示，调门油动机主要由弹簧室（包括关闭弹簧）、油缸缸体、电液伺服阀、快关电磁阀、单向阀、过滤器、位移传感器、漏油盘、电气接线盒等组成。

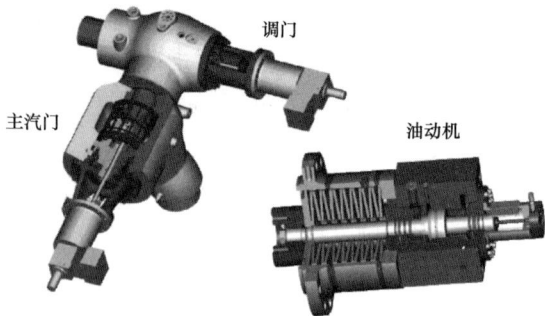

图 11-20　EH 油动机示意图

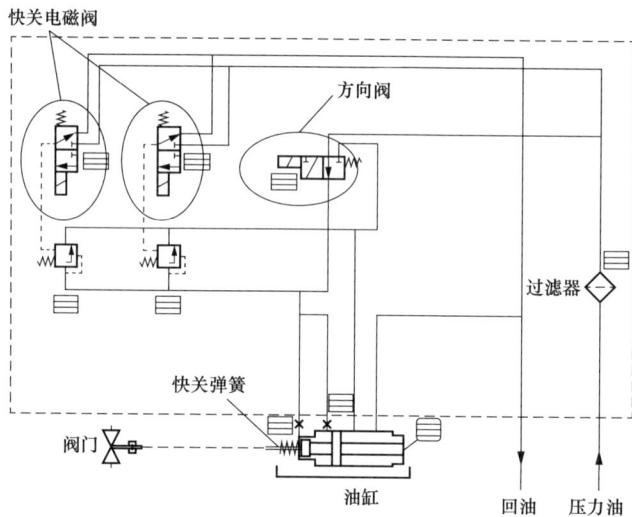

图 11-21　主汽门油动机原理示意图

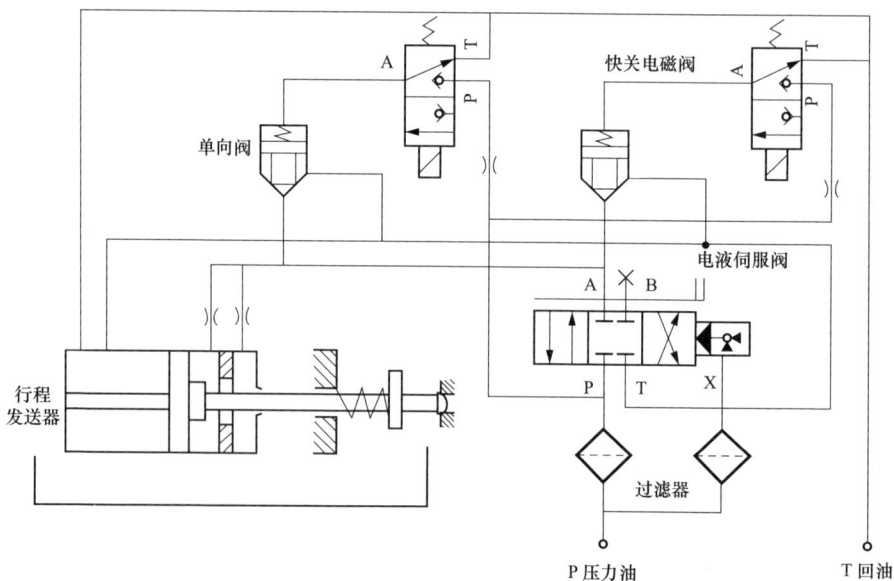

图 11-22　调门油动机原理示意图

从供油系统来的压力油经过过滤器后分为两路，一路到快关电磁阀，一路到电液伺服阀。快关电磁阀共两只，冗余配置，接受汽轮机保护系统来的信号。正常工作时电磁阀为带电状态，失电后阀门快关。当快关电磁阀接收到保护系统的信号失电后，电磁阀将控制单向阀的压力油接通回油，使单向阀打开。单向阀连接着油缸活塞的上下腔室，使活塞上下腔室连通，使活塞两边的油压力平衡。油动机在弹簧力的作用下迅速动作，油缸下部的油迅速返回到上部，加快了回油速度，使整个油动机的关闭时间控制在0.2s之内。

电液伺服阀接受控制系统来的电信号，根据需要将压力油通到活塞打开阀门，或将压力油从油缸中放出，使阀门关闭。控制系统接受阀门的位置反馈信号，和阀位的指令信号比较，发出指令到电液伺服阀，从而精确地将阀门控制在所需要的开度。

为了防止油中的杂质进入油动机，压力油在进入电磁阀和电液转换器前，分别经过精度为25μ和10μ的滤芯。

电磁阀块安装在油缸缸体上，上面安装快关电磁阀、逆止阀和插装式单向阀。电磁阀块通过内部油路和油缸体油路相连。快关电磁阀为二位三通电磁阀，电磁阀接受保护系统来的控制信号。在线圈带电时，压力油口P和控制油口A相同，将压力油作用在单向阀上。在线圈失电时，电磁阀的阀芯动作，将压力油口P封闭，将控制油口A和回油口T接通，将作用在单向阀上的压力油接回油，从而将单向阀打开，将控制油X1接通回油口T。在电磁阀压力油口P处，还安装有$\phi0.8$的节流孔。在电磁阀控制油X通过逆止阀直接到控制油X1，以保证在电磁阀带电后，控制油X1直接建立压力。

为了加快油动机在关闭时的速度，在单向阀后又增加了一个通流面积更大的单向阀。

电液转换器为2级伺服方向阀，见图11-23，由带永久磁铁控制马达的第一级和设计成喷嘴挡板阀的液压放大器，用于控制主流量的第二级。先导控制为喷嘴/挡板式放大器。当力矩马达不运行时，扭管使挡板和电枢处于中位。当信号电源有输出时，电枢带电，与永磁铁产生作用力，挡板从喷嘴之间的中间位置移动，由此产生的压差作用于控制阀芯的端面。由于压差的作用，控制阀芯改变其位置。固定在电枢上的反馈杆插在控制阀芯的沟槽内。控制阀芯改变其位置，直到反馈扭矩和电气马达扭矩相平衡，这时压差降低到零。由此，控制阀芯的行程与输入信号成比例。零位弹簧可使控制阀芯归位。从阀到执行机构的实际流量取决于阀的压差。外部电子放大器（伺服放大器），用于控制阀。将模拟输入信号（给定信号）放大，使得来自控制电子放大器的输出信号能够用于控制伺服阀。

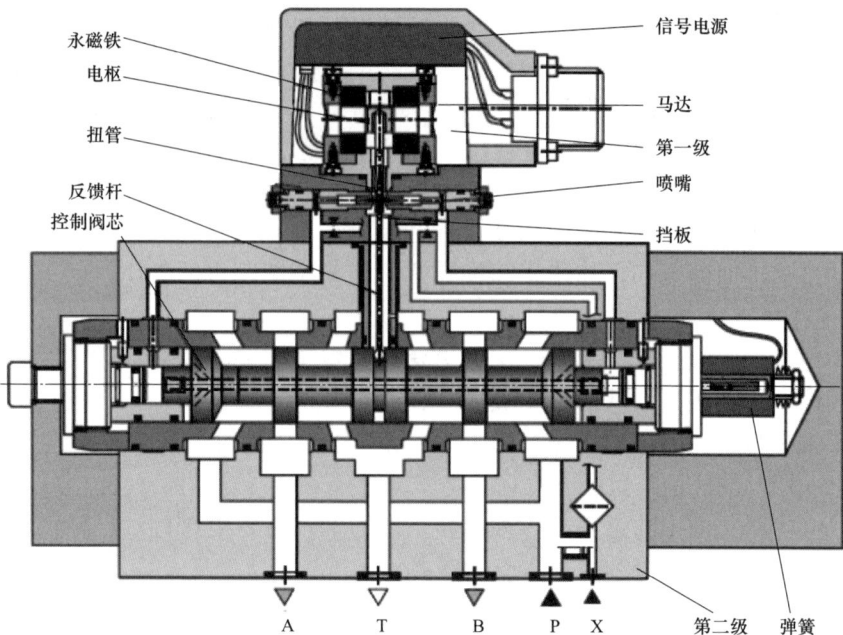

图 11-23 电液转换器示意图

位移变送器采用磁致伸缩型变送器，为内置非接触式结构。其特点是精度高、可靠性高，且不易损坏。该装置主要由测杆、电子仓和套在测杆上的非接触的磁环组成，磁环固定在油动机活塞杆上，随活塞一起移动。通过测量电子仓和磁环间的脉冲时间差，可精确测出被测的位移。其输出信号为 4~20mA 信号，送到控制系统作为反馈用。

电气接线盒装在油动机油缸块上，所有电气信号（电磁阀、电液转换器、液位开关、位移传感器）接到接线盒，再提高电缆接到控制柜。

油动机的回油通过回油管直接回到油箱。

主汽门油动机和调门油动机类似，差别在于由控制开启的电磁阀代替电液伺服阀。在机组挂闸后，首先快关电磁阀带电。当需要开启主汽门时，该电磁阀带电，将主汽门打开。

油动机在制造厂装配时，必须保证清洁，不含任何杂质。在电厂安装后，不再进行油冲洗。

主汽门和调门是一拖一的，即一只主汽门控制一只调门。调门共有一根压力油管和一根回油管。所有压力油管在油箱出口配有隔离阀，如果油动机出现故障需要不停机进行检修，可以将隔离阀关闭，将相应的主汽门和调门从系统中隔离，对设备进行处理。

十、设备的安装、调试和保养

（一）对液压油清洁度的建议

（1）系统启动前必须进行冲洗。

（2）当向油箱中加注液压油时，使用专用的加油工具。

（3）系统中的固体颗粒应该不超过 NAS1638 5 级。

（4）根据规定的保养周期，对液压油液进行定期的分析，尤其警惕的是，在卸下元件进行维修或保养时，必须注意封口，千万不要让污物进入液压系统。

（二）动力站的放置

动力站四周应预留一定的空间，以确保自由通风和有足够的维修空间。

所有的管子（无论是水管还是液压管路）在安装时必须留有足够的空间，以便维护，大型的维护（如电机或液压泵的更换）将需要更大的空间。

另外注意以下各点：

（1）地基牢固（避免振动）；

（2）易于保养与维修；

（3）妥善保护以避免气候、水雾、重度污染和辐射；

（4）确保空气流通顺畅，使得电机和风冷冷却器能够很好地工作；

（5）使管网尽可能短。

（三）电气连接

（1）动力站端子箱接线盒，应根据图纸资料中端子箱接线表进行连接；

（2）风冷冷却器，铭牌上标注有电压及连接方式，将电机与电源连接；检查风扇的转向，在冷却器上标有气流箭头所示方向；

（3）主电机，根据铭牌上的数值进行主要的电压连接。

（四）起动步骤

1. 起动之前

（1）对清洁度的要求。

1）必须对液压系统彻底冲洗，确保系统内部绝对清洁；

2）在加注液压油之前再检查系统的清洁度。

（2）管路系统检查。

1）连接部位是否拧紧；

2）管路系统是否已经清洁；

3）安装后的管路系统中是否有应力存在；

4）所有的管路是否根据安装图或布管图布置。

（3）电控部件检查。

1）检查电机、控制系统与其他电气元件的电压是否正确；

2）手动检查电气元件与监测系统的功能，对不能正确工作的元件要检查接线是否正确；

3）向油箱中注油时，检查液位开关与液位计。

2. 向系统加注液压油

（1）加油之前。

1）检查所用液压油的牌号与质量，不要将不同牌号的液压油混合使用；

2）检查装液压油的容器、油箱与软管不要受水或其他物质的污染。

（2）加油。

要用带过滤器的滤油小车向液压系统加油，滤芯过滤精度为 10μ 或更高。未经过过滤的新油也会将污物带入液压系统中，因此一定要通过注油器往油箱中加油。第一次加油时用肉眼观察，油箱中的液位必须达到液位计刻度。

3. 初始启动程序

启动前应确保驱动系统和被驱动机构处于待命状态，警告相关区域内的所有工作人员起动即将开始。

不要用有缺陷的工具或控制元件操作动力站；易燃物品需远离动力站；在起动期间，液压系统内嵌入的污物颗粒将被冲洗出来，因此在整个起动过程中要一直观察过滤器的指示器；在冷天起动时，由于油液黏度比较大，短时间内有可能会有堵塞指示。如果系统已经达到工作温度而指示器不能消除，则必须更换滤芯。

4. 启动步骤

（1）第一步，起动前。

1）检查油箱中的液位，油箱中的液位必须达到 765L；

2）检查是否有一些液压元件需要添加干净的油液，例如：通过主泵的放气往油泵里加入干净的油液，直至气体排光，油液溢出；

3）检查安全设备；

4）根据控制概要，检查所有的电气信号是否满足电机启动的条件。

（2）第二步，液压泵短时间无负载启动。

1）首先要检查液压泵的转向是否正确，不正确的转向会引起液压泵的损坏；

2）电机上有清楚正确的转向标志，动力站先在完全无负载的情况下起动电机。

（3）第三步，较长时间液压泵无负载运行。

液压泵在无负载状态下运行较长一段时间，并通过系统中测压接头排除管路中的空气，直至系统已经稳定，并且可控操作。

1）检查油箱中的液位，由于须油液来充满液压系统中的部件，此时需要再次加液压油，使油位恢复到原来的状态；

2）检查不正常的噪声与振动；

3）根据附带的技术文件中的液压系统图中所标明的数值，检查动力站中一些指定的压力值。这些压力值在工厂中已经被预先调定通常不需要调节；

4）检查泄漏点。

停下电机，纠正以上各点中发现的所有缺陷，检查所有的连接、螺栓等，如果必要重新拧紧。完成后重新启动。

（4）第四步，对液压系统加载。

当液压系统在无负载情况下的功能已经达到系统所有的技术参数，可以对系统进行加载。

1）逐渐增加负载，直到获得满意的操作；

2）在此过程中，有可能对泵的输出流量进行调整；

3）使系统循环往复地工作，直到系统达到正常的工作温度。

（5）第五步，检查。

1）检查不正常的噪声或振动；

2）检查安全设备的功能；

3）检查油箱冷却器控制是否稳定；

4）检查泄漏点；

5）检查泵的压力设定值。

（五）保养

有计划地对液压系统进行保养，可以防止液压系统的失效，同时使系统能按规定有效运行。这种特定的保养程序将取决于设备的特性、设备工作的环境与工作周期以及系统对生产的重要程度。为了经济的保养周期，建议做寿命周期费用（LCC）分析。

1. 日常检查，投入运行后第一周

（1）油液泄漏；

（2）油箱中的液位；

（3）工作温度；

（4）系统压力；

（5）系统性能与总体状况；

（6）不正常的噪声；

（7）过滤器的污染指示。

2. 每次起动前的检查

（1）油液泄漏；

（2）油箱中的液位；

（3）吸油阀是否打开；

（4）过滤器的污染指示。

3. 经常检查

（1）不正常的振动；

（2）不正常的噪声；

（3）油液泄漏；

（4）油箱中的液位；

（5）动力站是否比较干净、气流管道是否通畅；

（6）通常的压力值是否稳定；

（7）工作温度；

（8）过滤器的污染指示。

4．预定的保养

（1）在特定周期内有计划地保养，包括下列检查和行动：

1）经常检查中的所有各点；

2）检查所有的压力值；

3）检查系统周围固定的温度值；

4）从动力站排放阀放出的水和泥浆。

（2）检查油泵和电机。

1）检查监测设备/开关等元件的功能；

2）清洁有污物的区域；

3）检查电线；

4）检查泄油管的流量和泄油管油液状况；

5）检查软管、连接和液压泵，注意是否有裂纹、泄漏等情况发生；

6）通过检查孔检查联轴器；

7）检查电机的通风口是否被脏物堵塞，空气是否很容易进入电机。

（3）风冷冷却器的清洁。

1）风叶的清洁：①清洁风叶最容易的方法是使用压缩空气或用水冲洗；②可以使用脱脂剂和高压冲洗系统处理污垢。当使用高压冲洗系统时，小心使喷头与风叶平行。

2）清洁油液冷却管的内部：将冷却器与闭环回路相连，使用液压油冲洗冷却管内部。

5．液压油的检查

推荐的液压油化验每 6 个月一次，这种化验包括黏度、氧化程度、含水量、杂质和污物含量。在绝大多数的情况下，油液供应商都可以从事化验工作，提供目前液压油的状况，并推荐采取适当的措施。如果化验标明该液压油的品质不能满足"液压油清洁度要求"时，就不能再投入使用，必须马上更换或清洁。

（六）设备更换

1．过滤器滤芯的更换

（1）停止操作并停下电机；

（2）逆时针拧下过滤器滤芯筒更换滤芯，不要急于将新的滤芯取出以避免染上污物；

（3）检查滤芯筒 O 形圈是否损坏，安装过滤器滤芯筒，用手拧紧至拧不动。

2．空滤器的更换

（1）清洁空滤器的表面；

（2）拧下盖帽并更换滤芯；

（3）装上盖帽，确保没有外来物质进入油箱。

（七）系统维修

在拆下液压或电气元件之前，首先断开与动力站的连接。确保系统与电机处没有危险存在。

1. 拆卸前

应对动力站进行故障诊断和进行适当的测试；清洁所有的装配件和元件，牢记相关警告，以免脏物进入系统；拆卸工作仅能由专业维修人员来做。

2. 拆卸时

标志所有部件，并保护精加工面或机械表面；检查所有的部件是否磨损或损坏；如果液压油需放出，要再次投入使用时，接油的容器必须是干净的，同时不用时要用盖子封住。

3. 重新组装

重新组装之前，使用合适的溶剂清洁所有的金属部件，然后放置在干净的麻布上吸去油液；用系统液压油润滑；用新的相同规格的备件替换所有的密封、垫片和O形密封圈；确保管路连接完全密封；按照加注液压油的要求，重新向系统中加油。

第五节　机组自启停

（一）自动并网程控启动功能组

1. 程控允许条件（与）

（1）汽轮机转速在 $3000\sim3005r/min$；

（2）励磁系统灭磁开关远控自动；

（3）发电机辅助系统运行正常，励磁系统正常；

（4）主变压器断路器远控位自动；

（5）主变压器断路器在分位；

（6）无励磁系统故障；

（7）无同期故障；

（8）无发电机—变压器组故障。

2. 程控复位条件（或）

（1）并网成功；

（2）励磁系统故障；

（3）同期装置故障；

（4）发电机—变压器组故障；

（5）启励失败。

（二）程控并网步骤

（1）第1步，执行指令：程序并网。

（2）第 2 步，执行指令：合励磁系统灭磁开关。步完成反馈：励磁系统灭磁开关合闸位置。

（3）第 3 步，执行指令：励磁系统远方建压。

完成反馈（与）：

1）定子电压信号大于额定电压 95％kV；

2）6kV A 段工作电源进线电压大于 6kV；

3）6kV B 段工作电源进线电压大于 6kV；

4）6kV C 段工作电源进线电压大于 6kV；

5）发电机零序电压小于 3V；

6）发电机定子电流小于 50A；

7）发电机负序电压小于 5％。

（4）第 4 步，向 DEH 发同期请求（长信号，程控完成后复归）。步完成反馈：DEH 反馈同期允许。

（5）第 5 步，执行指令：投入同期装置（DCS 投入同期，长信号）。

完成反馈（与）：

1）同期装置上电，准备就绪；

2）自动准同期方式；

3）正常并网。

（6）第 6 步，启动同期装置（DCS 启动同期工作，指令脉冲 500ms）。步完成反馈：主变压器断路器已合闸。

（7）第 7 步，退出同期装置。

完成反馈（与）：

1）同期装置失电；

2）程控完成。

第十二章　机组启停和变工况特性

第一节　锅炉启动中的热力特性

在锅炉启、停过程中存在着各种矛盾，如提高炉膛温度使燃烧稳定与不经济的问题，各受热部件温升速度与温度均匀性的矛盾，工质加热与受热面冷却的矛盾，工质排放与工质热量损失的矛盾等。

在启、停过程中，各部件的工作压力和温度随时都在变化，且各部件的加热或冷却是不均匀的，金属体中存在着温度场，会产生热应力。联箱等厚壁部件的上下壁、内外壁温差要严格控制，以免产生过大的热应力而使部件损坏。该温差是随着升（降）压速度与升（降）负荷速度增大而增大的，为减小热应力，必须限制升（降）压和升（降）负荷速度，然而这样势必增加启、停时间。

锅炉点火后开始加热各受热面和部件。此时，工质尚处于不正常的流动状态，冷却受热面的能力差，会引起局部金属受热面管壁超温，使靠工质间接加热的部件发生不均匀的温差场。启动初期，水循环尚未建立的水冷壁、未通汽或汽流量很小的再热器、断续进水的省煤器都可能有管壁超温损坏的危险。

在启动初期，炉膛温度低，点火后的一段时间内投入的燃料量少，燃烧不易控制，容易出现燃烧不完全、不稳定，炉膛热负荷不均匀，可能出现灭火和炉膛爆燃事故，此外，燃烧热损失也较大。炉膛热负荷不均，会使并联管吸热偏差增大，所以，点火后希望快速增加燃料投入量，以加强燃烧，提高炉膛温度，均匀炉膛热负荷，建立稳定、经济的燃烧工况，但是增加燃料投入量受到升温速度与排放损失等的限制。

在启、停过程中，所用的燃料除了用以加热工质和部件外，还有一部分消耗于排汽和放水，而后者是一种热量损失。如排汽和放水未能全部回收，热量就必然伴随工质的损失而损失掉。此外，在低负荷燃烧时，不仅过量空气量较大，而且不完全燃烧损失也较大。这些损失的大小与启动方式、操作方法以及启动持续时间有关。

一、直流锅炉的特点

水的临界点参数为 22.115MPa、374.15℃。由于超临界压力下无法维持自然循环即不能采用汽包锅炉，直流锅炉成为唯一型式。超临界机组不仅煤耗大大降低，污染物排污量也相应减少，经济效益十分明显。超临界直流锅炉与亚临界汽包锅炉结构和工艺过程有着显著不同，其特点：

（1）超临界直流锅炉没有汽包环节，给水经加热、蒸发和变成过热蒸汽时一次性连续完成，随着运行工况不同，锅炉将运行在亚临界或超临界压力下，蒸发点会自发的在一个或多个加热区段内移动，汽水之间没有一个明确的分界点。这要求更为严格保持各种比值的关系（如给水量/蒸汽量、燃料量/给水量及喷水量/给水量等）。对直流锅炉来说，热水段、蒸发段和过热段受热面之间是没有固定界限的。这是直流锅炉的运行特性与汽包锅炉有较大区别的基本原因。

（2）由于没有储能作用的汽包环节，锅炉的蓄能显著减小，负荷调节的灵敏性好，可实现快速启停和调节负荷，适合变压运行。但汽压对负荷变动反应灵敏，变负荷性能差，汽压维持比较困难。

（3）直流锅炉由于汽水是一次完成，因而不像汽包锅炉那样。汽包在运行中除作为汽水分离器外，还作为煤水比失调的缓冲器。当煤水比失去平衡时，利用汽包中的存水和空间容积暂时维持锅炉的工质平衡关系，以保持各段受热面积不变。

二、直流锅炉的动态特性

动态特性指给水量、燃料量、功率（调门开度）变化而其他条件不变情况下蒸汽流量、汽温、汽压的变化。

（一）给水量

在其他条件不变的情况下，当给水量扰动增加时，由于壁面热负荷未变化，故热水段都要延长，蒸汽流量逐渐增大到扰动后的给水流量。过渡过程中，由于蒸汽流量小于给水流量，所以工质储存量不断增加。随着蒸汽流量的逐渐增大和过热段的减小，出口过热汽温渐渐降低，但在汽温降低时金属放出储热，对汽温变化有一定的减缓作用。汽压则随着蒸汽流量的增大而逐渐升高。值得一提的是，虽然蒸汽流量增加，但由于燃料量并未增加，故稳定后工质的总吸热量并未变化，只是单位工质吸热量减小（出口汽温降低）而已。

当给水量扰动时，蒸发量、汽温和汽压的变化都存在时滞。这是因为自扰动开始，给水自入口流动到原热水段末端时需要一定的时间，因而蒸发量产生时滞，蒸发量时滞又引起汽压和汽温的时滞。

（二）燃料量

在其他条件不变的情况下，燃料量扰动增加时，蒸发量在短暂延迟后先上升，后下降，最后稳定下来与给水量保持平衡。其原因是，在变化之初，由于热负荷立即变化，热水段逐步缩短；蒸发段将蒸发出更多的饱和蒸汽，使过热蒸汽流量增大，其长度也逐步缩短，当蒸发段和热水段的长度减少到使过热蒸汽流量重新与给水量相等时，即不再变化。在这段时间内，由于蒸发量始终大于给水量，锅炉内部的工质储存量不断减少（一部分水容积渐渐为蒸汽容积所取代）。

燃料量增加，过热段加长，过热汽温升高，已如前述。但在过渡过程的初始阶段，由于蒸发量与燃烧放热量近乎按比例变化，再加以管壁金属储热所起的延缓作用，所以过热汽温要经过一定时滞后才逐渐变化。如果燃料量增加的速度和幅度都很急剧，有可能使锅炉瞬间排出大量蒸汽。在这种情况下，汽温将首先下降，然后再逐渐上升。

蒸汽压力在短暂延迟后逐渐上升，最后稳定在较高的水平。最初的上升是由于蒸发量的增大，随后保持较高的数值是由于汽温的升高（汽轮机调速阀开度未变）。

（三）功率（调门开度）

这里功率扰动是指主汽调门动作取用部分蒸汽，增加汽轮机功率，而燃料量、给水量不变化的情况，若调速汽门突然开大，蒸汽流量立即增加，汽压下降。汽压没有像蒸汽流量那样急剧变化。这是由于当汽压下降时，饱和温度下降，锅炉工质"闪蒸"、金属释放储热，产生附加蒸发量，抑制汽压下降。随后，蒸汽流量因汽压降低而逐渐减少，最终与给水量相等，保持平衡，同时汽压降低速度也趋缓，最后达到一稳定值。

第二节　汽轮机启动状态的主要指标

汽轮机从静止状态到工作状态的启动过程和从工作状态到静止状态的停机过程中，各零部件的工作参数都将发生剧烈变化，因此可以认为启动和停机过程是汽轮机运行中最复杂的运行工况。而这些剧烈变化的工作参数中，对机组安全运行起决定因素的则是温度的变化。在机组的启动停机过程中，由于温度的剧烈变化，以及汽轮机各零部件的尺寸很大且工作条件不同，必将在各零部件中形成温度梯度，从而产生热变形和热应力，当综合应力达到相当高的水平，甚至超出屈服极限，使这些高温度部件遭受一定损伤，这种损伤的累积最终导致部件损坏。

启动时，转子表面先被加热而膨胀，但此时轴中心部位则处于冷状态，它限制表面的膨胀，从而使转子表面产生压热应力，而轴中心部位则承受热拉应力。停机时，转子表面先受冷，而轴中心部位却保持较高温度，从而使表面层承受拉应力而轴孔部位承受压应力。显然，汽轮机每启停一次，转子内外就承受一次压缩和拉伸，这种压缩和拉伸反复作用，就会引起金属材料的疲劳损伤，有可能出现裂纹。目前把转子金属材料承受一次加热和冷却称作一次温度循环（或热循环），由此而引起的疲劳则称为低周疲劳，并且用转子的寿命损耗来计量。这就是说，汽轮机每启停一次，转子的寿命就要被损耗掉一部分，这种交变热应力成千上万次的作用，转子表面就会因材料达到疲劳而出现裂纹。

目前，大容量汽轮机都是以高压转子及中压转子的热应力水平来控制汽轮机的启动，以使汽轮机的寿命损耗率在允许范围之内，从而实现寿命管理，保证机组在服役期的安全。运行人员的首要任务是保证汽轮机的安全运行，在保证机组安全运行的前提下不断提高设备运行的经济性也是运行人员的重要任务。

第三节　汽轮机启动中的热力特性

一、汽轮机的受热特点

汽轮机在启动、停机和负荷变化的不稳定工况运行时，由于各部件结构和所处条件不同，蒸汽对各个部件的传热情况不一样，不同部件金属温度都将发生变化，尤其在启动过程中，汽轮机各部件金属温度变化更为剧烈。例如，高参数汽轮机在冷态启动时，其进汽部分的金属温度将由原来的室温升高到 500℃ 以上，所以启动过程实质上是汽轮机的加热过程。由于各部件的受热条件不同，它们的加热和传热情况也不同，从而使汽轮机各金属部件形成温度梯度、产生热应力和热变形。当热应力和热变形过大而超出金属部件的允许范围时，这些金属部件将产生永久变形甚至更严重的损坏。为了保证汽轮机启动的安全，必须了解并掌握汽轮机在启动过程中的受热情况。

当汽轮机冷态启动时，温度较高的蒸汽与冷的汽缸内壁接触，这时蒸汽的热量主要以凝结放热的形式传给金属壁。由于凝结放热的放热系数很高（且蒸汽压力越高，放热系数传热量越大），汽缸内壁温度很快上升到该蒸汽压力下的饱和温度。当汽缸内壁的金属温度高于该蒸汽压力下的饱和温度时，随着汽缸内壁温度的升高，蒸汽的凝结放热阶段就告结束。此后，蒸汽主要是以对流换热方式向金属传热。

蒸汽的对流放热系数远远低于凝结放热系数而且还不稳定，其大小取决于蒸汽的流速和密度（密度随压力和温度而改变）。在通常的流速范围内，流速越大，放热系数越高。流速不变时，高压蒸汽和湿蒸汽的放热系数较大；低压微过热蒸汽的放热系数较小。放热系数直接影响到汽缸内外壁温差，放热系数大时，蒸汽传给汽缸内壁的热量大，反之传热量小。传热量过大将加剧汽缸内壁单向受热的不均匀性，使汽缸内外壁温差增大。因此在启动过程中，应通过改变蒸汽压力、温度、流量和流速等方法来控制蒸汽对金属的放热量。

汽轮机金属本身的换热过程是热传导过程。例如，加热蒸汽接触汽缸内壁，热量首先传给内壁表面，外壁的热量是由内壁通过金属的热传导而获得的，由于汽缸金属内外壁之间存在热阻，因此内壁温度将高于外壁温度而形成汽缸内外壁的温差。对汽轮机转子来说，虽然受热条件比汽缸好些，它的外周面和叶轮两侧面均能与蒸汽接触，但转子中心的热量仍然是由它的外周面以热传导的方式传递至中心的，因此转子沿半径方向也会出现温度梯度。但在一般情况下，转子出现的径向温度梯度小于汽缸沿厚度方向的温度梯度。

当汽轮机各金属部件受到单向加热时，汽缸和法兰可近似看作是厚壁金属平板。由于加热的剧烈程度不同，沿平板壁厚的温度分布情况大体呈双曲线型、直线型和抛物线型三种典型情况，如图 12-1 所示。当平板内壁加热剧烈，温度瞬间变化很大时，其温度分布为双曲线型，此时平板上的温差大部分发生在近内壁表面。当吸放热过程逐渐趋于稳定（即稳定加热时），其温度分布为直线型（温度场的中心通过平板中心）。若金属平板受约束而不发生弯曲变形，则平板中心线与内侧热表面间的金属产生压缩应力，中心线与外表面间的金属产生拉伸应力，压缩与拉伸应为对称地分布于中心线两侧，在中心线处的应力为零。

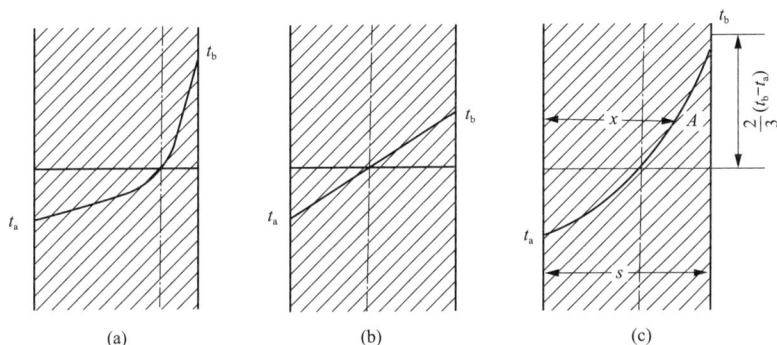

图 12-1　金属平板被单向加热时，沿壁厚方向的温度分布示意图
(a) 双曲线型；(b) 直线型；(c) 抛物线型

以上两种情况的温度分布，在汽轮机启动中是极少见的。启动时汽缸壁往往受到缓慢地加热，此时温度分布呈抛物线型。在这种情况下，壁内任意一点 A 的温度 t 可用下式求得

$$t = t_a + (t_b - t_a)(x/s)^2 \tag{12-1}$$

式中　t_a——汽缸外壁温度，℃；

t_b——汽缸内壁温度，℃；

s——汽缸壁厚度，mm；

x——沿汽缸厚度方向任一点 A 到汽缸外壁的距离，mm。

抛物线和双曲线型温度场中的热应力的分布是不对称的，最大热应力为压缩应力，而且发生在温度较高的内表面。

二、汽轮机的热应力

(一) 汽缸的热应力

由于温度的变化引起的物体变形称为热变形。如果物体的热变形受到约束，则在物体内产生应力，这种由于温度（或温差）引起的应力称为温度应力或热应力。应该指出，当温度变化时，若零部件内各点的温度分布

均匀，且变形不受任何约束，则零部件仅产生热变形而不会产生热应力。当此变形受到某种约束时，则在零部件内部产生热应力。

汽轮机的汽缸可以粗略地看作是一个厚壁圆筒，若不做精确的计算，就可以将汽缸当作一块厚平板来处理。根据前面所述，平板在不稳定加热时，沿板壁厚度方向的温度大致呈抛物线型分布，如图 12-2 所示。若汽缸壁的平均温度为 t_{av}，则沿壁厚任意一点的热应力可用下式求得

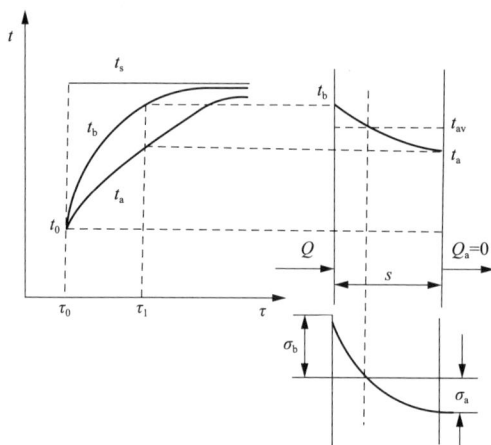

图 12-2　汽缸壁单向加热时内壁温度与应力分布示意图

$$\sigma = \frac{\beta E}{1-\mu}(t_{av} - t) \tag{12-2}$$

式中　t_{av}——沿壁厚的平均温度，℃；

　　　t——沿壁厚任意一点的温度，℃；

　　　β——材料的线胀系数，1/℃；

　　　E——材料的弹性模数，Pa；

　　　μ——材料的泊松比。

可得汽缸壁内表面的热应力的计算公式为

$$\sigma_b = \frac{\beta E}{1-\mu}\left(t_a + \frac{1}{3}\Delta t - t_b\right) = -\frac{2}{3} \times \frac{\beta E}{1-\mu}\Delta t \tag{12-3}$$

同理，可得到汽缸壁外表面的热应力的计算公式为

$$\sigma_a = \frac{1}{3} \times \frac{\beta E}{1-\mu}\Delta t$$

由此可知，当汽缸材料一定时，即线胀系数 β、弹性模数 E 以及泊松比 μ 为定值，汽缸壁内外表面的热应力均与汽缸内外壁温差成正比。

汽轮机在冷态启动过程中，由于内壁温度高于外壁，即 $\Delta t > 0$，故上式中的负号表示汽缸内壁表面热应力为压缩应力；正号则表示汽缸外壁表面热应力为拉伸应力。内外壁表面的热压和热拉应力均大于沿壁厚其他各处的热应力，且内壁的热应力为外壁的 2 倍。

在停机过程中，由于汽缸内壁表面温度低于外壁表面温度，即 $\Delta t < 0$，所以内壁表面热应力为拉应力，外壁表面热应力为压应力。

实践证明，汽缸出现裂纹或损坏，大多是由拉应力所引起的。由上述分析可知，汽缸内壁在快速冷却时，将出现较大的拉应力，所以汽轮机的快速冷却比快速加热更为危险。例如，处于热状态的汽轮机若用低湿蒸汽（温度低于汽缸金属温度的蒸汽）进行启动，或汽轮机突然甩负荷时，机组是非常危险的。从热力学观点来看，甩半负荷比甩全负荷的危险性更大，这是因为甩半负荷时，蒸汽的放热系数比甩全负荷时的放热系数要大得多，汽缸内壁将受到快速冷却的缘故。汽轮机在启动、停机及负荷变化的过程中，应当使汽缸的热应力不超过材料的许用应力，即要严格控制汽缸内外壁的金属温差在允许范围内。

对某一汽轮机而言，汽缸壁所产生的热应力是与汽缸内外壁温差 Δt 成正比的，它的大小又取决于汽缸壁加热或冷却的速度（汽缸金属温升或温降的速度）及汽缸壁的厚度。假定热流量 Q 的方向不变且汽缸外壁的绝缘良好，即 $Q_a = 0$，汽缸壁沿厚度方向各点温度为抛物线型分布，就可得出汽缸内外壁温度差 Δt 的数学表达式为

$$\Delta t = \frac{c\gamma}{2\lambda}s^2\left(\frac{\partial t}{\partial \tau}\right) \times 10^6 \tag{12-4}$$

式中　c——汽缸金属材料比热，J/(kg・℃)；

γ——汽缸金属材料密度，kg/m³；

λ——汽缸金属材料导热系数，W/(m・K)；

s——汽缸壁厚度，m；

$\partial t/\partial \tau$——汽缸壁厚 s 处（即汽缸壁内表面）金属温度变化率，℃/h。

从公式可以看出，汽缸内外壁温差与汽缸内壁的温度变化率及汽缸壁的厚度的平方成正比，当汽缸内壁温度变化率越大、汽缸壁越厚时，汽缸内外壁的温差就越大，从而热应力也越大。

汽缸内壁温度变化的大小，意味着汽轮机的转速和负荷变化速度的快慢，当然也意味着汽轮机启动、停机过程的快慢。对于大容量汽轮机，汽缸壁尤其是法兰通常做得很厚，因此汽缸内壁温度变化率需要严格加以控制，这也是大容量汽轮机启动时间一般比中小型汽轮机要长的原因之一。

应该指出，上述分析是将汽缸作为厚壁平板传热来考虑的，所以按公式计算的热应力与汽缸在受热或冷却过程中实际产生的热应力有一定的差异。这是因为汽缸是一个结构复杂的圆筒，特别是进汽部分和前后两端面附近更为复杂，汽缸温度分布不仅沿平面分布，而且具有三元分布的特点。但实践证明，上述公式计算得到的热应力值，一般总是稍大于实际的热应力值，因此是足够可靠的。

（二）螺栓热应力

在汽轮机启动过程中，法兰与螺栓之间存在着较大的温度差，而且法

兰的温度高于螺栓的温度。由于法兰在厚度方向上的膨胀，螺栓被拉长，此时，螺栓除承受安装时的拉伸预应力和汽缸内部蒸汽工作压力而引起的拉伸应力外，又额外地产生附加热应力。如上述三种拉应力之和超过螺栓材料的屈服极限，螺栓就发生塑性变形甚至断裂。

在螺栓产生热拉应力的同时，法兰则相应地受到热压应力的作用。若这种应力过大时，法兰结合面的局部就可能因受过度的压缩而产生塑性变形，结合面的严密性将受到破坏。

法兰与螺栓由于温度差所引起的热应力 σ，可用下式进行计算

$$\sigma = \beta E \Delta t \tag{12-5}$$

式中　E——螺栓材料的弹性模数，Pa；

　　　β——螺栓材料的线膨胀系数，1/℃；

　　　Δt——法兰与螺栓的温差，℃。

从上式可见，螺栓所承受的热拉应力是随着法兰与螺栓温差的增大而增加的。一般情况下，汽轮机的其他部件在允许的加热速度下，螺栓的热应力是不致达到危险程度的，因此它不限制汽轮机的启动速度。但是，当蒸汽温度比进汽处的汽缸金属温度高很多时，应注意螺栓热应力增长情况。

（三）转子热应力

和汽缸一样，汽轮机转子在启动或停机过程中，其表面亦受到单向加热或冷却，而且也是不稳定的热传导过程，其温度的分布，即等温线几乎与轴线平行。例如，汽轮机启动时，高温蒸汽加热转子表面，越接近于轴心部分的温度则越低。转子截面内的这个径向温差使转子中心产生热拉应力，而转子表面产生热压应力，当汽轮机带到一定负荷处于稳定工况后，转子截面内部温度趋近平衡，转子热应力基本消失，此时转子仅承受额定转速及一定负荷下由离心力引起的径向应力和汽流作用力引起的应力；汽轮机停机时的情况与启动时的情况刚好相反，转子表面产生热拉应力，而中心处产生热压应力。

在分析转子的热应力时，可粗略地把转子看成是一个从表面加热或冷却的圆柱体。转子表面和转子中心的最大温差 Δt 可用下式计算

$$\Delta t = bR^2 / 4a \tag{12-6}$$

式中　R——转子半径，m；

　　　b——转子表面的温度变化率，℃/h；

　　　a——导温系数，m²/h。

可以看出，若转子的半径与汽缸法兰厚度相等时，则在同样的温度变化率下，转子表面和中心的最大温差恰好为汽缸内外壁最大温差的一半。实际上转子的半径，尤其是高压汽轮机转子的半径与汽缸法兰的厚度相差不多。随着机组容量的增大，转子的半径甚至可能小于汽缸法兰的厚度，而且转子的几何形状是对称的回转体，温度分布比较均匀。因此在实践中，只要按照汽缸法兰热应力允许值来控制最大允许的升温速度，转子的热应

力就不会超过允许值。

但是，大容量的汽轮机，往往采用双层汽缸结构，这样，限制汽轮机启停及负荷变化的汽缸热应力就可能不是主要矛盾，而转子的热应力却成为必须考虑的因素。这是因为随着汽轮机容量的增大，转子直径也越来越大，汽轮机在启动停机过程中，转子的热应力、热变形也就越大。在这种情况下，还必须注意转子的低周疲劳和低温脆性转变的问题。转子的低周疲劳是指机组多次反复启停时，加热、冷却过于剧烈，转子就越易产生低周疲劳损伤。因此，大容量汽轮机必须采取合理的启停方式，并应尽量地减少启停次数，否则转子的使用寿命将受到影响。

转子的低温脆性转变是指金属材料在低温条件下工作时，机械性能发生变化，即从韧性转变为脆性，材料的许用应力下降。当温度低至某一值时，由于许用应力的下降，金属材料发生脆性断裂，通常称这一温度为脆性转变温度。脆性转变温度一般为 $120 \sim 140℃$。汽轮机的超速试验，习惯上在汽轮机定速后进行。大容量汽轮机如在这种情况下进行超速试验，对转子是十分不利的，因为转子在刚定速后，不仅因其表面与中心存在着较大的温差，所以受到较大的热应力作用，而且因为在刚定速后，转子中心处的温度低于材料的脆性转变温度。为了避免转子中心温度过低而产生较大的热应力，并防止金属材料低温脆性转变，在运行规程中一般规定：大容量机组在定速后，应带部分负荷运行数小时，再将负荷减到零，解列发电机，然后进行汽轮机的超速试验。因为汽轮机经过数小时的低负荷运行，转子中心的热拉应力大大减小，同时转子内部温度高于金属材料的脆性转变温度，这就有利于改善转子的工作条件。

第四节　汽轮机热膨胀与热弯曲

一、汽缸的热膨胀

汽缸的热膨胀，除了与长度尺寸和金属材料的线胀系数的大小有关外主要取决于汽轮机通流部分的热力过程和各段金属温度的变化值。汽缸的轴向膨胀值可由下式表示

$$\Delta L = \int_0^L \beta t(x) \mathrm{d}x \qquad (12\text{-}7)$$

式中　ΔL——汽缸轴向膨胀值，mm；

　　　L——距汽缸死点的长度，mm；

　　$t(x)$——汽缸随长度而变的温度，℃。

高参数大容量汽轮机的法兰宽度和厚度远大于汽缸壁的厚度，而且高压汽缸法兰前后端往往是搁置在轴承座上的，因此汽缸的膨胀值通常取决于法兰各段的平均温度 $(\bar{t})$，这样汽缸的轴向膨胀值可用下式近似计算

$$\Delta L = \beta \bar{t} L \qquad (12\text{-}8)$$

每一台运行中的汽轮机，其轴向温度的分布都有一定的规律性，所以总可找到某一点的金属温度与汽缸自由膨胀值的对应关系，一般选择高压缸第一级区段的法兰内壁金属温度作为汽缸轴向膨胀的监视点，通过实测的方法，监视点温度与汽缸膨胀值的对应关系可绘出曲线，纵坐标为调节级处法兰内壁金属温度，横坐标为汽缸纵向膨胀值，汽轮机在运行中，只要控制监视点温度在适当的范围内，就能保证汽缸膨胀符合启动和正常运行的要求。

汽轮机在运行中除应保证在轴向能自由膨胀外，还应保证在横向能均匀膨胀，否则汽缸就会发生中心偏移。一般情况下高压缸第一级汽室处左右两侧法兰的金属温差如能控制在合理范围内，就能保证汽缸横向膨胀均匀。对于具有双层汽缸结构的汽轮机，前轴承座的膨胀值主要是由外缸法兰的平均温度决定的。

上海汽轮机厂的 1000MW 汽轮机热膨胀时（如图 12-3 所示），其前轴承座的膨胀值为高压外缸膨胀值，中、低压缸膨胀由推力轴承向一个方向推动，为中、低压缸的总膨胀值。

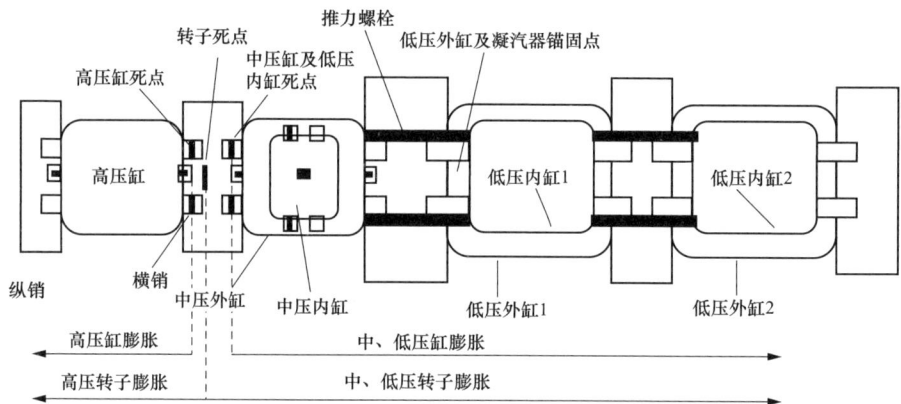

图 12-3　上海汽轮机厂的 1000MW 机组滑销系统膨胀示意图

1. 汽缸与转子相对膨胀的产生

如前所述，汽缸受热后将以死点为基准在滑销系统引导下分别向横向、纵向及斜向膨胀，因为轴向长度最长，所以轴向膨胀是主要的。当汽缸以死点为基准向前膨胀时，通过推力轴承的带动，转子将一起向前移动；而转子受热后又以推力轴承为基点向后膨胀。转子与汽缸沿轴向膨胀之差，称为转子与汽缸的相对膨胀差，简称胀差或差胀。一般规定，当转子的轴向膨胀值大于汽缸的轴向膨胀值时，胀差为正值，反之，胀差为负值。

一旦某一区段的胀差值超过在这个方向的动静部件轴向间隙时，将发生部件间的摩擦而损坏。因此任意一台汽轮机在出厂前都根据可能出现的动静部件摩擦的最小轴向间隙，确定相对膨胀的正负允许值。

汽轮机在冷态滑参数启动中，蒸汽参数一般是比较低的。当以较低温度并且基本上是恒定的温升速度来加热时，汽缸和转子的金属温升速度均接近于蒸汽的温升速度。大容量汽轮机汽缸的质面比往往大于转子的质面比，蒸汽对转子的放热系数通常又大于蒸汽对汽缸的放热系数。因此，在受热初期，转子的平均温升速度较快，汽缸的平均温升速度较慢，转子与汽缸之间将产生正的温差，从而出现正胀差。

当汽轮机停机或减负荷时，蒸汽的温度变化率为负值，故在冷却的初期，转子的温降速度大于汽缸的温降速度，转子与汽缸之间产生负温差，从而出现负胀差。

在转子和汽缸受热或冷却的末期，两者的温度都趋于稳定值，温差越来越小，转子和汽缸的胀差也将减小。

由此可见，转子和汽缸的胀差主要取决于蒸汽的温度变化率。所以在汽轮机运行中，通过控制蒸汽温度的变化速度可以将胀差控制在允许范围内。

2. 汽缸与转子之间胀差的控制

汽轮机在热状态下，汽缸和转子之间由于存在着胀差，将使通流部分动静部件的轴向间隙会发生变化。当胀差为正值时，表明动叶出口与下级静叶入口间隙减小；当胀差为负值时，表明静叶出口与动叶入口之间的间隙减小。无论是正值或负值，当超过允许值时，都将发生动静部件的轴向磨损。因此，汽轮机在运行中，尤其是在启动、停机过程中必须将胀差变化控制在允许范围内。如前所述，胀差的大小主要取决于蒸汽的温度变化率，因此在运行中通常用控制蒸汽温度变化率的方法来控制胀差的变化。

汽轮机在额定参数启动时，由于汽源的蒸汽参数是恒定的，转子的温度接近于蒸汽温度，故转子和汽缸的平均温差几乎等于蒸汽和汽缸的平均温差。为了控制转子和汽缸的温差不致过大，通常进行低速及低负荷暖机，其目的是减少进汽量，使蒸汽在这段时间内较多地降低平均温度，也即降低转子的平均温度。当汽缸的平均温度跟上并接近于蒸汽的平均温度时，再继续增加进汽量使之升速和加负荷。

二、汽轮机的热弯曲变形

汽轮机启动、停机和负荷变化时，由于各金属部件处于不稳定传热过程中，在汽缸和转子的各横截面上出现温差，此时汽缸和转子的金属内部除产生热应力外，还会产生热变形，如果汽缸和转子的挠曲值过大，可能造成通流部分动静部件的径向间隙完全消失而磨损。这样不仅使汽封的径向间隙扩大，增大漏汽量，而且使汽轮机运行的经济性降低，同时由于动静部件的摩擦往往引起机组振动以及产生大轴弯曲等事故。

（一）上下汽缸温差引起的热变形

汽轮机在启停过程中，上下汽缸往往出现温差，通常是上缸温度高于下缸温度。上汽缸温度高、热膨胀大，而下汽缸温度低、热膨胀小，这就引起汽缸向上拱起，如图 12-4 虚线所示。这时，下汽缸底部动静部分的径向间隙减小，严重时甚至会发生动静部分摩擦。

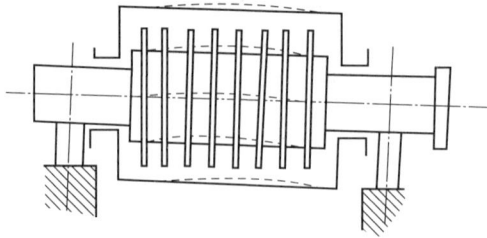

图 12-4　汽缸热翘曲变形示意图

（二）上下汽缸温差产生的主要原因

（1）上下汽缸具有不同的散热面积，下缸布置有回热抽汽管道和疏水管道，散热面积大，因而在同样保温、加热或冷却条件下，上缸温度比下缸温度高。

（2）在汽缸内，温度较高的蒸汽上升，而经汽缸金属壁冷却后的凝结水流至下缸，在下缸形成较厚的水膜，使下缸受热条件恶化。

（3）停机后汽缸内形成空气对流，温度较高的空气聚集在上缸，下缸内的空气温度较低，使上下汽缸的冷却条件产生差异，从而增大了上下汽缸的温差。

（4）一般情况下，下汽缸的保温不如上缸，运行时，由于振动，下缸保温材料容易脱落，而且下缸是置于温度较低的运行平台以下并造成空气对流，使上下汽缸冷却条件不同，增大了温差。

（5）当汽轮机在空负荷或低负荷运行时，由于部分进汽仅上部调节阀开启，也促使上下汽缸温差增大。

在启动过程中，为了控制上下汽缸温差在允许范围之内，必须严格控制温升速度，同时要尽可能使高压加热器随汽轮机一起启动。在启动过程中还要保证汽缸疏水畅通，不要有积水；在维修方面，下汽缸应采用较好的保温结构和选用优质保温材料，并可适当加厚保温层或者加装挡风板，以减少空气对流并正确使用盘车设备。

（三）汽缸内外壁和法兰内外壁温差引起的热变形

随着汽轮机容量的不断增大，汽缸和法兰的壁厚也越来越厚，在启动、停机和负荷变动时，如果控制不当，可能会出现较大的温差，使汽缸和法兰不仅产生较大的热应力，同时会造成汽缸法兰在水平和垂直方向的变形。由于汽缸结构复杂，其变形情况是很难精确计算的。现仅就变形的大致趋势做一般介绍。

当汽缸法兰内壁温度高于外壁温度时，内壁金属伸长较多，外壁金属伸长较少，这样就会使法兰在水平面内产生热弯曲。法兰的热弯曲造成汽缸中部横截面由原来的圆形变为立椭圆，此时该段法兰将出现内张口，而汽缸前后两端的横截面将由原来的圆形变为横椭圆，此时该段的法兰结合面将出现外张口。前者会使水平方向两侧的动静部件之间的径向间隙缩小；后者将使垂直方向上下的动静部件之间的径向间隙缩小。出现上述两种情况时，都可能造成动静部件的摩擦。

汽缸法兰内外壁温差，也会引起垂直方向的变形。当法兰的内壁温度高于外壁温度时，内壁金属的伸长增加了法兰结合面的热压应力，如果该热压应力超过材料的屈服极限时，内壁的金属结合面就会产生塑性变形。当法兰内外壁温度趋于平稳（温差消失）时，在呈现横椭圆情况下的法兰结合面将发生内张口，从而造成汽轮机运行中的结合面漏汽。同时，还将使螺栓拉应力增大，导致螺栓拉断或螺帽结合面压坏等事故发生。

汽缸法兰产生上述变形的根本原因，是由于内外壁温差过大所造成的。因此汽轮机在运行中，必须将汽缸法兰内外壁温差控制在规定范围内。因为法兰的宽度和厚度比汽缸壁厚得多，一般情况下，法兰的内外壁温差是大于汽缸内外壁温差的，因此汽轮机在运行中，只要将法兰内外壁温差控制在允许范围内就可以了。

对于设有法兰螺栓加热装置的汽轮机，其法兰内外壁温差，通常控制在 30℃ 左右，但决不允许外壁温度高于内壁温度。对于没有法兰螺栓加热装置的汽轮机其法兰内外壁温差要求控制在 100℃ 以内。

（四）转子的热弯曲

如前所述，上下汽缸由于冷却速度不同而产生温差，这时如果在汽缸内的转子是处于静止状态，那么在转子的径向也会出现温差，产生热变形。

当上下汽缸温度趋于平稳，温差消失后，转子的径向温差和变形也随着消失，恢复到原来的状态。由于转子这种弯曲是暂时的，故称为弹性弯曲。但是，当转子径向温差过大，其热应力超过材料的屈服极限时，将造成转子的永久变形，这种弯曲称为塑性弯曲。

汽轮机设有盘车装置，其作用是上、下汽缸存在温差的情况下盘动转子，使转子均匀地受到冷却或加热，以减少转子的热弯曲。

当转子在弹性弯曲较大的时候，也正是汽缸拱起较大的时候，这时汽轮机动静部件之间的径向间隙有可能消失，此时转子如果转动，其弯曲部位与隔板汽片将发生摩擦，此摩擦使转子弯曲部位温度升高，从而进一步加大转子的弯曲，使动静部件摩擦加剧，机组振动增大，甚至使转子发生永久弯曲事故。因此汽轮机在启动前盘车过程中，必须测量转子弯曲情况，其弯曲值必须在允许范围内，方可启动。

第五节　发电机变工况主要监控指标

1. 发电机可在以下方式下长期连续运行

（1）发电机电压变化范围为额定值的 ±5% 时能连续运行。

（2）当发电机定子电压在额定值的±5%范围内变化，而功率因数为额定时其额定容量不变。即当发电机定子电压高于或低于额定值的5%时，定子电流允许的数值可低于或高于额定值的5%。

（3）当发电机的电压下降到低于额定值的95%时，定子电流长期允许的数值仍不得超过额定值的105%。

（4）发电机最高运行电压不得大于额定值的110%（22kV），最低运行电压不得小于额定值的90%（18kV），并应满足厂用母线电压的要求。

（5）发电机正常运行时，定子三相电流之差，不得超过额定值的8%，同时最大一相的电流不得大于额定值。

（6）发电机承受负序电流的能力，长期稳定运行时，其负序电流不应大于额定值的8%，短时负序电流应满足：$(I_2/I_N)\,2t \leqslant 10s$。

（7）发电机正常运行频率应保持在50Hz，当变化范围小于±0.2Hz时，可以按额定容量连续运行。

2. 发电机进相运行时的注意事项

（1）发电机允许进相运行，进相限额不得低于进相试验提供的$P-Q$曲线。具体数据以进相试验报告数值为准。

（2）发电机进相运行时失磁保护必须投入运行。

（3）发电机进相运行时AVR必须在自动方式运行，调节器中低励限制器不得停用或调低定值。

（4）发电机进相运行时，应严密监视定子边段铁芯等各部位温度不得超过允许值。

（5）发电机进相运行时，应维持厂用母线电压在允许范围内，不得低于5.9kV。

（6）当500kV母线电压超过调度曲线上限，需发电机进相运行，若厂用电母线电压达到或低于允许范围下限时，不再加深进相深度，汇报调度。

（7）AVC投入，发电机自动调整进相运行，发生低励限制报警时，应立即手动增加发电机无功，汇报调度，必要时可申请将AVC退出运行。

（8）电网事故时，可不待调度令，调整发电机无功，保持500kV母线电压正常后，立即汇报调度。

3. 发电机变工况主要监控指标

（1）定子线圈的进水温度变化范围为45～50℃，超过53℃或低于42℃均将发出报警信号。

（2）总出水管的出水温度正常应不大于80℃，大于85℃时，将发出报警信号。

（3）当定子线圈任一出水支路的出水温度达到85℃或定子线圈层间温度达到90℃时，将发出报警信号。

（4）运行中定子线圈层间温度最高允许90℃，最高与最低温差不得超过8℃，否则报警。最高与最低温差达14℃时，则申请解列停机。

（5）运行中定子上、下层线圈出水温度最高允许 85℃，同层线圈出水温差不得超过 8℃，否则报警。最高温度达 90℃，或同层线圈出水温差达 12℃时，则申请解列停机。

（6）发电机的额定氢气压力为 0.5MPa，最低为 0.48MPa，最高为 0.52MPa。当低于 0.48MPa 或高于 0.52MPa 时将发出报警信号。

（7）发电机氢气冷却器额定冷氢温度为 46℃，最低为 40℃，最高为 48℃，当低于 40℃或大于 50℃时将发出报警信号。各氢气冷却器出口氢温的温差不得超过 2K。

（8）发电机在额定氢压工况下（0.5MPa），投入二组氢气冷却器运行，每组氢气冷却器有两个并联的水支路。当停用一个水支路（1/4 氢冷却器退出运行）时，发电机的负荷应降至额定负荷的 80%以下继续运行。

（9）氢冷却器进水温度最高为 38℃，调整保持定子水温高于氢温 2~3℃。

（10）氢气纯度正常时应不低于 97%，含氧量不得超过 1.2%，否则应排污补氢。

（11）控制发电机内氢气湿度折算到大气压下的露点温度应小于−5℃，但不低于−25℃，氢罐的湿度不得高于−50℃。

（12）氢气干燥装置应经常投入使用，当机内氢气湿度大于露点温度−5℃时，应立即检查干燥装置是否失效。

第十三章 机组的启停

第一节 机组启停概述

单元机组的启动是指将静止状态的机组转变为运行状态的过程；停运则是指启动的逆过程。由于单元机组是炉机电纵向联系的生产系统，因而其启停是整组启停，炉机电之间互相联系，互相制约，各环节的操作必须协调一致、互相配合，才能顺利完成。

在启停过程中，锅炉受热面内工质的流动不正常，有的受热面内工质流量很少，甚至在短时间内没有工质流动，因此这部分受热面不能被工质正常冷却，如果加热速度控制不当，就会造成部分受热面超温。而对于汽轮机，由于结构复杂，又有高速旋转的转子，因而当汽缸和转子之间出现膨胀差时，会使本来就小的动静间隙进一步缩小，甚至产生摩擦而损坏设备。实践证明，一些对设备最危险，最不利的工况往往出现在启停过程中。有些在启停过程中产生的问题虽不立即引起明显的设备损坏，却会给设备带来"隐患"，降低了设备使用寿命。因此，通过研究单元机组在启停过程中的热状态和热力特性，寻求合理的单元机组启停方式，就成为发电厂集控运行的一项重要任务。

（1）新安装以及大、小修后的机组在首次启动前应经过验收，设备变更后应有设备变更报告及书面通知。

（2）机组在下列情况下禁止启动或并网：

1）机组主保护有任一项不正常。

2）机组主要参数失去监视。

3）机组主保护联锁试验不合格。

4）主机的 EH 油及润滑油油质不合格、油温低于 27℃ 或油位低。

5）机组 MCS 系统、FSSS 系统、DEH 系统工作不正常，影响机组正常运行。

6）高、低压旁路系统控制装置工作不正常，自动不好用，影响机组正常运行或无法满足机组启动及保护要求。

7）任一汽轮机高中压主汽门、高中压调门以及抽汽逆止门卡涩或动作不正常。

8）汽轮机转子偏心度 $\geqslant 110\%$。

9）汽轮机转子轴向位移超出 0.6mm（汽），-1.06mm（励）。

10）汽轮机高中压缸胀差 $\geqslant 12.9$mm 或 $\leqslant -5.8$mm。

11）汽轮机低压缸胀差 $\geqslant 24.5$mm 或 $\leqslant -4.8$mm。

12) 高、中压缸内壁上下温差≥35℃，高、中压外缸上下缸温差≥35℃。

13) 锅炉水压试验不合格。

14) 汽轮发电机组转动部分有明显摩擦声。

15) 仪用空气系统工作不正常，不能提供机组正常用气。

16) 电除尘或排烟脱硫系统不正常，不能短时修复而影响机组正常运行。

17) 机组发生跳闸后，原因未查明、缺陷未消除。

18) 锅炉储水箱水位控制阀门自动不好用不能并网。

第二节　机组启停方式及旁路系统

一、机组启动状态说明

随着机组停运时间的变化，锅炉和汽轮机的金属温度也不相同。锅炉状态主要按照停炉时间及锅炉汽包（或超临界直流锅炉启动分离器）压力来划分；汽轮机状态主要按照高压内缸上内壁调节级处金属温度来划分。对于不同锅炉、汽轮机而言，各个制造厂家对其状态划分的标准不尽相同，因此各台机组状态划分应按照制造厂家的规定执行，在现场规程中详细规定。机组启动状态划分详见第六章第一节。

二、机组启动方式选择

（1）锅炉、汽轮机均处于冷态时，机组按冷态启动方式启动。

（2）锅炉、汽轮机均处于热（温）态时，机组按热（温）态启动方式启动。

（3）锅炉处于冷态，而汽轮机处于热（温）态时，升压率按照冷态启动方式选择，冲转时间、暖机时间、升负荷率等按照热（温）态启动方式选择。

（4）汽轮机处于冷态，而锅炉处于热态时，升压率按照热态启动方式选择，冲转时间、暖机时间、升负荷率等按照冷态启动方式选择。

三、机组启动的条件

（1）机组所有系统、设备的检修工作结束，各项检修工作票均已终结。

（2）机组本体、各系统及附属设备以及现场清扫干净；排水设施能正常投运，沟通道畅通、盖板齐全；安全及消防设施已投入使用；照明及通信装置完整。

（3）机组及各系统设备完整，具备启动条件。

（4）机组电气、热控系统设备完整，仪表、声光报警正常。

（5）机组各系统设备完成规定的各项验收及试验合格，具备启动条件。

（6）所有电气设备按规程规定的试验已完成，结果正常。

（7）机组的汽、水、油系统及设备冲洗合格，符合质量标准。

（8）容器检修后内外部清洁无杂物。

（9）燃料（燃油、燃煤）、除盐水储量充足，具备随时供应条件。

（10）自动励磁调节器无故障。

（11）电气设备送电时，其继电保护和自动装置应按规定投入，严禁无保护的电气设备投入运行。

（一）机组旁路系统

由于现代大容量火力发电机组采用了单元机组和中间再热，因此在下列运行过程中，其锅炉和汽轮机间运行工况必须有良好的协调：锅炉和汽轮机的启动过程；锅炉和汽轮机的停用过程；汽轮机故障时锅炉工况的调整过程。为使再热机组适应这些特殊要求，使其具有良好的负荷适应性，再热机组都设置了与汽轮机汽缸并联的管道，高参数的蒸汽可以不进入汽轮机汽缸做功，而是经过与汽轮机汽缸并联的管道经减温减压后送入压力较低的管道或凝汽器，这个系统称为再热机组的旁路系统。

1. 旁路系统的作用

一般认为，再热机组的旁路系统有以下四个方面的作用。

（1）改善启动条件，加快启动速度，延长机组寿命。汽轮机启动过程是蒸汽向汽缸和转子传递热量的复杂热交换过程，为保证启动过程的安全可靠，要严密监视各处温度并严格控制温升率，使动静部分胀差和振动在允许的范围内。单元机组普遍采用了滑参数启动方式，为适应汽轮机启动过程中，在不同阶段（暖管、冲转、暖机、升速、带负荷）对蒸汽参数的要求，锅炉应不断地调整汽压、汽温和蒸汽流量，单纯调整锅炉燃烧或运行压力很难达到上述要求。采用旁路系统就可改善启动条件，尤其在机组热态启动时，利用旁路系统，能很快地提高新蒸汽和再热蒸汽的温度，缩短启动时间，延长汽轮机寿命。对于大容量机组，当发电机负荷减少、解列或只担负厂用电负荷，以及汽轮机甩负荷时，旁路系统能在几秒钟内完全打开，使锅炉逐渐调整负荷，并保持在最低燃烧负荷下运行，而不必停炉，在故障消除后可快速恢复发电，从而减少停机时间和锅炉的启、停次数，大大缩短了单元机组的重新启动时间，有利于系统稳定。

（2）保护锅炉再热器。目前国内外的再热机组多采用烟气再热方式，即再热器布置在锅炉烟道内。机组正常运行时，汽轮机高压缸排汽进入再热器，以提高蒸汽温度，同时再热器也可以得到充分冷却。但在机组启动过程中，汽轮机冲转前或在机组甩负荷，高压缸无排汽或排汽量较少时，再热器因无蒸汽流过或流量较少，并处于无蒸汽冷却的"干烧"状态时，对于一般耐热钢材料的再热器，就会有超温烧坏的危险。设置旁路系统，使蒸汽通过旁路流入再热器，达到冷却再热器的目的，并对其进行保护。

（3）回收工质和热量，降低噪声。燃煤锅炉不投油稳定燃烧的最低负荷约为30％锅炉额定蒸发量，而汽轮机的空载汽耗量仅为其额定汽耗量的5％～7％，单元式再热机组在启、停过程中或事故甩负荷时，锅炉的蒸发量总是大于汽轮机的汽耗量，即存在大量剩余蒸汽。

如将多余的蒸汽直接排入大气，不仅损失了工质，而且对环境产生了很大的噪声污染。设置旁路系统就可以将多余的蒸汽回收到凝汽器中，达到回收工质和降低噪声的目的。

（4）防止锅炉超压。旁路系统的设计通常有两种准则：兼带安全功能和不兼带安全功能。兼带安全功能的旁路系统是指高压旁路的容量为100％BMCR（锅炉最大连续蒸发量），并兼带锅炉过热器出口的弹簧式安全阀和动力释放阀的功能，即我国所称的三用阀。因低压旁路的容量受凝汽器限制仅为65％BMCR左右，所以在再热器出口还必须装有附加释放功能的安全阀和有监视器的安全阀。当机组出现故障需要紧急停炉时，旁路系统快速打开将剩余的蒸汽排出，以防止锅炉超压。锅炉安全阀也因旁路系统的设置而减少起跳次数，故有助于保证安全阀的严密性和延长其使用寿命。

总之，蒸汽中间再热机组的旁路系统，是单元制机组启停或事故工况时的一种重要的调节和保护系统。

2. 旁路系统的形式

再热机组的旁路系统主要有以下几种形式。

（1）一级旁路系统。一级大旁路系统，由锅炉来的新蒸汽，绕过全部汽轮机，经整机大旁路减压减温后排入凝汽器。

这种系统较为简单，操作简便，投资最少。可用来调节过热蒸汽温度，但不能保护再热器，机组滑参数启动时，特别是机组在热态启动时，不能调节再热蒸汽温度，使用于再热器不需要保护的机组上，如再热器采用了耐高温材料又布置在低温烟气区，可以短时间不通蒸汽冷却，允许短时间干烧。这种旁路系统不适用于调峰机组。

（2）两级并联旁路系统。两级并联旁路系统是由高压旁路和整机大旁路并联组成的旁路系统。高压旁路主要用于保护锅炉再热器，只有在再热器可能超温时才开启，机组热态启动时也可用它向空排汽来提高再热汽温。整机旁路的作用是：在机组启、停或甩负荷时，将多余的蒸汽排入凝汽器；当锅炉超压时，起到安全阀的作用，以减少安全阀的动作次数。

（3）两级串联旁路系统。两级串联旁路系统，由锅炉来的新蒸汽绕过汽轮机高压缸，经高压旁路减压减温后进入锅炉再热器。由再热器出来的再热蒸汽绕过汽轮机的中、低压缸，经低压旁路减压减温后排入凝汽器。

两级串联旁路系统，由于阀门少、系统简单、功能齐全，因此被广泛应用于再热机组上。

（4）三级旁路系统。二次再热锅炉在两极串联旁路系统的基础上，设置三级旁路系统，由锅炉来的新蒸汽绕过汽轮机超高压缸，经高压旁路减压减温后进入锅炉一再。经中压旁路减压减温后进入锅炉二再。由二再热器出来的再热蒸汽绕过汽轮机的中、低压缸，经低压旁路减压减温后排入凝汽器。

3. 旁路系统的容量

旁路系统的容量即旁路系统的通流能力，是在机组的设计压力下，旁路系统能够通过的蒸汽量 D_1 与锅炉额定蒸发量 D_b 比值的百分数，即

$$K = \frac{D_1}{D_b} \times 100\% \tag{13-1}$$

式中　　K——旁路系统的设计容量，%；

D_1——旁路系统能够通过的蒸汽量，kg/h；

D_b——锅炉的额定蒸发量，kg/h。

机组在非设计工况下，蒸汽的参数将发生变化，体积流量也要改变。因此，旁路系统实际通流能力与设计容量往往是不同的。影响旁路系统容量的主要因素有：

（1）负荷性质。承担基本负荷的机组，启停次数少，一般旁路容量较小，仅需满足启动和保护再热器的需要。承担中间负荷特别是调峰负荷的机组，因启停频繁，常常低负荷运行，停机不停炉或带厂用电运行，旁路系统的容量可较大，并可适当投油助燃，以满足锅炉最低稳燃负荷的要求。

（2）锅炉特点。当额定负荷后再热器进口烟温达 860℃ 以上时，必须考虑再热器的保护，当减温减压装置具有安全阀功能时，$K = 85\% \sim 100\%$。

（3）汽轮机特点。热态启动时，旁路系统的容量应根据各种热态工况下中压缸所允许的进口参数来选取。冷态启动时，K 值取决于启动时间。随着机组容量的增大，凝汽器的结构尺寸不是成比例地增大，要考虑甩负荷时排至凝汽器的流量受到限制，并应尽可能减小对凝汽器的扰动。

4. 大容量旁路与小容量旁路特点对比

（1）启动。在锅炉点火后直至汽轮机启动前，旁路系统将代替汽轮机为锅炉蒸汽提供通道并回收工质。在此过程中，锅炉通常为定压运行方式，此时，锅炉的出口压力将取决于旁路系统，即旁路处于压力控制模式运行。此时，旁路容量的大小会影响机组的启动时间。若旁路容量偏小，汽温提高的速度较慢，启动过程耗时较长。而若采用较大的旁路容量（>40% BMCR），由于汽温提高速度快，启动时间短，除能多发电外，启动过程的总能量损失反而小。当然，其初期投资较大。对于采用高压缸启动方式的机组，若再热器具有一定的抗干烧能力，则较小容量的一级旁路即可满足冷态启动的要求。若采用中压缸启动或高中压缸联合启动则必须同时配置高、中压旁路系统。

当机组在运行或调试过程中突然跳闸，除非是机组刚冷态启动，否则高、中压缸均处于较高的温度，且降温速度极慢。此时机组若重新启动，则锅炉的蒸汽温度必须与汽轮机的汽缸及调节阀温度相匹配。对于不同厂

商的汽轮机，其匹配要求差别较大。如美（日）机组，包括国产引进型（300MW、600MW）机组，一般容许蒸汽温度与汽缸的温差小于 50℃。而欧洲机组，尤其是允许冷态启动速度特别快的 SIEMENS 超超临界机组，此温差仅允许小于 20℃。因此，旁路的配置是不同的。对于允许温差大的汽轮机，旁路容量可小一些。反之则旁路容量的配置必须较大。若旁路系统的容量偏小，低于锅炉最低直流负荷，则锅炉在启动过程中尚处于湿态，其运行特点类似于汽包炉。锅炉的蒸发面及过热面被汽水分离器严格界定。因热负荷受限，故过热器的温升亦被限定。若此时汽水分离器维持启动压力，则过热器出口汽温即为分离器饱和温度加过热器温升。这将比正常运行时的汽温低得多。若不采取非常规措施，此汽温不可能满足汽轮机要求。对于 SIEMENS 汽轮机，其 DEH 系统采用全自动的程控方式启动，无人工干预启动模式。若温度条件不满足，汽轮机无法冲转。若采用较大容量的旁路，温度的匹配就变得非常容易。对于直流锅炉而言，只要进入纯直流状态运行，通过改变煤水比，其主汽温度是任意的，与负荷无关。同时，主汽温度的提高相应提高了高压缸排汽温度，从而使再热汽温也得到提高。通常设计为可作调峰运行的机组，其干、湿态切换负荷约为 30%～33%。采用 >40%BMCR 容量便可确保锅炉进入纯直流状态。

（2）取代安全门。在欧洲，较普遍的应用 100% 高压旁路，且为快速开启型。通常在 3s 内可完全打开。这种高压旁路采用了高可靠性设计，故可取代过热器安全门。采用这种配置方式，可完全消除因高压安全阀动作后产生的高强度噪声，且能最大限度地回收工质。必须注意的是，即使配置 100% 的快速开启型低压旁路，仍必须配置 100% 再热安全门。这是因为在遇到汽轮机低真空等故障时，不允许大量蒸汽再进入凝汽器，低压旁路将被闭锁。此时，高压旁路来的蒸汽只能通过再热安全门泄放。

（3）滑压跟踪溢流。对于超临界机组，滑压运行能提高低负荷工况下的机组效率。因此，无论配置调节级与否，采用滑压运行已是超临界机组设计的基本方式。对于有调节级汽轮机，一般采用复合滑压（定滑定）方式，而无调节级的汽轮机则采用带部分节流的滑压或纯滑压方式运行。但是，在滑压运行方式下，当出现快速减负荷时，调门会快速关闭，造成调节级或调节阀（无调节级）的压降急剧变大，这会导致其承受过大的应力。而若旁路系统采用滑压跟踪溢流方式，当调节阀或调节级压降超过设定值，旁路自动开启进行溢流，以限制压降的进一步增加。当然，需配置大容量的旁路系统。如石洞口二厂 600MW 超临界机组（带调节级）及外高桥二期的 900MW 超临界机组和三期 1000MW 超超临界机组，都配有 100%BMCR 高压旁路，取消锅炉过热器安全阀，均采用滑压跟踪溢流运行方式。一般而言，机组参数越高，功率越大，采用溢流运行的优点越明显。

全容量高、低压旁路：近年来在德国投产的多台 800～1000MW 机组，无一例外地采用 100%BMCR 高、低压旁路的配置。从理论上来说，只要汽轮机凝结水及循环水等系统运行正常，在任何电负荷下都能保证停电不停机，停机不停炉。并且在汽轮机、发电机或主变压器高负荷跳闸的情况下，锅炉不受快速甩负荷甚至 MFT 的冲击。在停机或 FCB 后，锅炉可平缓的降负荷。若汽轮发电机或电网的故障很快被消除，则立即可再次启动汽轮发电机及在并网后迅速加负荷。

在正常工况下，由于回热抽汽的存在，一般只有约 70% 的蒸汽排入凝汽器。若采用 100% 低压旁路，当汽轮机跳闸后，所有蒸汽通过旁路进入冷凝器。再加上减温喷水，凝结水量远大于正常工况。这就需要增大凝汽器冷却面积和增加凝结水泵容量。这样将会显著提高设备的初投资及增加运行成本。因此，为避免过高的投资，鉴于必配 100% 再热安全门的前提，低压旁路容量可降为 50%～70%。即采用全容量高压旁路，大容量低压旁路的配置，当满负荷时，汽轮机、发电机跳闸或 FCB，大量蒸汽将通过再热安全门排入大气。

（4）替代冲管、减轻汽轮机固体颗粒侵蚀。在新机组的调试阶段，锅炉要通过酸洗及冲管等措施，对锅炉的受热面和主、再热汽管道进行清洗，彻底清除系统内的垢物和杂质，确保汽轮机的通流部分不受其伤害。但是在锅炉冲管期间，由于大量蒸汽持续的排向大气，产生很高分贝的噪声，对环境产生很不利的影响。因此，电厂的设计采取了两个措施：一是利用塔式炉的优势，其对流受热面均为水平布置，管内积水可完全排尽。故可对整个锅炉，包括过热器、再热器进行酸洗及大流量水冲洗，尽可能地在酸洗阶段清除管内积垢及杂质。二是采用 100%BMCR 的高、低压旁路，在带旁路启动阶段，锅炉进行适当时间的高负荷运行。从而可起到相当于冲管的效果。

固体颗粒侵蚀（SPE）也称硬质颗粒侵蚀（HPE），是超（超）临界机组面临的主要问题之一。较多地发生在锅炉启动阶段，因其受热面受热冲击引起管子汽侧氧化铁剥离并形成固体颗粒，使汽轮机调节级，高、中压缸第一级叶片产生侵蚀。美国和日本等国在这方面都有很多经验教训。许多超临界大机组在投产若干年后，由于严重的 SPE 而不得不更换调节级和中压缸第一级动、静叶。然而在欧洲，很少出现 SPE 的问题，这实际上得益于普遍的采用大容量旁路系统。锅炉通过带旁路启动，减缓了启动过程中过热器等蒸汽管道的温度变化，减少了固体颗粒的剥离，同时把启动过程中产生的固体颗粒直接排入凝汽器。近年美国新建的带较大容量旁路系统的超临界机组，SPE 现象已大为减轻。

第三节　机组冷态滑参数启动

滑参数启动是相对额定参数而言的。额定参数启动时进汽压力温度都很高，在蒸汽管道和汽轮机零部件中可能引起较大的热应力和热变形。

为了安全起见，额定参数启动时，只能把进汽量控制得很小，即使如此，阀门、汽缸和转子仍然会产生较大的热应力和热变形，严重时会使零部件受到损伤，甚至引起动静部分摩擦。为了避免发生事故，额定参数启动必须延长启动时间，因此目前大型汽轮机都采用滑参数启动。机组的启动包括启动前的准备、辅助系统投运、锅炉点火前后的工作、冲转、升速暖机、并列接带负荷等几个阶段，各阶段汽轮机启动操作中有许多共同的问题，以下介绍某机组启动过程步骤。

一、机组辅助系统的启动

（1）启动前检查。检查机组所有的系统联锁试验均完成并合格，各电动门、挡板试验合格，将各系统所属电动门、挡板、液动执行器液压油泵送电。检查所有的系统检修维护工作均已经完成，设备、管道均已经恢复至启动前状态，各种标识牌，安全措施均已恢复至启动状态。

（2）投运辅汽系统。从启动锅炉或者临近机组取辅汽，检查辅汽联箱疏水门开启，将辅汽联箱进口电动门切至就地，微开辅汽联箱进口电动门，对辅汽联箱暖管，辅汽联箱疏水排向无压放水，待循环水系统启动后将辅汽联箱疏水倒至凝汽器，辅汽联箱暖管结束后，缓慢投入辅汽联箱各用户，投运辅汽联箱各用户时注意疏水充分，防止管道振动。

（3）投运压缩空气系统。联系化学人员确认工业水运行正常，开启工业水供空压机冷却水电动门，关闭开式水供空压机冷却水电动门，确认空压机冷却水系统运行正常后，将压缩空气系统恢复启动状态，投入一组干燥器与一组过滤器，将空压机送电，启动汽机房空压机运行，检查仪用压缩空气压力与杂用压缩空气压力缓慢上升至0.8MPa以上，待压缩空气压力稳定后，检查空压机加载与卸载压力正常，干燥器运行及化学再生运行正常。

（4）投运循环水系统。检查水塔已经补水至正常水位，开启循环水回水旁路电动门，开启凝汽器水侧排空门（8个），关闭循环水管道放水门，投运循泵出口蝶阀液压油站，将一台循环水泵出口门打开，向循环水系统注水，待注水完成后，关小凝汽器水侧排空门，检查投入循泵冷却水、循泵电机冷却水，检查循泵油位正常、冷却水回水正常后关闭循泵出口门，将循泵送电完成，启动循泵运行，向凝汽器通入循环水，凝汽器水侧排空门排空完毕后，关闭凝汽器水侧排空门，检查循环水泵运行正常后将另外一台投入备用。循环水系统运行正常后，关闭循环水回水旁路电动门，循环水上塔运行（如果是冬天则循环水系统先运行一段时间，待循环水温度上升后再上塔运行）。

（5）投运开式水系统。将开式水系统各阀门恢复启动前状态，关闭开式水系统所有放水门，在开式水系统高点开启排空门，将开始水泵送电后，启动开式水泵，检查开始水泵出口电动门联锁开启，投入闭冷水热交换器开式水侧，开式水运行正常后，关闭开式水系统排空门，将空压机冷却水切换至开式水，投入开式水其他用户，将大机冷油器冷却水调门，给水泵汽轮机冷油器冷却水调门，氢冷器冷却水调门投自动，大机润滑油温设定38℃，给水泵汽轮机润滑油温设定44℃，氢气温度设定46℃，将另外一台开式水泵投入自动，检查开式水泵出口门联锁开启。

（6）闭式水箱以及凝汽器补水。联系化学人员检查确认除盐水箱水位正常后，检查关闭凝结水箱放水门，启动除盐水泵为凝结水箱补水，凝结水箱水位正常后，检查凝结水系统至凝补水箱调门前、后手动门、旁路门和总门关闭。开启凝输泵至闭式水箱补水手动门、将闭式水系统各阀门恢复启动前状态，开启闭式水系统中高点排空门，检查关闭闭式水系统所有放水门。开启凝汽器补水调门前、后手动门，关闭凝汽器补水旁路门。检查开启凝输泵再循环手动门开启后，将凝输泵送电，启动凝输泵向闭式水箱补水，开启一台闭式水泵出口手动门，对闭式水系统注水，并向凝汽器注水，通过凝汽器补水调门控制凝汽器补水量（凝输泵流量150t/h左右，流量太大容易使凝输泵轴承过热，由于此时凝汽器液位低条件存在，会强制凝汽器补水调门全开，需热工人员作条件解除调门强制全开信号），向凝汽器补水至正常水位。

（7）投运闭式水系统。待闭冷水膨胀水箱水位正常后，关闭闭式水泵出口手动门，将闭式水泵送电，启动闭式水泵开启闭式水泵出口门，投入闭式冷却水系统运行，投入闭冷水热交换器闭式水侧，闭式水正常后将锅水增压泵送电，启动锅水增压泵，投入锅水循环泵低压冷却水，视情况投入闭式水其他各用户，闭式水系统运行正常后，关闭闭式水系统排空门，并开启另一台闭式水泵出口门，将闭式水泵投入自动（初次启动闭式水泵，由于闭式水系统比较大，空气不容易排尽，会造成闭式水压力波动，此时可以将闭式水泵出口母管出的排空门持续开启，直至系统排空完全）。

（8）投运主机油系统。检查主油箱油位正常，油质化验合格，油温正常，将主油箱排烟风机、TOP、EOP、MSP以及顶轴油泵送电，检查关闭主机润滑油供密封油真空油箱手动门，投入主机润滑油及顶轴油系统运行。并进行下列检查：主机油箱油位正常；汽轮机轴承润滑油压大于103kPa；汽轮机顶轴油压正常大于3.43MPa；汽轮机各轴承回油正常；主机润滑油供油温度在27~40℃之间。

（9）投运密封油系统。开启润滑油至密封油真空油箱补油门，待真空油箱油位正常后，发电机内充压缩空气至压力50kPa，将密封油泵，密封油真空泵，密封油再循环泵送电。启动密封油真空泵，交流密封油泵，密封油再循环泵自动启动，投入发电机密封油系统运行，启动密封油系统后，由于机内压力较小，严密监视油水继电器，以防止发电机进油，当发现密封油中间油箱满油时要及时处理（可以开启中间油箱旁路门，也可提高机内压缩空气压力）。

（10）氢气置换。确认发电机内压缩空气压力50kPa，将压缩空气供氢气系统管路加堵板，投运二氧化碳水浴加热正常后，开始用二氧化碳置换压缩空气，待二氧化碳合格后，拆除氢气管路堵板，在二氧化碳供气管道上装设堵板，对发电机进行氢气置换，置换完成后，检查发电机内氢压0.414MPa，氢气纯度大于98％，将氢气系统所属阀门恢复正常运行状态并将氢气干燥器投运。

（11）投运定冷水系统。开启定冷水箱补水门，用凝输泵或者是定冷水补水泵为定冷水箱补水，待水位正常后，恢复定冷水系统中各阀门至启动状态，将定冷水泵送电，启动定冷水泵，冲洗定冷水系统，待定冷水水质合格后，投入离子交换器运行，维持定冷水再生流量为20％定冷水量（如果是初次启动定冷水系统或者是定冷水系统长时间没有运行，可以先将定冷水箱上水至正常水位，启动定冷水泵冲洗几分钟后停运定冷水泵，将定冷水系统完全放水，再重新上水冲洗）。

（12）投运盘车。确认下列条件满足后将盘车电机送电，投入主机盘车运行：汽轮机轴承润滑油压大于103kPa；汽轮机顶轴油压大于3.43MPa；检查盘车电源正常；仪用压缩空气压力正常。汽轮盘车运行后，要监视汽轮机盘车电流正常无波动，并仔细倾听汽轮机内部无摩擦声，当有异常情况时不能强行盘车，以防止损坏汽轮机。

（13）投运给水泵汽轮机油系统。检查给水泵汽轮机油系统具备启动条件，将给水泵汽轮机油泵，给水泵汽轮机油箱排烟风机送电，检查油路打通后启动给水泵汽轮机油系统，根据情况投入给水泵汽轮机油系统电加热。给水泵汽轮机油系统启动后要及时检查冷油器的运行情况以及管道上是否有泄漏，并将备用交流油泵与直流油泵投入联锁备用状态。

（14）投运EH油系统。检查EH油箱油位正常，油质化验合格，将EH油泵、EH加热冷却油泵、EH油再循环泵送电，投入EH有蓄能器后启动EH油系统运行，将EH油加热冷却泵投备用，投入EH油循环泵进行过滤净化工作。EH油系统启动后要及时检查管道以及高中压主汽门、调门的油动机是否有泄漏现象，检查EH油加热冷却电磁阀动作正常。

（15）投运炉侧风机磨煤机油系统。将各风机油泵送电，并根据油温情况投入油箱电加热，待风机油温正常后，启动一台油泵，炉侧风机油站投入运行，并将另外一台油泵投入联锁，检查各风机油系统参数正常。将磨煤机各油泵送电，根据油温投加热装置，油温正常后投入磨煤机液压油与润滑油系统运行。随着风机及磨煤机油温的升高，可逐步投入油站冷却水。风机和磨煤机油站运行正常后将油箱加热器断开。

（16）检查锅炉疏水、排空手动门位置正确。

（17）检查恢复高低压旁路油站系统。

（18）对辅汽至空预器吹灰管道暖管。

（19）发电机-变压器组恢复冷备用。

注意：①在以上启动步骤中，部分系统的投运次序可以互换，要根据实际情况决定。比如，如果凝汽器中没有高温疏水进入，则机组可以先不起循环水系统，此时可以将循泵出口门开启，便可以投运开式水系统。②主机油系统与密封油系统应尽早恢复，盘车也应尽早投运（在冷态启动时盘车最少要求转 8h 以上）。③锅炉点火前至少 1 天，开始氢气置换，并且一定确认死角排污完全。

二、机组正常冷态启动

（一）检查机组辅助系统

检查机组辅助系统均已运行正常，无妨碍机组正常启动的情况。

（二）凝结水管道冲洗

确认凝汽器水位正常，检查关闭凝结水管道上所有放水门，在凝结水管道高点打开排空门，恢复凝结水系统各阀门至启动状态，将凝结水泵以及变频器送电，置凝结水泵变频器指令为最小（一般为 10%～30%），设定凝结水最小流量（一般设置为 500t/h），启动一台凝结水泵，检查凝结水系统运行正常，凝结水注意最小流量阀状态全开，系统管道排空完毕后关闭排空门，打开各低压加热器需要冲洗的管路进出口门，打开 5 号低压加热器出口水侧放水门进行凝结水管路冲洗，凝结水管路冲洗期间精处理走旁路，冲洗 15min，联系化学人员化验水质，水质合格后，关闭放水门，除氧器上水，并投入化学精处理运行，并投运低压加热器水侧（如果锅炉启动热态冲洗阶段放水回收，则应在水质中铁含量小于 200μg/L 后再投运精处理）。

（三）给水箱上水冲洗及加热

除氧器见水后，开启除氧器事故放水门，进行清洗（根据需要进行）。除氧器上水至 2400mm。检查辅汽联箱压力大于 0.8MPa，开启辅汽供除氧器加热手动门，启动除氧器再循环泵，用除氧器加热调阀控制除氧器进汽量，监视给水温升小于 1℃/min。

注意：维持除氧器水位正常，水位高时可以开启除氧器至凝汽器放水门。除氧器加热期间除氧器压力最高 0.1MPa，注意维持除氧器压力稳定，以免引起除氧器振动。还要严格控制除氧器温升。

（四）锅炉上水

除氧器水温加热至 105℃，恢复给水系统各阀门至启动状态，检查关闭给水管道及锅炉各放水门，开启排空门，开启锅水循环泵出口手动门、储水箱溢流阀手动门，电动给水泵送电后启动电泵，通过启调阀对锅炉上水，流量 200～400t/h，锅炉各处排空门见水后关闭，锅炉储水箱见水后，检查锅水增压泵运行正常，将锅水泵送电，启动锅水泵，建立锅炉启动循环，投溢流阀电动门和调门自动。

注意：锅炉上水前后，分别记录本体和管道膨胀。

（五）锅炉冲洗

锅炉建立循环流量后，溢流阀开启，通过锅炉疏水箱排至地沟，进行开式冲洗，锅水铁小于 $200\mu g/L$ 时冷态冲洗结束，投精处理运行。锅炉点火后应进行热态冲洗，从启动分离器放水冲洗，锅水铁小于 $100\mu g/L$ 停止启动分离器放水，热态冲洗结束。水质合格后，检查锅水循环泵出口调门自动良好，维持循环流量大于 35% BMCR。同时维持给水流量 3% BMCR（60t/h），检查储水箱大小溢流阀自动良好，维持储水箱水位正常。并通知化学人员投入加药系统（加氨加联氨）。

（六）抽真空，送轴封

检查抽真空系统以及轴封系统具备启动条件，各阀门位置正确，并将轴封加热器多级水封注水，将轴封加热器风机以及真空泵送电。关闭凝汽器真空破坏门，在真空泵汽水分离器补水至正常水位后依次启动三台真空泵。启动一台轴封加热器封机，待运行正常后将另一台投入自动，在抽真空的同时随着真空的建立逐步开启辅汽供轴封母管供汽调门，在真空建立后投入低压缸喷水控制门自动，并停运两台真空泵投备用。

注意：在抽真空投轴封的过程中，要严密监视汽轮机本体参数，如差涨、轴向位移等，并应仔细听汽轮机内部是否有摩擦声，如参数超出范围，应停止操作，在查明原因后做相应处理。

（七）启动锅炉风烟系统

检查风烟系统具备启动条件后，将风烟系统中空预器主辅电机，送引风机电机送电，首先启动空预器运行，检查空预器运行正常后，打通锅炉风道（将送引风机出入口挡板，空预器出入口挡板，送引风机动叶，及烟气脱硫旁路挡板全开），启动一台引风机，待运行正常后启动一台送风机，再启第二台引风机，调节两台引风机出力一致后，投入炉膛负压自动，设定炉膛负压为$-70Pa$，引风机运行正常后启动第二台送风机，送引风机启动正常后，检查炉膛负压调节正常。

（八）燃油系统恢复

检查油库区燃油系统运行正常，视情况投入燃油管道伴热，开启炉前油各手门，检查供油压力 1.5MPa 以上。

（九）锅炉吹扫

检查满足锅炉吹扫条件，启动炉膛吹扫程序，调整锅炉风量在25%～35%BMCR，所有二次风至吹扫位。投入锅炉风量控制"自动"进行炉膛吹扫，吹扫时间为690s，在锅炉吹扫过程中，如果任意一个吹扫条件不满足，则锅炉吹扫中断，直至所有条件满足后再重新开始进行吹扫。炉膛吹扫完成后，锅炉 MFT 复位，并置所有二次风挡板均在点火位置。

（十）燃油泄漏试验

在锅炉吹扫过程中进行燃油泄漏试验。泄漏试验分为"燃油泄漏试验一"和"燃油泄漏试验二"两阶段顺序进行，步骤如下：

1. 燃油泄漏试验一

泄漏试验条件后满足，按下"燃油泄漏试验"按钮，泄漏试验一启动。

先关闭燃油系统蓄能器隔离阀，打开燃油供油调节阀，管路充压，同时发出指令保持开启泄漏试验阀（LTIV）1min，1min结束后自动关闭泄漏试验隔离门（LTIV）。在发出泄漏试验指令1min结束后，如果油母管压力下降≥0.4MPa，则发出报警"燃油泄漏试验一失败"。需要检查油角阀和回油关断门（FORFSV）关闭情况，重新试验。发出开启泄漏试验隔离门（LTIV）指令后4min，如果油母管压力≥1.3MPa，则发出"燃油泄漏试验一成功"。

2. 燃油泄漏试验二

泄漏试验二在试验一完成后进行，此时炉膛吹扫完成，MFT已复位。燃油泄漏试验阀已关闭。"燃油泄漏试验一成功"后，MFT复位后，发指令开启燃油回油关断门（FORFSV），泄压10s，待燃油回油关断门（FORFSV）关闭后进行泄漏试验二。泄漏试验二启动后，延时5min，如果油母管压力≤0.6MPa，则发出"燃油泄漏试验二成功"。至此，泄漏试验成功，燃油主关断门（FOMSSOV）允许开启；若延时5min后，油母管压力＞0.6MPa，则发出报警"燃油泄漏试验二失败"。需要检查燃油主关断门（FOMSSOV）关闭严密情况，联系热工人员校正行程，重新吹扫、试验。泄漏试验完成后，开启燃油主关断门（FOMSSOV）、燃油回油关断门（FORFSV）、燃油系统蓄能器隔离阀。建立起炉前油循环。

（十一）点火、升温升压

1. 点火前准备

投入炉膛烟温探针。检查各油枪的油角门（OBTV）前手动门开启。炉前燃油压力设定0.8MPa，供油调节阀投自动，燃油主关断阀和回油关断阀联锁投入。检查二次风母管压力正常，二次风门、燃尽风门均在点火位。并将汽轮机侧高压旁路控制投自动，置高压旁路调节阀最小开度为5%，手动开启低压旁路调门以保证再热器有蒸汽流过，在再热汽有压力后再投入调门自动，并且逐步提高低压旁路压力设定。检查开启机前主蒸汽管道A、B疏水电动门、高低压旁管路及汽轮机本体疏水门，以及冷再管道上疏水门，并将主、再热蒸汽阀阀座疏水投入自动。

2. 锅炉点火

将油枪对称投入，使热负荷分布均匀。投油枪过程中应注意燃油压力正常。锅炉点火后注意省煤器排空电动门自动关闭。全面检查锅炉风烟、燃油、汽水系统正常。并确认高、低压旁路控制压力、温上升率正常，高、低压旁路减温器及三级减温减压装置均正常投入运行。随着燃烧的进行，在炉膛烟温＞580℃，检查烟温探针自动退出，随着锅炉压力的升高，检查低过、屏过、高过疏水电动门联锁正常。

油枪的投运应严格按照以下项目进行：

（1）严格控制锅炉的升温升压率，视情况投入/切除油枪调整油压。在升压开始阶段，饱和温度在151℃以下时，升速率不得超过1.1℃/min。在汽轮机冲转前,饱和温度升高速率不得超过 1.5℃/min。

(2) 屏过内的水未完全蒸发前,炉膛出口烟温不允许超过 580℃。

(3) 锅炉点火后,投入空预器的连续吹灰,并注意监视空预器冷端平均温度,控制空预器冷端平均温度不低于 68.3℃。必要时投入暖风器运行。

(4) 随着蒸发的进行,慢慢开启锅炉给水启调阀,当开度大于 15% 时,投给水压力自动控制。在分离器压力大于 4MPa 后,将给水自动压力控制改为流量控制。

3. 投入制粉系统

检查二次风温大于 160℃,一次风温大于 200℃,启动一次风机。暖一台下层磨煤机。并通知除灰脱硫值班人员做好灰渣、石子煤系统、电除尘系统、脱硫系统的投运准备工作。磨煤机暖好,启动磨煤机、给煤机,给煤量置最小。待燃烧稳定后,可适当增加给煤量并退出部分油枪,控制锅炉总燃料量不超过 25%。同时监视锅炉各部温升不超限,否则应适当减小燃烧率。

(十二) 高压缸预暖

机组冷态启动时,调节级后高压缸内壁金属温度不大于 150℃,汽轮机需进行高压缸预暖。预计冲转前 6h,用辅汽供汽进行高压缸预暖,在用辅汽压力达不到暖缸要求时或影响轴封时,切成冷再供汽继续进行暖缸,此时将低压旁路压力设定在 0.45MPa;预暖结束逐步提高到冲转压力 0.8MPa。待调节级后高压缸内壁金属温度大于 150℃时,高压缸预暖完成。

1. 高压缸预暖前确认项目

(1) 汽轮机盘车已经正常投运。

(2) 凝汽器压力不高于 13.3kPa。

(3) 高压缸第一级内壁金属温度不大于 150℃。

(4) 控制一段抽汽电动门前疏水开度,将高压缸内凝结的疏水放掉。

(5) 控制高排后疏水阀,放尽疏水后关闭。

(6) 确认汽轮机在跳闸状态主汽门处于关闭状态,高排逆止门关闭状态,一段抽汽电动门关闭状态。

(7) 确认暖缸蒸汽压力不高于 0.7MPa。温度不低于 200℃。辅汽系统、轴封系统已经投运,关闭冷再暖缸供汽手动门,开启辅汽供暖缸疏水一次门、辅汽供暖缸疏水二次门。

2. 高压缸预暖前准备工作

(1) 全开 1、2 号主汽门下门座疏水门。

(2) 全开中压联合汽门下门座疏水门。

(3) 全开再热冷段的所有疏水门。

(4) 开启暖缸管道疏水阀,全开后保持 5min,然后全关。

(5) 全开高调门导汽管疏水门后将其关闭至 20% 位置。

(6) 记录汽轮机调节阀壳内表面温度。

（7）通过辅汽供暖缸手动门和冷再供暖缸手动门的切换，来切换暖缸所用汽源。

3. 高压缸预暖操作

（1）确认关闭高排逆止门前，高排逆止后气动疏水门投自动。

（2）将高压缸倒暖门开启至 10% 位置，检查确认高排通风门关闭。此时高压缸预暖蒸汽从再热器冷段管道进入高压缸。

（3）保持 30min 后，将高压缸倒暖门开启至 30% 位置。

（4）保持 20min 后，将高压缸倒暖门开启至 55% 位置。

（5）当调节级后高压内缸内壁温度达到 150℃ 之后，进行高压缸温度保持。温度保持时间根据"高压缸预暖保持时间曲线"确定。高压缸内压力保持 0.39～0.49MPa，仔细调整倒暖阀和各疏水阀。在预暖期间，金属表面温度升高率不应大于金属表面允许的温度。

（6）高压缸预暖结束后，全开高压调节阀和汽缸之间的疏水阀，手动开启高排逆止门前疏水阀。预暖阀由 55% 开度关闭至 10% 的开度位置保持 5min，然后在 5min 之内逐步关闭预暖阀至完全关闭。当高压暖缸阀全关后检查通风阀全开。高排逆止门前疏水阀投自动。

（7）关闭辅汽供暖缸用汽一次门、二次门，检查关闭辅汽供暖缸用汽疏水一次门、二次门。

高压缸预暖期间的注意事项：

（1）高压缸预暖蒸汽过热度不得低于 28℃，预暖蒸汽压力不得高于 0.7MPa，否则机组会产生附加的推力。

（2）在高压缸暖缸期间，通过调整倒暖门、导汽管疏水门、高排逆止门前疏水门来调整汽缸的金属温升率，严格控制金属温升率允许范围内。

（3）高压缸预暖时间必须严格按照"高压缸预暖时间曲线"执行。

（4）汽轮机暖缸期间，检查上下缸金属温差正常，未出现任何报警。

（5）汽轮机暖缸期间检查汽缸膨胀、高低压缸差胀及转子偏心度在允许范围内。

（6）注意监视盘车运转情况。

（十三）汽轮机冲转前的高压调门室预暖

在汽轮机冲转前，如果调门室内壁或外壁金属温度低于 150℃ 时，必须对高压调门室进行预暖。通过操作 1 号主汽门的预启阀进行调门室的预暖。

1. 高压调门室预暖前准备工作

（1）检查并确认危急遮断门处于跳闸位置，负荷限制（LIMIT）设定是关闭位置。

（2）检查并确认控制 EH 系统运行正常，油压正常。

（3）确认主蒸汽温度高于 271℃。

2. 高压调门室预暖操作

（1）开启主汽门阀座疏水门以及高调门导汽管疏水门。

（2）在汽轮机启动画面点击"挂闸"按钮，在操作端上选择"复位"，按"执行"。确认"复位"指示灯亮，汽轮机挂闸成功。

（3）点击"阀壳预暖"按钮，在操作端上选择"开"，按"执行"。

（4）确认1号主汽门"开"灯亮，1号主汽门预启阀缓慢开启，此时对高压调门室进行预暖。

（5）当调门室内外壁金属温度均上升至180℃以上，且内外壁温差小于50℃时，高压调门室预暖结束。

（6）高压调门室预暖结束后，点击"阀壳预暖"按钮，在操作端上选择"关"，按"执行"。确认1号主汽门预启阀关闭。

高压调门室预暖操作中注意事项：

（1）在高压调门室预暖期间要注意监视调门室内外壁金属温差不得大于90℃。

（2）当调门室内外壁金属温差超过90℃时，按下"1号主汽门CLOSE"按钮，此时"1号主汽门CLOSE"灯亮，确认1号主汽门预启阀关闭。

（3）当调门室内外壁金属温差小于80℃时，按下"1号主汽门预启阀OPEN"按钮，此时"1号主汽门OPEN"灯亮，确认1号主汽门开启至预热位置。

（十四）汽轮机冲转

1. 汽轮机冲转前的检查

（1）确认主机联锁保护已投入。

（2）机组辅助设备及系统运行正常，不存在禁止机组启动的条件。

（3）检查主汽压力7.95MPa，温度380℃，再热汽压力0.8MPa，温度330℃，满足冲转条件，进入汽轮机的主、再热蒸汽至少有50℃以上的过热度。

（4）确认高中压主汽门、调门关闭，高、低压旁路投自动。

（5）检查盘车装置运行正常，转子偏心度<110%原始值，轴向位移无报警，并已连续盘车4h以上无异常。

（6）确认汽轮机高压缸第一级金属温度及调门室金属温度均高于150℃。

（7）检查轴封蒸汽母管压力在26～27kPa之间，轴封汽温与汽缸金属温度相匹配冷态启动轴封供汽温度在200～250℃。

（8）检查轴承润滑油温、润滑油压正常，主油泵进口油压0.098～0.147MPa；EH油压、油温正常。轴承振动监视装置投入正常。

（9）发电机密封油系统、定子冷却水系统、氢气冷却系统运行正常。

（10）汽轮机TSI指示正常。

（11）发电机-变压器组恢复热备用。

2. 中压缸启动冲转参数

主汽压力：7.95MPa；主汽温度：380℃；再热汽压：0.8MPa；再热汽温：330℃；凝汽器压力：＜18.6kPa；高旁流量：＞140t/h（≥8%）。

3. 汽轮机中压缸冲转步骤

DEH 系统会根据汽轮机冲转前的状态计算出机组应该采取什么启动方式，并根据启动方式决定主再热蒸汽的冲转参数、升速率、中速暖机时间、定速暖机时间、初负荷、初负荷暖机时间及升负荷率等，并做好汽轮机冲转前各参数的记录。

（1）汽轮机挂闸。在"汽轮机安全装置显示屏"画面中，用鼠标点击"主复位"按钮，在弹出的操作端中，选择"复位"，按"执行"。"主复位"按钮下的"复位"指示灯亮，表示挂闸成功，检查中压主汽门开启正常。

（2）选择启动方式。在"EHG 控制屏"画面中，用鼠标点击"IP/HP 启动"按钮，在弹出的操作端中，选择"IP 启动"，按"执行"对应的"IP 启动"指示灯亮。

（3）LIM 设定。在"EHG 控制屏"画面中，用鼠标点击"LLM 设定"按钮，在弹出的操作窗口中，用鼠标点击"↑"，将阀位限制值设定为100%。也可以点击"▲"，在弹出的对话栏里，直接输入100，按"确定""LLM 设定"的〖增〗灯亮即可。

（4）设置升速率。在"EHG 控制屏"画面中，用鼠标点击"加速率设定"按钮，在弹出的操作窗口中，选择所需要的升速率按"执行"。

（5）设置目标转速。在"EHG 控制屏"画面中，用鼠标点击"转速设定"按钮，在弹出的操作窗口中，选择所需要的目标转速"转速设定"〖200〗按"执行"。这时 MSV 全开，ICV 逐渐开启，事故排放门 BDV 自动关闭；汽轮机转速以 100r/min 速率升至 200r/min，当汽轮机转速大于盘车转速时，检查并确认盘车装置脱扣，电机自动停止，当盘车装置电机停转后，绿灯亮。

（6）摩擦检查。在汽轮机转速升到 200r/min，选择"转速设定"〖全阀关闭〗，确认"全阀关闭"灯亮，MSV 全关，1、2 号 ICV 关闭，事故排放门 BDV 自动开启；汽轮机转速逐渐下降。就地仔细倾听汽轮机摩擦声，摩擦检查期间转子不允许静止，汽轮机转速至 100r/min 时，摩擦检查结束。不进行摩擦检查冲转。在进行冲转升速前，在 DEH 站 HITASS 控制屏上，击出"HITASS 模式"选择"自动切除"并执行，在转速超过 300r/min 后，击出"HITASS 模式"选择"自动"并执行（注意：其他步序和摩擦检查一样，任何的跨步操作均会导致 DEH 暖机时间不计时或者其他故障，使程序自动走不下去）。

（7）阀位保持/复位。在升速过程中，如需要保持当前阀位，在"EHG 控制屏"画面中，用鼠标点击"保持选择"按钮，在弹出的操作端中，选择"设定"，按"执行"；如不需要保持，选择"复位"，按"执行"，汽轮机按原速率继续升速。如需要降转速，可选择"转速设定"中的"全阀关闭"按钮。但需要注意的是，严禁在机组过临界转速时选择阀位保持，因为机组在过临界转速时，轴承处的振动最大，如果在此时选择阀位保持，则会使机组振动越来越大，对机组造成损害，此时应选择快速平稳通过机组的临界转速区。

（8）升速至 1500r/min 并进行中速暖机。选择"转速设定"〖1500〗。升速率控制在 100r/min 升速至 1500r/min。这时检查 MSV 全开，CV 逐渐开启；汽轮机转速以 100r/min 速率升至 400r/min。汽轮机转速达到 400r/min 后约 1min，CV 阀位保持而 ICV 逐渐开启，事故排放门 BDV 自动关闭，汽轮机转速升高。中压缸启动方式下"暖机"自动设定，检查"全阀关闭"灯灭，1、2 号 MSV 开启，1～4 号 CV 开启冲转到 400r/min 由 EHG 闭锁，然后 1、2 号 ICV 开启冲转到 1500r/min 进行中速暖机，目标转速"1500r/min"指示灯亮，进行中速暖机。确定暖机时间倒计时进行中。中压缸启动方式下，机组长期停运后的冷态启动，1500r/min 暖机时间 240min，汽轮机中速暖机期间，开启 5、6 号低压加热器抽汽逆止门和电动门，低压加热器随机投运。

注意：不允许在临界转速区延长运行时间。汽轮机转速在过临界转速区时应快速而稳定地升速，因此汽轮机在临界转速区不能受 EHG 程序约束。检查以下内容：

1）内外壁金属间的温度差应尽可能小，并应低于所规定的允许极限值。

2）检查机组汽缸膨胀和胀差在正常范围之内。

3）振动检查。检查并确认汽轮机监控仪表（TSI）中测振探头在工作正常，如存在振动超标应立即停机。

4）监听摩擦声。如发生严重的摩擦，应立即停机并调查原因。

5）凝汽器排汽压力检查。在机组转速达 1500r/min 时，机组的排汽压力应小于 12kPa，在正常运行和具有正常真空度时，低压缸排汽温度在并网前不应超过 80℃。

6）轴承油温。在达到并网转速时，轴承的进油温度不低于 38℃，并且随着汽轮机转速的升高逐步提高油温设定。

7）中速暖机的目标值：高压排汽缸金属温度在 250℃左右，中压缸内缸壁进汽部分达 320℃，高压缸调节级内壁温度达 320℃，相应此时中压缸排汽达 240℃，且高中压缸膨胀＞8mm。

（9）升速至 3000r/min。中速暖机结束后，设置汽轮机目标转速"3000r/min"。检查 ICV 继续开启，汽轮机以 100r/min 的升速率开始升速，汽轮机 1500r/min 指示灯灭。汽轮机转速到 2500r/min，检查顶轴油泵自动停运，否则手动停运，并投入自动。汽轮机转速升到 3000r/min，中压缸启动方式下，机组长期停运后的冷态启动时设定暖机时间为 80min，检查暖机时间开始倒计时。检查汽轮机润滑油压正常后，停运 TOP、MSP 运行，投入自动，检查润滑油压力正常，并将润滑油温设定至 46℃。将发电机氢冷器投入运行，设定氢气温度 46℃。在转速 3000r/min 时选择"暖机"〖复位〗，"暖机"〖复位〗灯亮，CV 逐渐关小至全关，机组转速由 ICV 控制在 3000r/min。

注意：在机组 3000r/min 定速后应进行如下试验：

在机组定速后并网试验前，在下述情况进行注油试验：①在最近一次停机时，用超速法做过危急遮断器试验。②定期操作试验一览表中没有规定做危急遮断器超速试验。③危急遮断器没有被调整过或未工作过。

在机组定速后并网试验前，下述情况进行超速试验：①在最近一次停机时，没有用超速法做过危急遮断器试验。②定期操作试验一览表中要求进行危急遮断器检查。③在机组定速后并网试验前，如危急遮断器已工作过或已被调整过，应先做注油试验再做超速试验。

（十五）汽轮机冷态启动并网

1. 机组并网及带初负荷

发电机采用自动准同期与系统并列。并列后初带 2% 额定负荷进行暖机，机组长期停运后的冷态启动时设定暖机时间为 50min。检查投入氢冷器及氢气干燥装置。初负荷暖机期间锅炉注意维持主再热汽参数稳定。关闭机前主、再热蒸汽管道疏水。检查过热器系统疏水门动作正常。

2. 机组继续升负荷

机组升负荷的准备工作：①确认给水泵汽轮机的工作汽源、备用汽源正常，做好启动汽动给水泵前的给水泵汽轮机暖机工作。②暖第二台磨煤机，制粉系统投入应尽量遵循以先底层、后上层，暖磨时注意锅炉燃烧稳定，并注意监视储水箱水位的变化。

机组带初负荷暖机 50min 结束后。确认机组旁路控制在自动方式，进行切缸操作。在汽轮机控制面板中点击"升负荷"，在操作端上点击"开始"，按"执行"。随着机组负荷增加，1、2 号中压调节门全开，1、2、3、4 号主汽调节门开启，高压缸排汽通风门自动全关，确认高排逆止门自动开启。此时由高压调节门控制机组负荷。切缸完成。汽轮机切缸结束后，对各系统放水门进行检查，关闭不严的手动校严。切缸结束，检查高低压旁路调门关闭，并切至手动。切缸完成应尽早按从低到高的顺序开启汽轮机高压加热器抽汽逆止门与电动门，依次投入高压加热器汽侧运行。

（十六）升负荷至 180MW

切缸完成后，启动第二台磨煤机，初始煤量设最小。设定机组升负荷率为 3MW/min，按照机组冷态启动曲线进行升温、升负荷。随机组负荷升高，检查高低压旁路关闭，转入压力跟踪状态。

在机组负荷达到 90MW 后，确认机组以下疏水门正常关闭：①各段抽汽管道疏水门。②1、2 号高压主汽门前疏水。③1、2 号中压主汽门前疏水。④高排逆止门前疏水门。⑤高旁管道疏水门。并检查中压转子冷却蒸汽阀开启。机组负荷至120MW时全开锅炉给水主路电动门，关闭启调阀，完成阀切换。并确认机组以下疏水门正常关闭：①1、2号高压主汽门上/下门座疏水门。②1、2号中压主汽门上/下门座疏水门。③高压调节门导汽管疏水门。在机组负荷达到120MW后，冲一台给水泵汽轮机，准备给水泵并列。当四抽压力达到0.3MPa后，开启四抽至除氧器电动门，切换除氧器加热汽源至四抽。在机组负荷达到180MW后，并入一台汽动给水泵运行。确认汽动给水泵各系统运行正常后，进行并泵操作，使一台汽动给水泵与电动给水泵并列运行。并泵操作期间要严密注意锅炉给水量要保持稳定。主汽流量在30%BMCR以上时，逐渐投入过热器减温水。在机组负荷达到180MW后，暖投第三套磨煤机制粉系统。根据燃烧情况，可以退出部分油枪，投待启动磨煤机的油枪。注意调整燃烧保持主再热汽温、汽压稳定。新机组或机组大修后的首次启动，应在180MW负荷下稳定运行3~4h，然后发电机解列做主机超速试验。机组负荷大于30%额定负荷，根据机、炉情况选择控制方式。

（十七）升负荷至210MW

设定机组升负荷率3MW/min，设定目标负荷210MW，按"执行"。在机组负荷达到210MW后，投入第二台汽动给水泵并列运行。退出电动给水泵运行，恢复电动给水泵至热备用，投电动给水泵辅助油泵至"自动"。

（十八）升负荷至额定负荷

设定机组升负荷率为5MW/min，视具体情况设定目标负荷，按"执行"。240~270MW，停止锅炉启动循环泵运行，投入启动系统倒暖，启动系统保持热备用。锅水循环泵停运，检查过冷水电动门关闭，否则立即手动关闭。负荷大于270MW，如果炉内燃烧稳定，可以退出油枪。锅炉最小不投油负荷为40%BMCR。油枪全部退出后，检查排烟温度大于120℃，值长联系投入除尘器运行。

在机组负荷达到350MW后，视锅炉燃烧运行情况可进行炉膛吹灰。视机组负荷情况进一步投运制粉系统。机组负荷大于300MW，及早投入协调运行。主汽流量在50%BMCR以上时，注意再热汽温调节挡板动作正常，满足再热汽温负荷启动曲线要求。在机组负荷达到420MW后，根据需要可做主机真空严密性试验。在机组负荷达到540MW后，主汽压力达到额定值，机组转入定压运行。

对机组汽水系统做全面检查。在机组负荷达到满负荷后，全面检查、调整机组各系统，使机组处于正常运行状态。

（十九）汽轮机冲转及升负荷过程中注意事项

（1）机组启动过程中要检查各辅助设备运行正常，没有限制机组启动的条件。

（2）在整个机组启动冲转过程中必须保证进入汽轮机的主蒸汽、再热蒸汽至少有 50℃ 以上的过热度，且与进汽区汽缸金属温度相匹配。

（3）检查汽轮机轴封系统运行正常，轴封母管压力在 26～28kPa 之间，轴封供汽温度与汽轮机金属温度相匹配，冷态启动轴封供汽温度 200～250℃。

（4）检查主机润滑油压力 0.176MPa，轴承进油温度 38～46℃，顶轴油压力 16MPa。抗燃油压力 11.2MPa，抗燃油温度 40～45℃，检查各轴承回油温度小于 65℃。

（5）检查发电机氢油水系统运行正常，氢压力 0.41MPa，密封油氢油差压 0.056MPa，定子冷却水压力 0.196MPa。并根据发电机内氢压、氢温的变化，及时调整冷却水量和密封油压力。

（6）冷态启动冲转后保持主汽温度大于 335℃，温升率 0.125℃/min。

（7）检查汽轮机轴向位移、汽缸膨胀、差胀、大轴偏心不超限。

（8）检查汽轮机各轴承振动和轴振动正常，轴承振动≤0.05mm，轴振动≤0.125mm。

（9）检查高低压旁路开度及参数情况。

（10）检查汽轮机汽缸上下温差、内外温差正常。

（11）检查高压缸排汽温度正常＜430℃，检查低压缸排汽温度正常，低压缸喷水减温装置投入自动，当排汽缸温度≥52℃时喷水电磁阀开始打开，到 80℃时完全打开。

（12）锅炉调整燃烧维持主汽压力 7.95MPa，主汽及再热汽温度升温率在 0.125℃/min。

（13）燃油期间应注意油燃烧器自动控制正常，避免油燃烧器前油压过高或过低。

（14）在锅炉转直流运行区域内不得长时间停留或负荷上下波动，以免锅炉运行工况不稳定而造成机组负荷大幅度扰动。

（15）在各阶段暖机期间应对机、炉、电各辅机的运行情况进行详细检查。

（二十）机组冷态启动的其他注意事项

（1）在整个启动过程中严格控制升温率，应加强对锅炉各受热面金属温度的监视，防止超温。避免水冷壁超温 MFT。

（2）监视烟温探针在炉膛出口温度大于 580℃，自动退出，否则手动退出。

（3）在汽水分离器转直流前，严格监视水冷壁入口流量，该流量小于 612t/h 延时 20s 锅炉将 MFT。

（4）当给水流量大于 30%BMCR 时，主给水电动门开启，启调阀关闭，给水控制由给水泵转速控制。

（5）严密监视炉膛负压及燃烧状况，燃烧调整应考虑炉内负荷的均匀性。经常检查预热器烟温、风温，防止空预器和尾部烟道发生二次燃烧。

（6）在机组启动燃油期间应加强对空预器吹灰，防止空预器产生低温腐蚀及二次燃烧。

（7）整个机组冷态启动过程中机组点火、升压、冲转、并网、带负荷各阶段的操作，应按照"机组冷态启动曲线"来控制进行。

（8）在机组冷态启动时，先抽真空，后送汽封。决不允许在主机转子不转时，向汽封送汽。

（9）汽轮机启动后，要防止主蒸汽、再热蒸汽温度较大幅度波动，严防蒸汽带水。

（10）整个启动过程中，要注意凝汽器、除氧器、加热器、凝补水箱、定子冷却水箱水位正常，各主油箱、抗燃油箱、密封油箱、给水泵汽轮机油箱油位正常，油温符合要求。

（11）主机冲转后润滑油温、抗燃油再生投入自动。

（12）汽轮机升速过程中，应在就地仔细倾听机组摩擦声音，若发现异常，须停机查找原因。

（13）切缸时，要保证高压旁路后流量符合切换要求。

（14）TOP、MSP 油泵、顶轴油泵停运后，要及时将其投入备用。

（15）维持初始负荷直至低压缸排汽口冷却到低于 52℃时止。发电机并列前注意低压缸排汽温度不应超过 80℃。将低压缸喷水投入自动，当排汽缸温度≥47℃时喷水电磁阀开始打开，到 80℃时完全打开。

（16）机组运行正常后，及时将轴封分流阀切向 8A 号低压加热器。

（17）机组运行正常后，将发电机补充氢气投入自动。

第四节　机组热态滑参数启动

一、汽轮机部分

机组热态滑参数启动在升速过程中不必暖机，只要检查和操作能跟上，应尽快地达到对应于该温度水平的冷态启动工况。

汽轮机在停机后，由于各金属部件的冷却速度不同，所以金属部件之间存在着一定的温差，从而造成动静间隙的变化，给启动带来一定困难，汽轮机组的一些大事故，如大轴弯曲、动静摩擦等，往往是在热态启动中操作不当而引起的。

掌握热态启动的一般规律，严格按照规程进行操作和检查，可使汽轮机在任何状态下都能顺利而迅速地启动。

（一）热态启动的原则规定

（1）大轴晃动度不得超出规定值。

（2）上下汽缸温差不得超出允许范围。经验证明，汽轮机冷态启动过程中，上下缸温差一般都在允许范围之内。而热态启动时，上下汽缸温差可能出现较大的情况。如果出现这种情况，会使大轴旋转时与汽封摩擦造成大轴弯曲。减小上下缸温差的重要措施，是选用良好的保温方法和保温材料，有的机组还设置了下汽缸加热装置，另外，选用密闭较好的阀门。

（3）进入汽轮机的主蒸汽和再热蒸汽温度，应分别比高、中压汽缸金属最高温度高50℃以上，并具有50℃以上的过热度。汽轮机启动过程应该是对金属部件的加温过程。所以热态启动时存在着对进汽温度的更严格要求。这种要求的基本原则是：希望进汽不会引起任何部件产生冷却的过程。所以通常热态启动要求主蒸汽和再热蒸汽温度高于汽缸最高金属温度50～100℃。否则，一旦发生了冷却过程，转子的冷却快于汽缸，因而产生相对收缩（或负胀差），可能引起动静部分的轴向摩擦。

实践证明，主蒸汽温度较容易满足要求，应取上限。因为冲转时蒸汽在调速汽门内产生节流损失，在调节汽门后有导汽管时还要散热，在调节级喷嘴中膨胀后，引起热降，使得调节级后的汽温比主蒸汽低30～40℃，因此一般主蒸汽温度取上限值。

当主蒸汽满足冲转要求时，再热汽温却跟不上。因为锅炉点火升压过程中，再热汽温的提升，一般要慢于主蒸汽温度，但中压缸通常没有调节级，所以再热蒸汽温度一般高于中压缸最高金属温度30～40℃。但暖管要充分，以防止中压缸进水，还应注意胀差负值的变化。

（4）在升速过程中机组发生异常振动时，特别是中速以下，汽轮机振动超过规定值时，应立即打闸停机，投入连续盘车。

（5）润滑油温不低于35～40℃。

（6）胀差应在允许范围内。热态启动一般不会出现正胀差，却非常容易出现负胀差。当出现负胀差时，运行人员应及时采取措施，如可以增加主蒸汽温度，也可以加快升速和增加负荷，提高蒸汽温度和加大蒸汽量，使进入汽轮机的蒸汽温度提高，使其高于转子的温度。这样汽轮机转子由冷却转为加热状态后，负胀差就会消失。

（二）热态启动的有关问题

热态启动前盘车装置连续运行，先向轴端汽封供汽，然后抽真空，再通知锅炉点火。这是与冷态启动操作方面的主要区别之一。

因为这时高压转子前后汽封和中压转子前汽封的金属温度都较高，如果抽真空不投汽封供汽，将会有大量冷却空气通过汽封段吸入汽缸，结果使汽封段转子收缩，引起前几级进汽侧轴向间隙缩小，使负胀差超过允许值。当汽缸温度在350℃以上时，即使先投轴端供汽，但供汽温度较低时，也会导致高、中压转子出现负胀差，这就要求使用高温汽源给轴封供汽。

冷油器出口油温不得低于38℃，如果油温过低而升速又较快，可能因油膜不稳而引起振动。

热态启动真空应高一些，因为主蒸汽和再热蒸汽管道疏水通过扩容器排至凝汽器，真空高可使疏水迅速排出，有利于提高蒸汽温度。特别是在炉内余压较高时，凝汽器真空应维持较高，这样旁路投入后，不致使凝汽器真空下降过多，但真空也不能太高，以防主汽门、调速汽门严密性较差时，可能因漏汽使汽缸冷却。

中速以下发现汽轮机振动超过规定值时，应毫不迟疑地打闸停机，投入盘车，检查大轴晃动度和上下缸温差。如果中速以下振动超过规定值，并伴有前轴承箱横向晃动，则振动是由转子弯曲引起的，任何盲目升速、降速都会导致严重事故。

热态启动一般不会出现正胀差，却非常容易出现负胀差。此时可以增加主蒸汽温度或加快升速、升负荷，加大蒸汽温度和进汽量，使进入汽轮机的蒸汽温度高于转子温度，这样转子由冷却转为加热状态，负胀差就会消失。

热态启动的关键监视参数仍是汽轮机转子的热应力，特别是容易出现负应力，可以采用增加主蒸汽温度或加快升速、升负荷，加大蒸汽温度和进汽量来消除负应力。

（三）热态启动的主要操作

汽轮机热态启动的主要步骤与冷态启动及温态启动基本上是相同的。但热态启动与冷态启动最大的区别在于汽轮机所处的温度水平不同，启动关键在于不能让处于热态的汽轮机转子及汽缸发生冷却。

热态启动时，使用高温辅助蒸汽供轴端汽封，供汽温度控制在 $160\sim170℃$。抽真空安排在冲转前 1h，防止抽真空过早有空气漏入汽缸，使其冷却。冲转前半个小时投入高低压旁路，给水泵应为迅速加负荷做好启动准备。启动前盘车应连续运行，大轴弯曲度不大于规定值；机组所有疏水阀均应开启。冲转时主蒸汽过热度大于 $50℃$，或进入汽轮机的高压主汽门和高压调节汽门后的蒸汽温度要比汽轮机进口处转子的温度至少高 $20℃$，并保证有 $20℃$ 以上的过热度；进入中压主汽门和中压调节汽门后的蒸汽温度要比汽轮机中压缸进口处转子的温度至少高 $20℃$，并保证有 $20℃$ 以上的过热度，以此来保证蒸汽高、中压转子上进行加热，而不是冷却。

对机组全面检查正常后，以 $200\sim250r/min$ 的升速率升至额定转速，定速后机组正常应立即并网，带一定的初负荷暖机。若 15min 左右不能并网，应立即停止汽轮机运行。

机组冲动后主蒸汽温度不得下降，并分别以较高的速率平稳地增加负荷，一直保持汽缸温度无明显下降。增负荷的过程中，可以先用同步器开大调速汽门至 90%，然后利用提高主蒸汽压力的方法增加负荷。其他操作与冷态启动一样。

（四）热态启动过程中的注意事项

（1）先送汽封，后抽真空。

（2）连续盘车时间不得少于 4h（极热态除外），并应尽可能避免中间停盘车，如发生盘车短时间中断，则要延长盘车时间。

（3）热态启动中，送汽封前应充分疏水暖管，使送汽温度尽量提高，保证与轴温相匹配。

（4）如遇 MFT，锅炉重新点火后，应及时开足锅炉冷再/辅汽总门、锅炉冷再/除氧器总门。

（5）对于极热态启动，并网后，应尽快升负荷，以免造成高压缸叶片温度高，致使汽轮机跳闸，而影响机组的启动。

（6）热态启动中，因升负荷速率较高，要密切注意凝汽器水位的变化，应使凝汽器水位维持在正常范围内。

（7）注意汽轮机机组升速过程中的振动；各轴承温度；汽轮机高、中压缸上下缸温差；轴向位移；各缸胀差的变化以及汽轮机膨胀变化情况，其变化范围均不应超过规定值。

（8）机组升速过程中要注意主机冷油器出口油温及发电机定冷水、冷氢温度的变化，并保持在正常范围内，并注意观察各轴承回油温度不超过 70℃，低压缸排汽温度不超过 90℃。

二、锅炉部分

（一）热态（温态）启动前检查

机组热态（温态）启动前系统检查、辅机启动的操作步骤同冷态启动相同，其他操作、规定如在热态（温态）启动无特殊说明按冷态启动执行、操作。

机组温态启动和冷态启动的区别：

（1）机组温态启动时部分辅助系统在运行状态，在机组启动前要全面检查系统运行正常。

（2）机组温态启动时要进行水质监督，发现水质不正常要采取措施进行处理。

（3）锅炉上水时要根据水冷壁和汽水分离器内介质温度和金属温度控制上水流量，上水流量控制在 200t/h，甚至更低当汽水分离器前受热面金属温度和水温降温速度不高于 2℃/min，水冷壁范围内受热面金属温度偏差不超过 50℃可适当加快上水速度，但不得高于 400t/h。

（4）汽轮机的冲转参数主蒸汽温度高于调节级金属温度 30～100℃，再热蒸汽温度高于进汽区金属温度 20℃，蒸汽过热度大于 50℃。主蒸汽压力和再热蒸汽压力由高压旁路和低压旁路自动控制，主蒸汽压力 7.95MPa，再热蒸汽压力 0.8MPa。热态时，主蒸汽压力 10MPa，再热蒸汽压力 1MPa。

（5）蒸汽温度、蒸汽压力、机组负荷启动控制参数参考机组温态启动曲线。

（6）机组温态启动前，主机在连续盘车状态，如中间因故停止盘车超过 2h，需重新连续盘车 4h。

（7）点火前建立真空。抽真空时先送轴封蒸汽，再启动真空泵。

（8）热态和温态启动前的检查与准备，参照冷态启动前检查和准备，但应注意以下事项：①对已运行的设备系统进行全面检查确认无异常。②对已投入的系统或已承压的电动门、调节门均不进行开、关试验。

（二）机组温态启动操作

（1）注意全开疏水箱排水至地沟门。

（2）投入给水箱加热，启动电泵，以 200t/h 流量上水。

（3）启动风烟系统；凝汽器建立真空。

（4）储水箱见水，减小给水流量至 60t/h，投入溢流阀自动。储水箱水位稳定，启动锅水循环泵，给水投自动，建立水冷壁循环流量。

（5）炉膛吹扫。吹扫前打开省煤器排空阀。

（6）炉膛吹扫结束，关闭省煤器排空阀并停电，高低压旁路投自动。

（7）投入下层 2 层油枪，燃油流量 10t/h。锅炉压力有上升趋势时，投入过热器疏水阀程控。储水箱水位稳定后，投入中间 2 层油枪，油量 18t/h。

（8）一、二次风温达到投煤条件，启动一次风机，暖下层一台磨煤机。检查锅炉各部不超温，汽温、汽压稳定后，启动制粉系统，给煤量 20t/h。撤出中间层油枪，适当增加煤量，总燃料量不超过 25%BMCR。

（9）根据汽轮机金属温度设定主、再汽温；当汽温、汽压达到冲转条件时，汽轮机冲转。

（10）汽轮机温态（停机 48h）中压缸启动冲转。

（11）汽轮机温态（停机 48h）中压缸启动并网、升负荷同冷态操作。在 30%、50% 负荷时各停留 10min 进行检查。检查结束可以根据需要接带目标负荷。

（三）热态极热态启动操作

（1）热态指炉膛吹扫结束后锅炉压力高于 7.95MPa；极热态指炉膛吹扫结束后锅炉压力高于 10MPa。其点火前操作同温态启动。

（2）建立点火条件后尽快点火，投入上层、中层 4 层油枪，油量 15～18t/h。

（3）锅炉压力开始上升时，按照当时主汽压力设定高压旁路压力定值，旁路投入自动。

（4）投入过热器疏水程控。

（5）一、二次风温达到投煤条件，启动一次风机，中层一台磨煤机暖磨。

（6）储水箱水位稳定、汽温、压力趋稳后，启动制粉系统，撤出上层部分油枪，维持燃料量不超过 30%BMCR。

（7）根据汽轮机缸温整定主、再汽温；达到冲转参数后即可冲转。

（8）汽轮机热态、极热态冲转及并网操作。

（9）其他操作同冷态启动，在 30%、50% 负荷时各停留 10min 进行检查。检查结束可以根据需要接带目标负荷。

（10）机组热态（温态）启动注意事项：

1）机组热态（温态）启动采用中压缸冲转，点火后再投入旁路系统。

2）机组热态（温态）启动时点火后再打开机前主汽疏水。

3）机组热态（温态）启动采用中压缸冲转时，不执行暖机操作，即不执行高调门在 400r/min 以内的暖机操作。汽轮机状况允许时，可以不进行中速暖机，尽快操作汽轮机冲转、升速、并网，按缸温对应曲线快速带负荷，避免汽缸冷却而产生额外的热应力。

4）进入汽轮机的主再热蒸汽至少有 50℃ 的过热度。

5）主机润滑油温不低于 38℃，否则投用主油箱电加热器。

6）在盘车状态下应先送轴封，后抽真空，注意轴封蒸汽温度与汽轮机缸温相匹配。

7）锅炉点火后，及时投用旁路系统，严格按升温升压率控制主再热蒸汽温度。

8）汽轮机冲转前，必须确认汽轮机处于盘车状态或汽轮机还处于惰走阶段但转速不在临界转速区域内，严禁汽轮机在临界转速区域惰走时冲转升速。

9）汽轮机冲转升速时，应严密监视高中压缸第一级金属温度变化率，高低压胀差、汽缸膨胀变化和机组振动情况。

10）吹扫前打开省煤器排空阀，点火时自动关闭。

11）锅水循环泵停运，检查过冷水电动门关闭，否则立即手动关闭。

第五节　发电机组停机

机组正常停运过程实质上是机组高温部件的冷却过程，在停机过程中，参数控制不当，将产生较大的应力及机件损坏，影响机组使用寿命。因此，要求在各种运行方式下，严格控制降温、降压速率及锅炉良好的水动力工况，从而保证机组的长期安全运行。

一、停机前的准备

（1）机组停运时间较长（视煤质情况，一般超过三天）停机时应将煤仓及粉仓烧空。

（2）机组停运前应对机组及其所属设备、系统进行一次全面详细检查并统计缺陷。

（3）对锅炉燃油系统及等离子点火装置进行检查，试验油枪及等离子点火装置正常，确认系统备用良好，确保燃油系统及等离子点火装置能够可靠投入，能满足停炉要求。

（4）直流锅炉启动系统循环泵或溢流阀、给水大旁路调节阀可靠备用。

（5）校对各汽包水位计，水位计指示应正常。

（6）停炉前应对锅炉受热面全面吹灰一次。

（7）停机前对厂用电源、保安电源、UPS、直流电源检查正常。

（8）汽轮机盘车装置电机试转，给水泵汽轮机备用交流油泵、直流油泵试转。

（9）交流润滑油泵、直流润滑油泵、顶轴油泵、备用密封油泵试转。

（10）汽轮机高、中压主汽门及调速汽门和抽汽逆止门均应动作灵活无卡涩。

（11）做好辅助蒸汽、除氧器汽源切换的准备工作，暖管良好。

（12）高、低压旁路系统进行充分疏水暖管，处于热备用状态。

二、停机的分类

从汽轮机带负荷运行经卸负荷解列发电机，切断汽轮机进汽到转子静止的过程称为停机。汽轮机的停机分为正常停机和事故停机。正常停机的方式有滑参数停机和定参数停机两种。

和启动一样，停机时蒸汽温度下降，在汽轮机各零部件中也会产生热应力和热变形，同时也有机械状态的变化发生（因为转速也变），只是所产生的情况正好和启动过程相反。

（一）滑参数停机

滑参数停机是在调速汽门接近全开位置并保持开度不变的条件下，依靠主蒸汽、再热蒸汽参数的降低来卸负荷，降低转速直到汽轮机停机。滑参数停机普遍用于单元制系统机组。用这种方式停机的目的，是要使停机后，汽缸的金属部件均匀冷却，金属温度降低到较低的水平，以便可以提前停止盘车和油循环，能够提前进行检修，缩短检修工期。

1. 滑参数停机过程

停机前的准备工作，空负荷试验交直流润滑油泵、顶轴油泵及盘车马达正常，做好轴封、除氧器备用汽源暖管。

保持调速汽门全开，按滑参数停机曲线降低主蒸汽压力和温度降负荷。

滑参数停机分阶段进行，滑停进行时，应将主蒸汽、再热蒸汽温度降到比相应负荷下规定的汽温低，主蒸汽温度每下降 $30 \sim 40 ℃$ 左右应保持汽压不变，稳定一段时间后再降温，当新蒸汽压力、温度降到所预定要求值时，将负荷减到零。发电机解列后打闸停机，同步器给定复零。

减负荷过程中，先设目标负荷值，负荷变化率 $2 \sim 3 MW/min$ 后，开始减负荷。注意机炉操作人员加强联系、配合。降负荷过程中，注意轴封供汽的切换、轴封压力稳定，各参数正常。

2. 滑参数停机必须注意的问题

必须严格控制蒸汽降温速度，这是滑参数停机成败的关键。若降温速度过大，会出现不允许的负胀差值。控制蒸汽温度的标准是首级蒸汽温度低于首级金属温度，主再热蒸汽降温速度为 $30 \sim 40 ℃/h$。

在启动时汽缸内表面是受热面，它所承受的是压应力，而在停机时汽缸内表面冷却得比外壁快，这时它承受的是拉应力，如图 13-1 所示。由图可见，当内壁温度低于外壁温度时，内外壁形成负温差。内壁处的拉应力为外壁压应力的两倍，汽缸的裂纹多是热拉应力引起的，所以汽缸冷却过快比加热过快更危险。当主蒸汽温度低于高压内缸上壁温度 35℃时，停止降温。

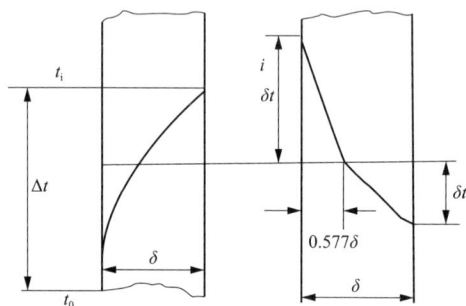

图 13-1　厚平壁单向冷却时其内壁温度与应力分布示意图

再热蒸汽温度将随主蒸汽温度的降低和锅炉燃料的减少而自然下降。其降温速度比主蒸汽慢，减负荷时应等到再热蒸汽接近主蒸汽温度时，再进行下一次降压，以防止滑停结束时，中压缸温度还较高。

滑参数停机必须保持主蒸汽温度有 50℃以上的过热度。主蒸汽温度下降过大或发生水击时，高压缸推力增加，汽轮机转子可能出现负向位移，推力盘向非工作瓦块方向窜动，甚至导致中压缸第一级轴向间隙消失。

停机时转子冷却得比汽缸快，法兰冷却的滞后限制了汽缸的收缩，这时可以利用法兰加热装置来加速法兰的冷却。要控制法兰加热联箱的蒸汽温度，使它低于法兰金属温度 100～120℃。

3. 滑参数停机后的有关问题

滑参数停机后开启防腐蚀疏水门、汽缸疏水门及排大气疏水门，以防汽轮机被汽水混合物腐蚀，还应注意以下问题：

（1）盘车方式。

停机后盘车装置应连续运行，到高压内缸上壁温度达 100℃停止。盘车停止后，润滑油泵运行 2h，继续冷却轴颈。若在连续盘车中，发现大轴晃动增加并有摩擦声时，改为定期盘车，每隔 30min 盘车 180°，直至晃动小于规定值时，再投入连续盘车，盘车装置运行时，顶轴油泵应投入运行。

（2）转子惰走曲线。

发电机解列，汽轮机打闸后，自动主汽门和调速汽门关闭时起到转子完全静止的这段时间，称为汽轮机的惰走时间。在实际运行中，盘车往往采用联锁自动投入，转子不会静止，可采用主汽门和调速汽门关闭时起到转子盘车转速稳定的这段时间，代表汽轮机的惰走时间。

为了掌握机组在惰走时的情况，从关闭主汽阀起，每隔 1min 记录转速一次，然后绘制成转速与时间的关系曲线，即为停机后转子的惰走曲线，见图 13-2。

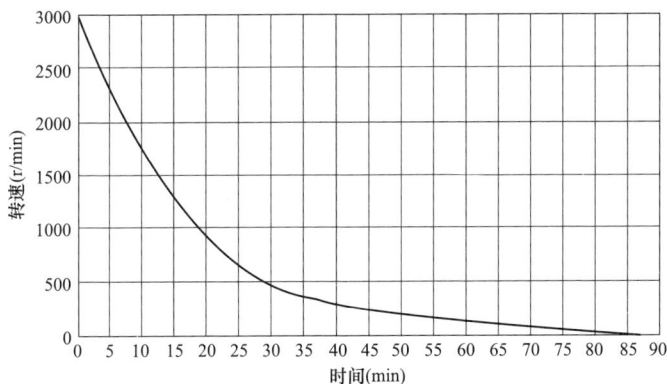

图 13-2　机组的停机惰走曲线

每次停机都应记录转子的惰走时间，根据惰走时间的长短，可以判断机组是否正常。如果惰走时间过长，则要检查是否有外界蒸汽漏入汽轮机，比如新蒸汽或再热蒸汽管道阀门或抽汽逆止门不严，致使有压力蒸汽漏入汽缸；如果惰走时间过短，则可能是机组的动静部分发生摩擦或轴承磨损。

4. 防止汽轮机盘车失效的措施

(1) 停机前，试转顶轴油泵，确认主机各瓦顶轴油、润滑油压正常。

(2) 停机过程中监视主机轴封压力、温度正常。

(3) 监视汽轮机组振动、轴承温度、上下缸温差、轴向位移及缸胀正常，就地听音正常。

(4) 监视汽轮机惰走曲线正常，不破坏真空停机惰走时间 90min，破坏真空 45min。

(5) 汽轮机惰走过程，转速小于 540r/min，顶轴油压不能满足要求时，应启动第三台顶轴油泵。

(6) 汽轮机转速小于 120r/min，主机盘车电磁阀开启。

(7) 监视盘车转速在 48～54r/min，低于 48r/min 及时通知检修处理。

(8) 液压盘车失效后，及时手动盘车。

(9) 手动盘车失败，汽轮机进行闷缸处理。

(二) 定参数停机

如果设备和系统有一些小缺陷需要停运处理，只需机组短时间停运，缺陷处理后就立即恢复运行，这时要求机组停运后机炉金属温度保持较高水平，为尽量保证机组的蓄热以便重新启动时缩短启动时间，对于这种情况一般采用额定参数停运。通过关小调节阀逐渐减负荷停机，而主蒸汽参数保持不变，由于关小调节阀仅使流量减小，不会使汽轮机金属温度大幅度下降，因此能以较快速度减负荷。

1. 发电机减负荷

（1）机组减负荷至 50%BMCR。

按照机组曲线要求，开始降压降负荷，控制主汽压力变化率不大于0.1MPa/min、主再热汽温度变化率不应超过 1.5℃/min、负荷变化率不高于 1%/min，观察机组负荷随着主汽压力沿着曲线同步下降。

负荷 80%BMCR 时，应根据需要做真空严密性试验。负荷 450MW，检查各系统运行参数正常，并保留四组制粉系统运行，宜保持下四层制粉系统运行，停止上层制粉系统运行。负荷 400MW，检查辅助蒸汽、轴封汽压力正常，将空气预热器密封扇形板调节装置提升至最大位，解除自动。

当负荷降至 50%BMCR 负荷时，投等离子点火器或运行磨油层，投油后投入空预器连续吹灰。视情况启动电动给水泵，退出一台汽动给水泵。若两台循环水泵运行，停止一台循环水泵运行，将机组辅助蒸汽切为另一台机组供汽，确认辅助蒸汽系统切换后运行正常。

（2）机组减负荷至 30%BMCR。

确认机组以给定的速率减负荷，在减负荷过程中，检查送、引、一次风、水煤比等自动调节装置工作正常。

随着机组负荷和汽压的降低，当给煤机转速降至 50%时，切除待停给煤机控制"自动"，逐步降低其出力至最低，停止该组制粉系统。停用煤层的原则是自上而下，最终保持下三层制粉系统运行。在降发电机有功负荷的同时，可适当降发电机的无功负荷。

负荷降至 40%BMCR 以下时，做好锅炉干湿态转换准备工作，调节给水和燃料量，保证汽水分离器过热度缓慢降低，当汽水分离器储水箱有水位时，锅炉将从干态进入湿态。锅炉干湿态转换过程中，加强锅炉受热面壁温监视。当汽水分离器储水箱水位满足要求时，启动锅水循环泵，关闭锅水循环泵暖泵及溢流管路暖管隔离阀，调节省煤器入口流量大于 580t/h，同时应加强对启动分离器水位的监视和控制。

负荷 35%～40%BMCR，投入锅水循环泵参与省煤器入口流量的调节，锅炉干湿态（直流炉）转换完成。负荷 30%BMCR 时，停运第二台汽动给水泵，确认辅助蒸汽压力正常，汽源已切至备用汽源供汽，当负荷小于30%BMCR 时，确认"PSS"自动退出，将给水主路切至给水旁路。

（3）机组减负荷至 10%BMCR。

汇报调度，发电机做解列准备。确认机组在机、炉单独控制方式。根据机组负荷变化情况，手动逐渐降低锅炉燃烧率。根据主汽压力变化情况，DEH 控制汽轮机调阀开度，使机组按 0.1MPa/min 的压力变化率和 5MW/min的负荷变化率降压减负荷。

若等离子点火器已投运，则缓慢增加其强度；若已投油，则缓慢增大燃油量。当给煤机转速降至 50%时，切除待停给煤机控制"自动"，逐步降低其出力至最低，停止该组制粉系统。

机组负荷降至 20%BMCR，检查除氧器汽源由四抽切至辅助蒸汽供汽，除氧器压力正常。检查汽轮机中、低压部分疏水自动开启。降低负荷至 20%BMCR，进行厂用电切换。机组负荷降至 15%BMCR 时，检查确认汽轮机低压缸喷水自动投入，低压缸排汽温度不大于 50℃。继续降低负荷至 10%BMCR，保持等离子点火器及该层制粉系统运行，或保持一层制粉系统及油层运行。检查汽轮机高压部分疏水自动开启。

（4）机组减负荷至 5%BMCR。

汇报调度，申请发电机解列。减负荷至 5%BMCR，无功降至近于零，逐渐降低锅炉燃料量，使机组负荷逐渐降低，确认主、再热蒸汽管疏水打开。

汽轮机打闸前，启动主机润滑油泵运行正常。机组负荷降至 5%BMCR 以下，汽轮机打闸，程序逆功率动作解列发电机。

汽轮机打闸后，如发电机逆功率保护未动作，应立即手动解列、灭磁。检查高、中压主汽阀、调阀关闭，各级抽汽逆止阀、高排逆止阀关闭，转速开始下降，记录惰走时间。发电机解列后用溢流的办法将除氧器水温降至 80℃后，停止两台前置泵运行。

（5）发电机-变压器组转冷备用。

检查灭磁开关确已分闸。检查发电机-变压器组出口开关确已分闸。拉开发电机-变压器组出口隔离开关。停运主变压器冷却装置，停运高压厂用变压器冷却装置，停运脱硫变冷却装置。断开发电机出口 TV 二次侧开关，拉出发电机出口 TV 及中性点接地变一次隔离开关。

2. 锅炉停运

（1）锅炉停运操作。

1）确认锅炉灭火，所有油层、等离子点火器、煤层均停止，火焰检测器显示无火焰。

2）对空气预热器进行吹灰，检查确认过热器、再热器减温水隔离阀、调节阀关闭。

3）检查确认炉前燃油系统供、回油快关阀及油枪油角阀自动关闭。隔离炉前燃油系统，关闭炉前供、回油隔离总阀，关闭所有油枪手动门。

4）投运烟温探针。

5）停炉后，保持引风机、送风机运行，调整总风量至 30%BMCR 通风量，维持炉膛负压 -100~-150Pa 对炉膛吹扫 10min 后，停止送风机、引风机。

6）风烟系统停运后，如锅炉不需要强制冷却，停运锅水循环泵。

7）关闭风烟系统挡板，密闭炉膛。

8）确认炉底渣排尽后，停运排渣系统。

9）停炉后，电除尘振打装置连续运行 2~3h 后，停运电除尘振打装置。

10）停炉 2h 后，停运引风机轴冷风机、停运引风机电机油站油泵、停运一次风机及送风机油泵。

11）汽水分离器出口压力降至 0.8MPa 以下时，锅炉带压放水。

12）开启再热器排空门，确保再热器管内积水放尽。

13）根据停机原因、时间长短，合理安排锅炉冷却方式，选择适当的锅炉保养方法，停炉过程中有关的操作，按本章第六节中的有关规定执行。

14）当炉膛温度＜50℃时，停止火检冷却风机。当空气预热器进口烟温＜150℃时，停止两台空气预热器运行。

15）当汽压降到 0.2MPa 时，应开启屏式过热器进出口集箱排气阀、折焰角进出口集箱排气阀、末级过热器进出口集箱排气阀、末级再热器进出口集箱排气阀、分离器出口排气阀、过热器减温器后排气阀、分隔屏排气阀、后屏出口排气阀及顶棚管进口联箱疏水阀。

16）当锅水温度＜93℃时，允许进行正常锅炉放水操作。但若需进行锅炉带压放水时，不受此条限制。

（2）锅炉停运注意事项。

1）锅炉正常停运应参照锅炉厂正常停运曲线控制整个进程。

2）锅炉燃油期间应根据油枪前的燃油压力注意油枪投/退正常。避免油燃烧器前油压过高或过低。

3）煤粉燃烧器、油燃烧器停止后应确保粉管和油枪吹扫干净，磨煤机料位吹空。锅炉在停止过程中空预器应连续吹灰。

4）在机组停运过程中及 MFT 时注意炉膛负压调节正常。

5）滑停过程中加强汽轮机、锅炉的协调，降温、降压不应有回升现象。停用磨煤机时，应密切注意主汽压力、温度、炉膛压力的变化。注意汽温下降速度，汽温下降速度严格符合滑停曲线要求。滑停过程中，再热蒸汽温度的下降速度应尽量跟上主蒸汽温度的下降速度。当蒸汽温度下降速度、过热度、主再热蒸汽温度偏差超标时应立即打闸停机。

6）降负荷停炉过程中给水控制应谨慎操作（尤其在退汽泵操作过程中），防止给水流量、储水箱水位大幅波动。带锅水循环泵的锅炉当给水流量接近最低直流流量时应启动锅水循环泵，防止给水流量低造成 MFT。

三、异常停机

汽轮发电机组在运行时，会因为出现各种各样的事故而需要停机，均称为异常停机。异常停机一般分为紧急停机和故障停机。

（一）紧急停机

紧急停机是指汽轮机出现了重大事故，不论机组当时处于什么状态、带什么负荷，都必须紧急脱扣汽轮机，在破坏真空的情况下尽快停机。

1. 紧急停机的条件

一般汽轮发电机在运行过程中，如发生以下严重故障，必须破坏真空紧急停机：

（1）汽轮机转速升高到超速保护动作转速（3300r/min），而仍不动作。

（2）汽轮发电机组发生强烈振动，轴振超限。

（3）汽轮发电机组内部有明显的金属摩擦声和撞击声。

（4）汽轮机发生水冲击或主、再热汽温度在 10min 内突降 50℃，或上下缸温超过 55℃。

（5）轴封处摩擦发生火花或火环。

（6）汽轮发电机组任一轴承金属温度超过 130℃或轴承冒烟。

（7）汽轮机轴向位移突然超限，而保护没有动作时。

（8）汽轮机油系统着火，严重威胁机组安全运行。

（9）发电机、励磁机着火。

（10）凝汽器真空急剧下降，真空无法维持或循环水中断。

（11）汽轮机严重进冷水、冷汽。

（12）发电机氢密封系统发生氢气爆炸。

（13）主油箱油位低到保护动作值而保护没有动作。

（14）润滑油压急剧下降。

2. 紧急停机注意事项

（1）就地或遥控打闸，并注意下列操作是否自动进行。高、中压主汽阀及调节阀立即关闭。各级抽汽止回阀及高压缸排汽止回阀立即关闭。

（2）投入启动油泵和交流润滑油泵。

（3）停止真空泵运行，开启真空破坏阀。

（4）注意凝汽器真空越限时，低压旁路系统应能迅速自动关闭或手动关闭。

（5）注意机组惰走情况。

（6）全开汽轮机各部疏水。

（二）故障停机

故障停机是指汽轮机已经出现故障，不能继续维持正常运行，应采用快速减负荷的方式，使汽轮机停下来进行处理。故障停机，原则上是不破坏真空的停机。

发生以下故障时，汽轮机应采取故障停机的方式：

（1）主蒸汽、再热蒸汽管道，高压给水管道或压力部件破裂，不能维持运行时。

（2）汽轮机油系统发生漏油，影响到油压和油位时。

（3）汽温、汽压不能维持规定值，出现大幅度降低。

（4）汽轮机调节汽门控制故障。

（5）发电机氢气系统故障。

（6）汽轮机辅助系统故障，影响到主汽轮机的运行。

（7）汽轮机热应力达到极限，仍向增加方向发展。

（三）汽轮机闷缸措施

当汽轮机盘车盘不动时，采取以下闷缸措施，以清除转子热弯曲：

（1）尽快恢复润滑油系统向轴瓦供油。

（2）迅速破坏真空，停止快冷。

（3）隔离汽轮机本体的内、外冷源，消除缸内冷源。

（4）关闭进入汽轮机所有汽门以及所有汽轮机本体、抽汽管道疏水门，进行闷缸。

（5）严密监视和记录汽缸各部分的温度、温差和转子晃动随时间的变化情况。

（6）开启顶轴油泵。

（7）当汽缸上、下温差小于 50℃时，可手动试盘车，若转子能盘动，可盘转 180°进行自重法校直转子，温度越高越好。

（8）转子多次 180°盘转，当转子晃动值及方向回到原始状态时，可投连续盘车。在不盘车时，禁止向轴封送汽。

四、发电机组停机的操作程序

（1）发电机组正常停机应按照调度命令执行。

（2）联系调度退出 AGC，降低机组负荷。

（3）当机组负荷低至额定负荷的 45％时，向调度申请退出 AVC。

（4）检查厂用电系统具备切换条件，将厂用电切至启动备用变压器供电。

（5）减负荷过程中要根据有功情况及时调节发电机无功。

（6）检查主变压器断路器油压、气压正常，无闭锁分闸的报警信号。

（7）待机组具备解列条件后，投入发电机-变压器组保护屏：启停机、误上电、断路器闪络保护功能压板。

（8）调整发电机无功接近 0Mvar。

（9）手动停汽轮机，检查汽轮机跳闸，锅炉 MFT，发电机逆功率保护动作，主变压器断路器断开，灭磁开关断开。

五、发电机解列后的操作

（1）若机组保护动作跳闸后，应尽快投入启停机、突加电压、断路器闪络保护功能压板。

（2）将 6kV 工作电源进线开关停电至试验位。

（3）拉开主变压器隔离开关，断开主变压器断路器、隔离开关的操作电源。

（4）将发电机绝缘过热装置停运。

（5）发电机-变压器组保护有检修工作时，应退出发电机-变压器组保护A、B、C、D、E屏所有保护出口压板。

（6）根据需要把发电机转入不同的运行状态，做好发电机停机保养。

第六节　发电机组停机后的维护

一、发电机停运后的保养

机组在停运后，如不马上进行检修或根本就没有检修项目，则应按制造厂的要求，对汽轮机及其附属系统做必要的防护、保养措施，以减少因较长时间停机而引起设备或系统损坏，如金属部件锈蚀、润滑油（油脂）老化或因冰冻而造成的损坏。保养的主要原理是：隔绝或减少受热面与氧气的接触，常见的手段有负压余热烘干法、氨水碱化烘干法、系统抽真空法、系统充氮气法等保养措施。

（1）发电机内仍有氢气时，密封油系统应连续运行，有关报警系统应投入。

（2）停机期间发电机内充满氢气时，应保持机内温度≥5℃以及较低的湿度（露点温度在 $-5\sim-25$℃），氢气循环风机应保持连续运行，以免机内结露。

（3）维持氢气纯度在 96% 以上，当氢气纯度低于 96% 时，应排污、补氢置换至合格。

（4）定期检查定子冷却水导电率，应维持不超过 $2.0\mu S/cm$。

（5）当发电机运行超过 2 个月，如遇停机机会，应对定子绕组进行正反冲洗，以确保水回路的畅通。

（6）发电机长期停运应进行气体置换，置换过程中应联系热工人员退出露点仪，二氧化碳在发电机体内存留时间不得超过 24h。

（7）发电机停运备用期间，发电机出口离相封母微正压装置及 6kV 封母电伴热装置应投入运行。

（8）发电机停运备用期间，高压厂用变压器中性点电阻柜加热器应投入运行。

二、汽轮机停运后的保养

汽轮机停运后，注意对运行设备及系统的检查及维护。如润滑油系统、盘车装置、密封油系统等，严禁向发电机内跑油或滤油机跑油。认真、按时做好停机记录，尤其对缸温转子偏心度、盘车转速应严密监视。适时停止冷油器过水。各抽汽电动阀关闭，并将厂用蒸汽联箱至除氧器门关闭。本机凝结水系统停运前，将辅汽减温水倒为邻机供给。凝结水泵不再启动后，应将凝汽器内的凝结水放净。检查系统及本体疏水开关逻辑正确，认真执行防止汽缸进水措施。在本机组辅汽母管无用汽用户时，关闭辅汽联箱本机侧联络门。低压缸排汽及持环温度小于50℃，视闭冷水运行情况，可停运循环水泵。本机循环水系统停运前将退水供冲灰工业水倒为邻机供给。倒换冲灰水供水方式时，必须派两人以上进行倒换操作，在开启邻机供冲灰水阀门后，立即将本机供冲灰水阀门关闭，操作要尽量缩短时间，避免对两机的循环水系统运行带来不利影响。倒换前通知除灰运行人员注意其系统运行情况的变化。检查空压机闭冷水、综合泵房服务水补水倒为邻机供给；暖通回水倒至邻机。

1. 停运时间少于一周时的保养项目

（1）凝汽器真空破坏后，进行汽、水侧放水。

（2）隔绝所有可能进入汽缸的汽水系统，主要是冷再、再热汽减温水、过热器减温水、高低压旁路减温水、轴封减温水和除氧器、高低压加热器的冷汽冷水，以免造成汽轮机进水，造成大轴弯曲事故。

（3）低压加热器汽、水侧与疏水扩容器存水排尽。

（4）高压加热器水侧由化学加注联氨水保养，要求 pH 值达到 9.6 以上；汽侧：将水放尽。

（5）盘车运行期间，做好汽轮机的保温，禁止检修与汽轮机本体有关的系统，防止冷空气倒入汽缸。

（6）冬季停运后，对室外的可能造成冰冻的设备和系统，应采用保温、放尽剩水或定期启动等方法来防止结冰。

2. 汽轮机停机超过一周后，除进行上述保养操作外还应进行的保养工作：

（1）当高压加热器停运时间大于一个月时：高压加热器应先排尽水并干燥后，水侧和汽侧均应抽空气充氮气维持压力 0.05MPa。

（2）除氧器可以将人孔打开通风来保持除氧器干燥。

（3）长时间停运的设备、系统中的存水应全部排尽。

（4）汽轮机长时间停运的保养，需采用热风干燥，烘干汽缸内部设备，此项工作由检修人员负责。

（5）汽轮机长期备用时需定期投运油泵进行油循环（大约两周启动 1 次，并将盘车投入运行，直至油温达到约 40℃）以防油系统等部件锈蚀卡涩。

（6）汽轮机停运后，轴系必须每周运转 1 次，每次大约转动 30min。在油系统停运期间必须对整个系统进行防腐保护。防护方法有：排除油箱底部的自由水；油净化装置应保持运行；除油雾系统切除运行；用干燥空气保养。

三、锅炉停运后的保养

（一）锅炉停运保养的原则

锅炉停炉保养的主要目的是：隔绝或减少受热面与氧气的接触，常见的手段有负压余热烘干法、氨水碱化烘干法等保养措施。

机组停运时间小于 3 天，锅炉热备用时，可采用蒸汽压力法。即停炉后关闭各风烟挡板，逐渐降压，最后维持汽压大于 0.5MPa。停机前确认机组水质正常，当主蒸汽压力降低到 0.5MPa 后，可以通过除氧器加热到 150℃，对省煤器和水冷壁进行换水。

机组采用 AVT 或 OT 处理方式的时候，停炉时间大于 3 天，建议采用负压余热烘干法。若承压部件比较严密，可充入氮气等惰性气体并保持适当压力，从而隔绝了受热面与氧气接触，避免发生腐蚀。

（二）锅炉湿态保养

锅炉停炉前，需确认锅水水质合格，否则应进行换水（除氧水），直至合格。停炉前将给水、锅水的 pH 值控制在运行上限。

停炉吹扫结束后，全停送、联合引风机，关闭锅炉各风门、挡板，关闭所有可能进入再热器的汽、水，以便用烟气余热烘干再热器。确认高低压旁路阀关严，主蒸汽管道上的疏水阀关闭，关闭锅炉各受热面疏放水、放空门，尽量减少炉膛热量损失。锅炉停运后，压力降至 0.5MPa 后，开启空气门、排汽门、疏水门和放水门，放尽锅内存水，对锅炉进行自然通风冷却。

当水冷壁出口管壁温度小于 100℃后，可向锅炉上水，将加入氨、联胺水中并将锅水上至分离器满水位（锅水温度过高，联胺会分解）。向锅炉上水期间要主要上水温度与水冷壁金属温度差小于 50℃。锅水中的联胺和氨的浓度根据停运时间长度采用不同的浓度，要保证锅水 pH 值在 10～10.5 之间。锅炉充保护液完成后，开始向过热器系统充入氮气，并维持氮气压力 20～50kPa。加药期间，可以启动锅炉启动循环泵，以便把药液均匀地分布到锅炉各个部分。

锅炉停运不超过一周，主、再热器烘干后可不需要特殊保养；时间超过一周，则待主、再热蒸汽管温度降至 100℃，往过、再热器充入氮气，充氮前最好进行抽真空，防止氧气和湿蒸汽残留，同时在向锅炉充保护液时防止过热器和再热器减温水泄漏到受热面内。锅炉停运超过一个月，可待主、再热蒸汽管温度降至 100℃以下，通过减温器注入除氧水，并控制联胺和氨的浓度在合适的范围。若再热器也采用湿态保养，需要加装堵板。并在水注满后充入 20～50kPa 的氮气。若部分设备需检修，仅对检修部分进行疏水。检修完成后，对疏水部分重新充入保护液，并用氮气密封。采用湿态保养，在冬季要注意锅炉防冻。

（三）锅炉干态保养

锅炉熄火吹扫完成后，停送、联合引风机，关闭送、联合引风机挡板及动叶，关闭锅炉各风门挡板，封闭炉膛进行闷炉。关闭锅炉所有的空气、疏水和放水门，包括高、低压旁路。当汽水分离器压力下降至 1.2MPa 时，迅速开启水冷壁、省煤器进口集箱放水门和其他所有疏水门，带压将水排空。水冷壁放水的时候要求先将水冷壁和省煤器出口至分疏箱放空气电动门开启 30min 以上。分疏箱压力降至 0.2MPa，开启锅炉所有放空门。锅炉消压后，开启高低压旁路，利用凝汽器真空抽取炉内的湿蒸汽 2h 以上。当锅炉进行抽湿的时候，也应开启主蒸汽管道疏水门对主蒸汽管道进行冷却。带压放水结束后开启送、联合引风机挡板以及锅炉各风门挡板，进行自然通风冷却。如果条件允许，当水冷壁温度下降到 100℃ 以下，联系检修人员开启各充氮门，对锅炉进行充氮保养，充氮压力控制在 20～50kPa。

（四）氨水碱化烘干法

给水采用加氨处理 ［AVT（O）］ 时，在停机前 4h，加大凝结水精处理出口加氨量，提高省煤器入口给水 pH 值至 9.4～10.0。锅炉停运后，按锅炉干态保养的规定放尽锅内存水，烘干锅炉。给水采用加氧处理（OT）时，在停机前 4h，停止给水加氧，加大凝结水精处理出口加氨量，锅炉停运后，按锅炉干态保养的规定放尽锅内存水，烘干锅炉。注意事项：

（1）停炉期间每小时测定给水、锅水和蒸汽的 pH 值；

（2）在保证金属壁温差不超过制造厂允许值的前提下，尽量提高放水压力和温度；

（3）当锅炉停用时间长，可利用凝汽器抽真空系统，对锅炉抽真空，以保证锅炉干燥；

（4）在保护期间，宜将凝结水精处理系统旁路。

（五）冬季停炉后防冻

检查投入有关设备电加热装置投用正常。检查锅炉人孔门、检查孔及有关风门、挡板应关闭严密，防止冷风侵入。锅炉各辅助设备和系统的所有管道，均应保持管内介质流通，对无法流通的部分应将介质彻底放尽，以防冻结。停炉期间，应将锅炉所属管道内不流动的存水彻底放尽。

第十四章 机组的运行与维护

第一节 锅炉运行监视和调节

直流锅炉监视和调整的主要内容有：蒸发量适应外界负荷的需要，过热蒸汽压力和温度在规定的范围内，保持经济燃烧和适当的炉膛压力，保持汽水行程中某些中间点的温度。

一、蒸汽压力的调节

直流锅炉压力调节的任务，实际是经常保持锅炉蒸发量和汽轮机所需蒸发量相等。只要时刻保持住这个平衡，过热蒸汽压力就能稳定在给定数值上。

汽包炉要调节蒸发量，先是依靠调节燃烧来达到的，与给水量无直接关系，给水量是根据汽包水位来调节的。但直流炉，炉内燃烧率的变化并不最终引起蒸发量的改变，而只是使出口汽温变化。由于锅炉送出的汽量等于进入的给水量，因而只有当给水量改变时才会引起锅炉蒸发量的变化。直流锅炉汽压的稳定，从根本上说是靠调节稳定给水量实现的。

但如果只改变给水量而不改变燃料量，则将造成过热汽温的变化。因此，直流锅炉在调节汽压时，必须使给水量和燃料量按一定的比例同时改变，才能保证在调节负荷或汽压的同时，确保汽温的稳定，这说明汽压的调节与汽温的调节是不能相对独立进行的。

从动态过程来看，炉内燃烧率的变化却可以暂时改变蒸发量，且与给水量的扰动相比，燃烧率的扰动要更快使蒸发量（汽压）反映。因此，在外界需要锅炉变负荷时，如先改变燃料量，再改变给水量，就有利于保证在过程开始时蒸汽压力的稳定。所以直流锅炉一般选燃料为锅炉负荷的主调而不是选给水量。

当给水流量增加时，推出一部分蒸汽，使机前压力和功率都有瞬时增加，如果燃烧率保持不变，功率将逐渐回落到原来水平，基本保持不变，压力最后由于过热汽温的下降而有所回落，稳定在较原先压力稍高的水平。（若协调投入，它对压力和功率的调节作用会短时间内改变燃烧率，并再对中间点温度造成扰动，有可能导致不稳定状况的发生。在燃料量的调节回路中引入中间点温度控制器的微分环节修正实际燃料量，将给水量和燃烧率的相互作用减小，稳定机组运行。）

二、蒸汽温度的调节

（一）影响汽温的因素

1. 煤水比

直流锅炉是以调节煤水比作为基本的调温手段，以喷水作为精确调节。煤水比主要是维持中间点温度（即启动分离器出口汽温）在规定范围内。正常运行时重点监视的是该点的微过热度。为了防止出现大的扰动，该温度允许运行人员调节的幅度一般为±5℃以内，中间点微过热度正常时保持在10～20℃。

2. 给水温度

变化剧烈时，要注意加强监视调整，某电厂曾在高压加热器切除后曾出现过严重的超温事故。给水温度降低，其他不变，直流锅炉汽温会下降，相当于减少燃料热量。

3. 受热面沾污

与汽包锅炉不同，直流锅炉炉膛结焦会使锅炉效率下降，在煤水比保持不变的情况下使过热汽温会下降。再热汽温由于过热汽下降的影响和炉膛出口烟温上升的影响因素部分相抵消而变化不大，偏向于升高。在过、再热器区域结焦或积灰会使汽温下降。在调节煤水比时，若是炉膛结焦，可直接增大煤水比；但过热器结焦，则增大煤水比时应注意监视水冷壁出口温度，防止水冷壁超温，应加大吹灰力度。

4. 过量空气系数

过量空气系数增大时会引炉膛温度下降，锅炉辐射吸热量减少，而对流吸热量有所增加，实际运行中后者影响略大些，过热汽温会上升。由于锅炉再热器主要呈对流特性，所以再热汽温会有所上升。

5. 火焰中心高度

当火焰中心升高时，炉膛出口烟温显著上升，再热器无论显示何种汽温特性，其出口汽温均将升高。此时，水冷壁受热面的下部利用不充分，致使1kg工质在锅炉内的总吸热量减少，所以过热蒸汽吸热减少，过热汽温降低，不是很明显。

由上述分析可见，直流锅炉的给水温度、过量空气系数、火焰中心位置、受热面沾污程度对过热汽温、再热汽温的影响与汽包锅炉有很大的不同。对于直流锅炉，上述后四种因素的影响相对较小，且变动幅度有限，它们都可以通过调整煤水比来消除。所以，直流锅炉只要调节好煤水比，在相当大的负荷范围内，过热汽温和再热汽温均可以保持在额定值。

（二）过热汽温的调节

过热汽温的调节分为粗调和细调两种方法，粗调是用调煤水比进行调节，细调是用一、二级喷水减温进行调节。

1. 过热汽温粗调（煤水比调节）

过热汽温粗调是用煤水比进行调节，为了减小调节的滞后，需要在汽水行程中选取一个能快速、准确地反映汽温变化趋势的中间点。一般选具有一定过热度的分离出口蒸汽温度为中间点温度。根据中间点温度的变化来调节煤水比，大致维持汽温的稳定。中间点温度值随负荷的上升而上升，但其过热度变化不大，煤水比随负荷的增大而减小。中间点选择原则：

（1）能快速响应汽温的变化。

（2）具有一定过热度的微过热蒸汽。

（3）便于测量。

2. 过热汽温细调（喷水调节）

过热汽温的细调是用一、二级喷水减温进行调节，过热器设有两级喷水减温器，一级喷水布置在二级过热器入口，二级喷水布置在三级过热器入口。两级喷水分别根据过热汽温作精确调节。减温水取自高压加热器出口（未经过给水测量孔板）。高负荷投用时，应尽可能多投一级减温水，少投二级减温水，以保护过热器，防止超温。

（三）再热汽温的调节

再热汽温的调节：由于过热汽温用控制煤水比进行调节，也就同时使再热器内的蒸汽流量与燃料量大致成比例地变化，对再热汽温也起了粗调作用。这与汽包锅炉的情况没有差别。因此，直流锅炉的再热汽温调节以燃烧器摆角和调整过量空气系数为主要调节，喷水减温只作为微调和事故情况时喷水之用。

对于再热汽温长期偏高或偏低问题，可通过改变中间点温度设定值的方法加以解决，降低中间点温度，则再热汽温降低，提高中间点温度，再热汽温升高。该方法的实质也是变动煤水比的控制值，运行中需综合考虑。

第二节　汽轮机运行监视和调整

机组运行的监视和调整，必须保证各参数在允许的范围内变动，严格监视参数变化趋势，并充分利用和发挥计算机程控及自动调整节装置，明确监视报警画面，以利于运行工况的稳定和进一步提高调节质量。

当系统正常投入运行时，运行人员要加强监视各工况参数，并经常进行过程参数变化情况的分析，发现某程控或自调装置不正常及报警时，立即将其切至"手动"保持运行工况正常，并立即通知有关人员尽快处理，恢复运行；在仪表和参数不显示或通道故障时立即联系热工处理，并加强巡视，注意监视其他参数的变化，同时和就地仪表及参数的变化比较，出现异常情况采取相应措施处理。

一、汽轮机不允许长期连续运行的异常工况

1. 高压缸排汽温度过高

为防止高压缸叶片过热以及冷再热蒸汽管道的强度限制，当高压缸排汽温度出现异常值时，测点信号接入跳机保护。

2. 高压缸压比过低

高压缸压比过低的保护跳机，有一定时间的延迟，即高压缸在启动时短期小流量，汽轮发电机组并网前及调门瞬间关闭时不会跳机。

3. 中压叶片鼓风工况

为保护中压缸叶片不至于过热，中压排汽温度过高工况不能运行。

4. 低压叶片鼓风工况

报警：低压排汽温度≥90℃；

跳机：低压排汽温度≥110℃。

5. 低压静叶持环温度

报警 1：低压持环温度≥180℃；

报警 2 或手动跳机：低压持环温度≥230℃。

6. 上下缸温差过大工况

在每个汽缸中间上下部位的温差不能过大，对超过表 14-1 温差的限制时，盘车、空负荷时的上下缸温差限制值较大，一旦带上负荷，温差限制值将减小。

考虑到汽缸的加热有一个过程，带负荷的限制可延迟 2min。

表 14-1　高中压缸上下缸温差限制值

工况		盘车运行	空负荷	带负荷
跳机	上限（℃）	55	55	45
	下限（℃）	-55	-55	-45
	延迟（min）	—		2
警告	上限（℃）	30	30	30
	下限（℃）	-30	-30	-30

7. 偏频率运行

低压调频叶片的共振应力大，因此在偏频率工况下要限制运行时间，见表 14-2。

表 14-2　偏频率工况下限制运行时间

偏频率（Hz）	时间限制
47.5~51.5	无限制
<47.5 或>51.5	在低压叶片的寿命期内总计不超过 2h

8. 倒拖运行工况

当自动主汽门突然脱扣关闭，发电机仍与电网并联时，发电机处于电

动机运行状态，原则上汽轮机不允许在这种工况下运行。

如果由于汽轮机跳机而引起的倒拖，即汽轮机内无蒸汽做功，但发电机没有脱离电网，由电网拖动发电机继续以额定转速运转。此时，一般应在4s内由保护动作脱网。

如果汽轮机没有跳机，而是外部原因引起倒拖，一般在15s内由保护动作脱网。由于倒拖会造成叶片和其他部件的鼓风发热，引起汽轮机的额外寿命损失。从保护汽轮机的角度，倒拖时间越短越好，一般不超过1min。

9. 超速保护

在转速超过限制值时，由DEH的超速保护系统发出报警及跳机指令。

10. 低压排汽压力过高跳机

机组不允许在低压排汽压力超过最高允许值工况下运行。该限制与低压排汽温度限制均为保护低压末端叶片和汽缸不会因小流量造成鼓风发热损伤。在可能的不正常环境条件下或凝汽器冷却水系统发生故障（例如水温升高、单循环泵或凝汽器半边运行等）时，机组在额定负荷下持续运行时的允许最大背压为28kPa。

为了保护低压叶片，DEH将分别在20kPa报警，30kPa跳机。

11. 润滑油压过低

机组不允许在润滑油压过低工况下运行，在跳机的同时，危急油泵自动启动，以保证安全的停机。在跳机前，将发出报警。

12. 油箱低油位

油系统中润滑油的流失将导致油箱油位过低，为避免油泵、轴承及其他部件的损坏，机组不允许在油箱油位过低情况下运行。在跳机前，有报警信号。

13. 轴承温度过高

当供油不足或者转子失平衡时，轴承金属温度将可能超出最大许用值，汽轮机将不允许在该工况下运行。在跳机前有报警信号，分别为115℃报警，130℃跳机。

14. 轴承振动过大

有许多原因造成汽轮发电机振动过大，振动数据来源于转子及轴承座。根据西门子公司的规程，当转子相对振动大于0.165mm时报警；转子相对振动为0.265mm或1～5号轴承振动速度达到11.8mm/s，6～8号轴承振动速度达到14.7mm/s时机组跳机。

15. 转子轴向位移超限

当推力轴承瓦块磨损超过限度时，导致动静轴向间隙超过允许的范围，引起损坏，为此，当在任何方向超标时，将报警或跳机。

二、汽轮机的主蒸汽和再热蒸汽参数允许运行范围

主蒸汽和再热蒸汽参数允许运行范围见表14-3。

表 14-3　主蒸汽和再热蒸汽参数允许运行范围

参数名称		限制值
主蒸汽压力	任何 12 个月周期内的平均压力	$\leqslant 1.00 p_0$
	保持所述年平均压力下允许连续运行的压力	$\leqslant 1.05 p_0$
	例外情况下允许偏离值，但 12 个月周期内积累时间$\leqslant$12h	$\leqslant 1.20 p_0$
	冷再热蒸汽压力	$\leqslant 1.25 p_1$
主蒸汽及再热蒸汽温度	任何 12 个月周期内的平均温度	$\leqslant 1.00t$
	保持所述年平均温度下允许连续运行的温度	$\leqslant t+8℃$
	例外情况下允许偏离值，但 12 个月周期内积累时间$\leqslant$400h	$\leqslant t+14℃$
	例外情况下允许偏离值每次$\leqslant$15min，但 12 个月周期内积累时间$\leqslant$80h	$\leqslant t+16℃$
	不允许值	$>t+16℃$

注　p_0 为额定主汽门前压力，MPa(a)；p_1 为额定冷再热蒸汽压力（THA 工况），MPa(a)；t 为额定主汽门前、再热汽阀前温度，℃。

主蒸汽、再热蒸汽采用两根平行管道供汽，机组在启动和正常运行时两根管道中的蒸汽温度的允许偏差值，能承受不大于 17℃的偏差。

在不正常情况下能承受的最大温差为 28℃，时间不超过 15min，且出现同样情况至少间隔 4h。

三、汽轮机轴系能承受的运行工况

（1）汽轮机轴系能承受发电机及母线突然发生两相、三相短路、线路单相短路快速重合闸、非同期合闸时所产生的扭矩，其中发电机发生两相短路时扭矩和应力最大，见表 14-4。

表 14-4　发电机发生两相短路时汽轮机各节点的设计扭矩、扭应力和安全系数

轴承号	位置	累计扭矩（kN·m）	扭应力（N/mm²）	许用扭转应力（N/mm²）	安全系数
1	高压转子	1384	128.5	574	4.5
2	中压转子	3686	175.2	574	3.2
3	低压转子Ⅰ	7694	223.1	602	2.6
4	低压转子Ⅱ	8656	251.0	602	2.3
5	发电机转子	8399	342.2	633	1.9
6	励磁机转子	2934	233.5		

（2）在工频和两倍工频±7%范围内轴系无扭振自振频率，见表 14-5。

表 14-5　轴系扭振自振频率

阶数	1	2	3	4	5	6	7
扭振频率（Hz）	14	22	31	62	66	136	146

（3）汽轮机转子允许轴振工况。

保证所提供的汽轮机转子在所有稳定运行工况下（转速为额定值）运

行时，在任何轴颈上所测得的双振幅（水平、垂直方向）相对振动值不大于 0.076mm。各转子轴系在通过临界转速时各轴颈双振幅相对振动允许值不大于 0.15mm。

（4）轴系各阶临界转速。

汽轮发电机组的轴系各阶临界转速与额定转速避开±15％的区间。轴系临界转速值的分布保证能有安全的暖机转速和进行超速试验转速，见表 14-6。

表 14-6　上汽 1000MW 汽轮机发电机组临界转速（设计值）

轴段名称	一阶临界转速（r/min）		二阶临界转速（r/min）	
	轴系	轴段	轴系	轴段
高压转子	2640	3240	7860	10620
中压转子	1920	2100	5460	6840
低压转子 I	1200	1320	3480	4200
低压转子 II	1320	1320	3660	4200
发电机转子	720	720	2040	2520

四、汽轮机各种运行方式下的寿命消耗

汽轮机的零部件（不包括易损件）的设计使用寿命不少于 30 年，在其寿命期内能承受下列工况，总的寿命消耗不超过 75％，其疲劳寿命消耗不超过总寿命的 75％，以保证机组能在设计使用寿命期限内可靠地运行，见表 14-7。

表 14-7　汽轮机各种运行方式下寿命消耗

启动方式	次数	寿命损耗（％/次）	总寿命损耗（％）
冷态（停机超过 72h，汽缸金属温度约低于该测点满负荷值的 40％）	200	0.0115	2.3
温态（停机在 10～72h 之间，汽缸金属温度约在该测点满负荷值的 40％～80％之间）	1200	0.0115	13.8
热态（停机不到 10h，汽缸金属温度约高于该测点满负荷值的 80％）	5000	0.0115	57.5
极热态（机组脱扣后 1h 以内，汽缸金属温度接近该测点满负荷值）	300	不计	不计
负荷阶跃（>10％THA/min）	12000		不计
			73.6

寿命损耗与蒸汽温度、转子温度和变化速率有关。上述冷态启动的蒸汽温度以不大于 400℃，中压缸进汽压力不大于 1.2MPa 为限。

温差与运行模式有关，机组额定负荷以下的变化为滑压运行，启动时转子升温很快，但带上负荷后，温升却非常小，这种热力特性对转子温度

本身就很高的热态启动非常有利，寿命损耗小或启动时间可更快一些。

对滑压运行 10%THA/min 的负荷阶跃，不计寿命损耗。

在下列扰动下，轴系寿命疲劳损耗值（单次冲击）：

（1）90°～120°误并列，疲劳损耗最大值为 0.05%。

（2）发电机出口三相或两相短路，疲劳损耗最大值为 0.1%。

（3）近处短路及切除，切除时间小于 150ms 时，疲劳损耗 0.05%。

（4）切除时间大于 150ms 时，疲劳损耗 0.1%。

（5）甩负荷疲劳损耗为 0.02%。

（一）机组年利用小时

半年试生产后，年利用小时数可达 6500h，年平均运行小时数可达 7800h，见表 14-8。

表 14-8　机组运行模式方式

负荷	每年运行小时数（h）
100%	4200
75%	2120
50%	1180
40%	300

（二）机组的允许负荷变化率

（1）在 50%～100%TMCR 负荷范围内≥5%TMCR 负荷/min；

（2）在 30%～50%TMCR 负荷范围内≥3%TMCR 负荷/min；

（3）30%TMCR 负荷以下≥2% TMCR 负荷/min；

（4）允许负荷阶跃＞10%TMCR 负荷/min。

（三）机组采用高、中压联合启动功能

在通常情况下，高压缸排汽进入再热器，高、中压调门同时控制启动过程，DEH 程序根据启动时的状况自动确定高、中压调门的开度。其基本原则为：

（1）总是高压缸先进汽。

（2）按高压缸排汽温度控制高压缸的流量，不会出现高压缸过热的情况。

（四）汽轮机甩负荷工况

当汽轮机负荷从 100%甩至零时，汽轮发电机组能自动降至同步转速，并自动控制汽轮机的转速，以防机组脱扣。

（五）汽轮机超速试验

超速试验时，汽轮机能在 112%的额定转速下作短期运行，这时任何部件都不超过许用应力，各轴系振动也不超过报警值。汽轮发电机整体轴系的稳定安全性计算由汽轮机制造厂负责。

五、汽轮机的维修方式

(一)三种检修方式

1. C级检修

C级检修:在机组正常停机或者其他设备正常停机时进行的修理程序,在C级检修中:

(1)汽轮机不开缸,阀门也不打开。

(2)调节系统进行调整:根据机组停机的情况可对调节系统的部件进行检查。

2. B级检修

B级检修:在机组正常停机时进行中修。在B级检修中:

(1)汽缸不打开。阀门也不打开。

(2)调节系统进行调整:根据机组停机的情况可对调节系统的部件进行检查。

(3)在检查时也包括有限范围的改进和修理工作。

3. A级检修

(1)在A级检修期间,所有的汽缸均打开。

(2)对部件进行仔细的检查和替换零件。

(3)工厂工作记录和制造鉴定可作为对汽轮机各个部件今后使用状态标定的原始资料。

(4)调节系统和阀门的工作内容同中修。

各级检修的范围见表14-9。

表 14-9　各类检修的范围表

检修内容	C级	B级	A级
一、阀门和油动机			
电液执行机构		✓	✓
主调门检修及调整＋更换部件			✓
供油站			✓
调门封汽片及调节器			✓
LP凝汽射汽阀检查			✓
真空泵			✓
HP蒸汽站(DUMP)			✓
蒸汽蝶阀			✓
带执行机构的抽汽阀			✓
冷再热和抽汽蝶阀检查			✓
高温螺栓检查			✓
二、基础			
基础和联轴器			✓

续表

检修内容	C级	B级	A级
底板螺栓检查		✓	✓
三、轴承座和轴承			
轴承座打开		✓	✓
轴承＋替换部件		✓	✓
轴承找中、密封线检查、间隙测量		✓	✓
四、汽缸			
开缸＋替换部件			✓
高温螺栓检查			✓
末级叶片状态检查	✓	✓	✓
中压外缸螺栓及紧力		✓	✓
五、转子			
高压转子			✓
六、其他			
挠度检查			✓
汽缸和轴承底板导向检查＋替换部件		✓	✓
密封渗漏、拆洗检查	✓	✓	✓
管路检查、消漏	✓	✓	✓
蒸汽滤网拆洗检查		✓	✓
转子盘车设备检查			✓

（二）A级检修间隔按等效运行小时确定

A级检修的间隔与机组实际的运行小时及启动次数有关，这两个因素表达为机组的等效运行小时，其计算公式为

$$T_a = T_B + n_s \times 25 \tag{14-1}$$

式中　T_a——等效运行小时；

　　　T_B——实际运行小时；

　　　n_s——所有冷、温、热、极热态启动次数的总和。

对正常连续使用，各类修理的范围为：3 年一次 C 级修（约 25000h），6 年一次 B 级检修（约 50000h），12 年一次 A 级修（约 100000h），见表 14-10。

表 14-10　检修（A、B、C 级）的等效运行时间间隔

等效运行小时（h）	25000	50000	75000	100000	125000	150000
检修类型	C级	B级	C级	A级	C级	B级

六、汽轮发电机组的热耗计算

（一）汽轮发电机组在 THA 工况条件下的热耗率计算（不计入任何正偏差值）

$$HR = [W_t \times (H_t - H_f) + W_r \times \Delta H_r] / (kW_g - \sum kW_j) \tag{14-2}$$

式中　HR——汽轮发电机组热耗率，$kJ/(kW \cdot h)$；

　　　　W_t——主蒸汽流量，kg/h；

　　　　W_r——再热蒸汽流量，kg/h；

　　　　H_t——主汽门入口主蒸汽焓，kJ/kg；

　　　　ΔH_r——经再热器的蒸汽焓差，kJ/kg；

　　　　H_f——最终给水焓，kJ/kg；

　　　　kW_g——发电机终端输出功率，kW；

　　　$\sum kW_j$——当采用静态励磁、电动主油泵时各项所消耗的功率，kW。

上式是未使用减温水的工况，如使用时应予修正。

（二）计算保证热耗率时应满足的条件

（1）给水泵效率 83%；

（2）给水泵汽轮机效率 81%；

（3）再热系统压降 10%；

（4）1 段～3 段抽汽压损 3%，其他各段抽汽压损 5%；

（5）加热器端差参考表 14-11（加热器号按抽汽压力由高至低排列）。

表 14-11　加热器设计端差

加热器编号	1 号高压加热器	2 号高压加热器	3 号高压加热器	5 号低压加热器	6 号低压加热器	7 号低压加热器	8 号低压加热器
上端差（℃）	−1.7	0	0	2.8	2.8	2.8	2.8
下端差（℃）	5.6	5.6	5.6	5.6	—	—	—

说明：7、8 号低压加热器属主机配套设计供货，因此在汽轮机性能考核试验时不再对低压加热器的端差进行修正。

七、汽轮机试验

（一）机组进行试验时应遵循的原则

（1）机组大小修后，必须先进行主辅设备的保护、联锁试验，试验合格后才允许设备试转和投入运行。

（2）进行各项试验时，要根据试验措施要求，严格按规定执行。

（3）临时检修、设备系统检修、保护和联锁的元器件及回路检修时，必须进行相应的试验且合格，而对其他保护联锁只进行投停检查。

（4）有近控、远控的电动门、气动门、伺服机构，远控、近控都要试验，并记录开、关时间。对已投入运行的系统及承受压力的电动门、调节门不可进行试验。

（5）设备试验方法分静态、动态两种：静态试验时，6kV 以上辅机仅送试验电源，400V 低压电源均送上动力电源；动态试验时，操作、动力电源均送上。动态试验必须在静态试验合格后才可进行。

（6）机组、设备联锁保护试验前，热工人员需强制满足有关条件。进行设备联锁试验前，应先进行就地及集控室手动启停试验并确认合格。

（7）各联锁、保护试验动作及声光报警应正常，各灯光指示、画面状态显示正确。

（8）机组正常运行中的定期试验，应选择机组运行稳定时进行，并严格按操作票执行。运行中设备的试验，应做好局部隔离措施，不得影响运行设备的安全。对于试验中可能造成的后果，应做好事故预想。

（9）试验后应恢复强制条件，并可靠投入相应的保护联锁，不得随意改动，如改动应经过规定的审批手续。

（10）试验结束后，应做好系统及设备的恢复工作，校核保护值正确，并分析试验结果，做好详细记录。

（11）试验结束后，各设备应停动力电源。不停电时应做好防误启措施，需启动的设备开关应切至"远方"位置。

（二）汽轮机运行中的主要试验项目

1. 主机高/中压主汽门、调门严密性试验

试验的目的：检查汽轮机高/中压主汽门、调节汽门的严密性，为避免汽轮发电机组在突然甩负荷或紧急停机过程中转速的过度飞升，以及在低转速范围内能有效控制机组的转速，是防止汽轮发电机组超速的重要措施之一。

机组出现以下情况，需要进行汽门严密性试验：汽门新安装或经过 C 级及以上检修；机组甩负荷试验前；高/中压主汽门、调门解体检修或调整后；根据运行中的异常情况，决定需要进行汽门严密性试验。

试验方法：机组维持 3000r/min 且机组未并网时，关闭汽轮机高/中压主汽门或调节汽门，观察汽轮机转速下降情况。

评价标准：当试验时主蒸汽压力为额定压力时，合格转速 n 为 1000r/min 以下；当试验时的主蒸汽压力在 $50\%\sim100\%$ 额定压力区域时，合格转速 n 按下式修正

$$n=(p/p_0)\times1000(r/min) \tag{14-3}$$

式中　p——试验时的蒸汽压力；

　　　p_0——主蒸汽额定压力。

试验后汽轮机最终的稳定转速比修正合格转速 n 低，汽门严密性合格。

2. 主机汽门活动试验（ATT 试验）

试验的目的：检查汽轮机高/中压主汽门、调节汽门是否卡涩，为避免汽轮发电机组在突然甩负荷或紧急停机过程中转速的过度飞升，以及在低转速范围内能有效控制机组的转速，是防止汽轮发电机组超速的重要措施之一。

机组正常运行中，原则上每月进行一次 ATT 试验。

3. 汽轮机超速试验

下列情况下应进行超速试验：新机组投产，或甩负荷试验前；机组 A

级检修后首次启动时，或机组停运时间超过一个月后启动；每次 DEH（包括 EH 油系统）检修后首次启动。注：机组 B 级、C 级检修后，可用转速通道试验的方法来确认超速保护回路的正确性。

4. 真空系统严密性试验

试验条件：试验时，机组负荷稳定在额定负荷的 80% 以上；凝汽器真空在 −87kPa 以上，排汽温度不高于 60℃；真空泵运行良好，维持两台运行，一台备用；有关真空数值（就地和操作员站）显示均正常；记录好机组负荷、凝汽器排汽温度、凝结水温、真空等有关数据。

5. 抽汽逆止门活动试验

抽汽逆止门活动试验每月进行两次，试验由运行人员操作，检修维护人员在就地鉴定，同时要求生产技术部汽轮机、热工等专业人员到场配合。

6. 运行期间主机润滑油泵试验

试验的目的：当运行中的主机交流润滑油泵发生故障时，通过压力开关回路控制接通备用交流润滑油泵或直流润滑油泵，保证机组轴承不断油；每隔 15 天对主机交流润滑油泵和直流润滑油泵进行一次在线试验；试验时应错开各油泵的启、停时间间隔，防止超过规定的油泵电动机启动次数。

第三节　发电机运行调整和维护

一、发电机允许的运行方式及规定

发电机在制造厂铭牌规定的数据下运行的方式，即为额定参数下的运行方式。发电机可以在这种方式下长期连续稳定运行。

（一）发电机正常运行参数

发电机正常运行参数见表 14-12。

表 14-12　发电机正常运行参数表

型号	QFSN-660-2	额定容量 S_N	733.3MVA
额定功率 P_N	660MW	最大连续输出功率 P_{max}	694.7MW
最大连续输出容量 S_{max}	772MVA	额定功率因数 $\cos\phi$	0.9
定子额定电压 U_N	20kV	定子额定电流 I_N	21169A
额定频率 f_N	50Hz	额定转速	3000r/min
额定励磁电压 U_{f_N}	441V	额定励磁电流 I_{f_N}	4493A
空载励磁电流 I_{f_0}	1480A	定子绕组接线方式	YY
允许频率偏差	+2, −3%	允许定子电压偏差	5±%
噪声	≤85dB	轴电压	<10V

（二）发电机冷却介质参数

发电机冷却介质参数见表 14-13。

表 14-13　发电机冷却介质参数表

定子线棒冷却水流量	105t/h	定子冷却水进口水温	45～50℃
定子冷却水出口水温	≤85℃	定子冷却水压力	0.15～0.2MPa
定子冷却水导电率	0.5～1.5μS/cm	氢气冷却器数目	2组
退出一个冷却器发电机出力	528MW	气体冷却器进水温度	38℃
气体冷却器出水温度	43℃	气体冷却器水流量	900t/h
发电机进口风温	46℃	发电机出口风温	≤80℃
额定氢压	0.5MPa	最高允许氢压	0.52MPa
氢气干燥器形式	冷冻式	发电机机壳容量	90m³

（三）发电机效率

发电机在额定电压、额定功率和额定氢压下不同负荷时的效率见表 14-14。

表 14-14　发电机效率表

有功功率（MW）	65	330	495	660
效率（%）	98.61	99.03	99.02	98.98

（四）发电机的温升限值

发电机在额定方式下的长期运行，主要是受机组各部分的发热情况限制，这样就提出了一个发电机各部分的允许温升问题。发电机的温升限值见表 14-15。

表 14-15　发电机的温升限值表

测温部分名称	温度限值（℃）		
	电阻法	温度计法	埋置检温计
机内氢气			80℃
定子绕组出水			85℃
定子绕组上下层线棒间			90℃
定子铁芯			120℃
定子端部结构件			120℃
转子绕组	110℃		
轴承金属温度			90℃
轴承和油密封出油		70℃	

（五）发电机的温升限值与发电机的结构及冷却系统的密切关系

发电机铭牌负荷只能在规定的冷却条件下（冷却介质温度、氢压及其他）作为带负荷的原始依据，还必须通过运行来检查发电机在额定负荷时的最热点温升是否超过规定的标准。但是发电机的最热点温度是难以准确测量的，这只能根据力所能及的测试手段（如绕组的平均铜温、氢内冷时线棒内气体的出口温度等），可通过试验或统计的方法计算出发电机的最热点温度来。再用这个温度与规定温度的标准比较后，才能确定出发电机的容许负荷是否能达到额定值，否则在低于额定铭牌负荷的情况下运行。

（六）视在功率与电压和电流的关系

当功率因数与频率为额定值，电压在额定值的 95%～105% 内变动，视在功率与电压和电流的关系按表 14-16 规定。

表 14-16　视在功率与电压和电流的关系

定子电压/额定定子电流	105	100	95
视在功率/额定视在功率	100	100	100
定子电流/额定定子电流	95	100	105

（七）变功率因数运行

当降低功率因数运行时，转子电流不允许大于额定值，且视在功率应减少。当增大功率因数时，视在功率不能大于其额定值。

（八）冷却条件变化对发电机允许出力的影响

1. 氢气压力变化的影响

发电机正常运行时，机内氢压必须高于定子内定冷水的水压。特殊情况下需要降低氢压运行时，须与制造厂协商，且运行时间不应超过 4h，此时发电机允许负荷应根据温升试验确定。未经试验确定前的允许负荷可参考表 14-17。

表 14-17　发电机氢压变化对负荷的影响

氢压（MPa）	有功功率（MW）	定子电压（kV）	定子电流（A）	功率因数
0.3	572	20	19053	0.866
0.2	522	20	16936	0.89

2. 氢气温度变化的影响

当氢气的入口风温升高时，如果发电机的负荷不变，则由于温度的升高将会引起发电机绝缘寿命的降低。一般认为，温度每升高 10℃，发电机的绝缘寿命缩短一半。这里所指的温度不是绕组的平均温度，而是最热处的铜温，因为只要局部绝缘遭到破坏，就会发生故障。由此可知，为了避免绝缘加速老化，冷却介质温度升高时，必须相应减小发电机的定子电流。另外，当冷却介质的温度降低时，为了挖掘潜力，发电机的定子电流也可以较额定值有所增加，但是定子电流的增加量还要考虑到发电机绝缘和其他部件的机械作用所带来的影响。譬如铁芯长度超过 2m 的发电机，如果冷却介质温度的降低值超过 10℃，则发电机绕组的温升只允许增加 10℃，如果进风温度再降低时，电流值也不得再增加。这是考虑到绝缘和其他部件的机械作用的影响后，对负荷增加量的一种限制。原因是绕组温升过高，会使绕组和铁芯之间的伸长量增大，由于铜的膨胀比铁的膨胀速度快，期间差别很大，以至发电机绕组由于摩擦，而使其端部绝缘遭到破坏。另外，对于氢冷发电机，因为其湿度是控制在 $4g/m^3$ 以下，所以当进风温度低于

20℃以后，有可能发生结露的危险，这与进风温度的降低量只允许较额定值低 10℃ 的规定也是有关系的。

3. 氢气温度与负荷关系

当发电机冷氢温度为额定值时，其负载应不高于额定值的 1.1 倍；当冷氢温度低于额定值时，不允许提高发电机的出力；当冷氢温度高于额定值时，每升高 1℃ 时，定子电流相应减少 2%。但冷氢温度不允许超过 48℃。

一般发电机的出口风温不予规定，但应监视进、出风温差。若温差显著增大，则表明冷却系统已不正常，或发电机内部的损失有所增加，这时必须分析原因，并根据情况采取措施，予以消除。

4. 氢气冷却器与负荷的关系

发电机正常运行时须投入两组、共四台氢气冷却器（每组两台），以维持机内冷氢温度恒定。当退出一台氢气冷却器时，发电机的负荷须降至额定负荷的 80% 或以下运行。

氢气冷却器的进水温度超过额定值时，可根据运行氢压和氢温调节负载运行。

二、电压、频率不同于额定值的运行

（一）电压不同于额定值的运行

当定子电压的变化处于额定值的 ±5% 范围内，发电机是处在额定氢压下，而且功率因数为额定值时，发电机的额定视在功率可以保持不变。这时的额定定子电流可相应的变化。也就是说当电压降低到 0.95 倍的额定值时，定子电流可以升高到 1.05 倍额定值；当电压升高到 1.05 倍的额定值时，定子电流应降低到 0.95 倍额定值。当定子电流升高到 1.05 倍额定值时，定子绕组或转子绕组的温升可能高于额定值，但国外实践证明，绕组和铁芯的温升不会超过额定值 5℃。

当发电机电压超过额定值 5% 时，就会引起励磁电流和发电机的磁通密度增加，而近代的一些大型发电机在正常运行时，其定子铁芯就已在比较高的饱和程度下工作，所以即使电压提高不多，也会使铁芯过饱和，并导致定子铁芯温度升高和转子及定子结构件中附加损耗增大。由于转子绕组和定子铁芯的温升不允许超过运行中的最大允许值，故当定子电压超过额定值 5% 时，一般应根据转子绕组和定子铁芯的温升情况，来限制发电机的视在功率。发电机连续运行的最高允许电压应遵守制造厂的规定，但最高不得大于额定值的 110%。的确，也曾有过这样的发电机，在其定子电压变动到额定值的 110% 时，仍能保持原来的额定视在功率。但当超过额定值的 110% 时，就必须经过专门的铁芯温升试验确定出定子和转子的附加损耗以后，才能准许发电机运行。

当电压降低值超过 5% 时，定子电流长时期允许的数值不得超过

$1.05I_n$，显然，这时的额定容量会有所降低。部颁规程规定：发电机的最低运行电压应根据系统稳定运行的要求来确定，一般不应低于额定值的90％，因为电压过低后，不仅会影响并列运行的稳定性，导致振荡或失步，还会使发电厂厂用电动机的运行情况恶化，转矩降低，从而使机炉的正常运行受到影响。但在国外，也曾有过发电机的电压降低到额定值的85％的情况下，仍长期运行的先例。

当然，110％和85％都不是值得推荐的非正常运行情况。

在未进行专门的温升试验以前，可根据表14-18来确定发电机在电压变化时的额定容量和定子电流。

表 14-18　发电机额定电压的变化对容量的影响

额定电压（％）	额定视在功率（％）	额定定子电流（％）
110	88	80
109	91	83.5
108	93.5	86.5
107	96	90
106	98	92.5
105	100	95
100	100	100
95	100	105
90	94.5	105

（二）频率异常运行

频率变化会引起发电机定子的附加铜耗、铁耗、励磁电流以及冷却状态发生变化。譬如频率降低时，发电机转速降低，并导致冷却条件变坏。为了保持定子电压，大多数情况下需要提高励磁电流。如果维持磁通密度不变，则定子铁芯的铜耗会有所降低。随着频率升高，转子表面损耗和铁芯损耗增加，但通风条件都能得到改善。

国外资料认为，转速（频率）变化在±2.5％范围以内时，发电机的温升实际上不受影响。但如果长时间运行的频率比额定值偏差较大（低于48.7Hz）时，则必须通过试验，并根据汽轮发电机在运行中的有效部分的最大容许温升和冷却条件来确定容许的功率。

国外的±2.5％的频率变化范围只能作为参考，因为该值远远超过了正常运行时的额定频率即50Hz，但因电力系统中负荷的增减频繁，频率的调整不可能十分及时，因此不能保持在额定变化范围。国家电力公司标准《汽轮发电机运行规程》明确规定频率的变化范围不超过0.5Hz，即为额定频率的±1％时，发电机才可按额定容量运行。部颁《电力工业技术管理法规》及《全国供用电规则》还进一步明确规定：对于3000MW以上的电网，要求频率的变化不超过±0.2Hz；对3000MW以下的电网，要求频率的变化不超过±0.5Hz。

频率的变化是由于电力系统中发电机的功率和用户的负荷不平衡所引

起的，当系统的负荷超过发电机的功率时，频率就要下降，否则将升高。电力系统中的负荷是经常而又迅速地变化着的，而发电机功率的调整往往受原动机的影响而迟缓，所以，不能完全适应系统负荷的迅速变化，因此，频率的波动是不可避免的。

当电力系统中没有或缺少备用容量，而负荷又超过发电厂的功率时，系统频率就要下降，系统缺电容量与频率下降的关系见表 14-19。

表 14-19　系统缺电容量与频率下降的关系

电网频率（Hz）	缺电容量与电网最高负荷的百分数（%）
49.5	2~3
49.0	4~6
48.0	8~12
47.0	12~18

发电机在额定功率因数，电压偏离额定值 $\pm 5\%$，频率偏离额定值 $+2\%\sim-3\%$ 时能连续输出额定功率。

当频率偏差大于上述频率值时，允许运行的时间按表 14-20 规定。

表 14-20　频率偏差大允许运行的时间

频率（Hz）	寿命期累计时间（min）	每次持续时间（s）
51.0~51.5	30	30
50.5~51.0	180	180
48.5~50.5	连续运行	
48.0~48.5	300	300
47.5~48.0	60	60
47.0~47.5	10	10

电压升高同时频率降低工况可导致发电机和变压器过磁通量，电压降低同时频率升高工况可导致发电机旋转部件所承受的应力增大。这些因素将引起发电机温升增高和寿命的缩短，应尽快降低负荷或限制这些工况运行。

输出功率和允许运行时间规定见表 14-21。

表 14-21　输出功率和允许运行时间规定

频率（Hz）	47.5	47.5	47.5	51.5	51.5	51.5
电压（V）	19	20	21	19	20	21
有功功率（MW）	660	650	580	660	660	660
每次允许时间（min）	1	1	1	0.5	0.5	0.5
寿命期内累计（次）	60	60	60	30	30	30

三、发电机的安全运行极限与 *P-Q* 曲线

图 14-1 为汽轮发电机的运行限额曲线。由图中可以明显地看出，在进

相运行功率因数小于额定值时，发电机的出力应降低，因为功率因数越低，定子电流的无功分量越大，电枢反应的去磁作用也越大，为了维持定子电压不变。必须增加转子电流，此时若仍保持发电机出力，必然使转子电流超过额定值，并导致转子绕组升温而使其过热。所以，在运行中，若功率因数低于额定值，值班人员就必须注意调整负荷，以保证转子电流不超过规定值。当功率因数大于额定值时，励磁电流不再是限制出力的因素，此时限制发电机出力的是定子电流即视在功率，以及汽轮机的输出功率。当进入进相运行状态时，电机的运行范围同时受到定子端部温升限额及静态稳定极限的限制，对于短路比较低（$SCR \leqslant 0.6$）的汽轮发电机来说，在进相运行时 $\cos\phi$ 约在小于 0.95（超前）以后，静态稳定通常称为主要的限制因素。因此，定子端部温升限额曲线可能只在 $\cos\phi = 0.98$（滞后）到 $\cos\phi = 0.95$（超前）区间起限制作用。对于 $SCR \approx 0.4$ 的机组，预计静态稳定限制区域伸展到 $\cos\phi = 1$ 处，或者更甚，在这种情况下，温升限制退居于极为次要的地位。

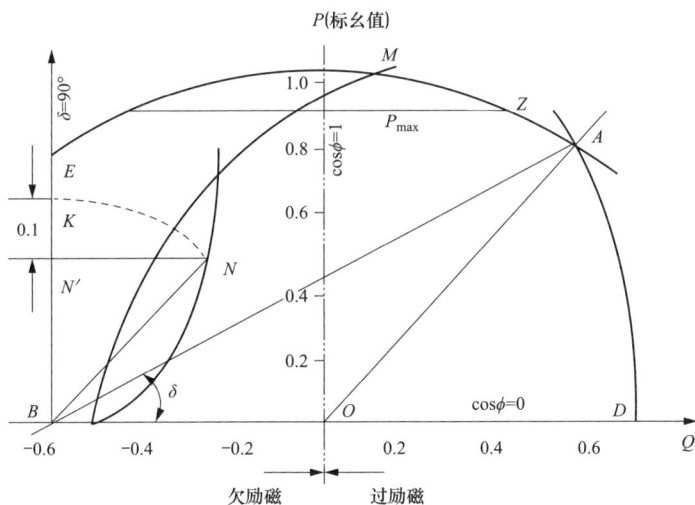

图 14-1　汽轮发电机的运行限额曲线

四、发电机运行方式及规定

（一）正常运行方式

（1）发电机按照制造厂铭牌规定参数运行的方式，称为额定运行方式，发电机可在这种方式下长期连续运行。

（2）发电机在下列情况下输出额定出力：

1）冷却氢气进口温度不大于 48℃。

2）氢冷却器冷却水进水温度不大于 38℃。

3）定子绕组内冷水进水温度不大于 50℃。

4）氢压不低于额定值，氢气纯度不低于 96%。

（3）发电机在上述情况下，在出力曲线范围内能在功率因数超前 0.9 下带额定容量长期连续运行。

（4）发电机的有功负荷除受负荷曲线及机、炉工况限制外，还必须控制运行参数在 P-Q 曲线的限额范围内。

（二）电压、电流、频率及功率因数变化时的运行方式

（1）发电机电压变化范围为额定值的 $\pm 5\%$ 时能连续运行。

（2）当发电机定子电压在额定值的 $\pm 5\%$ 范围内变化，而功率因数为额定时其额定容量不变。即当发电机定子电压高于或低于额定值的 5% 时，定子电流允许的数值可低于或高于额定值的 5%。

（3）当发电机的电压下降到低于额定值的 95% 时，定子电流长期允许的数值仍不得超过额定值的 105%。

（4）发电机最高运行电压不得大于额定值的 110%（22kV），最低运行电压不得小于额定值的 90%（18kV），并应满足厂用母线电压的要求。

（5）发电机正常运行时，定子三相电流之差，不得超过额定值的 8%，同时最大一相的电流不得大于额定值。

（6）发电机承受负序电流的能力，长期稳定运行时，其负序电流不应大于额定值的 8%，短时负序电流应满足：$(I_2/I_N)^2 t \leqslant 10\mathrm{s}$。

（7）发电机正常运行频率应保持在 50Hz，当变化范围小于 $\pm 0.2\mathrm{Hz}$ 时，可以按额定容量连续运行。

（三）温度及氢压变化时的运行规定

（1）定子线圈的进水温度变化范围为 45~50℃，超过 53℃ 或低于 42℃ 均将发出报警信号。

（2）总出水管的出水温度正常应不大于 80℃，大于 85℃ 时，将发出报警信号。

（3）当定子线圈任一出水支路的出水温度达到 85℃ 或定子线圈层间温度达到 90℃ 时，将发出报警信号。

（4）运行中定子线圈层间温度最高允许 90℃，最高与最低温差不得超过 10℃，否则报警。最高与最低温差达 14℃ 时，则申请解列停机。

（5）运行中定子上、下层线圈出水温度最高允许 85℃，同层线圈出水温差不得超过 8℃，否则报警。最高温度达 90℃，或同层线圈出水温差达 12℃ 时，则申请解列停机。

（6）发电机的额定氢气压力为 0.5MPa，最低为 0.48MPa，最高为 0.52MPa。当低于 0.48MPa 或高于 0.52MPa 时将发出报警信号。

（7）发电机氢气冷却器额定冷氢温度为 46℃，最低为 40℃，最高为 48℃，当低于 40℃ 或大于 50℃ 时将发出报警信号。各氢气冷却器出口氢温的温差不得超过 2K。

（8）发电机在额定氢压工况下（0.5MPa），投入二组氢气冷却器运行，

每组氢气冷却器有两个并联的水支路。当停用一个水支路（1/4 氢冷却器退出运行）时，发电机的负荷应降至额定负荷的 80% 以下继续运行。

（9）氢冷却器进水温度最高为 38℃，调整保持定子水温高于氢温 2～3℃。

（10）氢气纯度正常时应不低于 97%，含氧量不得超过 1.2%，否则应排污补氢。

（11）控制发电机内氢气湿度折算到大气压下的露点温度应小于 $-5℃$，但不低于 $-25℃$，氢罐的湿度不得高于 $-50℃$。

（12）氢气干燥装置应经常投入使用，当机内氢气湿度大于露点温度 $-5℃$ 时，应立即检查干燥装置是否失效。

五、发电机的短时过负荷能力

在正常运行时，发电机是不允许过负荷的，即不允许超过额定容量长期运行。当发电机电压低于额定值时，允许适当增大定子电流，但定子电流最大不得超过额定值的 5% 长期运行。

在系统发生短路故障，发电机失步运行，成群电动机启动和强行励磁等情况下，发电机定子或转子都可能短时过负荷。过负荷使发电机定子、转子电流超过额定值较多时，会使绕组温度有超过容许限值的危险，使绝缘老化过快，甚至还可能造成机械损坏。过负荷数值越大，持续时间越长，上述危险性越严重。但因发电机在额定工况下的温度较其所使用绝缘材料的最高允许温度低一些，有一定的备用余量可作短时过负荷使用。

国家标准 GB/T 7064《隐极同步发电机技术要求》中，对于发电机定子、转子过流要求进行了规定：

1. 定子过电流

额定容量在 1200MVA 及以下的电机，自额定工况热稳定状态下开始，应能承受 1.5 倍的额定定子电流历时 30s 而无损伤。

额定容量大于 1200MVA 的电机，能承受 1.5 倍额定定子电流的过电流时间应由供需双方协商确定，可以小于 30s。随电机容量增加，承受 1.5 倍额定定子电流过电流时间可减小，但最小值为 15s。

容量在 1200MVA 及以下，电机允许的过电流时间与过电流倍数用下式表示

$$(i^2-1)t=37.5s \tag{14-4}$$

式中　i——定子过电流的标幺值（I/I_N），I 为定子电流，I_N 为额定定子电流；

　　　t——持续时间，适用范围 10～120s。

应允许其他定子过电流和时间的组合，但其组合下产生的热量应与在额定定子电流时产生的热量相当。

在上述过电流工况下的定子温度将超过额定负载时的数值，因此，以

每年过电流次数不超过 2 次作为电机结构设计条件。

2. 转子过电流

自额定工况热稳定状态下开始，转子绕组可承受 125% 过电流，历时 60s；根据转子热容量所决定的转子过电流与时间关系见下式

$$(i^2-1)t=33.75\text{s} \tag{14-5}$$

式中　i——励磁电流的标幺值（I/I_N）；I 为励磁电流，I_N 为额定励磁电流；

　　　t——持续时间，适用范围 10～120s。

应允许其他转子过电流和时间的组合，但该组合下产生的热量应与在额定转子电流时产生的热量相当。

转子过电流时转子绕组温度将超过额定值，因此，应以每年过电流次数不超过 2 次作为电机结构设计条件。

发电机不容许经常过负荷，只有在事故情况下，当系统必须切除部分发电机或线路时，为防止系统静稳定破坏，保证连续供电，才容许发电机短时过负荷。

国产 QFSN－660－2 型水氢氢冷汽轮发电机的容许过负荷能力为：带 130% 额定定子电流 1min 和 125% 额定转子励磁电流 1min。当过负荷时间超过允许时间时，应及时采取措施，立即将发电机定子电流及励磁电压降至正常允许值。

六、汽轮发电机的不对称运行

（一）发电机不对称运行

发电机不对称运行是一种非正常工作状态，出现不对称的原因可能是负荷不对称（如系统中有大容量单相电炉，电气机车等不对称用电设备），也可能是输电线路不对称（如一相断线，某一相因故障或检修切除后采用两相运行）或系统发生不对称短路故障。发电机附近发生不对称短路，将出现最大的不对称短时运行（决定于保护动作时间）。

发电机不对称运行时，三相电压和电流均不对称。不对称的程度通常用负序电流 I_2 对额定电流 I_N 的百分数表示或直接用比值 I_2/I_N 表示，也可用各相电流之间的最大差值对额定电流之比 $(I_{max}-I_{min})/I_N$ 表示。

（二）负序电流对发电机的危害

发电机不对称运行时，在发电机的定子绕组内除有正序电流外，还有负序电流。正序电流是由发电机电动势产生的，它所产生的正序磁场与转子保持同步速度而同方向旋转，对转子而言是相对静止的，在转子上不会引起感应电流。此时转子发热是由励磁电流决定的。

负序电流出现后，它除了和正序电流叠加使绕组相电流可能超过额定值，而使该相绕组发热超过容许值外，还会引起转子的附加发热和机械振动。

当定子三相绕组中流过负序电流时，所产生的负序磁场以同步速度与转子反方向旋转，在励磁绕组，阻尼绕组及转子本体中感应出两倍频率的电流，从而引起附加发热。由于这个感应电流频率较高（100Hz），集肤效应较大，所以这些电流主要集中在表面的薄层中流动。因此，感应电流在转子各部分造成的附加发热集中于表面薄层中。此电流在转子表面的分布与鼠笼式电动机转子电流分布相似，在转子表面沿轴向流动，在转子端部沿圆周方向流动而形成环流。这些电流流过转子的横锲与齿，并流经槽锲和齿与套箍的许多接触面。这些接触部位电阻较高，发热尤为严重，可能产生局部高温，破坏转子部件的机械强度。

除上述的附加发热外，负序电流产生的负序磁场还在转子上产生两倍频率的脉动转矩，使发电机组产生 100Hz 的振动，并使轴系产生扭振。

负序电流产生的附加发热和振动，对发电机的危害程度与发电机类型和结构有关。由于汽轮发电机的转子是隐极式的，磁极与轴是一个整体，绕组置于槽内，散热条件不好，所以负序电流产生的附加发热往往成为限制不对称运行的主要条件。

（三）汽轮发电机不对称负荷的容许范围

汽轮发电机不对称负荷容许范围的确定主要决定于下列三个条件：

（1）负荷最重一相的电流，不应超过发电机的额定电流。

（2）转子最热点的温度不应超过容许温度。

（3）不对称运行时的机械振动不应超过容许范围。

第一个条件是考虑到定子绕组的发热不超过容许值，第二和第三个条件是针对不对称运行时负序电流所造成的危害提出来的。发电机承受不对称运行的能力，也称为发电机的负序能力，通常用两个技术参数表示：一个是允许长时期运行的稳态负序能力，以允许的最大负序电流标幺值 $I_2^* = I_2/I_N$ 表示；另一个是短时间允许的暂态负序能力，以容许的短时 $I_2^2 \times t$ 表示，它代表短时（一般 $t < 120s$）最大容许的负序发热量。当系统中发生不对称短路时，其容许持续时间 t，往往根据厂家规定的 $I_2^2 \times t$ 容许值计算。当发电机不对称运行时，其负序电流的容许值和容许时间都不应该超出制造厂规定的范围。

国家标准 GB/T 7064《隐极同步发电机技术要求》中，对于发电机负序过流要求进行了规定：

电机应能承受一定数量的稳态和瞬态负序电流。当三相负载不对称，且每相电流均不超过额定定子电流（I_N），其负序电流分量（I_2）与额定电流 I_N 之比（I_2/I_N）符合 GB/T 755 规定时，应能连续运行，当发生不对称故障时，故障运行的 $(I_2/I_N)^2$ 和时间 t 的乘积应符合 GB/T 755 规定，详见表 14-22。

若超过或接近表 14-22 的规定，有可能发生损坏需停机抽转子检查。

表 14-22　不平衡运行条件

项号	电机型式	连续运行时的 I_2/I_N 最大值	故障运行 $(I_2/I_N)^2t$ 最大值 s
	转子绕组间接冷却		
1	空气	0.1	15
2	氢气	0.1	10
	转子绕组直接冷却（内冷）		
3	≤350MVA	0.08	8
4	>350MVA≤900MVA	$0.08 - \dfrac{S_N - 350}{3 \times 10^4}$	$8 - 0.00545(S_N - 350)$
5	>900MVA≤1250MVA	同上	5

注　S_N 为额定视在功率，用兆伏安（MVA）表示。

在表 14-22 中，$(I_2/I_N)^2t$ 代表暂态负序能力，决定转子各部分的温度，所以 $(I_2/I_N)^2t$ 容许值与发电机类型和冷却方式有关。空气冷却或者氢冷却的汽轮发电机，$(I_2/I_N)^2t$ 的容许值较大；而对水或氢直接内冷绕组的汽轮发电机，由于定子电流密度已显著增大，转子表面的涡流损耗密度也增大，其 $(I_2/I_N)^2t$ 的容许值变小。

七、发电机的失磁运行

发电机的失磁运行，指这种发电机失去励磁后，仍带有一定的有功功率，以低滑差与系统继续并联运行，即进入失励后的异步运行。

同步发电机突然部分或全部失去励磁成为失磁，是较常见的故障之一。引起发电机失磁的原因主要有以下几种：

（1）励磁回路开路，如自动励磁开关误跳闸，励磁调节装置的自动开关误动，晶闸管励磁装置中的元件损坏等。

（2）励磁绕组短路。

（3）运行人员误操作等。

发电机失去励磁以后，由于转子励磁电流 I_F 或发电机感应电动势 E_Q 逐渐减小，使发电机电磁功率或电磁转矩相应减小。当发电机的电磁转矩减小到其最大值小于原动机转矩时，而汽轮机输入转矩还未来得及减小，因而在剩余加速转矩的作用下，发电机进入失步状态。当发电机超出同步转速运行时，发电机的转子与定子三相电流产生的旋转磁场之间有了相对运动，于是在转子绕组、阻尼绕组、转子本体及槽楔中，将感应出频率等于滑差频率的交变电动势和电流，并由这些电流与定子磁场相互作用而产生制动的异步转矩。随着转差由小增大，异步转矩也增大（在未达某一临界转差之前）。当某一转差下产生的异步转矩与汽轮机输入转矩（其值因调速器在电机转速升高时会自动关小汽门而比原先数值小）重新平衡时，发电机就进入稳定的异步运行。

发电机失磁后，虽然能过渡到稳定的异步运行，能向系统输送一定的有功功率，并且在进入异步运行后若能及时排除励磁故障，恢复正常励磁，也能很快自动进入同步运行，对系统的安全与稳定有好处，但发电机失磁后能否在短时间内无励磁运行，受到多种因素限制。发电机失磁后，从送出无功功率转变为大量吸收系统无功功率，这时，在系统无功功率不足时，将造成系统电压显著下降。国内外试验资料表明，发电机失磁后吸收的无功功率，相当于失磁前它所发出的有功功率的数量。由于失磁后发电机转变成吸收无功功率，发电机定子端部发热增大，可能引起局部过热。发电机失磁异步运行时，转子本体上的感应电流引起的发热更为突出，往往是主要限制因素。此外，由于转子的电磁不对称所产生的脉动转矩将引起机组和基础振动。因此某一台发电机能否失磁运行，异步运行时间的长短和送出功率的多少，只能根据发电机的型式、参数、转子回路连接方式（与失磁状态有关）以及系统情况等，进行具体分析，经过试验才能确定。

对于大容量发电机，由于其满负荷运行失磁后从系统吸收较大的无功功率，往往对系统的影响比较大，所以大型发电机不允许无励磁运行。失磁后，通过失磁保护动作跳闸，将发电机解列。国内 660MW 汽轮发电机都装有失磁保护，当出现失磁时，一般经 0.5～3s 动作跳开发电机，也就是不允许其异步运行。

八、发电机检查与维护

（一）发电机及其回路的一般检查与维护

（1）发电机正常运行时，定子冷却水质、进水压力温度、氢压必须符合规定值。

（2）严格监视运行中发电机的各种表计，如电压、电流、频率、各种温升等不超过规定值，若出现偏差及时调整使之不超过规定值。

（3）正常运行时，时时监视发电机的工况参数，并进行分析，若发现异常，应根据具体情况做出处理，并加强该部位的监视，缩短记录时间及向值长汇报。

（4）监视 CRT 画面中设备的状态指示与实际相符。

（5）察看发电机各部，应无异状、异声、无焦味、放电、火星、臭味、渗水、漏水及结露等，发电机（包括出口引线处风扇）声音正常，无金属摩擦或撞击声，无异常振动现象。监视发电机严格按规定负荷运行。

（6）发电机大轴接地碳刷接触良好，无放电火花。

（7）发电机运行时，各种保护装置正常投入，装置运行完好。

（8）发电机运行时，励磁系统运行正常，无异声、异味，温度、振动正常。

（9）发电机的氢、油、水系统无漏氢、漏油、漏水现象。

（10）发电机出口 TV 无异常声响及放电火花，接头、熔断器接触良好，无过热。

（11）按变压器运行规程检查励磁变压器运行正常。

（12）发电机封闭母线外壳无发热、变形。

（13）每班应对发电机、继电保护装置等设备进行一次全面认真检查，发现缺陷及时记录。发电机辅助系统绝缘过热、射频监测、氢气湿度纯度仪等运行正常，无异常报警。

（二）对发电机供氢系统的检查与维护

（1）对氢气气体质量进行经常性的监视，要求氢气纯度正常时应不低于96％，气体混合物的含氧量不得超过1.2％。

（2）控制发电机内氢气湿度折算到大气压下的露点温度应小于－5℃且不低于－25℃，氢罐的湿度在常压下不得高于－50℃露点。

（3）运行中维持氢压在额定值，避免发电机在低氢压下运行，同时控制好氢油压差，保证氢压高于水压，水温高于氢温。若发现氢压有所降低，应查明原因，必要时手动补氢。

（4）氢气干燥装置应根据氢气湿度投入使用，当机内氢气湿度大于露点温度0℃时，应立即检查干燥装置是否失效。

（5）应按时检测发电机油系统、主油箱内、封闭母线内氢气体积含量，超过1％时，应停机查漏消缺。

（6）当内冷水箱内含氢量达到2％时报警，应加强对发电机的监视，超过10％时应立即停机处理。

（7）发电机充氢期间，如必须在发电机或氢管道附近进行明火作业，应事先测量作业地点的空气含氢量小于3％，并经总工程师批准后方可工作。

（8）进入发电机本体内进行检修维护时，应采取拆下供氢管道上的阀门，加装堵板的彻底隔离措施，并用轴流风机加强通风。

（三）对发电机轴密封的检查与维护

（1）当发电机充氢时，应监视密封瓦中的供油不中断。

（2）密封油压力、流量正常，回油温度小于70℃。

（3）主油箱上的排烟机投入运行，定期检查出油管和主油箱内氢气含量。

（4）控制密封油含水量在50mg/dm^{3}以下。

（四）对发电机滑环电刷的检查与维护

（1）运行中每班要检查碳刷在刷握内有无跳动、卡涩，弹簧压力是否正常，接触是否良好，有无发热和冒火情况。

（2）每周测试各碳刷电流一次，判断电流是否分配均匀，电刷和连线是否过热。

（3）根据电刷的磨损程度，调整电刷的压力。

（4）发电机解列停机后，仔细检查滑环碳刷有否过短（低于 3cm），边缘是否有剥落的情况，刷辫是否完整，以便及时更换。

（5）预计发电机停机时间超过 15 天时，在发电机停机后，要将发电机全部碳刷取出。

（6）清除滑环、刷握、刷架上的碳粉和灰尘，先用吸尘器吸，后用压缩空气（压力不超过 0.3MPa，无水分和油）吹，最后用干帆布擦干净。

（7）调换碳刷时尽可能降低转子电流。

（8）调换碳刷时，一极上只允许一次换一块新碳刷。

（9）换上去的新碳刷必须先研磨良好，且与原碳刷同型号。

（10）发电机运行中，在励磁回路上进行调整工作时，工作人员应站在绝缘垫上，穿绝缘靴，将衣袖扎紧，工作时有专人现场监护。

第四节　机组的负荷调节和滑压运行

机组控制方式一般有四种：手动（BASE）、锅炉跟随（BF）、汽轮机跟随（TF）和机组协调控制（CCS）。正常运行时应采用 CCS 方式。根据机组的不同工况或在系统及设备发生故障时，可灵活地采用 TF 或 BASE 方式。控制方式介绍详见第十一章第二节《机组的控制方式》。

一、燃煤机组负荷调节能力

一台由协调控制系统控制的机组，其燃料、风和水（直流炉）调节系统可以认为是锅炉指令的随动系统，锅炉侧的负荷调节性能可以简化成锅炉输出的蒸汽热量对锅炉指令的响应特性，而汽轮机侧与负荷有关的调节量主要是汽轮机的调门，调门快速跟随汽轮机指令变化，调门变化引起的蒸汽流量和压力变化可认为是一个较快的惯性环节。主蒸汽压力在负荷控制中是一个主要参数，它是汽轮机与锅炉能量平衡的标志。主蒸汽压力不变表示汽轮机与锅炉能量平衡，主蒸汽压力下降表示汽轮机的能量需（发电量）求大于锅炉的发热量，主蒸汽压力上升表示汽轮机的能量需求（发电量）小于锅炉的发热量。

另外，主蒸汽压力是反映机组安全和稳定运行的主要参数，如果它有大幅度地频繁变化，主蒸汽温度、汽包锅炉的汽包水位、直流锅炉的分离器温度等机组主要参数也会同步变化，使煤、风、水等调节系统大幅度波动，引起机组运行不稳定，甚至影响机组的安全运行。

根据以上分析燃煤机组的负荷变化性能主要取决于负荷对汽轮机调门和锅炉燃烧率的响应特性，同时考虑主蒸汽压力变化。通过分析和试验机组负荷对汽轮机调门和锅炉燃烧率的响应特性，可以得出这类机组最快的负荷调节速度。

锅炉汽包、联箱、容器和管道的水和蒸汽的能（称为蓄热）在蒸汽压力变化时会发生变化，这是汽轮机调节开度变化引起负荷变化的原因。锅炉的蓄热能力可以通过汽轮机调门的阶跃扰动试验测得，试验时，保持锅炉燃烧率（燃料量和风量）不变，阶跃（快速）改变汽轮机调门开度，记录电负荷和主蒸汽压力的变化。当汽轮机调门开大时，主蒸汽流量增加，主蒸汽压力下降，机组释放出蓄热，电负荷快速增加到最高值，但由于锅炉热负荷本质上没变，尽管主蒸汽流量增加，但由于压力下降，蒸汽的比焓下降，电负荷又慢慢减小，当主蒸汽压力降到最低点时，电负荷回到原值。同理，当汽轮机调门关时，主蒸汽流量减小，主蒸汽压力上升，机组聚集蓄热，负荷快速减小到最低值，然后慢慢增加，当压力上升至最高值时，负荷回到原值。

从锅炉蓄热试验中可知，当调门变化时，即使燃烧率不变，锅炉的蓄热也能使负荷快速变化，并保持一般时间。

二、滑压运行

机组在运行中既可按定压方式运行，也可按滑压方式运行。定压运行方式是使汽轮机的新蒸汽压力基本不变，由改变汽轮机调门的开度来调节汽轮机的进汽量，已达到增减负荷的目的。滑压运行是保持调门开度不变，一般是基本全开，用改变新蒸汽压力来调节蒸汽流量，以调节汽轮机出力。

采用滑压运行的目的：汽轮机在定压运行时采用喷嘴调节，喷嘴一般只有四组，所以基本上仍然采用截流调节方式运行，就是在顺序调节也存在截流问题，所以截流损失较大。在滑压运行时，主蒸汽的流量和压力与机组功率基本上成正比变化，而主蒸汽温度不随功率变化。此时，随负荷的降低，主蒸汽流量减少，而蒸汽比容增大，所以机组内蒸汽的体积流量基本不变，同时由于汽轮机调门开度，及第一级通汽面积保持一定，大大减少了截流损失。另外这时汽轮机各级速比、压力、焓降以及温度变化很小，从而使各级及整机的内效率基本不变，即在不同负荷时，汽轮机均可处在内效率偏离设计条件很小的范围内运行。

汽轮机在定压运行时，第一级后的压力和温度与蒸汽流量成正比变化，当蒸汽流量改变时，汽轮机各个部件承受的热应力和热变形都较大，而滑压运行时，由于主蒸汽温度基本不变，从而大大改善了汽轮机变工况下机组部件的热应力和热变形，这样允许增大汽轮机的负荷变化率，这也是采用滑压运行的目的。

三、滑压运行的经济性分析

低负荷滑压运行热效率的有利因素，首先是汽轮机的内效率升高。从蒸汽的特性上讲，压力较高的蒸汽动力黏度增加，在喷嘴组的流量分配上，低负荷时主汽压力高会造成第一、第二喷嘴阻流量过大或超出力运行，使蒸汽摩擦损失和部分进汽损失进一步加大，调节级效率下降很大，产生延时影响到机组的安全，此时调门还会节流，在调门后实际压力汽温都会降低（与滑压相比），受到节流的高压蒸汽做功能力下降，所以负荷低主汽压力高，高压缸通流效率降低，而且增加高压门杆漏气损失。当汽压降低，主汽比容增大，高压缸通流间隙的漏气损失相对减少，高压效率升高，膨胀度增大，蒸汽损失减少，低压缸效率升高，因此在汽温不变而压力下降的条件下，低负荷滑压运行相对效率高于定压运行。

低负荷滑压运行热效率另一有利因素是更容易保持锅炉过热蒸汽及再热蒸汽温度不降低。定压运行时，负荷降低汽温下降，再热汽温下降更为迅速，同时高压缸排汽温度升高，使再热蒸汽需要的相对吸热量大大减少。与定压运行比较，滑压运行锅炉过热器入口温度随压力下降而下降（饱和温度下降）加大了传热温差，有利于增大传热量，而主汽过热焓减少，所以有利于保持汽温，提高主汽的做功能力，缺点是排烟温度有一定的上升。

低负荷滑压运行时锅炉汽包压力降低，相应的在保证锅炉给水正常情况下，给水泵出口压力也随着降低。由于电动给水泵的耗电约占厂用电的30％，给水泵功耗大小又是评判机组运行方式的重要指标，随着给水泵出口压力的降低，电动给水泵功耗越少，因此利用电动给水泵的机组，在低负荷滑压运行时，对热经济性的提高非常大。

滑压运行在热效率方面也有明显的缺陷，就是热力系统循环热效率降低，当工质初压降低，初温不变，虽然蒸汽初焓上升，但排汽焓上升更多，因而可用焓降减少。

滑压运行时，低负荷条件下的主汽压力降低很多，会使机组的循环效率降低，对于亚临界机组，综合得益和损失大约在30％~40％负荷以上时，采用滑压运行时是经济的（指采用喷嘴调节的机组）。滑压运行负荷增加时，锅炉的蓄热不但不能利用，而且还要为汽压升高额外增加蓄热量，因此延长了锅炉适应负荷的变化时间。

由于滑压运行时，汽包压力随负荷变化，饱和蒸汽的温度也随之改变，使与之接触的厚壁部件将受到较大的热应力，尤其对汽包来说更为严重。这样就限制了锅炉的负荷变化率。采用强制循环的锅炉，蒸发区的工质储量比容量和参数相同的自然循环锅炉小得多，所以其蒸发区的热惯性及负荷变化率的影响显著地减少了。

采用滑压运行时，负荷越低，蒸汽的压力也越低，而蒸发热越大，过热越小。所以，要求过热器在低负荷时吸收较小份额的烟气放热量，也就是说，对流传热特性在这种情况下将有利于维持过热汽温，但在实际运行中，低负荷时，炉膛过剩空气系数的变化将会使炉内工况发生很大变化，烟气在各区的放热量也将重新分配。所以，滑压运行必须满足安全、经济的要求。

从上述来看，滑压运行的热效率获益是以上诸因素的综合，另有其供电煤耗率低于定压运行时，机组采用滑压运行的经济性才能得以提高，反之应当采用定压运行，针对不同的机组，通过热力试验进行比较计算，确定是否采用滑压运行以及滑压运行的负荷区。

四、滑压运行对机组的安全性影响

（一）滑压运行对高压缸热应力的影响

滑压运行，使调节级后的温度在负荷变动时波动不大，从而可以减少金属温度变化引起的热应力。在停机不久后要启动的情况下，滑压运行和定压运行相结合，可使蒸汽温度较好地与汽轮机金属温度相适应。

同时在负荷周期性变动，滑压运行可以降低限制金属温度的变化，减少汽轮机转子热应力，并提高部分负荷时的热应力。

（二）滑压运行对部件蠕变和疲劳寿命的影响

滑压运行对蠕变寿命的影响与定压运行大致相等，或者说对减少蒸汽管道的蠕变寿命损耗比较有利。

滑压运行对于减少疲劳寿命具有不可争议的优势，这一特点除了能保持汽轮机较高内效率外，锅炉的过热器管及再热器管也能减少低流量时蒸汽分配不均，对解决低负荷时少数管圈超温而整体汽温下降的问题十分有利，从而延长这些管圈的蠕变寿命及防止过热爆管。

（三）滑压运行应注意的问题

（1）滑压运行最低负荷的选取，主要由锅炉燃烧稳定性来决定。

（2）汽包的热应力和热工自动系统的性能是影响变负荷速度的主要因素，运行人员应按滑压负荷曲线进行。

（3）纯滑压运行（指全部调速汽门全开状态），使蒸汽压力下降的特别低，蒸汽做功的有过热汽温、再热汽温大幅上升，甚至严重超温，而且排烟温度也较大升高，造成机组循环效率下降，并使对流受热面运行的安全受到威胁。

第五节　机组深度调峰运行

一、火电机组深度调峰的意义及目标

近年来，我国风电和光伏装机规模迅猛增长，在役及在建装机容量均已位居世界第一。但从目前情况看，我国电力系统调节能力难以完全适应新能源大规模发展和消纳的要求，所以对火电机组改造并进行协调控制优化，释放其30%甚至20%深度调峰潜力，已势在必行。实际上，火电大机组40%调峰的实际应用已较多。但按电力系统的调峰需求来说，仍需要火电机组进一步提高才能得到满足。因此，全国煤电机组深度调峰的潜力巨大。

随着电力市场化改革的深入和波动性可再生能源的增多，火电机组将逐步由提供电力、电量的主体性电源，向提供可靠电力、调峰调频能力的基础性电源转变。对于基层发电企业而言，"安全可靠，经济可行"的深度调峰技术路线已经明确，只有抓紧研究落实具体改造技术方案和协调控制优化，在成本和效率之间找准平衡点，让技术和经验愈加成熟和有效。这是火电机组的必然出路。提升机组深度调峰负荷的适应性及机组协调控制性能。在机组热态运行中，通过对机组设备改造以及各控制系统优化、保护逻辑梳理，实现：

（1）风烟、燃烧、给水等系统在调峰过程中的自动启动、退出及自动控制，在协调方式下降负荷将至 30% 以下。

（2）20%～30% 负荷投入协调控制，给水控制和过热汽温控制投自动的运行。保证深度调峰下各回路稳定投入自动控制，参数品质良好，适应调峰机组长时期低负荷运行需求。

以江苏省电网为例，调度规定机组 40% 深度调峰升降负荷时限要求：

（1）接令时机组负荷率在 70% 及以下的，降负荷时限为：30min＋从 50% 至负荷率分段端点的到位时间（火电公司报价所申报的时间）。

（2）接令时机组负荷率在 70% 以上的，降负荷时限为：60min＋从 50% 至负荷率分段端点的到位时间（火电公司报价所申报的时间）。

（3）接到结束深度调峰的指令后，升负荷至最低技术出力的时限为 60min。

二、火电机组深度调峰须解决的问题

火电机组深度调峰一般受下列几点限制：

（1）脱硝系统运行。脱硝 SCR 反应器进口烟气温度一般要求在 300℃ 以上，机组低负荷下要保证脱硝系统 SCR 进口烟气温度不低于要求值。

（2）锅炉低负荷稳燃。试运期的超超临界锅炉最低稳燃负荷普遍为 30% 额定出力～35% 额定出力。低负荷下，锅炉灭火风险加剧。

（3）低负荷下给水流量及其控制的稳定性问题。直流锅炉干湿态转换负荷一般在 25% 额定出力～30% 额定出力之间。

（4）小流量、低转速下给水泵组控制。

（5）其他，如主再热汽温控制、高压加热器疏水控制、低压加热器疏水泵出力控制等。

三、机组全负荷脱硝改造与控制

（一）机组全负荷脱硝改造原理及方案

环保要求火电机组在全负荷，包括深度调峰期间，脱硝系统全程投运，保证烟气 NO_x 排放不超标。脱硝 SCR 反应器进口烟气温度一般要求在 300℃ 以上，烟气温度过低，不但影响反应效果，还将导致催化剂中毒。而机组在 40% 以下负荷，SCR 入口烟温往往会低于 300℃，尤其是在高压加热器退出的情况下。所以需要采取措施，在低负荷阶段，提高脱硝 SCR 反应器烟气温度，以满足脱硝 SCR 要求，见图 14-2。

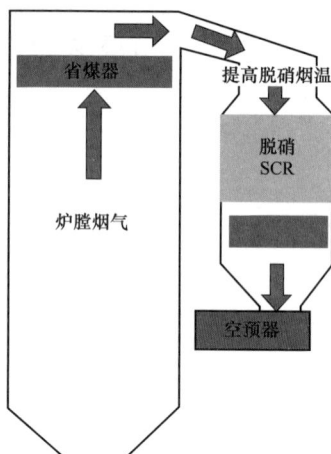

图 14-2　分级省煤器提高锅炉脱硝 SCR 反应器进口烟气温度示意图

提高脱硝 SCR 反应器进口烟气温度，一般来说有四种方案：

（1）提高给水温度，使给水在省煤器中吸热减少，从而提高烟温；

（2）设置省煤器烟气侧旁路，使部分烟气不经过省煤器而走旁路，直接脱硝 SCR 反应器进口；

（3）设置省煤器水侧旁路，减少流经省煤器的给水量，减少给水在省煤器中的吸热量；

（4）设置分级省煤器，将传统的省煤器一分为二，一部分在原来位置，一部分在脱硝 SCR 反应器出口位置。

以上四种方案各有其优缺点，见表 14-23，目前应用较多的是采用省煤器水侧旁路方案。此方案投资成本低，工期短，施工难度低。

表 14-23　火力电厂全负荷脱硝解决方案比较

方案	提高给水温度	烟气侧旁路	省煤器水侧旁路	分级省煤器
提高烟温效果	一般	好	一般	好
安全可靠性	好	降低	降低	好
控制难度	较高	高	较高	无影响
运行方式	改变	改变	改变	无影响
投资成本	高	中	低	高
对锅炉效率影响	降低较多	降低	降低	无影响

（二）全负荷脱硝省煤器水侧旁路复合热水再循环系统

为了提高锅炉 SCR 脱硝设备在低负荷工况的入口烟温，锅炉加装了"省煤器水侧旁路复合热水再循环系统"，该系统由管道、阀门、流量/温度/压力测量装置及 DCS 配套组件构成，且具备自动控制功能，见图 14-3。

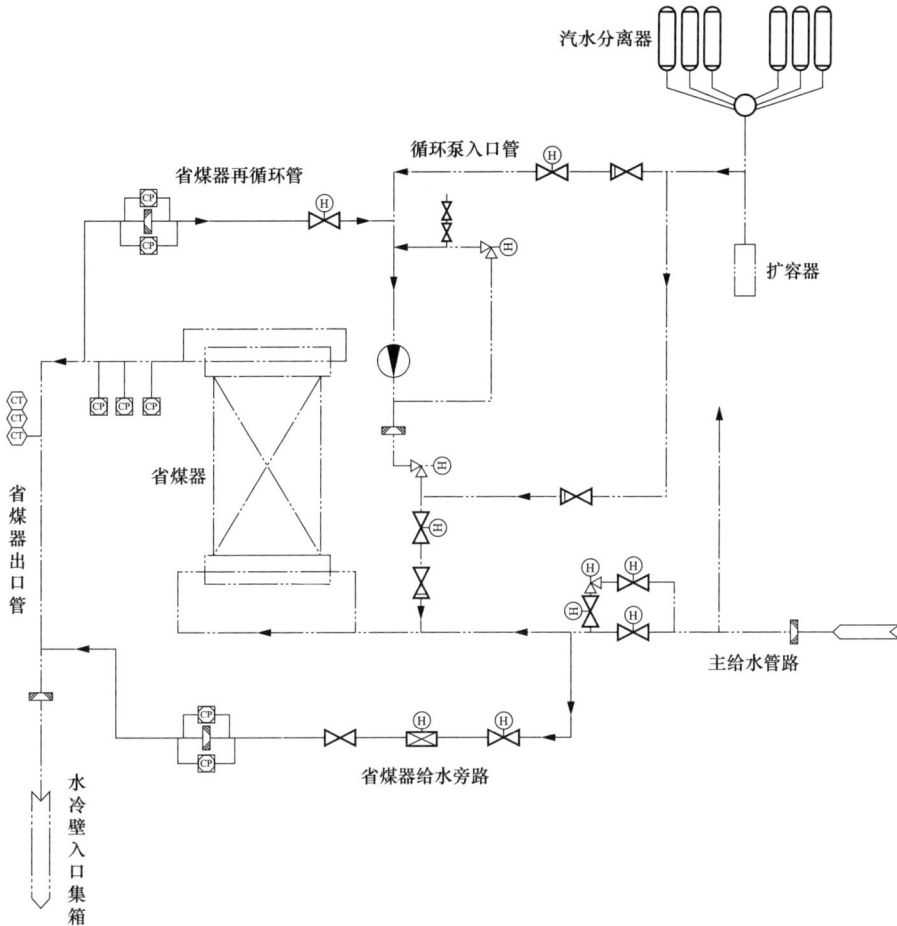

图 14-3　全负荷脱硝省煤器复合热水再循环系统图

在机组启停机或深度调峰运行期间，当脱硝入口实测烟温低于设定值（300℃）时，系统可自动投运，旁路电动门、旁路憋压阀、省煤器再循环电动门、锅水循环泵及泵出口调门等设备将根据烟温情况依序动作，调节进入省煤器的给水流量和温度，最终达到减少省煤器区域烟气放热，提高省煤器出口烟温的目的。

1. 系统的主要设备

（1）省煤器给水旁路管线。自主给水管加三通引出旁路管道，按工质流向依次有旁路电动闸阀、旁路电动憋压阀、旁路手动闸阀、旁路流量计。此路管道最终进入省煤器下降管，将旁路掉的给水送进水冷壁入口集箱，因此旁路调整的只是省煤器蛇形管的给水量，不会改变炉膛的总流量。

（2）省煤器热水再循环管线。自省煤器出口管上加三通引出一路管子进入循环泵入口管道，管子上设有带中停及位置反馈的电动闸阀和流量计。此路管线可以在锅炉转入干态运行但仅靠旁路无法满足脱硝烟温的时候开启，将一部分省煤器出口的热水经过原有锅水循环泵返送至主给水管道，提高省煤器的入口水温。

（3）其他配套。分离器储水箱至循环泵入口的管道新增止回阀，当锅炉转态时，如果同时开启省煤器再循环电动门和原有泵入口电动门，由于再循环侧的水压高，可能会造成一部分热水进入分离器，影响分离器水位控制，增加止回阀后，有利于更加平稳地干湿转态。省煤器出口管新增热电偶和压力变送器，负责监控旁路开启后的省煤器出口水温和压力，保证省煤器不沸腾，这两个测点会参与旁路阀门控制，因此按三重冗余设置。循环泵最小流量管出口移位，改造后会存在干态运行中启动锅水泵的情况，此时需要关闭原有的泵入口电动门，由于最小流量管的出口原本在泵入口电动门的上游，一旦泵入口门关闭，最小流量将无法形成回路，因此需要将最小流量管的出口移至泵入口门的下游，并增设两道手动疏水门。

2. 系统操作模式

复合热水再循环系统对脱硝烟温的调节，实质是对省煤器工质流量、温度的调节，这些调节是通过相关阀门的开、关以及循环泵的启停等操作实现的。系统提供了手动/自动两种操作模式，可根据实际情况灵活采用。自动模式的优点：操作量小，基本无需运行人员进行人工干预，但问题在于省煤器工质侧的调节反映到脱硝烟温变化这一过程是有较长的时间滞后的，尤其在机组启停阶段，部分参数波动较大，自动控制的精度难以保证；手动模式的优点在于控制精度好、响应速度快。缺点：运行人员增加了少许的操作量。DCS系统增加省煤器复合热水再循环系统单独的监控画面，设置手动、自动控制切换按钮，提供两套控制切换。

（1）深度调峰工况（30%或更低，以实际能达到的最低稳燃负荷为准）。控制步骤：根据系统后期调试掌握的烟温变化特性，当机组负荷降至一定程度后，省煤器给水旁路电动闸阀将会自动开启至某开度（3min内开至50%），随着负荷降低，旁路电动门继续开大直至全开，同时系统将会省煤器出口水温，当水温出现逼近报警值时，旁路憋压阀将会关小（按一定步长），直至水温恢复正常，当旁路上的阀门均动作到位后，如果脱硝烟温仍未达到300℃，则开启省煤器再循环电动门（泵入口电动门联锁关或提前关），然后启动锅水泵（需满足泵的启动条件）。无论采用手动操作还是自动控制，均依照这一原则执行。

（2）机组启停阶段（锅炉湿态运行）。湿态运行时，分离器会持续向锅水泵提供热水，因此不开启省煤器再循环管线，仅对给水旁路进行操作即可，此阶段，机组启动系统沿用原有控制逻辑不变（泵启停逻辑、分离器水位控制逻辑等）。此外，由于机组启动时，必然存在暖炉时间、真空度等因素的不确定，故这一阶段不采取自动控制，手动操作的流程如下：

锅炉上水时，旁路电动门便可打开，让给水注满旁路管道；随着水质合格锅炉点火，旁路门全程保持全开，由于此时锅炉运行压力较低，可能出现旁路流量过大导致省煤器内部水量不足出口水温过高的情况，此时需逐步关小旁路憋压阀，直至 DCS 画面上不再出现省煤器出口水温报警提示；随着负荷越来越高，分离器为循环泵提供的水量越来越少，此时需要将泵的水源切换至省煤器再循环侧，这是系统控制的主要关键点，具体两种操作办法如下：①先关泵入口门，再开省煤器再循环电动门，这样操作的好处在于不会影响原有操作习惯，也不会影响分离器水位，但会导致脱硝烟温短时间略降。②先开省煤器再循环电动门、再关泵入口门，这样操作的好处在于可持续不断地为循环泵提供热水，但可能造成分离器水位缓慢升高。具体采用哪种模式，需要在调试阶段结合实际情况确定。

3. 手动操作流程及注意事项

开启宽负荷脱硝系统前，需确定省煤器旁路及再循环系统各设备（循环泵、阀门等）无故障且可远程操作，同时确认系统压力变送器，差压变送器，省煤器出口水温、烟温测量仪表校准且读数正常。从流量调节到烟水换热减少最终体现到烟温变化这一过程是有明显滞后性的，因此每次操作后需 5min 左右再判定是否需要进行后续操作，以避免无效动作。

4. 省煤器出口水温监测及保护

为了保证旁路开启后省煤器不沸腾，在省煤器出口加装了温度和压力测量点，并在 DCS 中加入了一组水温报警函数和保护逻辑，具体为：温度测点：提供省煤器出口实际水温值；压力测点：通过此测点可计算当前的饱和温度（汽化温度）；报警温度计算函数：通过省煤器实时的入口流量和压力，计算出一个可以保证省煤器受热安全的最高水温限值（此温度比饱和温度低 6.5～7.5℃左右）；保护逻辑：用当前的实测温度与计算出的报警温度做比较，当实测温度达到报警温度，系统将会出发提示，当实测温度超过报警温度，旁路电动门将会自动关小（超驰动作）。

四、低负荷稳燃与协调控制

在全负荷脱硝改造中，增加省煤器水侧旁路门，将部分给水短路，直接引至悬吊管，减少给水在省煤器中的吸热量，以达到提高省煤器出口烟温的目的。这样做的缺点是提高了排烟温度，降低了锅炉效率。但同时也对锅炉低负荷稳燃带来了一定的好处，它提高了一次风和二次风的温度，炉膛送风温度的提高，有利于煤粉着火与稳燃。

机组深度调峰降负荷过程中，为稳燃，应保持燃烧区集中，提高燃烧区温度。保留 B、C、D，3 台制粉系统运行，其中 B、C 为主力磨煤机，互为提供点火能量，保持给煤量大于 50％出力。D 磨煤机为补充磨煤机，给煤量低于 B、C 磨煤机。三台给煤机均投自动控制运行。同时在下列燃料控制逻辑上需要修改，以保证锅炉在任何情况下，不至于灭火。

（1）磨煤机点火能量及给煤机自动方式下给煤量下限修改：磨煤机邻磨点火能量修改，以保证低负荷下相邻磨煤机具备点火能量，不至于触发灭火保护。给煤机自动方式下给煤量下限修改，以保证协调降负荷能正常跟踪。

（2）修改锅炉指令自动下限。将锅炉指令在自动状态下的下限设置为23%额定负荷，保证在CCS方式下，负荷可以降下来。

（3）修改切除燃料热值校正自动、氧量自动下限。实际功率低于30%额定负荷将燃料热值校正、氧量自动回路切手动下限改为15%额定负荷。保证燃料热值校正、氧量校正回路可以一直投用。

（4）修改锅炉指令—燃料量函数。保证在深调负荷段锅炉指令与机组负荷基本一致，避免多处调节回路可能出现的计算偏差。

（5）送风控制逻辑修改。修改锅炉指令—送风量的对应关系，以获得更好的送风及氧量调节品质，经氧量校正后的风量指令下限，保证深调期间风量不过低。氧量自动校正系数下限，以满足绝大部分工况氧量对风量的修正。氧量自动回路取消机组变负荷氧量校正暂停的回路，增加氧量自动回路的控制品质。

（6）深调期间火检弱自动投微油或者等离子助燃。新增深调期间，任意一层火检信号弱自动投微油或等离子逻辑，任意一层火检弱判断逻辑如下：该层磨煤机和给煤机同时运行延时60s，且火检信号消失4取2延时2s，且负荷低于45%额定负荷；在自动投微油联锁功能生效的前提下，任意一层火检信号弱信号出现，则发出2s脉冲自动投入微油。

（7）深调期间给煤机断煤自动投微油助燃。新增深调期间，任意一台给煤机断煤自动投微油逻辑，任意一台给煤机断煤的判断逻辑如下：磨煤机和给煤机同时运行延时60s，且给煤机指令大于反馈18%出力以上延时5s，且负荷低于45%额定负荷；在自动投微油联锁功能生效的前提下，任意一台给煤机出现断煤，则发出2s脉冲自动投入层微油。

（8）深调期间跳磨煤机自动投微油。新增深调期间，任意一台磨煤机跳闸自动投微油逻辑，任意一台磨煤机跳闸判断逻辑如下：磨煤机和给煤机同时运行延时60s，再延时断开5s，且磨煤机跳闸信号发出，且负荷低于45%额定负荷；在自动投微油联锁功能生效的前提下，任意一台磨煤机出现跳闸，则发出2s脉冲自动投入微油。

（9）深调期间任意泵或者风机跳闸自动投微油。新增深调期间，任意重要辅机跳闸自动投微油逻辑，重要辅机跳闸判断逻辑如下：给水泵、一次风机、送风机、引风机、空预器中的任意一台发出跳闸信号，且负荷低于45%额定负荷；在自动投微油联锁功能生效的前提下，任意一台重要辅机出现跳闸，则发出2s脉冲自动投入微油。

五、低负荷下给水控制

机组负荷越低时，工质汽水密度差越大，直流锅炉部分危险水冷壁管越容易发生流动不稳定现象。直流锅炉下炉膛水冷壁采用内螺纹螺旋管圈布置是超临界机组锅炉深度调峰负荷时水动力安全可靠的关键所在，该结构具有以下优点：

（1）内螺纹管具有强化传热效果，可防止或推迟传热恶化的发生；

（2）在较低质量流速及工质干度条件下，能有效地控制膜态沸腾；

（3）有效抑制管内流体分层流动，降低管壁温度水平和不均匀程度；

（4）各根螺旋管受热较均匀，管间温度偏差小；

（5）敏感性较小，运行中不易堵塞。

纵使这样，也要保证省煤器出口过冷度，使省煤器出口工质不至于汽化，而影响锅炉给水控制。给水控制逻辑还应作下列修改：

（1）修改水冷壁最小流量设定值。水冷壁给水最小流量设定值修改以满足锅炉干态运行。

（2）修改"降低过热器入口焓及主蒸汽温度"的触发条件限值，放低其下限，避免过早进入干态转湿态的模式，保证深调期间机组一直在干态方式下运行。

（3）高压加热器出口给水流量修正系数并修改给水流量被调量省煤器出口给水和高压加热器出口给水流量偏置，将给水流量被调修改量选为省煤器出口给水流量，满足深调需求。

（4）取消一次调频对给水流量指令的前馈。将一次调频 PSF 对给水流量指令前馈计算模块的上下限封为 0，避免深调期间一次调频动作造成给水流量的大幅波动，影响机组稳定。

（5）各减温水控制回路切手动条件修改。负荷指令低于 30％额定负荷切各减温水自动控制回路为手动，修改为负荷指令低于 15％额定负荷切各减温水自动控制回路。

（6）汽动给水泵再循环门逻辑修改。增加汽动给水泵再循环门自动开逻辑，保证汽动给水泵组转速不落在临界振动区：当负荷小于 45％额定负荷时，如果调门在自动状态，则先自动打开调门至 12％，等待 30s 后，再以 8％/min 的速率开至 50％。当负荷小于 35％额定负荷时，自动打开调门以 8％/min 的速率开至 100％，之后将调门切为手动。

六、运行操作

1. 操作原则

值长接到调度令，要求机组深度调峰（机组负荷降至 40％以下），应立即汇报相关值班领导，联系燃料注意煤种匹配，控制入炉煤热值不低于设计值的 90％，灰熔点不低于 1350℃，硫分不大于 0.6％，同时加强与调度沟通，掌握降负荷时间和幅度。停止锅炉受热面吹灰。降负荷过程中，应注意各项操作的衔接，严格按照调度规定的时间降至目标负荷。同时，操作过程应避免参数大幅波动，确保平稳过渡。

降负荷过程中，各值应严格按照措施要求打印出相应操作表格，执行表单化操作、确认，做好交接班，防止缺项、漏项，如有疑问应及时联系相关专业主管，杜绝误操作。组织学习、掌握部门主页中的最新的相关专项措施、预案以及相关异常分析报告（如《机组低负荷运行技术措施》《辅汽至给水泵汽轮机供汽气动门使用规定》《凝结水泵变频运行操作规定及注意事项》《磨煤机隔层运行措施》等）。

若脱硝系统进口烟气温度降低到300℃，应稳定负荷，进行提升烟温的操作，待机组各项参数、烟温稳定后再继续降负荷；若脱硝系统进口烟气温度继续降低到290℃，应立即向调度及值班领导汇报，如果调度仍然要求降负荷，应向安健环部汇报，做好相应记录；若采取上述措施无效，脱硝系统进口烟气温度持续降低，接近285℃，值长应提前汇报相关调度，中止深度调峰，申请提高机组负荷以保证机组脱硝设施稳定运行。

机组降负荷过程中，根据锅炉运行情况，采取调整燃烧、配风等方法，尽量提高锅炉主、再热汽温。深度调峰期间运行人员除需抄录正常运行报表以外，自负荷降到位起至深度调峰结束，监盘人员需严格按照要求抄录"机组深度调峰运行报表"（每30min抄录一次），所有抄表数据必须真实准确。

手动开启或关闭给水泵、低压加热器疏水泵再循环母管调节门过程中，运行人员必须至就地确认阀门实际开度以及相关管道振动情况，并与监盘人员保持沟通配合。

机组降负荷过程中，灰硫运行人员根据机组氧量的变化注意观察净烟气烟尘指标的变化，及时调整电除尘运行参数，机组负荷稳定后投入电除尘器"闭环控制"。机组调峰期间，待机组负荷稳定后，视净烟气二氧化硫指标情况停运一台浆液循环泵，保持两台浆液循环泵运行。深度调峰结束，机组负荷升高，灰硫值班人员应及时调整吸收塔供浆量，适当提高吸收塔pH值至5.6，或根据净烟气二氧化硫指标超过30mg/m³（标况）时及时开启备用浆液循环泵；值长在接到结束深度调峰的指令时，应及时通知灰硫运行人员。机组调峰期间，注意观察吸收塔出口烟气温度，如出口烟气温度低于42℃时调整浆液冷却器进口门，确保吸收塔水平衡。

2. 风险分析及预控措施

认清节油与安全的关系，发现燃烧不稳立即投入油枪助燃，切勿存在侥幸心理。应谨慎、缓慢操作，防止扰动过大引起燃烧不稳。低负荷时，应关注制粉系统的点火能量和火检强度以及炉膛实际的燃烧工况，加强就地观火，尽量提高磨煤机出口温度；出现火检波动或其他燃烧不稳情况，应及时投入相应油枪助燃；投油期间重点进行油枪就地检查（检查内容：跑、冒、滴、漏等），发现缺陷，应及时联系消缺；若制粉系统跳闸，及时加大其他制粉系统的出力，并层投对应磨煤机的油枪助燃（若跳闸磨煤机为中间磨煤机，按照"磨煤机隔层运行措施"进行处置），尽量减少总燃料量的波动，同时注意制粉系统的火检情况，调整好炉膛负压。若锅炉转入湿态运行，应注意给水自动和分疏箱水位；尽快启动备用制粉系统，汇报调度，申请结束深度调峰并提升机组负荷。停制粉系统和燃烧器摆角下摆两个操作要分隔一段时间，避免汽温下降过多。低负荷期间，为防止煤仓断煤，每隔 30min，启动煤仓疏松机 1 次；每隔 60min，启动煤仓振打装置 1 次。

注意监视两台风机的电流及其偏差，防止风机抢风；适当提高炉膛负压到 $-100\sim-50$Pa。做好风机故障的事故预想。风机发生异常情况，按照"锅炉一次风机异常运行现场处置方案""锅炉联合引风机异常现场处置方案""锅炉送风机异常现场处置方案"处理。

提前停用 1 套制粉系统，避免低负荷停用制粉系统导致汽温大幅度下降。负荷低时，根据再热汽温情况，及时关闭再热汽减温水隔离门和调门，注意主、再热汽温偏差不大于 20℃。严格控制降温速率不大于 1.5℃/min，必要时可适当稳定负荷。低负荷运行时，减温水的调节须谨慎。为防止引起水塞，过热器减温器后温度应确保过热度 10℃以上。投用再热器事故喷水减温水时，应防止低温再热器内积水，减温后温度的过热度亦应大于 20℃。加强机、炉间操作联系，避免因过热器减温水量的大幅度调整而影响除氧器水位的波动，避免因给水泵再循环的大幅度调整而影响省煤器入口流量及减温水量的波动。机组降负荷过程中，加强汽轮机 TSI 相关参数的监视，特别是 1 瓦轴振、主机轴瓦温度和给水泵汽轮机振动的监视，发现异常，及时通知相关人员，必要时应提升机组负荷。控制好主、再热汽温变化速率，汽轮机两侧进汽温度偏差在 17℃以内，防止主、再热蒸汽温度大幅下降，造成汽轮机裕度报警、辅汽联箱温度快速下降、给水泵汽轮机供汽温度快速下降，影响设备安全稳定运行。

运行人员在接令进行深度调峰时，在总时间满足调度要求的前提下，降负荷过程应尽量保持机组各项参数的平稳，不宜过快，应注意将脱硝系统进口 NO_x 浓度始终控制在 500mg/m³（标况）以下，以适应目前脱硝系统的调节品质；降负荷过程中应重点关注脱硝系统进口 NO_x 浓度，若脱硝系统进口 NO_x 浓度大于 400mg/m³（标况），应适当降低锅炉总风量；当机组负荷低于 50%额定负荷时，调整锅炉风量（若脱硝系统进口 NO_x 浓度偏高，应按照低限调整锅炉总风量）。脱硝效率大于 50%，但不得过高，防止氨气逃逸率升高，产生大量的 NH_4HSO_4 对下游设备造成损坏。低负荷期间，增加送风量可以提高 SCR 入口烟温，但 NO_x 值会大幅度提高，并且锅炉低负荷大风量运行，容易引起锅炉熄火，为了保证锅炉安全运行，应杜绝低负荷期间采取大风量提高 SCR 入口烟温方式。

注意监视给水泵汽轮机轴封供汽温度的变化，及时调整。控制辅汽联箱压力不低于 1.0MPa、温度不低于 280℃，必要时开启辅汽联箱疏水。给水泵汽轮机由四抽供应时，应注意除氧器的运行情况，观察四抽管壁各处的温度测点值，防止除氧器内冷汽返流，造成给水泵汽轮机出现异常，一旦发现应及时切至辅汽供应。加强监视各高、低压加热器水位变化情况，特别是 3 号高压加热器水位，如果发现 3 号高压加热器因水位高导致危急疏水调门全开自动退出，不必立即将 3 号高压加热器危急疏水调门投自动，待深度调峰到位、负荷稳定、高压加热器水位稳定后再将 3 号高压加热器危急疏水调门投自动，防止降负荷过程中，水位波动过大或虚假水位造成高压加热器解列。一旦高压加热器保护动作，应确认高压加热器三通液动阀控制阀动作正常，给水切换至动作侧高压加热器旁路，并确认高压加热器危急疏水动作正常。在高压加热器水位恢复正常后，尽快恢复高压加热器（热态）。关闭高压加热器三通液动阀控制阀，如果给水自动切换至高压加热器内侧，就地确认后则逐渐恢复高压加热器汽侧、水侧运行；若给水未自动切换至高压加热器内侧，则至就地开启高压加热器注水一、二次门进行注水，待给水切至高压加热器内侧后关闭注水一、二次门，逐渐恢复高压加热器汽侧、水侧运行。如果在系统恢复过程中发现高压加热器泄漏，汇报专业、联系检修人员进行相应处理。

第六节　机组节能优化运行

机组在启停和变负荷运行中，大部分时间不处于额定工况，尤其在风电、光伏等清洁能源大发展的背景下，火电机组频繁承担调峰甚至深度调峰任务，造成机组能耗往往高于设计值，所以优化机组运行方式，改善能耗水平是必要的。机组的节能优化运行一般有制粉系统运行优化、一次风压运行优化、风烟系统运行优化、汽轮机进汽运行优化、汽轮机冷端运行优化、水泵变频运行优化、机组启停方式优化、电气系统运行优化等。

一、制粉系统优化运行

制粉系统优化运行项目包括：减少磨煤机运行台数、提高磨煤机出口温度、设置合理煤粉细度等。

（一）减少磨煤机运行台数

针对不同负荷，合理安排制粉系统运行方式，在机组负荷降低时，及时减少磨煤机运行台数及运行时间，降低磨煤机及一次风机电耗；但是低负荷制粉系统运行台数较少时，若 1 台制粉系统发生故障，锅炉可能燃烧不稳，若造成炉内燃烧器隔层运行，甚至可能造成锅炉灭火。制定低负荷运行时 1 台故障跳闸 RB 动作自动投油逻辑，优化事故工况下的协调控制逻辑，可以大大提高锅炉运行的安全性。优化步骤如下：

（1）进行低负荷制粉系统稳燃试验；

（2）完善制粉系统启停操作票；

（3）制定低负荷稳燃措施；

（4）固化制粉系统运行方式；

（5）引入磨煤机单耗小指标管理，激励运行人员常态化调整。

（二）提高磨煤机出口温度

在保证安全的前提下提高磨煤机出口温度，降低排烟温度，提高锅炉效率。有研究统计表明，磨煤机出口温度提高 4℃，机组排烟温度下降约 1℃，机组供电煤耗约下降 0.16g/kWh。提高磨煤机出口温度也是危险的，特别是使用挥发分高、易爆炸的煤种，要做好制粉系统防爆工作。通过以下试验项目来分析提高磨煤机出口温度安全性：

（1）测试在不同煤粉细度下神华煤和石炭煤挥发分的析出温度，掌握煤粉细度变化对煤粉挥发分析出温度的影响。

（2）测试在不同磨煤机出口温度时对应的一氧化碳浓度，掌握磨煤机出口温度对煤粉挥发分析出的影响。

由热重分析结果可以得到煤挥发分的析出温度。试验结果表明，煤粉颗粒变粗后，挥发分析出温度升高，相应的煤粉爆炸风险降低。

煤粉颗粒在磨煤机中可能达到的最高温度不会超过磨煤机入口的热风温度，由于煤中外在水分的存在，外在水分首先汽化会吸收大量的热量，使得磨煤机内热风温度迅速下降，煤颗粒所能达到的温度一般远小于磨煤机入口的热风温度。从安全性的角度出发，只要磨煤机入口热风温度不高于煤中可燃气体析出温度，则可以认为磨煤机的运行是安全的。

煤粉在升温过程中，首先析出水分，然后开始析出挥发分。煤的挥发分中主要有 CO_2、CO、H_2、CH_4 等，挥发分的可燃气体中，CO 含量最大。各种组分的开始析出温度略有差异，其中 CO_2 最先析出，CO 稍后析出，H_2、CH_4 等析出温度更高。当制粉系统中出现 CO 的析出时，表征煤粉颗粒的反应活性增加，发生爆炸的倾向增强，因此通过监视 CO 析出浓度的异常变化，可以预判、控制制粉系统的爆炸风险。

二、一次风压优化运行

机组运行中一次风压过高或过低均不利于炉膛燃烧，若一次风压设置过高，煤粉得不到充分研磨，将使颗粒变粗，加剧对煤粉管壁的磨损尤其是弯头处，很容易磨穿，同时由于煤粉刚性增大，煤粉在炉膛的着火时间将会推迟，煤粉得不到充分燃烧，排烟损失加大；若风压设置过低，一次风流速降低，会使煤粉管发生堵塞，并削弱火焰刚性，火焰容易形成回火，造成燃烧器损坏。在保证磨煤机通风量的前提下，合理降低一次风压，则磨煤机入口热风调门自动开大，可有效降低一次风系统的节流阻力，降低一次风机电耗以及减少空预器一次风侧漏风率。最终达到降低厂用电率，实现全厂节能减排的目标。在机组低负荷运行时，节能效果更好。

先标定磨煤机不同给煤量下所需的最佳风量，根据风量和煤量的对应关系，确定运行各台磨最大煤量和所需一次风压的对应逻辑关系，运行中通过逻辑运算，实现一次风压根据单台运行磨煤机最大煤量进行实时调节。当运行中单台磨煤机最大给煤量变化时，一次风压也随之跟踪变化，达到实时节能的目的。一次风压的降低必须考虑磨煤机冷热风门开度裕量、石子煤量的变化和一次风量、燃烧器一次风刚度的影响，在保证满足一次风量和石子煤排量安全运行的基础上进行风压优化，下降是有限度的。一次风压下降过多，有可能导致磨煤机堵煤、制粉系统积粉等危险工况。

沧东电厂在一次风压运行优化后，一次风机耗电率降低 13％，供电煤耗降低 0.15g/kWh。另外根据计算，降低一次风母管压力后，空预器一次风侧与烟气侧差压减少，空预器漏风率平均降低了 0.4 个百分点。

三、风烟系统优化运行

锅炉风烟系统优化运行包括锅炉送风量（氧量）优化、二次风挡板运行优化等。

送风量（氧量）优化主要原理是：当锅炉送风量增大时，过量空气系数增大，煤粉燃烧不完全损失减少，但锅炉排烟损失、风机用电相应增大。通过锅炉燃烧试验，确定不同负荷下的最佳送风量（氧量），达到最优运行方式，使锅炉整体效率运行在最佳水平。

二次风挡板运行优化，在保证锅炉安全燃烧的前提下，降低二次风与炉膛差压，开大二次风挡板，减少系统阻力，降低送风机电耗。

四、汽轮机进汽优化运行

（一）通流改造机组顺序阀运行优化

设置调节级的汽轮机组，在机组变负荷运行时，顺序阀运行要比单阀运行效率高。汽轮机出厂后，一般自带顺序阀运行功能。但是通流部分改造后，往往很难投入顺序阀运行。宁海电厂的上海汽轮机厂机组、沧东电厂的哈尔滨汽轮机厂机组通流改造后进行顺序阀投运试验过程中，发现 1、2 号轴承轴振远超过原机组正常运行控制值，造成顺序阀投运困难。其他类型汽轮机通流改造后也遇到同样顺序阀投运困难。绥中电厂俄罗斯汽轮机通流改造后，技术人员在进行阀序调整试验时，出现了 2 号瓦温温度高手动打闸停机的事件。若汽轮机通流改造后不能投入顺序阀运行方式，将严重影响机组经济性，严重削弱汽轮机通流改造带来的经济效益。

分析发现，汽轮机通流改造后高压调门在特定开度下因汽流激振造成 1、2 号轴承振动超过报警值，且波动幅度较大，直接威胁机组的安全运行。经分析计算，认为轴承振动是由汽流激增诱发，而造成汽流激振的主要原因是通流改造后的调节级动叶进口顶部周向流动空间较小，无法充分缓解动叶叶顶圆周方向压力的不均匀分布。

进行通流改造后的顺序阀投运试验与高调门流量特性试验。通过试验，确定顺序阀投运的最优阀序，掌握顺序阀投运期间汽轮机 1 瓦、2 瓦的振动、瓦温变化规律。明确通流改造机组顺序阀调试、投运过程中 1 瓦、2 瓦振动、瓦温的报警值。结合各台机组顺序阀投运试验期间各 TSI 参数的最大值，并预留一定余量，编制各台机组顺序阀投运后的运行管控措施，可按照（2＋1＋1）的方式投用顺序阀，当第4个阀开度较小时，1、2号轴承的轴振较大，有可能达到报警值，但轴振值无发散现象。因此，投用顺序阀运行，还是安全可控的。

顺序阀投用能显著提高机组运行经济性。统计表明顺序阀与单阀方式下机组发电煤耗差值为1～1.5g/kWh。

（二）机组滑压曲线运行优化

滑压运行机组，若高调门开度偏小，节流损失较大。在保证机组AGC及一次调频满足要求的前提下，通过滑压优化运行，适当下移滑压运行曲线，达到开大高调门，减小节流损失，提高机组经济性的目的。

同时考虑机组背压受季节性影响。针对冬/夏季工况（不同背压工况）来分别设置滑压运行曲线，将相对更好一些，实际运行将更灵活，在实现经济运行的同时，也能够满足机组运行的安全性，可一定程度上缓解不同背压工况下单一运行滑压曲线带来的弊端。

若考虑昼夜温差影响的实际情况，在初步优化滑压运行曲线的基础上增加背压实时修正，更能满足任何工况、任何背压下机组处于最优效率运行，见图14-4。

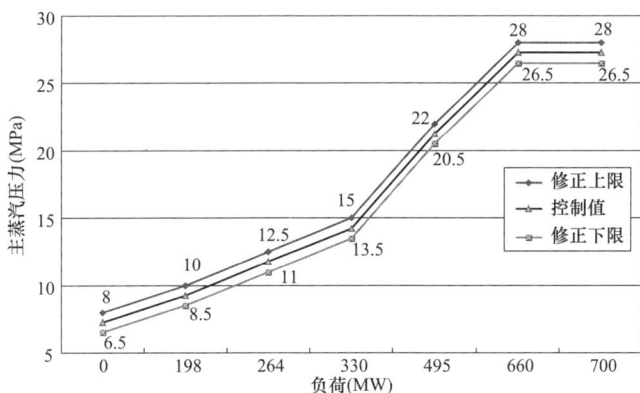

图14-4 基于背压修正的滑压曲线

宁东电厂在滑压曲线优化后，高调门开度维持35％左右，有效减小节流损失，降低煤耗约1.5g/kWh。

目前还有一种设置高调门期望开度的滑压曲线优化方法。在初步优化滑压运行曲线基础上，由运行人员根据机组负荷高低、负荷响应速率以及一次调频要求等因素，设置一个期望的汽轮机高调门开度，来修正滑压曲线，能更加精准、更大限度减少节流损失。

五、汽轮机冷端优化运行

汽轮机冷端运行优化主要包括循环水泵运行方式优化和抽真空装置运

行方式优化。

（一）循环水泵优化运行

1. 循环水泵运行优化的基本原理

当发电机组在稳定状态运行时，增开循泵或提高循泵转速，循环水泵的电功率消耗是增加的，这个是支出。增开循泵后，循环水流量得到提升，通往凝汽器的冷却水流量增大，这可以获得更低的凝汽器排汽温度和压力，汽轮机背压的降低，使得机组可以在不增加燃料的情况下取得更大的出力，一般称为微增出力，这个是收入。当收入大于支出时，那么增开循环水泵是值得的。同理，也可以进行相反方向的操作。发电机组在每一个稳定工况，总是对应一个最佳的循环冷却水流量或者循环水泵运行方式，找到这个最佳的方式，并按此执行，即为循环水泵运行优化。此时，机组凝汽器的真空为最佳真空，背压为最佳运行背压。

2. 凝汽器冷却水流量与循环水泵功率之间的关系

循环水泵的功率是比较容易取得的数据，在电厂 DCS 或者 ECS 系统中，均有循环水泵功率的在线检测数据，包括实时数据及历史数据，可以方便地使用。而循环水流量却不是线性增加的，它是水泵的性能曲线与管路阻力曲线匹配的结果。凝汽器的冷却水流量通常小于循环水流量，部分循环水被分流至机组闭式冷却水热交换器、真空泵冷却器或脱硫浆液吸收塔出口。凝汽器的冷却水流量通常没有在线测点，需要通过专门的仪器和方法测量，比如超声波测量法、荧光示踪检测法。在没有检测仪器的时候，可使用凝汽器冷却水温升及凝汽量反推冷却水流量。得出循环水泵耗功增加与的凝汽器冷却水流量函数关系

$$\Delta N_P = f_1(D_w) \tag{14-6}$$

式中　ΔN_p——循环水泵耗功增加，kW；

　　　D_w——凝汽器冷却水流量，m^3/s。

3. 机组微增出力与凝汽器冷却水流量之间的关系

凝汽器冷却水流量影响机组背压，机组背压变化产生微增出力。机组背压和冷却水流量的函数关系由凝汽器变工况传热特性决定。冷却水流量的改变，直接改变其温升，同时改变凝汽器总平均传热系数，使端差改变，形成新的排汽温度和背压。当凝汽器管水侧清洁系数一定，汽侧漏入空气量不变的情况下，凝汽器热力特性函数是确定的，为

$$p_k = f_2(N, t_1, D_w) \tag{14-7}$$

式中　p_k——机组背压，kPa；

　　　N——机组功率，MW；

　　　t_1——冷却水进水温度，℃。

机组背压和微增出力之间的关系，可使用通用计算方法对最末级进行变工况的计算得到，也可以根据机组性能试验得到

$$\Delta N = f_3(N, p_k) \tag{14-8}$$

式中　ΔN——机组微增出力，kW；

　　　N——机组负荷，kW。

将上两式联立，即得到

$$\Delta N = f_0(N，t_1，D_w) \qquad (14\text{-}9)$$

4. 循环水泵最佳运行方式判断

通常情况下，把机组微增出力与循环水泵耗功增加相减，即得到收益功率为

$$SY = f_0(N，t_1，D_w) - f_1(D_w) \qquad (14\text{-}10)$$

式中　SY——循环水泵运行方式优化收益，kW。

求 SY 的极大值，取上式对 D_w 求导，当结果等于 0 时，即有最大收益为

$$\frac{\partial f_0(N，t_1，D_w)}{\partial D_w} - \frac{\partial f_1(D_w)}{\partial D_w} = 0 \qquad (14\text{-}11)$$

5. 循环水泵优化运行结果

由于循环水泵优化运行主要与两个变量有关，即机组负荷与循环水进水温度，所以可以在平面图上，将优化运行结果画出来，见图 14-5。落实到现场具体操作上，因为火电机组频繁参与电网调峰，一天内负荷上下波动数次，可以使用平均负荷率来代替机组负荷。环境温度昼夜相差比较大，可以用循环水平均温度替代。例如有电厂在负荷率 70% 时按以下方式执行：

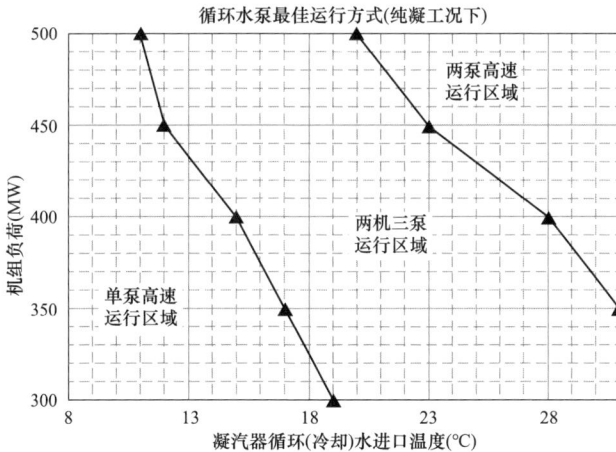

图 14-5　某电厂循环水泵优化运行结果

当循环水温度在 10℃ 以下，单机单泵（均为低速）运行；

循环水温度 10~12℃ 区间，保持循环水泵三台低速运行；

循环水温度 12~15℃ 区间，循环水泵采用一高速两低速并联运行；

循环水温度 15~20℃ 区间，循环水泵采用二高速一低速并联运行；

循环水温度 20~23℃ 区间，循环水泵采用三高速并联运行；

循环水温度 23~25℃ 区间，循环水泵采用三高速一低速并联运行；

循环水温度 25℃ 以上，循环水泵采用四高速并联运行。

（二）抽真空装置优化运行

抽真空装置，一般有水环真空泵、射水抽气器、射汽（气）抽气器、罗茨真空泵等。其中水环真空泵是目前广泛采用的抽真空装置。它有结构紧凑、系统简单、工作可靠、抽气量大、故障率低等优点。

水环真空泵在工作时，依靠偏心叶轮转动，带动工质水转动，形成水环。由于是偏心轮，所以叶轮与各处水环形成的空间大小周期性变化，用来吸气和排气。这就带来一个问题，工质水在低压下汽化，使水环泵在低背压时，效率大大降低，甚至工作失效。所以必须配备一套冷却设备，一般采用循环水进行冷却。但是循环水温度受环境温度影响，并不能很好地解决问题。

电厂可以采用罗茨水环真空泵组，来对抽真空装置进行优化。罗茨真空泵抽气量小，但能达到极低的背压。将罗茨真空泵和水环真空泵串联，在机组启动、漏真空等情况，需要大量抽气时，单独使用水环真空泵工作，快速建立真空；在机组正常运行时，罗茨水环真空泵组，使凝汽器达到低背压。由于罗茨真空泵在低压下运行效率高，所以可以将功率做小。达到节能的目的。寿光电厂在优化后，每年每台机组可节约厂用电 52 万 kWh。

也有电厂在机组正常运行时通过投入真空系统蒸汽喷射器，提高机组真空，降低真空泵电流，提高机组运行的经济性。

六、辅机变频优化运行

在泵与风机原理中，变频（变速）调节比节流调节损失少，能耗低。火力发电机组变频调节使用较多的是凝结水泵和低压加热器疏水泵，其次是闭式冷却水泵、一次风机等。变频调节，首先要加装变频器，进行变频改造。

（一）凝结水泵变频优化运行

对于凝结水泵，改造前电机定转速运行，出口流量由除氧器水位调节，节流损失大，一定程度上影响了机组的经济运行。改造后，利用变频技术实现无级变速，使得水泵的凝结水流量与压力适应机组负荷的变化，减少调节阀门的节流损失。通过泵转速变化来改变凝结水流量以调整除氧器的水位，线性度更好，达到更好的调节品质。凝结水泵变频运行优化的核心是整定凝结水压力曲线。为了最大限度地提高节能效果，需要获得准确的凝结水泵变速特性和整个凝结水系统的运行特性；为了确保改造后系统安全稳定运行，需要检查新的凝结水运行方式是否能满足各凝结水用户（主要是给泵密封水、低压旁路减温水）的基本需求。

按下列方法进行凝结水系统优化试验：

（1）切除凝结水主调阀、旁路调节阀自动状态，改为手动调整。除氧器水位自动调节保持投入状态。

（2）同步手动逐步开大两个调节阀开度，逐步降低凝结水主调阀前母管压力。母管压力每降低 0.1MPa 压力略作停顿，注意观察凝结水泵转速变化稳定后再进行调整。

（3）注意观察给水泵密封水冷却器出口密封水温度的变化，密封水温度高于要求报警值时，可适当开大密封水冷却器冷却水进出口阀门进行调整。

（4）调整至最低母管压力应能满足低压旁路减温水压力最低值。

（5）调整至最低母管压力运行状态稳定后，记录主要运行参数。

根据试验参数，整定出凝结水压力随负荷的变化曲线，将其固化在热控逻辑中，实现自动调节。凝结水调门以及凝结水泵变频器均能投入自动，其一控制凝结水压力，另一个控制除氧器液位，所以变频器有两个控制策略。

1. 压力控制模式

变频器频率控制器投入自动后，默认为压力控制模式。此模式下，变频器控制凝结水母管压力。其压力设定值是根据除氧器压力（密封水回水能力）、机组负荷、低压旁路供水需求三者综合选大值得出，并且设置有固定下限。运行人员可通过压力偏置设定块进行手动调整母管压力。在压力模式下，凝结水泵变频可实现机组启停时的全程自动控制。

2. 液位控制模式

该模式下，变频器直接控制除氧器液位，除氧器上水调门将根据当前负荷保持某一尽可能大开度，以减少除氧器上水调门节流，达到进一步节能的目的。可通过增加密封水升压泵，解决凝结水压力下限问题，在 40%～100% 负荷区间内都可以实现上水调门全开，达到最大节能目的。该模式下，运行人员通过液位设定来调整除氧器液位，通过调整上水阀阀位偏置可实现对凝结水母管压力的调整。若除氧器水位高出设定值 100mm 以上，除氧器上水调门将根据水位值按一定比例关小，以防止除氧器水位高。除氧器液位控制为三冲量控制。

3. 控制模式切换

（1）在机组启动准备阶段（点火前），只运行一台变频泵，控制方式为压力控制，主要保证凝结水泵和轴封加热器的最小流量，同时兼顾少量的杂用水和锅炉上水要求。

（2）锅炉点火前，运行人员手动启动第二台变频泵并完成并泵，控制方式仍为压力控制方式。锅炉点火后，高、低压旁路开启，此时凝结水泵的压力控制主要是满足低压旁路减温水和锅炉上水的需求，控制上主要根据低压旁路用水量来设定母管压力。

（3）机组并网后至 40% 负荷阶段，凝结水母管压力设定值逐渐由低压旁路主导过渡到由负荷主导。

（4）40% 以上负荷，目前压力控制模式和液位控制模式均可使用，出于节能的目的，尽量使用液位模式。投入液位模式需要负荷 40% 以上，两台凝结水泵变频器均投自动，除氧器上水阀投入自动，并且运行人员手动投入液位控制子环。

凝结水泵实施变频优化后，电耗率将进一步下降，从宁海电厂、沧东电厂、徐州电厂统计情况来看，应该可以降至0.15%左右，节电效果明显。

（二）低压加热器疏水泵变频优化运行

通过热工逻辑优化，改变低压加热器疏水泵变频运行原有复杂逻辑控制方式，提高低压加热器水位控制的稳定性，减少阀门节流损失，降低低压加热器疏水泵电耗，达到降低机组厂用电率的目的。为减少运行中的逻辑变量，同时减少节流损失和其他能量损失，做出逻辑修改：低压加热器疏水泵出口调节门置手动全开位；低压加热器疏水泵变频器频率投自动，控制低压加热器水位；保持再循环调节门25%开度；危急疏水调节门置手动，保持全关，作为事故疏水。经过一段时间的运行试验，达成了以下效果：

（1）出口调节门保持全开，无节流损失。由于出口调节门保持全开，不参与调节，大大减少了节流损失；同时也增加了出口调节门的使用寿命。进行逻辑变更后，为防止新逻辑下水位调节不良，优化前后的逻辑可能通过低压加热器疏水泵出口调阀投退自动进行切换，提供了调节逻辑变更的灵活性。

（2）水位调节稳定。调节变量由之前的出口调节门和变频器共同调节变更为只有变频器单变量调节，减少调节变量带来非常显著的效果，即水位调节相对稳定。

（3）再循环调节门保持小开度，减少能量损失。再循环管路是保护泵所设置的，开度越大，能量损失越大。由于优化后的低压加热器疏水泵出口流量相对稳定，很少出现流量过低的情况，且保持关闭状态，也能满足低压加热器疏水泵在低流量时的运行要求。因此通过试验，再循环调门保持关闭也能保证低压加热器疏水泵的安全运行，大大减少了能量损失。

根据九江电厂低压加热器疏水泵运行数据，变频优化后年度可节电60万kWh以上，达到了明显的节能降耗目的。

七、机组启停方式优化

机组启停优化项目：启动提前投入2号高压加热器、邻机加热改造及使用、优化机组启动投油策略、启动过程采用单侧风组启动、非联络塔池启动前将邻机水塔排污水回用至启动机组、停机后将停运机组塔池水抽至运行机组、机组停用后及时停运系统设备等。

（一）机组启动提前投入2号高压加热器

（1）专业组对机组启动时提前投入2号高压加热器的相关风险进行评估，进行相关逻辑的梳理，在DCS画面增加2号高压加热器汽侧投退保护按钮，便于运行人员操作。

（2）编写和优化机组启动时 2 号高压加热器汽侧投入操作票，指导运行人员操作和风险规避。在锅炉点火，冷再蒸汽管道起压后，投入 2 号高压加热器。

（3）将相关操作完善至机组启动程序表内进行固化，对各班组进行相关培训。

投入 2 号高压加热器提高给水温度，降低燃料量，经过前后对比可降低煤量约 45t/次。需要说明的是，2 号高压加热器加热蒸汽来自锅炉冷再蒸汽管道，即汽轮机高压缸排汽管道，汽轮机冲转前，其蒸汽通过高压旁路阀过来，汽轮机并网高压旁路关闭后，其蒸汽温度有较大降低，可能下降 100℃以上，对 2 号高压加热器运行有一定热冲击。

（二）邻机加热改造及使用

机组启动前投运 2 号高压加热器能提高给水温度，但必须在锅炉点火起压后才能进行。在锅炉点火前，还可以使用邻机蒸汽对本机 2 号高压加热器进行加热，在锅炉点火前提高给水乃至整个炉膛的温度，减少燃料使用量。但设备系统需要进行改造，增加邻机加热蒸汽联络管道以及相关阀门，见图 14-6。

邻机加热系统使用步骤：

（1）确认一台汽动给水泵运行正常，汽动给水泵出口电动门已开启，给水压力大于邻机二抽压力。

（2）确认高压加热器给水三通阀切至主路（并且切换正常），除氧器加热系统已投入。

（3）确认邻机加热管路各疏、放水一、二次门开启。

（4）点动微开邻机加热电动门暖管。检查邻机加热系统管道是否存在泄漏、振动等异常情况，监视邻机加热系统压力、温度参数。

（5）开启高压加热器启动排气门、连续排气门，排气后关闭高压加热器启动排气门。

（6）缓慢开启邻机加热电动门直至全开。关闭邻机加热系统沿程各疏水一、二次门。控制高压加热器出水温度变化速率<1℃/min 且 2 号高压加热器温升<80℃。

（7）投运邻机加热系统，加热 2 号高压加热器给水，缓慢将锅水温度加热至 190℃左右进行热态清洗，达到节约启动成本，改善锅炉启动环境的目的。

（三）优化机组启动投油、投煤策略

2 号高压加热器投运后，能大大提高锅炉给水温度，提高整个炉膛温度，对煤粉燃烧有利。由此可以优化机组启动投油策略，使用微油枪或者等离子直接点火，减少燃油使用量。1000MW 机组锅炉，经过提高给水温度后，使用微油枪点火，每支油枪仅 70kg/h。冷态启动耗油可降至 12t/次以下，热态启动 6t/次。

677

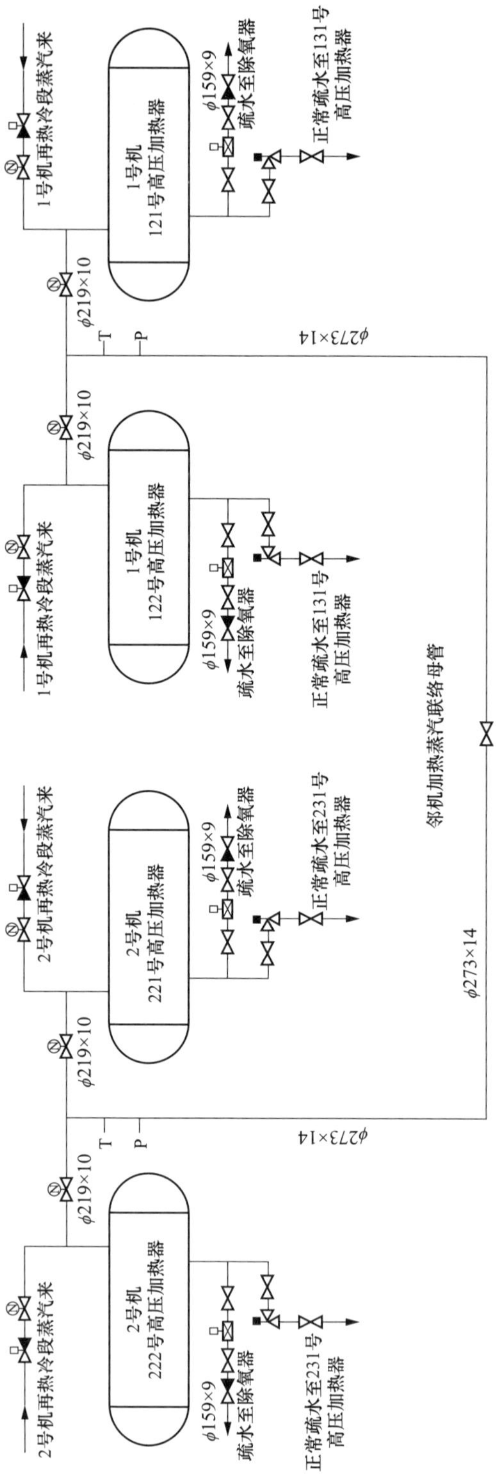

图 14-6 邻机加热蒸汽联络图

机组启动，锅炉侧可以根据汽轮机侧暖机时间要求，分阶段投煤。一般规程中规定机组冷态启动需要 30％额定燃料量，实际在汽轮机低速暖机（2～4h）到并网前，20％燃料量即可满足要求。火电机组可根据自身情况，细化投煤操作，达到节约燃料的目的。台山电厂在分阶段投煤优化后，测算冷态启动可节约燃煤 300t/次。

（四）机组启动并网前采用单侧风组运行

（1）评估在并网前采用单侧风组运行，若出现任一风机跳闸，将造成锅炉 MFT，影响机组并网时间，同时烟风偏流，易造成汽温偏差过大。通过设备检修可靠性实施及重点参数监视，保证风机运行可靠性，通过二次风门开度调整，可进行汽温偏差调整，风险可控，具备实施可行性。

（2）结合设备系统方式，编制单侧风组启动操作票，指导运行人员单侧风组相关操作及风险管控。

（3）实施过程为机组并网前并入备用侧风组，降低并网前风机运行电耗，经多次机组启动，单侧风组运行各项参数正常，通过参数分析对比，得出此项目节能量。

孟津电厂实践测算，单侧风组启动节电约 0.4 万 kWh/次，节能效果并不太明显。

八、电气系统优化运行

公用系统 400V 变压器，正常方式两台机组各带一台变压器运行。机组在停运前，将 400V 公用系统经联络开关由运行机组环带，可以减少外购电量，达到增收节支的目的。

成对的厂用 400V 变压器接带的 400V 厂用母线，在机组停运后，可停运其工作电源，即停运其变压器，由联络开关接带，减少变压器运行台数，降低空载电耗。

发电机氢气纯度提升优化，采用在氢侧密封油箱补油主管路上开孔并联接入密封油提纯装置，对补油进行净化处理后，再补入氢侧密封油箱，在原有补油主管路上不增加任何设备，不改变氢侧油箱原有补油功能及运行方式。在机组运行中，若发生真空净化装置故障退出，发电机密封油系统会自动保持原设计方式正常运行，无需人工进行干预调整。氢气提纯优化改造后，能提高了发电机氢气纯度，保持发电机氢气纯度在 98％以上长期运行，既提高发电机运行的安全性，减少了补氢量，又减轻了运行人员补排氢的工作量，提高了密封油系统的可靠性。对于氢气纯度下降较快的机组，进行氢气提纯优化是有必要的。

因为氢气密度远小于其他气体，所以提高氢气纯度，能减少发电机的通风损耗（阻力）。研究人员对北京重型电机厂生产的 350MW 发电机组进行测算，其机组通风损耗为 378kW，1％氢气纯度的提升将减少大约 40kW 的通风损耗，氢气纯度提高 2％，减少通风损耗近 80kWh。

九、其他优化运行

火电机组系统繁杂庞大，其节能优化项目也多。目前采用的还有但不限于下列优化项目：凝结水一次调频运行优化、给水泵组低负荷运行优化、空压机运行优化、低温省煤器运行优化、锅炉吹灰方式优化、脱硝系统运行优化、脱硫系统运行优化、输灰系统优化、电除尘器运行优化、凝汽器热井真空自动补水优化、机组 0 号高压加热器运行优化、闭冷水泵双速运行优化、汽包连排运行优化、一次风替代密封风及火检冷却风运行优化、机组供热优化、经济煤掺烧运行优化。

第七节 机组运行经济指标管理与能量损失分析

一、发电厂运行经济性衡量指标

凝汽式发电厂电能的生产过程就是一个能量从化学能向机械能和电能转化的过程。在能量转化过程中，每个环节都必然伴随着能量的损失，其转化效率不可能达到100％。因此，发电厂运行的经济性可以通过能量转化和利用的效率或者能量的损失来衡量。一般有以下四个指标：

（1）标准煤耗率，可分为发电标准煤耗率和供电标准煤耗率。前者指生产 1kWh 电能所需消耗的标准煤量，后者指输出 1kWh 电能所需消耗的标准煤量，单位均为 g/kWh。

（2）厂用电率，厂用电率等于一个时期内厂用电量/该时期总发电量×100％。

（3）热耗率，指汽轮机热耗量和其出线端电功率之比，单位为kJ/kWh。

（4）汽耗率，指一定时期内主汽流量累计值与机组发电量之比，单位为 kg/kWh。

在实际应用中，由于管道效率、汽轮机机械效率和发电效率指标均在95％～99％之间，可挖掘的潜力已经不大，因此，发电厂大都以标准煤耗率和厂用电率来衡量机组运行经济性，这两个指标上去了，效益就可以得到较大提高，因此，分析机组运行经济性也应该尽量从这两个指标入手。

二、提高机组运行经济性的措施

（一）优化机组运行的内在性能

1. 锅炉效率

锅炉效率是锅炉经济运行与否的主要衡量指标，理论上通过反平衡法计算得出，其主要的影响因素有排烟损失、化学不完全燃烧损失、机械不完全燃烧损失、散热损失等，其中排烟损失占比最大，排烟温度每提高

10～20℃，可使排烟效率降低约 1%。在机组正常运行时，就要注意保证锅炉各个受热面洁净，定期对烟道、空预器、炉膛等进行清洁，同时，保证主汽温度前提下适当降低炉膛火焰中心高度，防止空预器、烟道的漏风等。

2. 机组容量和运行参数

机组容量对经济运行也会产生一定影响，一般而言，机组容量越大，经济性能更好，这是由于容量大的机组其相对内效率和绝对电效率也将越大，热耗率就将更低。根据热力学理论，由卡诺循环决定的火电机组其循环效率与主蒸汽压力和主蒸汽温度直接相关，主蒸汽压力和温度越高，其效率也越高。反之，随着主蒸汽压力和温度的降低，主蒸汽的有效焓也将降低，如果蒸汽流量不变，发电效率就将降低，出力也将下降；如果要保持发电出力，就必然损失机组运行的经济性。一般而言，主蒸汽压力每提高 1MPa，机组热耗率就可降低 0.13%～0.15%，主蒸汽压力每提高 10℃，机组热耗率就可降低 0.25%～0.30%。以超临界机组和超超临界机组为例进行对比，它们的主蒸汽压力、主蒸汽温度分别为 24MPa、538～560℃ 和 25～30MPa、580～605℃，其机组效率分别为 40% 和 44%，超超临界机组比超临界机组提高了约 4%。但是，蒸汽温度并不是越高越好，太高的蒸汽温度将加速材料的蠕变，增大管道压力和蒸汽湿度，加速汽轮机末级叶片的腐蚀。

3. 机组变工况性能

任何火电机组的设计都是基于额定负荷的，因此，机组最经济的运行方式应该是带额定负荷的额定运行状态，此时，机组运行参数都在设定值，能够将能量的损失降到最低。但是，电力系统负荷是随时变化的，特别是在这个互联电网的时代，机组承担调频、调峰任务非常频繁，偏离额定运行的时间非常多。如果机组不具有良好的变工况运行性能，其运行效率和经济性都将大打折扣。

（二）降低厂用电率

电能生产中厂用机械（如锅炉、汽轮机、发电机）以及自动控制等厂用设备和辅助设备所消耗的电能被称为厂用电。发电厂的厂用电大约占到发电量的 6%～10%。大机组发电效率高，厂用电率比较低。另外厂用电率还与机炉的形式（即辅机的多少）有关。如果是同一个厂，厂用电率的高低还与运行指挥人员的调度管理水平、机组启停次数等直接有关。降低厂用电率，可从以下几个方面入手。

1. 保证设备的最优运行

电厂辅机等设备非常多，正常运行时应尽量投入耗电低、出力大的设备，而将耗电大的设备作为备用。例如，冬季凝汽器真空温度偏高，应尽量单独运行一台循环泵，而夏季则要保持他们同时运行。

2. 优化机组运行方式

首先在计划采购时，应采购启动性能较好、经济指标较高的机组，同时，根据调度所给的日负荷曲线合理分配机组出力。在条件允许时，机组启动应及时将启动备用电源切为本机带，尽量少用外购高价电。此外，当调度下达负荷指令后，可以在机组间合理分配二次负荷，可以根据等耗量微增率来分配负荷，使全厂经济性最好。

三、发电机组的经济指标

发电机组是一个大型复杂的能量转换系统，其经济性的评价由一系列的经济性指标组成，主要有汽轮机装置的经济指标、汽轮发电机组的经济指标、锅炉的经济指标和单元机组的经济指标，它们的关系可参见图 14-7。

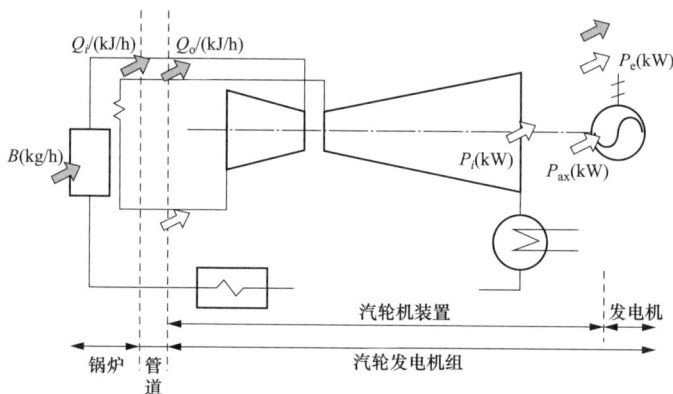

图 14-7　火力发电机组能量转换关系

（一）汽轮机装置的经济性指标

汽轮机装置指汽轮机本体部分以及和汽轮机相关的热力系统。

1. 汽轮机的相对内效率和内功率

蒸汽在汽轮机内的有效焓降 ΔH_i 与理想焓降 ΔH_t 的比值称为相对内效率，即

$$\eta_{ri} = \Delta H_i / \Delta H_t \tag{14-12}$$

相对内效率是反映汽轮机通流部分完善程度的指标，它并不是能量转换装置输出能量和输入能量的比值。汽轮机的内功率等于各级内功率之和，有回热抽汽的汽轮机，也等于汽轮机内各股蒸汽转换的内功率之和，即

$$P_i = \sum_{j1}^{n} G_j \times H_{ij} / 3600 \, (\text{kW}) \tag{14-13}$$

式中　G_j——汽轮机内各级段蒸汽的流量，kg/h；

　　H_{ij}——汽轮机内各级段蒸汽的有效焓降，kJ/kg。

2. 汽轮机的内效率

汽轮机的内效率是汽轮机的内功率 P_i 与蒸汽在汽轮机内转换的理想能量 E_T 的比值，即

$$\eta_i' = P_i / E_T \tag{14-14}$$

式中

$$E_T = \sum_{j1}^{n} G_j \times H_{tj}$$

其中 G_j、H_{tj} 分别为汽轮机各级段内蒸汽的流量和在此级段内蒸汽的理想焓降。显然对于无回热抽汽的汽轮机，则内效率与相对内效率相等。

3. 汽轮机的轴端功率和机械效率

汽轮机的内功率 P_i 减去机械损失（轴承的摩擦和调节机构耗功）ΔP_m，得到轴端功率 P_{ax}，即

$$P_{ax} = P_i - \Delta P_m (\text{kW}) \tag{14-15}$$

汽轮机的轴功率 P_{ax} 与内功率 P_i 的比值称为机械效率。即

$$\eta_m = P_{ax}/P_i \tag{14-16}$$

4. 汽轮机绝对内效率

在进行机组经济性评价时，更多地还采用汽轮机绝对内效率这一指标，其定义为

$$\eta_i = \frac{3600 P_i}{Q} \times \frac{D_0 W_i}{q D_0} \times \frac{W_i}{q} \tag{14-17}$$

式中　q——1kg 新汽在锅炉（包括在再热器中）的吸热量，kJ/kg；

W_i——1kg 新汽在汽轮机中所做内功，kJ/kg；

Q——每小时汽轮机的耗热量，称为热耗量，kJ/h；

D_0——每小时汽轮机的耗汽量，称为汽耗量，kg/h。

可以看出，η_i 表示了汽轮机装置（包括汽轮机及其热力系统）的能量转换效果。汽轮机的绝对内效率有时被简称为内效率，此时要注意与相对内效率区分。

5. 电功率和发电机效率

由于发电机在能量转换时，其铁芯内产生涡流，导线中有电磁阻抗而产生电磁损失，所以发电机出线端电功率 P_e 为汽轮机的轴端功率 P_{ax} 减去电机损失 ΔP_e，即

$$P_e = P_{ax} - \Delta P_e (\text{kW}) \tag{14-18}$$

汽轮发电机出线端电功率 P_e 与轴功率 P_{ax} 的比值称为发电机效率，即

$$\eta_g = P_e/P_{ax}$$

发电机效率虽然不属于汽轮机装置的经济性指标，但由于和汽轮机装置紧密相连，因此也在这里加以说明。

这里需要指出两点：一是对于多汽缸汽轮机，通常还用各汽缸的相对内效率表示其通流部分能量转换的完善程度。所谓汽缸的相对内效率即蒸汽在该汽缸内有效焓降与理想焓降的比值。二是汽轮机或汽缸的相对内效率并不能完全反映其输入能量和输出能量的相应关系。像轴封漏汽引起的损失以及回热抽汽对经济性的影响都没有反映在相对内效率中。它们只能用绝对内效率 η_i 才能反映。

（二）汽轮发电机组的经济性指标

电厂在运行中用得更多的是机组的经济指标。火力发电厂通常将汽轮

机（包括其热力系统）和发电机一起称为汽轮发电机组，有时简称机组。机组运行的经济性除了和汽轮机性能密切相关外，还和发电机特别是热力系统有关系。反映机组运行经济性的指标主要有两类，一类是说明与输出能量和经济性有关的单位时间能量消耗，另一类是直接说明热经济性的能耗率（即单位发电量的能耗）。

机组常用的经济指标如下：

1. 机组的能耗量

机组发电功率为 P_e 时，在单位时间（每小时）内消耗的蒸汽量称为汽耗量 D_0。它除了反映机组的热经济性外，还与机组输出功率 P_e 有关

$$D_0 = \frac{3600 P_e}{W_i \eta_m \eta_g} \tag{14-19}$$

式中　P_e——机组输出电功率，kW；

　　　W_i——1kg 新汽在汽轮机中所做内功，kJ/kg；

　　　η_m——机械效率；

　　　η_g——发电机效率。

式中 η_m 和 η_g 的数值一般在 0.99 左右，且变化不大，因此汽耗量除了与机组输出功率 P_e 有关外，它主要取决于 W_i。只有在机组功率、新汽参数、再热参数及给水参数相同的情况下，汽耗量才可用来比较机组的热经济性。例如它可以来比较参数相同的同一类型机组的热经济性或者同一机组大修前后、改造前后的热经济性。

机组在生产电功率 P_e 时，在单位时间（每小时）内消耗的热量称为热耗量 Q_0，计算公式为

$$Q_0 = D_0 \times q = D_0 (h_0 - h_{fw} + \alpha_{rh} q_{rh}) \tag{14-20}$$

式中　h_0——新汽比焓，kJ/kg；

　　　h_{fw}——锅炉给水比焓，kJ/kg；

　　　q_{rh}——1kg 蒸汽在再热器的吸热量，kJ/kg；

　　　α_{rh}——1kg 新汽时，流经再热器的流量份额。

在输出功率 P_e 一定时，热耗量可反映机组的热经济性。

2. 机组的能耗率

能耗率即单位发电量的能耗，机组的能耗率分为汽耗率和热耗率，它们分别定义如下：

机组单位发电量所消耗的蒸汽量称为汽耗率 d_0，计算公式为

$$d_0 = \frac{D_0}{P_e} \times \frac{3600 P_e}{W_i \eta_m \eta_g} \tag{14-21}$$

机组单位发电量所消耗的热量称为热耗率 q_0，计算公式为

$$q_0 = \frac{Q_0}{P_e} = d_0 q = d_0 (h_0 - h_{fw} + \alpha_{rh} q_{rh}) \tag{14-22}$$

从 $q_0 = Q_0 / P_e$ 可以看出，q_0 是汽轮发电机组输入和输出能量之比，虽

然和效率的定义不同，但其反映的意义在本质上是相同的。另外由于 Q_0 和 P_e 的单位不同，所以 q_0 是以 (kJ/kWh) 为单位的。比较可以看到 q_0 和 η_i 有密切的关系，如果认为机械效率和电机效率为定值，则两者之间有一一对应的关系。显然，热耗率和汽耗率的值与机组的发电量的多少无关，但是由于每耗 1kg 新汽时，机组从锅炉吸收的热量会因参数不同而不同，所以只有当每公斤新汽从锅炉得到的热量 q（包括再热器的吸热量）一定时，汽耗率才能反映机组的热经济性。而热耗率是单位发电量所消耗的热量，所以可以反映不同容量、不同参数机组的热经济性。用 d_0 表征机组的热经济性时，往往是针对同一机组。对于不同的机组则应用 q_0 来比较它们的热经济性。1000MW 以上的现代大容量机组的汽耗率在 $2.8\sim3.5$ kg/kWh 左右，热耗率在 $7600\sim8600$ kJ/kWh 左右。1000MW 大容量机组且采用了许多较先进的技术，因此具有较低的热耗率。

影响机组的热经济性的因素很多，包括机组所采用的热力循环的优劣、汽轮机质量的高低、热力系统的完善程度、发电机的好坏等，其中热力系统的完善程度又与系统结构和系统内所有的辅机有关。需要指出的是，一般所说的机组汽耗率、热耗率等经济指标均为机组在额定负荷和设计工况下的。事实上，所有的热经济指标均与机组的负荷及工况有关，随着负荷的下降或系统偏离设计工况，机组的热经济指标都是会有所下降的。

（三）锅炉的经济性指标

锅炉的经济指标即锅炉效率。即锅炉的有效利用能量与其输入能量的比值为

$$\eta_b = Q_i/Q_r = Q_i/BQ_L \tag{14-23}$$

锅炉机组在稳定的热力状态下，1kg 燃料带入炉内的热量、锅炉有效利用热量和热损失间有如下关系

$$Q_r = Q_1 + Q_2 + Q_3 + Q_4 + Q_5 + Q_6 \quad (kJ/kg) \tag{14-24}$$

式中　Q_r——1kg 燃料带入锅炉的热量，kJ/kg；

　　　Q_1——锅炉有效利用热量，kJ/kg；

　　　Q_2——排烟热损失，kJ/kg；

　　　Q_3——化学未完全燃烧热损失，kJ/kg；

　　　Q_4——机械未完全燃烧热损失，kJ/kg；

　　　Q_5——锅炉散热损失，kJ/kg；

　　　Q_6——其他热损失，kJ/kg。

将上式两边都除以输入热量 Q_r，则锅炉热平衡可用占输入热量的百分比来表示

$$100 = q_1 + q_2 + q_3 + q_4 + q_5 + q_6 \tag{14-25}$$

式中分别为有效利用热或各项热损失占输入热量的百分数。

（四）主蒸汽管道的经济性指标

主蒸汽管道指锅炉与汽轮发电机组之间连接的蒸汽管道，包括通常所

说的过热器出口至汽轮机的管道外还包括再热器与汽轮机中压缸之间的管道。因为存在散热，所以定义其效率为

$$\eta_p = Q_0/Q_i \tag{14-26}$$

由于保温效果好，一般 η_p 可达到 99%，在精度要求不是很高的场合，η_p 可认为是 100%。

（五）单元机组的经济性指标

汽轮发电机组与锅炉及其连接管道一起构成单元机组，它的经济性指标定义为其输出能量 P_e 和输入能量 BQ_L 之比，称为发电煤耗率，即单位发电量所消耗的煤量。

由于燃煤的热值有所不同，特将热值为 29307.6kJ/kg 的燃煤定义为标准煤。标准发电煤耗率即指单位发电量所消耗的标准煤量，即

$$b_b = BQ_L/P_e \quad (g/kWh) \tag{14-27}$$

若将厂用电的因素考虑进去，将发电量扣除厂用电量后的煤耗率称为供电煤耗率，即

$$b_b = BQ_L/(P_e - P_a) \quad (g/kWh) \tag{14-28}$$

厂用电量与发电量之比成为厂用电率，即

$$\xi = P_a/P_e \tag{14-29}$$

标准供电煤耗率和厂用电率一起可以全面反映了单元机组的能量转换的完善程度，它们是极为重要的经济性指标。

（六）全厂的经济性指标

火力发电厂全厂的经济性指标，与单元机组相同，主要有标准发电煤耗率、标准供电煤耗率、厂用电率等，但是火电厂一般不会只有一台机组，因此其经济性指标在数值上并不相同，需要根据全厂的煤耗量、发电量和厂用电量来确定。

四、汽轮机运行能量损失分析

汽轮发电机组运行时的经济性，除取决于机组设备及其热力系统的特性、主辅设备的完好程度及其合理配置外，在很大程度上取决于实际运行工况偏离额定工况的程度。所谓偏离额定工况包括运行参数偏离额定参数、功率偏离额定功率以及设备运行状态偏离规定状态，它们除了会影响机组的安全性外，很多情况下都会引起机组额外的（相对于没有这些偏离时机组固有的损失）能量损失，致使煤耗率上升，热经济性下降。例如，主蒸汽压力和温度的下降，凝汽器真空的降低，给水加热器的出口水温的降低，加热器的切除，疏水的旁路等，这些都是常见的影响机组经济性的因素。

各种因素引起机组额外的能量损失可以分成两类，一类是由热量或者工质从系统中直接损失而引起的，表现为机组能量的数量减少，而且在损失部位就能体现出来。像汽水泄漏、各种设备的散热、机械摩擦等都属于这类损失。

另一类损失表现为能量的质量损失，它在引起机组的额外的能量损失中占相当大的部分，如汽水节流程度的增加、传热温差的增大等，这一类损失在损失发生的部位并没有能量数量上的减少，而是工质的做功能力下降。也正是这个原因，这一类损失往往不能被运行人员发现和重视。当然，从机组所在的整个热力系统来看，根据能量平衡的原理，这些发生在各个部位的做功能力的损失，最终都会在凝汽器冷源损失的增加和输出功的减少上反映出来。

（一）汽轮机通流部分结构变化引起的能损

汽轮机相对内效率反应通流部分的完善程度和运行状况，它对机组的经济性有重要的影响。汽轮机在运行中有很多因素会影响汽轮机的相对内效率，其中主要的因素有：汽轮机通流部分的物理结构的变化、通流部分运行状态的变化、汽轮机新汽蒸汽参数的变化及调节汽门开度的变化等。

汽轮机通流部分结构变化是影响汽轮机相对内效率重要因素。其中一个主要表现是通流部分结垢，这是汽轮机经常出现的现象。结垢的原因与锅炉的运行工况、锅炉汽包内部结构等有关系，例如锅炉汽水分离装置工作不正常、急剧的增减负荷、汽包水位骤然升降、蒸发面表面起泡沫以及水工况恶化等。还有像凝结水处理装置运行不当，凝汽器水侧密封不严等也会引起结垢。以上因素均造成蒸汽带盐或者凝结水含盐量超标，使含有盐分的蒸汽进入汽轮机，随着压力的降低，盐分逐渐沉积在通流部分内。蒸汽中的盐分沉积在喷嘴、动叶的叶型表面上，粗糙度增加，气动性能发生变化，造成热力过程线的改变，导致汽轮机工况的改变和经济性的下降。

减少或防止通流部分结垢，首先要限制进入汽轮机蒸汽的含盐量，严格监督蒸汽的纯度。同时要对通流部分进行定时清洗。例如在汽轮机大修时采用铲、刮、空气冲刷等机械方法除垢或碱煮法除垢，对于中小机组还可以采用在运行时降负荷的办法，使结垢部分的蒸汽温度降低而成为湿蒸汽来将结垢清洗掉。

汽轮机通流部分结构的变化另一个表现是动静部分的间隙变大。主要指通流部分的各部分汽封的间隙，如隔板、动叶等汽封间隙的加大，从而使得级间漏汽增加导致漏汽损失的增加，相对内效率降低。

另外，汽轮机通流部分结构的变化也可能是通流部分的部件损坏或变形，例如动叶片损伤或断裂等，更会影响汽轮机的相对内效率。

汽轮机内效率变化引起热耗率增加值比其他因素引起热耗率增加之和还大。对某600MW机组监测表明，其三个缸相对内效率的降低对热耗率影响值占所有因素对热耗率的影响值的60％以上。由此说明汽轮机相对内效率是影响机组经济性的重要参数。

汽轮机内效率变化对热效率的影响，应分不同缸进行分析计算，因为高压缸的内效率变化会直接影响其排气比焓，因而影响再热器的吸热量；中压缸内效率变化会影响低压缸入口温度而影响低压缸内效率。

（二）主蒸汽系统参数偏离引起的能损

主蒸汽系统指机组中锅炉与汽轮机相连接的蒸汽管道和阀门及其附件等，对于再热机组还包括再热蒸汽管道。所以这一部分主要的参数为主蒸汽压力和主蒸汽温度、再热蒸汽压力和再热蒸汽温度。

主蒸汽系统参数是决定机组所采用的基本循环的特性的重要参数，它们决定了循环的平均吸热温度，对机组的经济性有很大的影响。机组的汽轮机本体和热力系统在设计时，这些参数已做过全面的计算和优化，运行时应尽量严格按照额定的主蒸汽参数运行以保证机组的安全性和保持较高的经济性。

主蒸汽参数偏离时对经济性的影响则根据参数不同有所不同。具体数值可通过计算或热力试验求得。

表 14-24 反映了三种国产机组主蒸汽参数对其热经济性的影响（热耗率的上升值）。

表 14-24　国产机组主蒸汽参数对其热经济性的影响（热耗率的上升值）

kJ/kWh

蒸汽参数	N300 机组	亚临界 600MW 机组	超临界 1000MW 机组
主蒸汽压力每降低 0.1MPa	3.977	3.13	2.88
主蒸汽温度每降低 1℃	2.38647	2.24	2.36
再热蒸汽压力损失每增加 1%	7.1306	7.19	5.34
再热蒸汽温度每降低 1℃	1.98873	1.85	1.30

（三）加热器参数偏离引起的能损

现代汽轮机普遍采用回热循环，以提高循环热效率。在汽轮机进排汽参数、进汽量和给水温度一定的条件下，回热抽汽在汽轮机内做的功越多，循环效率越高。根据抽汽能级的概念，汽轮机的各级抽汽由于压力不同存在着能级的高低差别，压力越高，则该级抽汽返回汽轮机时的做功越多，做功能力越强，能级也就越高。为提高机组运行的热经济性，应该按照各级抽汽能级的高低合理利用其热量，即在加热效果相同的情况下，尽量多利用压力较低的抽汽而少用压力较高的抽汽，使抽汽在汽轮机内尽可能多做功。汽轮机的回热系统即根据这一原则，经过技术经济比较，进行优化设计而确定。

回热加热器是回热系统的重要设备之一，它运行时的参数偏离设计值时，对机组的经济性有极大影响，造成额外的损失。这主要表现在加热器的上端差、下端差、抽汽压损等的变化。

1. 加热器的上端差

上端差即一般所说的端差，指表面式加热器内汽侧的饱和温度与加热器出口水温之差。由于热量传递的不可逆性，端差的存在是必然的。端差与加热器的换热面积、被加热水的流量有关，其关系为

$$A = (Gc_p/K)\ln(\Delta t/\theta - 1) \tag{14-30}$$

式中　A——加热器换热面积，m^2；

$\quad\quad G$——被加热水流量，kg/h；

$\quad\quad c_p$——被加热水定压比热容，$kJ/(kg \cdot K)$；

$\quad\quad \Delta t$——水在加热器中的温升，℃；

$\quad\quad K$——加热器的传热系数，$kJ/m^2 h\ k$；

$\quad\quad \theta$——加热器端差，℃。

进入加热器的抽汽压力决定了加热器内的工作压力，也决定了加热器内的工作温度，即工作压力下的饱和温度，显然，端差越小，加热器的出口水温度就越高，换热越充分，传热的温差也越小，由于热交换引起的做功能力损失越小，但换热面积则要增大，设计加热器时由技术经济比较来确定经济上合理的设计端差，一般表面式的加热器的端差约为 3～5℃。

机组在运行过程中，由于各种原因，实际端差值会偏离设计值而增大。端差增大后虽然看不出明显热量在数量上的损失，但是增加了热交换的不可逆性，产生了额外的冷源损失，降低了机组的热经济性。

根据抽汽能级的观点来分析，当某级加热器端差增加时，就会使该级加热器出口水温下降，造成给水加热不足。这种加热不足虽然可因加热量减少而使本级加热器的抽汽量相应减少，但是由于进到上一级（压力较高）加热器的水温降低，使得这一级加热器的抽汽（做功能力较强的抽汽）量却因加热量增加而增加，在汽轮机进汽量和进汽参数不变的条件下，会使汽轮机内功率减小而降低机组的经济性。

加热器端差每增加 1℃ 对不同机组经济性的影响是不同的，即使是同一机组也会因不同的加热器有所不同，它和上一级的抽汽参数、本级加热器所处的位置、本级的抽汽量、甚至和上一级加热器的抽汽量和是否有疏水冷却器等都有关系。对于国产 N1000 机组和亚临界 N600 机组，给水加热器的上端差增加 5℃ 时，热耗率增加约 3.122～8.829kJ/kWh（见表 14-25）。

表 14-25　国产机组端差升高 5℃ 引起的热耗率增加　　　　kJ/kWh

加热器编号		1号高压加热器	2号高压加热器	3号高压加热器	5号低压加热器	6号低压加热器	7号低压加热器	8号低压加热器
N200 机组	上端差	8.629	4.313	3.943	3.916	8.422	4.313	8.629
N600 亚临界机组	上端差	8.817	5.254	4.593	6.404	6.834	3.803	5.932
	下端差	0.236	0.872	1.477	0.345	0.33	0.828	1.313
N1000 超临界机组	上端差	8.829	5.034	3.801	3.262	3.801	3.122	4.891
	下端差	0.543	0.815	1.494	0.136	0.407	0.543	1.087

运行中造成加热器端差上升的原因很多，比较常见的有：

（1）因加热器水管破裂造成水从管内流出或者因疏水器失灵以至汽侧水位升高而淹没加热器水管，致使蒸汽的凝结放热难以进行，表现为加热不足，端差上升。

689

（2）加热器抽气系统故障或者加热器漏气严重（对于处于真空状态的加热器而言）致使加热器内不凝结气体积聚，这些气体附着在水管外侧，致使传热恶化，端差上升。

（3）加热水管的表面被污染或结垢，使传热热阻增加，端差上升。

（4）电厂常采用堵管的方法来临时解决加热器水管破裂的问题而不至完全切除加热器，但是当堵塞的管束过多时就会造成传热面积减少而引起端差的上升。

2. 加热器的下端差

为了让汽轮机某一级抽汽的热量尽量应用在本级加热器中，希望让加热器的疏水温度尽量低一些，一般采用设置疏水冷却段的方法，用抽汽的凝结水加热给水或主凝结水。此时疏水温度就不是加热器内压力对应下的饱和温度，而是比这个饱和温度要低一些。但是由于传热温差的存在，它必然要比加热器的进口水温要高，这个高出的值即所谓的下端差。显然与上端差一样，下端差与疏水冷却段的换热面积有关。一般设计值在 $10\sim15℃$ 左右。疏水冷却段对提高机组的热经济性有明显作用，现代大型机组几乎在每一个加热器上都设置疏水冷却段。加热器运行时，同样会因为传热的原因而使下端差升高，即疏水温度上升偏离设计值，这样会使本级每千克抽汽的放热量下降，导致抽汽量增加。虽然这同时也会由于疏水带入下一级的热量增加使下一级抽汽量减少，但根据抽汽能级的概念，这也会导致额外能损，降低机组经济性。

下端差偏离对机组经济性的影响，也因不同机组，不同加热器而异。对于 N1000 机组和亚临界 N600 组，下端差上升 5℃ 时，热耗率增加约 $0.136\sim1.494kJ/kWh$。

3. 抽汽压力损失

由于抽汽管道及其阀门形成的沿程阻力和局部阻力，抽汽从汽轮机的抽汽口到加热器不可避免存在阻力，由此而造成的能量损失称为抽汽管道压力损失。其大小一般采用压损系数来表示。阻力的大小与蒸汽的热力参数、流速以及管道内径有关，设计时由技术经济比较来确定经济上合理的压力损失。一般额定工况下的抽汽压损系数为 8% 左右。抽汽压损也是一种不明显的热力损失，使蒸汽的做功能力下降，即能量质量的下降。机组运行时，抽汽压损的增加将使加热器内压力降低。随之引起加热器内的温度降低，若端差不变，则加热器出口水温降低，于是造成给水加热不足。虽然本级抽汽量会有所减少，但因相邻上一级（压力较高）加热器的进口水温降低而抽汽量增大。这样，在相同的加热效果下（本级进口水温和上一级出口水温不变），能级较高的抽汽增多，能级较低的抽汽减少，机组的热经济性降低。抽汽管道压力损失增加多是因为其阀门未全开而造成，特别是逆止阀卡涩而未全开。对于特定机组，各级抽汽管道压力损失对机组热经济性的影响是不同的。它与抽汽压力等级，各级加热器的焓升分配，以及热力系统的连接形式等有关。对于 N1000 机组和国产 N600 亚临界机组，抽汽压损上升 10%，热耗率增加约 1.17～9.18kJ/kWh。具体数值见表 14-26。

表 14-26　国产机组抽汽压损增加 10%引起的热耗率增加　　kJ/kWh

加热器编号	1 号高压加热器	2 号高压加热器	3 号高压加热器	4 号加热器	5 号低压加热器	6 号低压加热器	7 号低压加热器	8 号低压加热器
N1000 机组	5.463	1.268	1.178	7.222	3.501	1.550	1.691	1.827
N600 亚临界机组	9.187	5.225	3.510		4.716	4.348	1.857	3.157

4. 给水温度

给水温度是热力系统的一个重要参数。回热系统中，当汽轮机抽汽级数一定时，给水温度随汽轮机最高抽汽压力升高而提高。给水温度提高，一方面，使循环吸热量降低，提高了热经济性；另一方面，增加了抽汽做功不足，又降低了热经济性。因此，给水温度（或最高抽汽压力）必然存在一最佳值，使热经济性达最大值。此时的给水温度称为理论上的最佳给水温度。实际中考虑锅炉等其他因素的影响，其技术经济上的最佳给水温度较理论上要稍低。运行时，机组负荷减小，抽汽压力降低，给水温度将随负荷降低而降低，这是正常的。但是如果给水温度低于某一负荷下应该达到的温度，即认为会造成额外的能损，使热力系统的热经济性降低。

给水温度达不到应达值的其主要原因有：压力最高的加热器端差增大；高压加热器被切除；高压加热器的旁路（水侧保护）漏水等，其中旁路漏水主要是其旁路阀门关闭不严密造成的。

（四）加热器不正常运行状态引起的能损

回热系统的各级加热器在机组运行期间应全部投入。但是，当加热器故障、损坏或检修时，有可能出现切除一个或多个加热器的情况。此外，加热器旁路（包括高压加热器的水侧保护）由于阀门关闭不严密，会使一部分给水经旁路泄漏；加热器疏水因故直接从旁路进入除氧器或凝汽器，这些都属于加热器不正常运行状态，都将影响机组的热经济性。

1. 加热器切除

无论高压加热器还是低压加热器普遍都设有旁路装置，以便在加热器损坏或设备配套不齐以及检修时，可以将加热器切除。此时主凝结水或主给水可从旁路流过（加热器的抽汽同时切断），从而可避免因加热器的故障而停机，但机组无疑会因此而降低其热经济性。

特别是目前广泛采用的高压加热器大旁路形式（即几个高压加热器共用一个旁路，只要一个高压加热器故障则所有高压加热器均被切除），这对机组经济性就影响更大。

除此之外，有时作为一种调峰的手段会人为地切除高压加热器。因为切除高压加热器后在新汽量保持不变且通流部分又允许时，将获得可观的超额功率，当然这是以降低热经济性作为代价的。加热器切除首先是破坏了各加热器之间合理的焓升分配，使得被切除的加热器的上一级（压力较高）加热器给水的焓升大大增加。同时从抽汽能级的概念来看，加热器切除后虽然本级抽汽为零，但上一级（即能级较高的）抽汽量却大大增加，这显然对热经济性很不利。

若是高压加热器切除，则给水直接来自给水泵，其温度要比正常的给水温度低得多，使得循环的平均吸热温度大为降低，对循环效率自然影响更大。表 14-27 列出了经计算得出的不同机组高压加热器切除后对机组热经济性产生的影响。至于低压加热器切除，其影响比高压加热器的切除要小。

表 14-27　不同机组高压加热器切除后对机组热经济性产生的影响

机组类型	给水温度（℃）	切除后给水的温度（℃）	热耗率增值（%）
N300-16.18（170）/537/537	268.6	172.2	2.6
N600-16.67/538/538	272.5	174.9	2.4
N1000-26.25/600/600	293.5	186.9	3.2

2. 加热器旁路泄漏

加热器旁路装置是提供加热器切除时，主凝结水或给水绕过加热器的通路。正常运行时旁路阀门应关闭严密以保证所有被加热水都能流经加热器，运行时往往因旁路阀门关闭不严导致泄漏，使一部分水经旁路绕过加热器流走，产生给水加热不足。虽本级抽汽量因此而减少，但高一级的抽汽量相应增加，降低了机组热经济性。显然，旁路泄漏份额越大，热经济性降低越多；泄漏份额相同时，大旁路泄漏比小旁路泄漏对热经济性的影响大。

从热力学的原理来看，给水加热器切除和给水旁路泄漏的本质是相同的，都是被加热水未经加热器加热而直接从旁路流走。只是从旁路流走的量不同而已。加热器切除是旁路泄漏的一种极端情况。

3. 加热器疏水的切换

加热器的疏水方式一般有两种，一种是逐级自流，另一种是采用疏水泵将疏水送入加热器出口凝结水管道。机组运行中疏水有可能不能按正常流程，而需要通过切换直接将高压加热器的疏水送到除氧器或低压加热器，将低压加热器的疏水送入凝汽器。出现这种非正常情况的原因主要有：启动或低负荷时，因抽汽压力较低，高压加热器疏水自流进除氧器有困难，故将其切换到低压加热器；机组不设置疏水备用泵而在疏水泵发生故障时，其疏水自流到压力较低的加热器或凝汽器；疏水器或疏水调节阀故障时，疏水直排凝汽器。

无论哪种原因引起的疏水切换都会降低机组热经济性。例如，高压加热器疏水切换后直接流入低压加热器就会使疏水的热量贬值使用。也就是说，本来可用于除氧器这一级的热量，被用在低一级的低压加热器。这时虽然因疏水进入低压加热器，而使低压加热器的抽汽量减少，但却因疏水不进入除氧器而使除氧器这一级的抽汽量增加。根据计算，对于 N1000 机组，当高压加热器疏水切换进入凝汽器时热耗率增加 14.54kJ/kWh，煤耗率增加 0.56g/kWh。

（五）真空系统参数偏离引起的能损

真空系统是凝汽式机组的重要组成部分，其运行状态直接影响到整个机组的热经济性和运行可靠性。真空系统在汽轮机装置的热力循环中起着冷源的作用，降低汽轮机排汽压力和排汽温度，提高凝汽器的真空，可以尽可能多地使蒸汽中的热能转换为机械功，减少冷源损失，提高循环热效率。

汽轮机真空系统最重要的参数是凝汽器真空度。真空度的大小直接影响着机组运行的安全性和经济性。此外，真空系统需要监测的参数还有凝汽器端差、循环水温升和凝汽器过冷度，它们都直接影响凝汽器真空度的大小。

1. 凝汽器真空

影响凝汽器真空的因素很多，除了本身结构因素外，还与真空系统严密性、冷却水量、冷却水入口温度、管束的清洁度等有关。凝汽器运行中的常见问题是真空降低，这大多与真空系统工作不正常有关。因此，运行人员应注意监视机组的负荷、冷却水温、冷却水量等参数，保证凝汽器较小的过冷度和端差，以使其运行在最佳真空下。

维持凝汽器内的真空要向凝汽器中通入大量的冷却水。在相同的冷却水温度下，若维持较高的真空，就要求较多的冷却水，而循环水泵必然要消耗较多的电力。当提高真空使汽轮发电机组增加的输出功率和循环水泵多消耗的电能之差为最大时的真空值，称为最佳真空。

最佳真空与机组负荷有关，是通过试验确定的。运行中保持最佳真空是机组获得较好经济性的关键。真空过高，不仅在运行经济性上不合理，而且使排汽湿度增大，加剧末极叶片的水蚀。真空降低，使蒸汽在汽轮机内的焓降减少。这时，如果保持额定蒸汽流量，机组的负荷将降低；若维持机组负荷不变，则新蒸汽流量就须增加。总之，将使机组的经济性降低。凝汽器真空对机组运行经济性的影响很大，当进入汽轮机的新蒸汽流量不变时，凝汽器真空每提高 1kPa，就会使汽轮机的负荷增加额定功率的 0.6% 左右。国产 N1000 机组，凝汽器真空每降低 1kPa 时，热耗率增加约 47.08kJ/kWh。国产亚临界 N600 机组，凝汽器真空每降低 1kPa 时，热耗率增加约 73.96kJ/kWh。

在实际运行过程中，应定期试验和检查抽汽器、凝结水泵、循环水泵等设备，保证真空系统的正常运行状态。必要时可以清扫凝汽器铜管，去除附着在铜管内壁上的污垢和堵塞铜管的杂物，以提高真空。

2. 凝汽器端差

排汽温度与冷却水出口温度之差称为凝汽器端差。端差是反映凝汽器热交换状况的指标。冷却水温度一定时，端差增大，则排汽温度升高。由于凝汽器真空与排汽温度的关系是饱和压力和温度的关系，排汽压力随排汽温度升高，真空降低，机组经济性降低。对于 N1000 机组，端差升高 1℃，真空降低约 0.266kPa，热耗率增加约 12.52kJ/kWh。对于 N600 亚临界机组，端差升高 1℃，真空降低约 0.266kPa，热耗率增加约 19.67kJ/kWh。

机组运行中端差增加的原因主要是凝汽器管束内表面脏污和汽侧积存过量空气，影响了凝汽器内的传热。因此，要保持凝汽器铜管清洁、不结垢；保持真空系统高度严密性和抽气设备运行良好，以减少进入凝汽器的空气量，才能得到最小的端差。

3. 循环水温升

凝汽器在工作过程中，通过循环水带走蒸汽凝结放出的热量，显然，循环水在凝汽器内温度将升高。相同运行条件下，循环水量越大，循环水的温度升高值就越小。实际运行过程中，如果由于某种原因导致通过凝汽器的循环水量减少，则循环水温的升高将大于正常情况。此时，排汽温度随之上升，真空下降，机组运行热经济性降低。引起循环水温升上升的原因是循环水量不足。一方面可能由于循环水泵故障，另一方面则可能是凝汽器铜管被堵塞，或循环水泵系统阀门未处于全开状态。

4. 凝汽器过冷度

理论上凝结水温度应该与汽轮机排汽温度即该排汽压力下的饱和温度相等。但在实际运行中，凝结水温度往往低于排汽压力下的饱和温度，这种现象称为凝结水的过冷却现象。产生凝结水过冷却现象时，凝结水本身的热量额外地被循环水带走一部分。这使凝结水在回热加热器中加热时，又须额外地多消耗汽轮机的抽汽，造成机组的经济性下降。凝结水温度低于汽轮机排汽压力下的饱和温度的度数称为过冷度。对于 N1000 机组，过冷度增加 1℃，热耗率增加约 0.88kJ/kWh。N300 机组和国产 N600 亚临界机组过冷度增加 1℃，热耗率增加约 0.94kJ/kWh。由于凝汽器内存在汽阻，使大型回热式凝汽器的固有过冷度为 0.5℃。这是运行中无法避免的。但是，运行中还存在其他一些问题，如凝汽器水位过高，淹没了下层管束；真空系统不严密，漏入空气量过大；或抽汽设备工作不良使凝汽器内空气积聚过多，使排汽压力高于蒸汽的分压力等都会引起过冷度增大从而造成额外的经济损失。

（六）机组运行能损的实时监测

随着对火力发电厂运行水平的提高以及计算机技术广泛的应用，对机组实行实时的能量损耗监测成为可能。在国外从 20 世纪 70 年代就开始用所谓"耗差分析法"来监控机组的运行。它将对能耗率有影响的关键参数进行连续的、实时的监督分析，将参数实测值和实际运行状态与基准值（如设计值）和正常运行状态进行比较，由两者的差别计算出对机组能耗率的影响，从而指导运行人员及时采取措施或维修，使机组能接近最佳状况运行。由于每个参数的影响都反映到热耗率或煤耗率的变化上，因此有利于运行人员进行综合调整。

我国自 20 世纪 90 年代开始，在一些火电机组上逐步使用能损在线监测系统，目前能损监测系统能对机组的主蒸汽、再热蒸汽、主给水、主凝结水、凝汽器真空、加热器端差、管道压力损失、加热器运行状态、喷水减温、主要辅机的电耗率等一系列关系到机组经济性的参数进行实时监测，并运用等效焓降原理计算出各参数偏离设计值后引起的煤耗增加，同时实时地将不同负荷下各监测参数的应达值、实测值、煤耗增加值用动态的棒图、饼图、趋势曲线图进行显示，以及时地、形象地、具体地反映机组运行的经济指标、能量损耗及其分布，运行人员可据此进行必要的、适当的操作，使机组损失减少到最小程度。

该系统还可实时显示汽耗率、热耗率、锅炉效率、厂用电率等机组的性能指标。同时还可定时地对每个班、每个值在运行中总的热经济性及总的能量损失进行统计，然后及时进行动态的对比显示，并将统计结果进行定时的日报表打印。使用证明：大型机组采用能损在线系统实时监测其运行特性及热经济性是火电厂实行科学运行、节能降耗行的有效措施。比目前多数电厂采用的"运行小指标"（将热经济指标分解成若干运行小指标进行独立考核评比）方法更为先进。

五、锅炉运行能量损失分析

针对锅炉运行能量损失，近年来不少相关工作者对其进行研究，并提出了很多能量损失预测方法，如模糊专家系统、灰色模型预测法、小波神经网络等，都希望能够快速有效的诊断能量损失，预防能量损失的发生。现阶段，锅炉运行能量损失诊断技术结合了很多现代新兴技术，不仅能够对锅炉的运行保护预防，还能依据实际情况对运行方式进行一定范围的改进。工作人员可以对反馈的信息进行分析研究，并结合实际状况，在锅炉承受能力范围内，对锅炉运行进程进行相应的调整，尽可能地提升锅炉运行效率，保障企业的经济效益。

（一）锅炉泄漏问题

在各种故障中，最为常见的是锅炉泄漏问题。一旦锅炉出现泄漏，锅炉内部的水量就会渐渐减少，如果工作人员没有及时发现，让锅炉一直运行的话，很容易导致安全事故，为企业带来巨大的经济损失。通过对以往泄漏事故的总结，发现锅炉泄漏主要发生在承压部件上，通常在水冷壁管、过热器管、再热器管和省煤器管环节易发生爆破泄漏。导致锅炉发生泄漏的原因比较复杂，锅炉在运行时受到多种因素的影响，某一环节出现问题很容易引发锅炉泄漏。

对锅炉泄漏的原因进行了汇总，发现锅炉泄漏的原因主要集中在四方面。第一，锅炉设计存在问题。锅炉是一个复杂的多层级的系统，内部结构比较复杂。一些设计人员专业水平不高，在设计的时候没有结合实际情况，不能将锅炉运行的各个因素都考虑在内，使得锅炉本身存在一定的安全隐患。第二，工作人员操作不合理。锅炉系统的复杂性要求工作人员必须严格按照操作规范进行操作，但是有部分工作人员操作不规范，造成设备损耗，长时间如此，容易引发泄漏事故。第三，锅炉内水循环存在问题。水循环是锅炉正常运行的重要环节之一。在实际运行中，常常会发生水循环不畅的情况，使得冷水在水冷壁管短时间内大量增加，致使其爆破，进而发生泄漏。最后，锅炉中各部位冷热不均。锅炉运行是一个不断受热并加热的过程，各个部位受热程度存在差异。如果相邻的两个位置间的差异较大，很容易管道破裂，产生泄漏。

（二）排烟温度和排烟量

一般来说，排烟温度每上升 10℃，则排烟热损失增加 0.6%～1%。排烟量主要由过剩空气系数和燃料中的水分来决定，而燃料中的水分则由入炉煤成分来决定。影响排烟温度和排烟量的主要因素有本体及空预器漏风、过热器及省煤器受热面积灰、空预器受热面积灰、环境温度（即空预器入口温度）和入炉煤质。

（三）风量

炉膛过剩空气系数过小，会使燃料燃烧不完全，而且由于烟气中未完全燃烧物的存在，易造成在尾部二次燃烧的隐患；炉膛过剩空气系数过大，则排烟热损失也大，达不到经济运行的效果。

（四）氧量

在不同的运行负荷下，氧量过大，导致排烟热损失增加及风机单耗上升，直接影响锅炉的经济性。

综上，锅炉性能的发挥水平与运行环境息息相关。对锅炉运行能量损失诊断分析，不仅能够改善其工作环境，减少外部环境对锅炉的不良影响，而且还能够改进锅炉自身系统的运行状态，预防锅炉可能出现的问题或及时发现并解决锅炉自身已存在的问题。某 1000MW 锅炉运行指标偏差影响统计见表 14-28。

表 14-28　1000MW 机组锅炉指标参数变化对供电煤耗率的影响

序号	参数名称	单位	变化量	影响煤耗率（g/kWh）
1	入炉煤低位热值影响	MJ/kg	1	0.57
2	飞灰含碳量	%	1	0.60
3	炉渣含碳量	%	1	0.07

续表

序号	参数名称	单位	变化量	影响煤耗率（g/kWh)
4	排烟温度 （建议用烟风温差）	℃	1	0.12
5	锅炉氧量	%	1	0.33
6	空预器漏风率	%	1	0.12
7	主蒸汽减温水流量（取自高压加热器出水）	t/h	10	0
8	再热蒸汽减温水流量（取自中间抽头）	t/h	10	1.13
9	再热压降	MPa	1	0.39

第十五章 机组事故处理分析

第一节 机组事故特点和处理原则

一、单元机组的事故特点

（一）事故的等级

《安全生产法》规定，根据事故造成的人员伤亡或直接经济损失，将事故分为特别重大、重大、较大和一般 4 个等级。

（1）特别重大事故，是指造成 30 人以上死亡，或者 100 人以上重伤（包括急性工业中毒，下同），或者 1 亿元以上直接经济损失的事故。

（2）重大事故，是指造成 10 人以上 30 人以下死亡，或者 50 人以上 100 人以下重伤，或者 5000 万元以上 1 亿元以下直接经济损失的事故。

（3）较大事故，是指造成 3 人以上 10 人以下死亡，或者 10 人以上 50 人以下重伤，或者 1000 万元以上 5000 万元以下直接经济损失的事故。

（4）一般事故，是指造成 3 人以下死亡，或者 10 人以下重伤，或者 1000 万元以下直接经济损失的事故。

发电机组设备事故，按照设备损坏后的损失和影响程度，通常在一般事故下分为四个等级：即一般设备事故、设备一类障碍、设备二类障碍、设备异常，见表 15-1。

（二）发电机组设备事故的特点

单元机组任一主、辅机发生故障，轻则降低出力运行，严重时可导致整个机组的停运，运行中要求把炉、机、电看作是一个不可分割的整体，在操作和调整中应尽量做到炉、机、电协调控制。

表 15-1　发电机组设备事故分级表

等级 项目	直接经济 损失	设备跳闸 停运	设备非计划 停运	影响供热	计划检修 延期	机组降出力
一般 事故	500 万元以上 1000 万元以下	主设备≥24h	主设备≥168h	超过 12h 且 造成一定社 会影响	主设备≥168h	
一类 障碍	30 万元以上 500 万元以下	0≤主设备 ≤24h	0≤主设备 ≤168h	超过 6h 不足 12h 且造成一 定社会影响	72h≤主设备 ≤168h	机组非计划降出 力 50%，持续 24h
二类 障碍	20 万元以上 30 万元以下	主要辅助设备 ≤24h	主要辅助设备 >24h	超过 2h 不足 6h 且造成一 定社会影响	主要辅助设备 >72h	机组非计划降出 力 50%，持续 4h 以上

续表

等级 项目	直接经济 损失	设备跳闸 停运	设备非计划 停运	影响供热	计划检修 延期	机组降出力
设备 异常	损失和影响未达到二类障碍标准的设备故障					

注　1. 各项判定标准之间是"或"的关系，认定级别以从重为原则。
　　2. 主设备：指锅炉、汽轮机、燃气轮机、发电机、主变压器。
　　3. 主要辅助设备：指那些发生了故障能直接影响发电主要设备安全运行的辅助设备，如：给煤机、磨煤机、排粉机、一次风机、送风机、引风机、电（汽）动给水泵、锅水强制循环泵、回转式空气预热器、锅炉除尘器、循环水泵、凝结水泵、除氧器、高压加热器、单元机组的旁路系统、脱硫脱硝装置、增压风机，以及上述设备配套的电动机、消弧线圈、厂（所）用变压器、厂（所）用母线、6kV 及以上隔离开关、互感器、避雷器、蓄电池、运煤机车、轮船、翻车机、堆取料机、抓煤机、闸门启闭机等；以及火力发电厂的机炉电自动控制用计算机等。

单元机组事故特点如下：

（1）机组容量大，事故停运后损失巨大。大型机组结构复杂，发生事故造成设备损坏的检修费用高，周期长；即使没有造成设备损坏，由于金属热应力的限制，其启停时间也较长。

（2）大容量单元机组停运，对电力系统的影响巨大，机组启停费用也较高。

（3）单元机组发生严重的损坏事故，检修难度大，技术要求高，即使经过较长时间的检修，有时也难以恢复至原来的状态，从而影响机组正常使用和设备寿命。

（4）单元机组纵向联系紧密，炉、机、电任一环节发生故障，都将影响整台机组的运行。随着主机容量的增大，对辅机及辅助设备的要求也增高，不论是辅机还是辅助设备损坏都可能造成机组降出力运行或停运。

（5）单元机组横向联系较弱，单元机组内部故障一般不影响其他机组运行，事故一般可以限制在本机组范围内。

（6）在单元机组故障中，辅机故障占的比例相当高。

（7）高参数大容量机组的金属材料在设计时留的裕量极为有限，在运行中对管壁温度、运行参数有更为严格的限制。因参数超限、管壁超温而造成的设备事故占很大比例。

（8）由于自动装置及保护装置质量不良、系统设计不佳和使用不当，均会造成设备的停运，甚至还会造成设备损坏事故。

（9）单元机组要求炉、机、电，特别是机、炉之间协调操作，如操作不当，也可能造成机组参数超限，甚至造成机组停运或设备损坏事故。

二、事故时处理原则和要点

任何事故的发生，尽管有各种原因，出现的现象也错综复杂，但总有一些主要的或根本的原因，在事故发生前也会有明显的征兆，如能及时地发现并加以处理，就可以避免或尽可能减少损失。事故时处理应做到：

（1）发生故障时应核对操作画面上必要的报警、参数和状态显示，若有必要应到现场确认，迅速采取相应的措施，以避免异常的扩大。

（2）发生事故时，要遵守"保人身、保电网、保设备"的原则，运行人员应迅速消除对人身、电网和设备的危害，必要时应立即隔离发生故障的设备，保持非故障设备的正常运行，事故处理中应周全考虑好各步操作对相关系统的影响，防止事故扩大，优先保证主机安全。

（3）发生事故时，主值负责组织本机组的故障消除工作，值长负责组织生产现场范围内的故障消除工作。各岗位互通情况，在值长统一指挥下，密切配合，迅速处理事故。

（4）发生事故时，值长应及时向运行部和公司领导汇报事故情况。

（5）值长应立即、准确向调度汇报故障情况，特别是保护和开关的动作情况。

（6）消除故障的每一个阶段，都应迅速汇报值长，以便及时、正确地采取对策，防止故障扩大。

（7）消除故障时，动作应迅速、正确。处理故障时接到命令后应复诵一遍，如果没有听懂，应反复问清，命令执行完毕后，应迅速向发令者汇报。

（8）消除故障时，若认为所接受的指令不正确（或有疑义），应立即向发令人报告，由其决定该指令的执行或撤销，如果发令人重复指令，受令人必须迅速执行，但当执行该指令确将危及人身、电网或设备的安全时，受令人必须拒绝执行，并将拒绝执行的理由报告发令人并向上一级领导汇报。

（9）公司各级领导及生产技术人员必须尽快到达现场，监督、协助事故处理，并给予运行人员必要的指导，但这些指示不应和值长的指令相抵触。

（10）处理事故期间，值长应坚守岗位，保证与调度的正常联系和生产通信的畅通。

（11）处理事故期间，运行人员不得擅自离开工作岗位，如果故障发生在交接班时间，应延迟交班，在未办理交接班手续前，交班人员应继续工作，接班人员应协助交班人员一起消除故障，直至接到值长交接班的命令为止。

（12）当发生规程以外的事故及故障时，值班人员应根据实际情况做出正确判断，主动采取对策，迅速进行处理。时间允许时，请示值长并在值长的指导下进行事故处理。

（13）事故处理过程中，值长负责维持现场秩序。

（14）事故处理完毕后，运行人员应将观察到的现象、事故发生的过程和时间、所采取的消除故障措施等做正确、详细的记录。值长及时向调度和公司领导汇报，班后组织全值人员进行事故分析，并完成事故调查报告。

目前机组的自动化水平不断地提高，对运行操作人员运行水平的要求也相应提高。作为运行操作人员，除要求在机组正常运行时能熟练地进行操作和调整外，还应了解有关事故处理的规定，一旦事故发生，能迅速做出正确的判断，及时进行处理，防止事故的进一步扩大。在实际运行中，有些事故产生的原因比较复杂，很难在短时间内做出准确的判断。例如机组的振动，就涉及多方面的原因，如叶片损坏、转子弯曲、动静摩擦、轴承座松动、油膜震荡等。但是事故发生后，由于时间的延误或判断失误而导致的误操作，又将使事故进一步扩大，造成设备的严重损坏。因此，制定有效的防范措施，了解各类事故的表征及现象，对事故正确及时处理、减少事故造成的危害是至关重要的。

第二节　机组事故处理

一、锅炉停运条件及处理

1. 紧急停炉条件

（1）MFT 应动作而拒动时。

（2）失去操作员站所有监视画面，出现"死机、黑屏"。

（3）"四管"及炉外管爆破，不能保持汽包正常水位时。

（4）"四管"及炉外管爆破，威胁人身或设备安全时。

（5）锅炉尾部烟道发生二次燃烧，排烟温度或空预器入口烟温异常升高。

（6）锅炉压力升高至安全门动作压力而安全门拒动，同时压力泄放阀无法打开时。

（7）炉膛或烟道内发生爆炸，使主要设备损坏。

（8）热工仪表、控制电源中断，无法监视调整主要运行参数。

（9）锅炉机组范围发生火灾，直接威胁锅炉的安全运行。

2. 紧急停炉操作

（1）手动同时按下两个 MFT 按钮，确认 MFT 动作。

（2）将所有自动切换为手动操作。

（3）关闭一、二级过热器减温水总门、再热器减温水总门，停止吹灰。

（4）若因炉膛爆管停炉，可保留一台引风机运行，待炉内蒸汽基本消失后，停止引风机；若因省煤器爆管停炉，严禁打开省煤器再循环。如在烟道内发生二次燃烧事故，应立即停止引风机，关闭各风门挡板。

（5）锅炉若不能重新启动，其停炉的其他操作按正常停炉顺序进行，如能短时间恢复，则做好启动准备工作，按热态启动进行。

3. 申请停炉条件

（1）锅炉承压部件泄漏，运行中无法消除，但尚能维持运行时。

（2）锅炉给水、锅水、蒸汽品质严重低于标准，经多方调整无法恢复正常时。

（3）锅炉主、再汽温或金属壁温严重超温，经多方调整无法恢复正常时。

（4）锅炉严重结焦、堵灰无法维持正常运行时。

（5）安全门动作后不回座，经降负荷、降压力调整仍不能回座时。

（6）排烟温度大于 200℃长时间运行时。

（7）控制气源失去，短时间内无法恢复时。

二、锅炉灭火

灭火可能导致锅炉外爆和内爆。

锅炉外爆：锅炉内部积存的可燃性混合物瞬间爆燃，从而使炉内压力急剧升高，超过结构设计允许值，造成水冷壁、刚性梁及炉顶、炉墙结构破坏的现象。

锅炉内爆：当锅炉内负压过高，超过了炉墙结构所承受的限度时，炉墙会向内坍塌，这种现象称为锅炉内爆。

1. 现象

（1）炉膛无火，火检无信号。

（2）炉膛负压增大。

（3）汽温、汽压急剧下降。

（4）MFT 动作，汽轮机、发电机跳闸。

2. 原因

（1）燃烧调整操作不当。

（2）炉膛负压过大或剧烈波动。

（3）煤质不良或煤种突变。

（4）炉膛漏风大，炉膛温度过度降低。

（5）自动装置失灵。

（6）水冷壁严重爆管。

（7）炉内大量掉焦。

（8）火检信号故障。

（9）吹灰不正常，扰动过大。

（10）MFT 动作。

3. 处理

（1）发生灭火时 MFT 应动作，否则，应立即手动 MFT。

（2）切断进入锅炉的全部燃料。

（3）汽轮机跳闸，否则应立即手动打闸。

（4）切断所有减温水。

（5）尽量维持过热器压力。

（6）调整炉膛负压。

（7）查明原因消除故障后，重新点火；短时内无法消除故障，则按正常停炉处理。

（8）锅炉灭火后，严禁采用爆燃方式点火。

4. 预防措施

（1）合理调整燃烧，均衡配风；保证合适的过剩空气系数，保持正常的一次风、辅助风速、风率。

（2）保证炉膛负压稳定在正常范围内，在炉膛掉大焦，引、送风机自动跳闸后要及时调整炉膛压力，及时投油稳燃。

（3）应及时了解煤质的变化，在低负荷、燃用劣质煤或煤种突变时及时调整，燃烧不稳时立即投油稳燃。

（4）消除炉膛各部漏风。

（5）磨煤机运行方式改变时要做好事故预想，必要时投油稳燃。

（6）在发生给煤机断煤、炉膛压力波动大、低负荷燃烧不稳等情况时，要及时投油稳燃。

（7）机组减负荷或停运制粉系统与吹灰不得同时进行。

（8）应及时打焦，防止结焦过多。

三、锅炉结焦

煤灰的熔融性是指煤中灰分熔点的高低。当炉内温度达到或高于灰分的熔点时，固态的灰分将逐渐变成熔融状态。熔化的灰分具有黏性，当它未得到及时冷却而与受热面接触时，就会黏附在受热面上造成结渣（或称结焦），使传热效率下降、烟气流动阻力增加，影响锅炉的安全经济运行。

变形温度 DT、软化温度 ST、熔化温度 FT 是表征煤灰熔融性的三个有代表性的温度，可用以判断所用煤种在炉内燃烧过程中结渣的可能性。为了避免高温对流受热面结渣，一般要求控制炉膛出口的烟气温度比 ST 低 50～100℃。各种煤的灰熔点一般为 1100～1600℃。通常 ST＞1400℃ 的煤称为难熔灰分的煤，ST ＝ 1200 ～ 1400℃ 的煤称为中熔灰分的煤，ST＜1200℃ 的煤称为易熔灰分的煤。

灰的熔化性质对锅炉的设计和运行有很大影响，因为它是影响炉膛和高温对流受热面污染程度的主要因素。其中灰的软化温度与结渣的关系更大些。实践证明，对于固态除渣煤粉锅炉，当灰的软化温度小于 1350℃，就有可能造成炉内结渣，当灰的软化温度大于 1350℃，炉内结渣的可能性将减小。

1. 现象

（1）主蒸汽、再热蒸汽温度异常升高，减温水量增加。

（2）从锅炉观火孔观察炉膛，有结焦现象。

（3）过热器、再热器管壁温异常升高或管壁温度偏差增大。

（4）排烟温度异常升高。

（5）有时发生明显的塌焦迹象。

2. 原因

（1）燃用易结焦煤种。

（2）炉膛风量太小，导致炉膛内形成还原性气氛而使灰熔点降低。

（3）长时间锅炉维持高负荷运行。

（4）煤粉太粗或燃烧器故障。

（5）炉膛长时间未吹灰或吹灰器投用不合理。

（6）炉底排渣不畅或渣斗搁渣造成堵焦。

（7）燃烧调整不当或火焰偏斜，造成局部热负荷过大。

3. 处理

（1）监视过热器、再热器管壁不超温。

（2）加强水冷壁吹灰。

（3）过、再热器管壁超温或减温水流量明显偏大时，应申请将负荷处理。

（4）检查和更新燃用煤种。

（5）加、减机组负荷，使渣产生一个热力振动。

（6）结焦严重时，应汇报并申请停炉处理。

四、锅炉受热面管损坏事故

（一）省煤器管的损坏

1. 现象

（1）锅炉炉管泄漏检查装置报警。

（2）给水流量不正常地大于蒸汽流量。

（3）泄漏点附近有泄漏声，泄漏点后烟温降低，省煤器两侧烟温偏差、排烟温度偏差及空预器出口两侧风温偏差增大。

（4）省煤器爆破时有显著响声，严重时从不严密处喷出烟气和蒸汽。

（5）引风机电流增大。

2. 原因

（1）给水品质不合格，造成管内结垢，垢下腐蚀。

（2）材质不良，制造、安装、焊接质量不合格。

（3）飞灰冲刷磨损外壁。

（4）省煤器区域发生二次燃烧导致管子过热。

（5）吹灰器故障，吹坏管壁。

3. 处理

（1）发现省煤器附近有异声时应小心打开检查孔检查，并进行仪表分析和参数的趋势分析。

（2）确认省煤器损坏但泄漏不严重，能炉膛负压时，应降低机组负荷和主汽压力，防止损坏面积扩大，汇报值长，申请停炉。

（3）加强对给水和汽温自动调整的监视和控制，必要时切为手动进行调整，维持主、再汽温在正常范围内。

（4）若省煤器爆破不能维持参数正常运行，应紧急停炉。

（二）水冷壁管的损坏

1. 现象

（1）锅炉炉管泄漏检测装置报警。

（2）炉膛内有响声，炉膛压力由负压变正压（引风机投自动时电流增大），严重时从看火孔内喷出烟气和蒸汽，电除尘器极板之间会造成短路。

（3）给水流量不正常的大于蒸汽流量。

（4）燃烧不稳，主汽压力、蒸汽流量下降，泄漏侧烟气温度下降。

2. 原因

（1）给水品质长期不合格，炉水处理不当；管内产生结垢、腐蚀，管外高温腐蚀。

（2）材质不良，制造、安装、焊接质量不合格。

（3）膨胀不良，热应力增大造成损坏。

（4）吹灰器故障吹坏管壁。

（5）炉膛上部焦块坠落砸坏水冷壁。

（6）工质流量分配不均或有杂物堵塞，造成管壁过热损坏。

3. 处理

（1）发现炉内有异声时应小心打开看火孔检查，并进行仪表分析和参数的趋势分析。

（2）确认水冷壁损坏，但泄漏不严重能维持正常水位和炉膛负压时，应降低机组负荷和主汽压力，防止损坏面积扩大，汇报值长申请停炉。

（3）加强对给水和过热汽温自动调整的监视和控制，维持汽包水位和汽温正常。

（4）若损坏严重不能维持正常运行或造成锅炉灭火，应紧急停炉。

（三）过热器管的损坏

1. 现象

（1）锅炉炉管泄漏检测装置报警。

（2）主汽压力下降，蒸汽流量不正常地小于给水流量。

（3）过热器附近有漏泄声，严重时从不严密处喷出烟气和蒸汽。

（4）泄漏的过热器后烟温降低。

（5）过热器两侧汽温（减温水量）偏差异常，泄漏点后金属壁温升高。

（6）引风机电流增大。

2. 原因

（1）蒸汽品质不合格，过热器管内壁结垢造成传热恶化。

（2）管材质量不良，不符合要求，制造有缺陷，焊接质量不良，安装、检修质量不良，管内有遗留杂物堵塞。

（3）燃烧调整不当，火焰中心上移或火焰偏斜造成过热器区域烟温升高或烟气侧热偏差过大。

（4）水冷壁结焦使炉膛出口烟温升高。

（5）过热器结焦堵灰严重，形成烟气走廊，使流通部分烟气流速增大，加速冲刷磨损。

（6）减温水使用不当造成蒸汽侧热偏差过大；减温器内喷嘴脱落，堵塞管口或造成流量分配不均。

（7）吹灰器安装不正确，对过热器管造成冲刷磨损。

3. 处理

（1）发现过热器附近有异声时，应小心打开检查孔检查，并进行仪表分析和参数的趋势分析。

（2）确认过热器损坏，但泄漏不严重能维持炉膛负压时，应降低机组负荷和主汽压力，防止损坏面积扩大，汇报值长，申请停炉。

（3）加强对给水和汽温自动调整的监视和控制，必要时切为手动进行调整，维持主、再汽温在正常范围内。

（4）若过热器管爆破严重，按规定紧急停炉。

（四）再热器管的损坏

1. 现象

（1）锅炉炉管泄漏检测装置报警。

（2）再热汽压力下降，负荷不变时主蒸汽流量增大。

（3）再热器附近有漏泄声，严重时从不严密处喷出烟气和蒸汽。

（4）泄漏的再热器后烟温降低。

（5）再热器两侧汽温（减温水量）偏差异常，泄漏点后金属壁温升高。

（6）引风机电流增大。

2. 原因

（1）蒸汽品质不合格，再热器管内壁结垢造成传热恶化。

（2）管材质量不良，不符合要求，制造有缺陷，焊接质量不良。安装、检修质量不良，管内有遗留杂物堵塞。

（3）燃烧调整不当，火焰中心上移或火焰偏斜造成烟温升高或烟气侧热偏差过大。

（4）旁路系统投入不正常，再热器管壁超温。

（5）水冷壁结焦使炉膛出口烟温升高。

（6）再热器结焦堵灰严重，形成烟气走廊，使流通部分烟气流速增大，加速冲刷磨损。

（7）吹灰器安装不正确或冷段再热器防磨板损坏，造成管壁冲刷磨损。

3. 处理

（1）发现再热器附近有异声时应小心打开检查孔检查，并进行仪表分析和参数的趋势分析。

（2）确认再热器损坏，但泄漏不严重能维持炉膛负压时，应降低机组负荷，防止损坏面积扩大，汇报值长，申请停炉。

（3）加强对给水和汽温自动调整的监视和控制，必要时切为手动进行调整，维持主、再汽温在正常范围内。

（4）若再热器管爆破按规定紧急停炉。

五、烟道二次燃烧

二次燃烧：由于烟道内沉积大量可燃物经氧化升温，在一定条件下引起复燃的现象。

烟道二次燃烧可能造成省煤器、过热器、再热器等受热面过热损坏；空预器、引风机等设备过热损坏。

1. 现象

（1）二次燃烧处烟温、工质温度不正常地升高。

（2）烟道及燃烧室内的负压剧烈变化。

（3）排烟温度不正常地升高，烟囱冒黑烟。

2. 原因

（1）煤质突变或运行工况变化时，燃烧调整不当，油枪雾化不良，煤粉过粗，使未燃尽可燃物在尾部烟道受热面沉积。

（2）低负荷或启、停过程中燃烧不良，使可燃物积存在烟道内。

（3）未按规定进行蒸汽吹灰。

3. 处理

（1）如发现烟气温度不正常地升高，应分析原因，进行燃烧调整，并对受热面进行吹灰。

（2）若在过热器、再热器处发生二次燃烧时，除按汽温异常处理外，也应进行受热面吹灰。

（3）经采取措施无效，确系烟道内再燃烧，且排烟温度升至250℃时，应手动MFT停炉并停止送风机、引风机运行，关闭所有风门和挡板，保持预热器运行，保持炉底密封及各灰斗密封正常，严禁通风。

（4）在停用引风机和送风机后，利用吹灰蒸汽进行灭火，待烟温明显下降，方可停止蒸汽灭火。

（5）确认设备无损坏、烟温正常及烟道内无火源后，方可启动引风机、送风机，并经复查正常后锅炉方可重新点火启动。

六、汽轮机大轴弯曲事故

汽轮机大轴弯曲事故，是汽轮机恶性事故中较为突出的一种，近年来在不同类型的机组上曾多次发生。汽轮机在启动、停机及变负荷过程中，由于转子内部周向温度不均匀，转子受热膨胀不对称而造成转子的弯曲。转子的弯曲可分为热弹性弯曲和塑性弯曲。弹性弯曲是指造成转子弯曲的应力在弹性范围内，转子周向温度均匀后，转子的弯曲会自行消失，转子恢复原来状态。塑性弯曲是指当转子温度周向不均匀产生的热应力超过材料的屈服极限，转子产生塑性永久变形，温度均匀后弯曲依然存在。

（一）大轴弯曲的原因

1. 设计制造安装方面

轴承安装不良，轴承失去正常的承载能力；径向轴封间隙不合理，汽封间隙分配不合适；转子自身动不平衡，在升速时，产生异常振动，造成动静部分摩擦，使汽轮机转子产生弯曲。

2. 运行方面

（1）上下缸温差过大。在汽轮机启动过程中，因汽缸保温不良，或进入汽轮机的蒸汽低于汽缸的金属温度产生冷冲击，造成上下缸温差过大，汽缸产生热变形，使动静部分径向间隙消失而产生摩擦，致使转子出现热弯曲，弯曲又加剧摩擦，产生大量热量，使转子局部过热而造成转子更严重的弯曲，形成恶性循环。

（2）汽缸进水。汽轮机发生水冲击事故时，汽缸进水造成上下缸温差过大，使汽缸和隔板套变形拱起，动静部分产生摩擦，使转子产生变形。机组停机后，汽缸温度仍较高，若此时有水倒流入汽缸，造成处于高温的汽缸和转子发生急剧冷却，则会使转子产生径向温差而发生大轴弯曲。

（3）机组振动。汽轮机大轴弯曲总是与机组的振动密切相关，并随转速的升高摩擦加剧，振动也增大。当机组振动过大，或初始晃度较大时，动静部分产生碰摩，摩擦产生的热量局部加热转子，增大了转子的弯曲，转子的弯曲反过来又增大了振动和摩擦，最终导致大轴弯曲。

（4）盘车使用不当。在机组启动前或停机后，汽缸温度仍较高，此时若没有长时间进行连续盘车，因上下缸存在的温差，会使转子产生弯曲。

（二）大轴弯曲事故的预防

大轴弯曲事故，大多数在机组热态启动中发生，或在滑停过程和停机后发生。为了防止汽轮机大轴弯曲事故的发生，可采取以下的预防措施：

（1）汽轮机启动前转子晃度不得超过原始值的 0.02mm，不允许在晃度较大的情况下冲转。

（2）采用性能良好的保温材料，机组停机后，汽缸上下缸温差不超过 30～35℃。

（3）汽轮机冲转前，主蒸汽、再热蒸汽温度至少高于汽缸最高金属温度 60～100℃，但不应超过额定汽温，且蒸汽至少有 50℃ 的过热度。

（4）冲转前应进行充分的盘车，停机后盘车应立即投入，并按规定进行连续盘车。

（5）热态启动时应先向轴封供汽，后抽真空，防止冷空气从轴封进入汽缸。

（6）防止汽轮机进冷汽或蒸汽带水，疏水系统应保证疏水畅通，不向汽缸返水。

（7）凝汽器应有高水位报警装置，防止满水倒灌入汽缸。

（三）大轴弯曲事故的处理

目前尚无直接测量转子弯曲的方法，一般采用在盘车和低速时用转子晃度来监视转子弯曲；在升速和带负荷时借助机组振动判断转子是否弯曲。在冲转前若转子晃度超限，应延长盘车时间，直至晃度合格为止。在升速时机组振动大于0.04mm，则应降速暖机。在带负荷时机组振动超限，应立即打闸停机，将转速降至振动合格的转速下暖机。若盘车和暖机一段时间后，转子的晃度或振动减小，说明转子出现弹性弯曲，继续盘车或暖机进行直轴。若连续盘车或暖机无效，则说明转子产生永久弯曲，应停机检查和进行机械直轴。

（四）事故实例

某机组检修后启动，发现机组盘车在运行中脱开，通过检查运行记录，估计盘车脱开时间约为4h。立即将盘车重新投入，2h后偏心指示为105μm，3h后偏心指示为60μm。此时汽轮机进汽冲转，当转速达650r/min时，各轴颈振动达300μm以上，振动保护动作跳闸（轴振与对应转速值见表15-2）。停机惰走过程中，振动值仍较高。当转速到零时，盘车投入，破坏真空，停轴封供汽，观察到2号和3号瓦处有明显的金属摩擦声。盘车至次日上午，金属摩擦声基本消失。24h后，偏心指示为120μm，重新冲转，振动正常，启动成功。

此次事故是由于汽轮机盘车脱开后，重新投入盘车时，因连续盘车时间不够，造成转子热弯曲，最终导致机组产生振动。

表15-2　轴振与转速对应值

汽轮机转速（r/min）	各轴颈振动（μm）
200	200
500	250
650	＞300

七、汽轮机进水事故

水或冷蒸汽进入汽轮机而引起的事故称为汽轮机进水事故。汽轮机进水或进入低温蒸汽，将使处于高温下的金属部件受到突然冷却而急剧收缩，产生很大的热应力和热变形。汽轮机进水事故在汽轮机启动、停机、负荷变动过程中及停机后都有可能发生，是一种较易发生的事故。汽轮机一旦进水，其零部件的损坏几乎是不可避免的。汽轮机进水而引起的故障主要有：汽缸法兰结合面漏汽；叶片和围带损坏；动静部分碰摩，汽封片磨损；推力轴承损坏；转子和汽缸产生裂纹；转子永久性弯曲；静子部分永久性变形等。因此在运行过程中，应尽量防止汽轮机进水事故的发生。

（一）汽轮机进水事故的危害和产生原因

1. 进水事故的危害

（1）动静部分碰磨。汽轮机进水或冷蒸汽，会使处于高温下的金属部件突然冷却而急剧收缩，产生很大的热应力和热变形，使汽缸变形，导致机组相对膨胀急剧变化，引起机组强烈振动，使动静部分轴向和径向碰磨。径向碰磨严重时会产生大轴弯曲事故。

（2）叶片的损伤及断裂。水进入汽轮机的通流部分后，会造成动叶片受到水冲击而损伤或断裂，特别是对较长的叶片其危害更大。

（3）推力瓦烧毁。进入汽轮机的水或冷蒸汽的密度比蒸汽的密度大得多，因而在喷嘴内不能获得与蒸汽同样的加速度，流出喷嘴时的绝对速度比蒸汽小得多，使其相对速度的进汽角远大于蒸汽相对速度的进汽角，汽流不能按正确方向进入动叶通道，而对动叶进口边的背弧进行冲击。这种情况除了对动叶产生制动力外，还将产生一个轴向的分力，造成汽轮机轴向推力增大。实际运行中，轴向推力甚至可增大到正常情况时的 10 倍，致使推力轴承超载而导致乌金烧毁。

（4）阀门或汽缸接合面漏汽。若阀门和汽缸受到急剧冷却，会使汽缸产生永久变形，导致阀门或汽缸接合面漏汽。

（5）引起金属裂纹。机组启停时，如经常出现进水或冷蒸汽，金属在频繁交变的热应力作用下，会出现裂纹。如汽封处的转子表面受到汽封供汽系统来的水或冷蒸汽的反复急剧冷却，就会出现裂纹，并不断地扩大。

2. 进水事故产生的原因

汽轮机在运行中发生水冲击或进入低温蒸汽，有多方面的原因，损坏的程度取决于多种因素：包括水的入口点、水量、进水时间的长短、汽轮机金属温度、机组运行速度和负荷、蒸汽流量、转动部件和静止部件的相对位置以及运行人员采取的行动等。一般引起事故的主要水源或低温汽源有：

（1）锅炉蒸发量过大或蒸发不均，锅炉蒸汽温度或汽包水位失去控制，锅炉汽包发生汽水沸腾、满水时，汽包中的水或冷蒸汽就将从锅炉经主蒸汽管道进入汽轮机。

（2）滑参数启动或滑参数停机时，温度和压力不匹配，使蒸汽过热度降低，就可能在管道中产生凝结水，造成过多的积水流入汽轮机。另外，汽轮机启动时，主蒸汽系统若没有进行充分的暖管，或疏水不畅（疏水阀未能正常开启或疏水管直径太小），则蒸汽管中凝结的水将进入汽轮机中，引起水冲击。

（3）在低负荷运行时，锅炉减温水调整不当，过热器中可能因为凝结或过量喷水而积水，同时喷水阀泄漏也会造成过热器中产生积水，当蒸汽流量增大时，这部分积水也可能被带入汽轮机。旁路系统减温减压器喷水过量而产生的积水，也可能被蒸汽带入汽轮机中。

（4）疏水系统设计不合理或布置位置不当，可能导致疏水向汽缸返水。这时表现为上下缸温差增大，严重时会导致汽缸变形，动静部分产生摩擦。运行中当上、下缸金属温度差超过 42℃，且下缸温度低于上缸时，则被认为发生进水事故。

（5）汽轮机回热系统加热器管子泄漏或加热器疏水系统故障，保护装置失灵时，水或冷蒸汽就可能由抽气管道进入汽轮机。

（6）汽轮机启动时，由于轴封供汽系统暖管不充分或管道上的疏水不畅，疏水将被带入汽封内。

（二）进水事故的预防

为了防止汽轮机进冷水、冷汽，水冲击事故的发生，在运行维护方面应采取以下相应的预防性措施。

1. 总则

（1）汽轮机盘车及正常运行过程中，防进水保护、报警系统全部可靠投入。

（2）应定期组织防止汽轮机进水和冷蒸汽的学习、培训，以熟练掌握疏水排放系统及有关保护、信号和控制系统的功能和操作要领。以保障在正常启动、停机、负荷变动工况下，出现锅炉灭火、汽温下降、汽轮机跳闸、高水位报警、金属温度剧降、蒸汽管道突然振动等征兆时，能正确判断并采取措施。

（3）当发现一个与可能引起汽轮机进水的水源有关的保护、设备出现故障时，应把该水源与汽轮机隔离，并按失去该保护、设备后的要求调整机组的运行工况，并通知检修人员及时处理。

（4）运行中处于热备用的系统（设备、疏水管）经手动（或自动）切换、隔离之后，由于汽缸或蒸汽管道至隔离门前的管道形成死区，应进行连续疏水，有疏水器的应开启疏水器前、后手动门，没有疏水器的应开启放水手动门，防止该死区的管道中积水。

（5）动力疏水阀门（如气动、电动、液动）前或后安装有手动隔离门时，手动隔离门应处于全开状态。机组正常运行时，如果动力疏水门出现故障或泄漏，可关闭手动隔离门。机组运行工况变化时（如停机、超低负荷、高水位报警等），应及时开启该手动隔离门。锅炉点火前或机组计划停机前，均应确认各疏水手动门开启。

（6）停机后，确认各减温水阀门关闭严密，有关防进水保护系统的报警、信号不得解除。停机备用期间，认真监视凝汽器、除氧器、高压加热器、低压加热器水位、主机轴封供汽参数、汽缸金属温度变化以及盘车等运行设备的运转情况。

（7）在汽轮机惰走或盘车状态下要重点关注盘车转速、各瓦振动、上下缸温差、偏心和轴封供汽温度等重要参数。如果汽轮机振动有明显变化或者盘车转速下降，必须查看汽轮机轴封温度是否满足要求，如果轴封供汽温度低，应立即提高轴封电加热器出口温度来提高轴封供汽温度。如果汽轮机振动继续增大或盘车转速继续下降，应及时关闭汽轮机本体疏水立管和凝汽器疏水立管上的各疏水门，破坏真空到"0"，停止轴封供汽。如果盘车转速继续降低，接近于"0"，应立即退出盘车，并汇报领导，并按照汽轮机闷缸运行技术措施处理。

（8）汽轮机打闸后，锅炉 MFT 动作前，应检查 1、2 号高排逆止门"关"反馈信号正常，高、低压旁路开启正常，监视再热冷段压力，辅汽参数正常，高排母管疏水气动门和高排逆止门前疏水气动门动作正常。锅炉 MFT 动作后，检查高、低压旁路动作正常，"关"反馈信号正常，一旦发现异常，应立即联系维护人员处理。

（9）机组停运前和锅炉点火前，应联系热控人员确认汽轮机防进水保护，疏水门自动、联锁和报警系统投入正常，若存在异常情况，应联系维护人员处理，并做好记录。

2. 主、再蒸汽系统

（1）锅炉点火后，主、再蒸汽系统开始暖管，被暖管段的疏水应全部打开，直至机组达到额定负荷的 10%（再热蒸汽系统为 15%），并确认锅炉运行工况稳定，汽缸和管道的金属温度正常，系统内不会再形成水进入汽轮机内为止。

（2）为防止主、再热蒸汽管道疏水不彻底，汽轮机冲转参数应以旁路前蒸汽温度和主汽门前蒸汽温度的小值作为当时的冲转蒸汽温度，并确保蒸汽过热度不低于 80℃，且满足 DEH 中汽轮机冲转要求的主、再热蒸汽温度。

（3）汽轮机带负荷运行中，发现炉侧主、再蒸汽温度突降 50℃ 及以上时，应立即停机。

（4）任何时候不要大幅度调整汽温，并确保蒸汽有相当的过热度。

（5）机组低负荷或蒸汽过热度不足时，应及时开启相应管道的疏水门。

3. 高压缸排汽/冷再管道

（1）高压缸排汽管道上的疏水罐反复出现高水位和上下壁温差大是有问题的预兆，运行人员应检查疏水是否通畅，查明引起这种情况的原因并做必要的调整。

（2）通过高压缸排汽管道温度，高压缸排汽温度等大幅变化或者急剧降低，则可能是有水已进入汽缸或有水进入高压缸排汽管道和高压缸排汽口（例如：高压旁路减温水门不严），应立即汇报，查明原因，必要时可紧急停机、停炉，并要求：

1）停用给水泵（高压旁路关闭后），并关闭其出口门和中间抽头；

2）关闭高压旁路减温水调节门、隔离门；

3）关闭再热器减温调节门、隔离门；

4）隔离高压加热器汽、水侧；

5）按规程规定投入机组盘车；

6）打开机组蒸汽管道的相关疏水并密切监视汽缸金属温度变化和盘车转速。

（3）锅炉上水后至锅炉点火前，再热器无压情况下，应开启高排母管疏水罐疏水气动门，并开启高排母管疏水罐放水门检查是否有水，放尽存水。

（4）锅炉点火后，确认低压旁路开度在10％以上，防止高排逆止门不严，高排母管中的低温汽水逆流进入汽轮机。

（5）在高压旁路投入运行后，应严格控制旁路门后蒸汽温度，过热度不得小于20℃。

4. 减温水系统

（1）严格按照锅炉相关规定投入过、再热汽减温水。

（2）过热汽减温后蒸汽过热度不得小于10℃，再热汽减温后蒸汽过热度不得小于20℃。

（3）在任何情况下，减温水隔离门开启之前，必须检查确认喷水调节门是处于关闭位置。

（4）确认再热器内或再热蒸汽管内有水时，应关闭再热器减温水各阀门，开启再热管道上的所有疏水阀。在事故原因消除之前和再热器及再热蒸汽管道的水排除前，不能再次投入减温水和启动汽轮机。

5. 轴封系统

（1）轴封供汽调门前的温度应保证至少5℃以上的过热度，高压转子计算温度＜200℃时，主机轴封供汽温度范围240～300℃；高压转子计算温度在200～300℃之间时，主机轴封供汽温度范围280～300℃；高压转子计算温度≥300℃时，主机轴封供汽温度范围280～320℃。应防止出现轴封供汽温度过高或者过低，以及供汽调门前蒸汽过热度过低，造成轴封供汽调门自动强制关闭的现象出现。

（2）一旦出现轴封供汽温度超出要求范围或者有超出要求范围趋势时，应查明原因，检查辅汽联箱参数、轴封电加热器投运、工作情况，并通过调整辅汽联箱参数、投、退主机轴封电加热器和在就地轴封电加热器控制柜调整电加热器出口温度来控制主机轴封供汽温度在规定范围内。如运行电加热器故障，应立即进行电加热器切换，并联系维护人员处理。

（3）投运轴封供汽前，应按照操作票要求对轴封供汽管道进行充分预暖，防止轴封汽带水，在蒸汽参数满足要求后方可开启轴封供汽旁路门投入轴封供汽。

（4）轴封系统进入自密封后，辅汽至主机轴封供汽调节门前疏水器前、后手动门应保持常开，以保证轴封供汽始终处于热备用状态。正常运行时，注意监视轴封母管压力自动维持3.5kPa，轴封母管温度稳定，避免大幅波动。轴封加热器维持微负压，轴封加热器水位不超过800mm。

（5）机组停运阶段，应提前开启辅汽至主机轴封供汽调节门前疏水器旁路手动门加强疏水，并在低负荷阶段，将辅汽联箱供汽由本机高排汽切换至邻机供给，加强本机辅汽联箱、沿途辅汽联络管的疏水，调整轴封电加热器出口温度，以保证辅汽联箱温度、轴封供汽温度满足要求。

（6）在机组辅汽全部由邻机供汽时，值长应加强联系、沟通，确保机组停运后，辅汽压力和温度满足要求，并根据实际情况开大辅汽联络管疏水，增投电加热器台数及提高电加热器出口温度设定值，防止轴封蒸汽带水。

（7）机组停运，且两台给水泵汽轮机打闸后，仅汽轮机轴封用汽时，应加强辅汽联箱温度监视，若辅汽联箱温度下降较多，轴封供汽温度下降趋势较大时，可采取增加辅汽流量来提高辅汽温度，如：开启辅汽至各用户所有疏水门，开大辅汽联箱所有疏水门和增大轴封电加热器出口温度设定值（调整后应注意轴封电加热器出口温度高报警）的方法，保证轴封供汽参数在规定范围。

（8）在启、停机时的轴封系统投运阶段以及高负荷的自密封阶段，应加强轴封供汽压力（3.5kPa）及真空的监视，如出现轴封供汽母管压力大幅波动或者测点 1 和 2 偏差大报警以及机组 1、2 号凝汽器真空同时偏低现象，应检查主机轴封供汽、溢流调节门是否动作正常，辅汽参数是否正常，并联系维护人员检查测点及轴封控制器的跟踪情况。必要时，可通过调整主机轴封供汽旁路手动门来维持轴封供汽压力在 3.5kPa。

（9）轴封系统运行期间，应保证汽封冷却器排汽风机工作正常，DEH中无相关报警，汽封冷却器水位及疏水正常，无满水现象。一旦发现汽封冷却器水位过高或者满水，水位已无法监视，应立即检查汽封冷却器放水手动门是否开启，排汽风机工作是否正常，必要时应进行排汽风机切换或保持两台排汽风机运行。若出现两台排汽风机故障或者排汽风机进水（进口或出口法兰有水渗出），应立即停运排汽风机，防止排汽风机带水运行，开启汽冷器进汽排大气旁路手动门，联系维护人员处理，并加强汽轮机轴封供、回汽母管温度、机组真空的监视，若温度逐渐降低，应开启高压轴封漏汽母管疏水气动门和高压轴封母管疏水气动门。根据温度降低情况，可逐渐开大主机轴封供汽旁路手动门。若温度继续降低，应立即汇报领导，准备破坏真空，紧急停机。

（10）汽轮机盘车阶段，各值应安排专人认真记录《汽轮机启停参数记录表》，如果发现主机振动测点有明显变化或者盘车转速下降，说明已出现轻微的碰磨，此时应检查主机轴封供汽压力、温度，若低于温度下限，应立即采取措施提高轴封温度。如果盘车转速继续下降或者主机振动继续增大，破坏真空，停止轴封供汽，按照汽轮机闷缸运行技术措施执行。

（11）严禁在未经专业许可情况下，投用主机轴封减温水（主机轴封减温水调节门前手动门应保持关闭状态）。

（12）机组热态启动时，应先投轴封后拉真空。

6. 抽汽加热系统

（1）各加热器、除氧器水位的调整应平稳，水位报警及保护应可靠，按照专业要求定期进行就地、远方水位校对，定期进行抽汽逆止门活动试验。

（2）如果加热器保护装置故障不能投入，加热器应退出运行，除非采取了专门的预防措施来保证相同的保护结果。

（3）加热器因水位高保护退出运行后，运行人员应立即确认给水三通门切换至旁路（否则应通过强制手轮切换，防止应加热器泄漏造成加热器满水，倒入汽轮机），加热器水位无上升现象，汽、水侧隔离门和疏、放水门动作正常，核实水源可靠切断，并进行就地检查，确认所有阀门都处于正确的位置。

（4）在机组工况大幅变动时，汽轮机内部压力降低会引起凝结在抽汽管内的高温凝结水闪蒸，容易出现冷蒸汽从抽汽口进入汽轮机，特别是四抽至除氧器管道系统，此时应加强管道、蒸汽温度和抽汽逆止门开度监视，并及时开启相关疏水，必要时关闭抽汽电动门。

（5）当加热器恢复运行时，运行人员应检查加热器汽侧压力，确认该压力低于相应的汽轮机级压力后才能打开抽汽电动门。在加热器正常疏水开启前，应确认疏水压差满足逐级自流要求。

（6）由于除氧器高位布置，它的满水将由于落差高而很快进入汽轮机，因而它是最危险的进水源之一。除氧器水位保护和溢流自动控制系统应确保可靠投入。

（7）汽轮机打闸后，应检查、确认各段抽汽逆止门关闭，各加热器进汽电动门关闭，所有管道疏水门开启。

（8）机组正常运行过程中，加热器危急疏水系统的隔离检修必须在机组负荷90％以下且处于平稳阶段才能进行，检修过程中，运行人员应尽量保持负荷稳定，减少相关操作，如果在此过程中，由于某种原因造成加热器水位上升且无法控制，加热器水位高保护动作时，应立即检查、确认加热器进汽逆止门、电动门关闭，管道疏水门开启。如果发现加热器保护未及时动作，应立即手动解列加热器，防止加热器满水进入汽轮机。在危急疏水系统未恢复之前，若加热器水位持续上升，应开启加热器汽侧凝结段、疏冷段放水手动门和对应疏水盒的放水手动门排放加热器中的水（危急疏水门卡涩时也可参考此方法进行处理，但必须注意机组真空），并联系检修及时恢复加热器危急疏水系统。

（9）任何关于加热器系统的检修工作，在确认检修工作结束后，应及时恢复措施，保证加热器各系统可靠投入运行。

7. 汽轮机本体

（1）汽轮机打闸前，安排专人到凝汽器平台检查汽轮机本体所有疏水气动门前手动门均在全开位置。

（2）汽轮机打闸前，检查汽轮机自动疏水子环投入。打闸后确认高排逆止门前疏水门保持常开。

（3）汽轮机打闸后，应确认汽轮机高、中压进汽门，抽汽电动门，逆止门，高排逆止门关闭。

（4）监盘过程中，应确保汽缸金属温度测量元件和参数无异常现象，否则应及时联系检修处理。

（5）汽轮机快冷投入前，应确认锅炉及主、再热汽管道存水放尽，并严格按照专业编制《汽轮机快速冷却措施》进行操作和检查。

（6）凝汽器需要灌水查漏时，必须确认汽轮机及蒸汽管道无疏水需要，汽轮机无进水可能（包括进水无危害），并要求检修人员对凝汽器水位设立可靠监视点。

（7）锅炉点火前，应到凝汽器平台检查汽轮机本体所有疏水气动门和高排母管疏水气动门前手动门均在全开位置，并确认高排逆止门"关"反馈信号正常，否则联系维护人员处理。在信号恢复正常后方可进行锅炉点火。

（8）锅炉点火后，在高旁开启前，检查低旁保持最小开度10%。如果高排母管疏水罐液位报警，应检查高排母管疏水气动门动作正常，否则手动开启，并加强轴封回汽管温度和高、中压缸上、下缸温差和高排母管上、下壁温差的监视。若趋势进一步恶化，轴封回汽温度低（＜190℃）报警或者汽缸上、下缸温差增大，应立即开启高压轴封母管疏水气动门、高压轴封漏汽母管疏水气动门、高排逆止门前疏水气动门和高排母管疏水气动门。若此时锅炉已点火，高旁开启，应立即手动MFT，并加强汽缸上、下缸温差、高排母管上、下壁温差和盘车转速的监视，发现异常，立即汇报。

8. 锅炉水压试验

（1）汽轮机在非全冷态的所有情况下，锅炉不得进行水压试验。

（2）锅炉水压之前，应严格按照锅炉过热器、再热器水压试验机侧安全措施执行。

（3）锅炉水压试验开始至过热器、冷再受热面、热再受热面及管道存水放尽前，汽轮机不得进行任何形式的可能引起汽轮机进汽门和高排逆止门动作的试验和操作。

（4）锅炉水压试验前，值长应确认检修已按照生技部水压试验要求设置好汽轮机进水监视点，并在试验期间有检修人员进行检查、巡视，一旦发现进水迹象，应立即汇报水压试验总指挥，停止水压试验，并放水。

（5）锅炉水压试验期间，应保持高调门前疏水、中调门前疏水、高排逆止门前疏水畅通。严密监视汽轮机各金属温度变化情况。

（6）锅炉水压试验期间，应加强主机轴封供汽母管温度、压力以及回汽母管温度的变化，若发现逐渐降低，应立即开启管道疏水，若温度继续降低，应汇报水压试验总指挥，停止水压试验，防止大轴抱死。

（7）随着锅炉水压的升高，应经常检查通锅炉的疏水门是否严密，确证隔离措施的完整，一旦清疏箱水位逐渐上升、机侧开启的疏放水阀门出现水流或者补汽门门杆漏水等异常情况，应立即汇报水压试验总指挥，及时联系有关人员处理，防止大轴抱死。

（8）锅炉水压试验完成后，应将过热器、冷再、热再受热面及管道内存水放尽。开启高、中压主汽门前及高排逆止门后疏水，确保进汽门前和高排逆止门后管道无存水。

9. 给水泵汽轮机

（1）给水泵汽轮机启动前，应确认冲转汽源管道疏水暖管充分，满足操作票规定参数。

（2）机组正常运行时，给水泵汽轮机高压进汽管道疏水保持开启，防止由于阀门内漏造成管道积水。

（3）当除氧器出现饱和汽水逆流进入四抽管道，四抽至除氧器入口蒸汽温度大幅下降时，或者除氧器水位＞500mm时，应立即将给水泵汽轮机汽源切换至辅汽，若给水泵汽轮机已出现出力不足，振动、轴向位移突增，应开启给水泵汽轮机蒸汽室疏水气动门和调节级后疏水气动门，准备打闸给水泵汽轮机。

（4）给水泵汽轮机正常运行过程中，应严格按照给水泵汽轮机轴封供汽参数控制措施执行，防止轴封进水。

（5）机组负荷降至40％，应开启给水泵汽轮机本体的蒸汽室疏水、调节级后疏水和高压进汽管下部疏水，并加强给水泵汽轮机振动的监视。待机组负荷上升至45％以上，再关闭给水泵汽轮机本体的蒸汽室疏水、调节级后疏水。

（6）机组负荷降低时，注意给水泵汽轮机轴封供汽温度的监视和相关报警，发现给水泵汽轮机轴封供汽温度大幅波动，降至125℃，仍然持续降低且通过给水泵汽轮机轴封供汽减温水调节门无法控制时，立即到就地关闭给水泵汽轮机轴封供汽减温水调节门前、后手动门，再联系检修处理。检修处理完毕，准备重新投入给水泵汽轮机轴封供汽减温水时，应根据措施要求缓慢操作。

（7）当给水泵汽轮机轴封供汽系统停运或者辅汽联箱温度低于180℃时，运行人员应立即将给水泵汽轮机轴封供汽母管减温水调节门及其前、后手动门和旁路手动门全部关闭，并加强给水泵汽轮机轴封供汽参数的监视、调整。

（三）事故实例

1. 辅助蒸汽引起汽轮机进水

某机组调试时，由于从邻厂来的辅助蒸汽温度较低，汽轮机停机后，当轴封汽切换到邻厂供给的辅汽时，辅汽进入轴封系统后含水，造成汽缸上下缸温差过大，盘车盘不动。进水的原因是设备存在缺陷，缺乏监测保护手段，未严格执行操作规程等。若加强管理、提高运行人员技术素质、严格执行规程，有些事故是可以避免的。有些电厂由于启动时仔细检查，及时发现，处理正确，虽然进水却未造成大轴弯曲事故。后来厂方在辅汽管道上增加了疏水点，提高辅汽温度，并制定专门措施及运行方式，防止类似事故的发生。

2. 旁路系统引起汽轮机进水

汽轮机的旁路系统在机组启动过程中提升蒸汽参数到规定值，在机组停机或甩负荷过程中保证锅炉不超压，同时还起到回收工质和减少噪声的作用。与直流锅炉配套运行的汽轮机大旁路系统主要是建立启动流量，提升蒸汽参数，以满足汽轮机冲转的要求。

某电厂1号机组温态启动过程中，当时高压内上缸内壁温度为232℃，19时锅炉点火，启动用大旁路调整门开启到65%。19时40分，主汽压力升到3.5MPa，主汽温度为330℃，汽轮机开始冲转。19时58分转速达3000r/min，此时，主汽压力降到1.8MPa。为保证主汽压，运行人员擅自关小大旁路调整门到55%，但汽压并未上升。20时04分发电机并网，启动旁路全关，机组负荷仅带到20MW（按规定应带50MW负荷暖机），中压缸调速汽门全开，高压缸调速汽门开至60%。20时05分，主汽温度降到200℃，但运行人员未敢打闸。锅炉投运一台磨煤机，经5个小时后，汽温才逐渐恢复到正常参数。

该机组温态启动过程中，一般锅炉要点燃12支油枪，燃烧90min才能将参数提升到冲转参数（汽压3.5MPa，汽温330℃）。而在这次温态启动过程中，锅炉由点火到建立冲转参数的过程中只点燃了8支油枪，燃烧了40min，就使主蒸汽参数达到了冲转参数。这主要是因为启动旁路调整门开度仅有65%（规定应该全开），由于启动旁路未全开，从而使得启动流量减少，造成锅炉提升参数的时间缩短。此时虽然主汽参数已达到冲转要求，但锅炉的热负荷还远未达到冲转要求，所以在汽轮机冲转后，随着汽轮机进汽量的增加，必然使锅炉给水量增加，而由于直流锅炉本身的热负荷太小，势必会造成冲转后主汽压力和温度下降（蒸发量不足）。而此时运行人员未及时提高炉膛热负荷，只是盲目地关小启动旁路，来提升蒸汽参数。虽然在发现主汽压力和汽温下降的情况下提高了给水流量和煤粉量，但直流锅炉的特性决定了它不可能使炉膛热负荷立即增加，所以最终造成过热器进水，主汽温度下降。由于当时汽缸温度尚低，且机组又在启动过程中，因此未对汽轮机造成损坏。

直流锅炉的启动旁路是建立机组启动参数的重要环节，锅炉点火后，启动旁路必须完全打开，这是建立锅炉炉膛热负荷的重要步骤，也是直流锅炉与汽包炉的根本区别之一。与直流锅炉配套的汽轮机在启动冲转过程中，启动参数的给定都是在启动旁路全开的情况下设定的。由于运行人员不了解直流锅炉特性和汽轮机冲转时所需要的锅炉热负荷，导致大旁路使用不当，造成汽轮机进汽温度严重下降，从而使汽轮机发生水冲击。

八、汽轮发电机组振动事故

在汽轮发电机中，只要机组发生机械故障，一般均会伴随着出现异常振动。异常振动可以认为是机械故障的征兆，同时振动又会使故障进一步扩大和形成新的故障。

在汽轮机组的振动现象中，除了最常见的由于转子的不平衡引起的强迫振动外，近年来随着汽轮机单机功率的增大，以及汽轮发电机转子固有频率不断降低等原因，还出现了许多动力不稳定现象，例如轴承油膜的自激振荡和转子间隙自激振荡等。

汽轮机组产生振动的原因很复杂，为了保证机组的正常安全运行，现场技术人员应能够正确判断振动产生的原因、性质及涉及范围，并在这个判断的基础上采取相应措施，使振动消除或减小。

（一）机组振动过大的危害

机组的轴承衬因振动过大造成动静部分和轴承磨损、转子弯曲、轴承巴氏合金脱落、轴承的紧固螺钉、凝汽器管道以及主油泵的蜗轮等零件损坏。机组振动过大时，还会造成轴系破坏。若发电机振动过大，会使滑环和电刷磨损加剧，静子槽楔松动、绝缘磨损等，造成发电机或励磁机事故。

（二）机组产生振动的原因

机组的异常振动产生的原因是多方面的，十分复杂，与制造、安装、检修和运行水平等都有关系。机组的振动可分为自激振动和强迫振动。自激振动是振动系统通过本身的运动不断向自身馈送能量，自己激励自己。强迫振动是由外界的激振力引起，主要是由于机械激振力和电磁激振力等原因造成。

1. 机械激振力引起的机组强迫振动

汽轮发电机转子质量的不平衡、转子挠曲、转子连接和对中心的缺陷等原因会造成过大的机械激振力。

（1）转子质量不平衡产生的原因。造成转子质量不平衡，主要有以下几方面的原因：由于制造装配误差、材料质量不均，使转子质量中心与回转中心不重合；汽轮机在运行中出现动叶片或拉金断裂、动叶不均匀磨损、蒸汽中携带的盐分在叶片上不均匀沉积；汽轮机在大修时拆装叶轮、联轴节、动叶等转子上的零部件或车削转子轴颈时加工不符合要求。

（2）转子挠曲产生的原因。运行中的汽轮机有可能由于转子残余应力及材料膨胀不均，使转子在温度变化时发生弯曲，或因转子沿圆周受热（冷却）不均，产生热弯曲。运行中汽轮机动、静间隙消失，产生摩擦，出现局部过热现象，也会造成转子弯曲。转子锻件在机械加工及处理中的残留变形也会引起转子的永久性挠曲。

（3）动静摩擦产生机械激振力的原因。由于转子受热变形，或轴封间隙太小，汽封安装不正确等造成汽轮机动、静部分产生摩擦，使转子承受附加的不平衡力而产生振动。

2. 电磁激振力引起的机组强迫振动

（1）发电机转子线圈匝间短路，磁场偏心引起的不均匀电磁激振力。

（2）发电机转子和定子径向间隙不均匀而引起的不均匀电磁激振力。

（3）发电机定子铁芯在磁力作用下发生激烈的振动，而改变转子和定子径向间隙。

3. 系统刚度削弱而引起异常振动

支撑刚度削弱，使转子临界转速降低、振动被放大而出现异常振动。造成支撑刚度削弱的原因有：

（1）轴衬座设计刚度不够；各支承轴瓦、轴承座、基础框架等主要部件之间连接刚度减弱。

（2）轴承座和基础台板之间脱开或出现间隙。

（3）基础承载元件中出现裂纹。

4. 低频自激振荡

（1）油膜自激振荡。油膜振荡是使用滑动轴承的高速旋转机械出现的一种剧烈振动现象，它是由于汽轮发电机组转子在轴承油膜上高速旋转（轻载、高速）时，丧失动力稳定性的结果而引起的。汽轮机正常运行时，轴颈在轴承内的高速旋转，通过润滑油膜支撑。稳定时转轴是围绕轴线旋转的，失稳后转轴不仅围绕其轴线旋转，而且该轴线本身也在空间缓慢回转，即为涡动。轴线涡动频率总保持在约为转子转速的一半，称为半速涡动。油膜振荡就是当半速涡动的涡动速度与转子的临界转速重合时，半速涡动被共振放大而表现出的激烈振动现象。

（2）汽流自激振荡。汽流自激振荡是由于蒸汽对动叶栅作用的切向力不对称而激起转子涡动。当运行中级间汽封径向间隙不均匀时，沿周向汽封漏汽量不同，造成叶栅沿周向进汽量不均匀，使蒸汽对动叶栅的作用力出现不对称的切向力。此不对称切向力的合力，使转子轴线偏移，造成汽封径向间隙新的不均匀，此时不均匀间隙随转子旋转呈周期性变化，作用在转子上的不对称切向力的合力也呈周期性变化。当此合力大于转子涡动的阻尼力时，将引起转子涡动。汽流涡动只可能发生在高压转子，转子涡动又引起轴颈在轴承内涡动，当涡动频率等于转子的自振频率时，即产生汽流自激振荡。

5. 轴承的轴向振动

（1）若转子弯曲或轴系找中心存在误差，当转子旋转时，轴颈在轴承内围绕受力中心摆动，轴承受交变的轴向分力。

（2）轴瓦受力中心和轴承座几何中心不重合，转子振动对轴承座产生交变的轴向分力。

（3）轴承座不稳固或轴向刚度不足。

（三）机组振动故障的特征

机组振动的原因复杂多变，但不同原因引起机组振动都有其固有的特征，可根据振动的特征对振动的原因进行分析判断，采取相应的措施，消除异常振动，保证机组安全运行。振动特征由振动特性来反映，包括振动的频率、相位及振幅的变化。分析振动的主要方法是测量振动的变化和进行频谱分析。

1. 转子质量不平衡引起的振动

（1）转子存在质量不平衡，在旋转时产生交变的不平衡离心力或力偶，使转子产生受迫振动。不平衡离心力和力偶与转速的平方成正比，使得转子的振幅与转速的平方成正比；在通过临界转速时振动明显加剧；振动的频率与转子转速相符；纯静不平衡离心力引起的振动，转子两端轴承振动的相位相同；纯动不平衡力偶引起的振动，转子两端轴承振动的相位。相反。振动相位相对固定，只是在通过临界转速前后换向。

（2）若转子因摩擦产生弯曲，在发生摩擦时振动波形中有高频谐波。转子弯曲，在低速或盘车时可测出转子的晃度相应变化（包括晃度的大小或相位），且振幅的相位与晃度的相位有关。

（3）若由于转子上零件松动形成质量不平衡，则只有在高转速下才显现出来。

（4）若质量不平衡是由于转子对中心不良引起的，通常联轴节两侧轴承的振幅较大。质量轻的转子可能有甩尾现象。

2. 发电机电磁不平衡力引起的振动

（1）电磁力只有在发电机转子投入励磁后才显现，因此不平衡电磁力引起的振动只在机组并网时或带负荷后才会产生，且其振幅随励磁电流的增加而增大。

（2）发电机转子线圈匝间短路，转子磁场偏心，不平衡电磁力与不平衡离心力相似，其振动频率与转速一致，为工频振动，且电压波形零线偏移，即出现不对称的电压波形。

（3）发电机转子相对静子偏心（周向间隙不均匀），则产生不平衡电磁力。对于一对极的发电机，每转一周，N 极和 S 极各通过最小间隙处一次，其引起振动的频率为工频的两倍。

（4）发电机转子上通风孔被灰尘不均匀堵塞，使发电机转子线圈热膨胀不对称，使转子失去平衡或引起端部线圈接地，或转子本身热处理不当等原因，造成转子热弯曲而引起的振动，其振幅也随励磁电流的增大而增大。但与不平衡电磁力引起的振动相比，所不同的是振幅的变化滞后于励磁电流的变化，即励磁电流变化时，振幅不立即变化，而励磁电流不再变化时振幅继续变化。

3. 轴承油膜振荡引起的振动

轴承油膜振荡是由于轴承失稳后产生共振而引起的，其振动特征是：

振动猛烈，起振突然，振动频率等于转子的临界转速，且近似等于转子转动转速的一半。在一定转速范围内振幅和频率不随转速的升高而改变，失稳轴承处的振动最大。

4. 汽流自激振荡引起的振动

汽轮机级内动静间隙沿周向不均匀，如果产生汽流自激振荡，只可能在大功率汽轮机的高压转子发生，且在负荷达到一定值时，被诱发产生振动，降低负荷时振动消失。振动的频率与某一阶临界转速一致，而与额定转速无任何比例关系。

5. 支撑刚度不足引起的振动

支撑刚度不足只是将原已产生的振动放大，使机组振动超过允许范围。其振动的特点是：轴承振幅沿垂直方向随标高逐渐增大，且在刚度削弱处振幅变化较大。其振动特性与激起振动的原因有关。

机组异常振动原因的判断，通常要通过进行转速试验、变负荷试验和真空试验来获取。在并网前改变机组转速；在并网后改变机组负荷；在一定负荷下改变真空，测取机组振动变化的规律和相关参数（如转子晃度、电压特性等），再根据试验测试结果进行分析和判断。现代汽轮机若配有机械故障诊断系统，可根据机组运行中振动的特性自动进行故障原因、部位、危害程度的诊断，并做出相应的处理决策。

（四）机组振动的防止和处理

1. 机组异常振动的防止

在机组安装和检修时要精细地进行转子找平衡，将不平衡质量降至最小；根据运行中汽缸和转子中心线可能产生的变化，调整好动、静部分间隙，确保运行中转子与静止部分同心；按要求精确地进行转子联轴节找中心；保证基础台板与轴承座和低压缸支座接触面符合要求；管道连接的冷拉量符合要求。

在机组冲转前至少连续盘车 2h，并仔细检查转子晃度的变化（包括大小和相位），其数值符合规程要求；润滑油温、油压符合要求；600r/min 时仔细检查有无动、静摩擦声；升速时振幅不大于给定的上限值；严密监视机组振幅的变化，特别是通过临界转速时的振幅值和非临界转速下振幅的异常值；维持凝汽器真空正常；注意控制上、下缸温差，相对胀差。停机后转速为零时，只要能启动盘车设备，应进行连续盘车；即使盘车设备无法投入，也应间歇手动盘车，防止转子发生弯曲。

2. 机组异常振动的处理

在冲转升速过程中机组产生异常振动，应立即降速至振幅允许范围，直至盘车状态，进行暖机或连续盘车，决不能强行升速。在带负荷运行时，机组产生异常振动，应立即降负荷。降负荷不能使异常振动消除时，则打闸停机或解列降速暖机，直至盘车状态。当机组轴颈振幅超限时，汽轮机应自动脱扣，否则立即手动打闸停机。无论机组处于何种运行状态，在振动异常之前或之后机组内有金属撞击声或摩擦声，应立即破坏真空紧急停机，进行盘车。

（五）消除振动的措施

消除振动缺陷，首先要明确引起机组振动的原因，只要引起机组振动的原因判断比较准确，消除振动缺陷并不困难。

如果是转子质量不平衡，则可以通过转子找平衡（高速动平衡），来消除不平衡质量。通常在厂内用蒸汽冲转转子，分别在不同的转速下由低速到高速进行多次动平衡。为了在转子配重时不揭缸，有些机组在转子配重位置的汽缸处开有调整配重的孔，可以打开孔的螺塞，用专用工具在转子上进行配重。

如果是转子弯曲引起的机组振动，则首先应该降速暖机或盘车直轴，以消除转子受热不均产生的弹性弯曲。若降速暖机或盘车直轴后，仍不能消除弯曲，则可能转子产生了永久性弯曲，就要在大修时用应力松弛法进行直轴。若弯曲的是发电机转子，则首先要检查转子通风道是否堵塞，是否存在匝间短路。若降速暖机或盘车直轴后，转子弯曲消失，无异常振动，而再次启动时并无摩擦现象，却又产生异常振动，这可能是转子材质不均造成的。在直轴时则要矫枉过正，使转子适当向热弯曲的另一侧弯曲。

如果判断振动是由轴承油膜振荡引起，则在运行中可适当提高油温；在维修时调整轴承间隙或车短轴承承力面的轴向长度，增大轴承的压比。若仍无效，就应更换稳定性好的轴承。若判断振动是汽流涡动引起的共振，则应调整转子和静止部分的周向间隙，使运行中两者同心；对于调节级还可改变调节阀的开启顺序。

若由于支撑刚度不足使振动放大，则应消除支撑间隙，并使机组膨胀顺畅；同时必须要加强轴承座的刚度，消除基础缺陷。

总之，振动缺陷的消除，必须对症下药，首先是准确判断引起机组振动的原因，再采取相应的措施。但必须注意，有时引起机组振动的原因是多方面的，应综合进行治理。

（六）事故实例

1. 轴系不平衡

某机组首次冲转升速过程中产生异常振动，5、6、8、10 号和 11 号瓦轴振均超过跳闸值（254μm）。机组达到额定转速后，8 号瓦轴振达 240μm，11 号瓦轴振达 280μm，接近或超过跳闸值，对应的轴振值见表 15-3。

表 15-3　最大轴振与对应转速

轴承序号	5 号	6 号	7 号	8 号	10 号	11 号
转速（r/min）	2560	2650	2679	2760	1840	1920
振幅（μm）	290	280	140	280	450	280

为了消除振动，安装公司停机进行了 40 天找正，重新启动后振动仍然

很大，为此进行了转子动平衡工作。在汽轮机低压转子、发电机转子上先后配重 8 次，并进行动平衡试验，前后历时半个月，最后终于将振动消除。机组冲转升速时，各轴颈振动都小于跳闸值（254μm）。在额定转速下，除 10 号瓦轴振有些偏大（90μm）外，其余各轴颈振动均达到良好标准（小于 76μm）。

此次事故原因是机组在安装过程中轴系不平衡，最终导致启动过程中机组强烈振动。

2. 轴系振动

某电厂由哈尔滨汽轮机厂引进西屋技术制造的 N600-16.7/537/537-1 型汽轮机进行首次整套启动，在升速至 1820r/min 时，11 号轴承最大振动为 390μm；升速至 2160～2280r/min 时，5、6、7 号和 8 号轴承 Y 方向轴振都存在明显的峰值，7 号轴承 Y 方向振幅上升最大，最高为 237μm，而该区域为非临界区；当机组在 3000r/min 定速工况时，5、6、7 号和 8 号轴承轴振值较大，尤其是 X 方向轴振数值更大，其振幅及相位亦有很大的波动，6 号和 7 号轴承轴振振幅最大波动值为 40μm。在机组进行超速试验时，5、6、7 号和 8 号轴承轴振值又大幅度上升，在升速至 3180r/min 时，7 号轴承轴振最大为 500μm，而后又大幅度下降。在机组停机后盘车工况下，对上述四个轴承 X 和 Y 方向用探头敲击法测量其振动响应，经频谱分析确认四个轴承 X 和 Y 方向轴振探头的固有频率有 50～53Hz 的频率成分，表明上述各探头在此固定方式下的固有频率接近其工作频率。因此，造成各探头在机组定速时发生共振，使其振动幅值很大且不稳定，各振动值并非转子的真实振动值，而是由于探头共振造成的。停机后，对 4、5、6、7 号和 8 号轴承的 X 和 Y 方向轴振探头进行修频，由于探头安装方式为悬臂式结构，安装套管长接近 500mm，加粗套管以提高其刚度，经敲击法测试，各轴振探头的固有频率提高到 63Hz 以上。

机组进行第二次整套带负荷试运转。停机后对 7 号轴翻瓦检查时发现轴瓦乌金严重磨损，且 7 号顶轴油管在轴承箱内断裂。由于振幅大小与激振力大小成正比，与支撑刚度成反比，而末级叶片及松拉筋没有异常，说明激振力没有明显变化，但顶轴油管的断裂导致 7 号轴承内的润滑油泄漏至轴承箱，使其油膜刚度降低、振动增大、相位变化。对顶轴油管及轴瓦进行处理后，机组再次启动，在升速过程及定速工况下，7 号轴承振动基本恢复至机组首次整套启动状态。

3. 转子对轮挡风罩脱落

某机组首次大修后启动时，当汽轮机进行中速暖机（2040r/min）结束后，一切正常，当升速到 2800r/min 时，7、8 号和 9 号瓦振动指示直线上升，3、5、6、10 号和 11 号瓦振动超限，8 号瓦振动指示到头，汽轮机因振动大而跳闸。在运转层台板可感受到强烈振动，8 号瓦轴承室有明显的金属摩擦声，立即进行紧急停机处理。打开轴承室检查后发现，新制作的转子对轮挡风罩脱落并扭曲，将盘车装置喷油管堵头打断，该堵头飞出撞坏了 OPC 转速测量探头和低压差胀测量装置。

事故原因是对轮挡风罩安装中心不正，固定不牢。经过重新制作、安装对轮挡风罩后，机组再次启动时，情况一切正常。

4. 热膨胀不均

某机组调试过程中，当汽轮机冲转至 2040r/min 进行中速暖机时，发电机 10 号瓦振动逐渐增大，最终达到跳闸值而保护动作。检查后发现其振动大，同时发电机壳体两侧温度明显不一致。仔细检查后发现，是由于发电机氢冷却器一侧因阀门指示状态错误，而导致冷却水未送。将该侧冷却水投入后，机组重新复置冲转，10 号瓦振动仍是很大，导致机组跳闸。经过几个小时，待发电机两侧壳体温度相同后，再次启动冲转，10 号瓦振动正常。

事故原因是发电机受热膨胀不均，从而造成机组振动。

九、汽轮机油系统事故

油系统在汽轮机的正常运行中担负着供给各轴承的润滑冷却用油，以及调节系统工作用油的任务。油系统一旦发生故障，如不能及时处理或处理不当，则会使事故扩大，造成极其严重的危害。

（一）油系统事故产生的危害

汽轮机的调节保安系统用油作为工作介质，轴承用油作为润滑介质并带走热量，因此油温、油压和油的质量合格是保证机组安全运行的基本条件。油中进水、油质劣化，将使调节保安系统部套锈蚀卡涩，造成甩负荷时机组超速甚至飞车。润滑油油温过高或乳化，使黏度降低，油膜可能破坏，造成轴承及轴颈磨损；油质不洁，也会使轴承及轴颈磨损；润滑油压过低或供油中断，轴瓦因润滑和冷却不良会很快烧损，造成机组内部动静部分发生碰摩，引起机组严重损坏。若油系统泄漏或油管道破裂，一旦油接触到高温，将引发火灾。

（二）油系统事故产生的原因

油系统运行中引起的事故在汽轮机事故中占有相当大的比例，主要故障有主油泵工作失常、油系统漏油、轴承油温升高、轴承断油、油系统进水等。

1. 油系统进水事故

（1）轴封系统不完善。当轴封供汽压力调节器工作不正常，高压轴封和低压轴封的供汽不能分别调整，可能使轴封供汽室的压力升高，或轴封抽气器工作不正常，漏入轴封抽气室的蒸汽不能全部被抽至汽封冷却器，造成抽气室压力升高，使蒸汽漏到汽缸外，进入轴承座内与油相混合后凝结成水。

（2）轴封径向间隙过大。轴封径向间隙过大，轴封供汽漏入轴封抽气室的漏汽量加大，而且不能全部被抽到汽封冷却器去，继而漏入轴承座内。

（3）轴封冷却器工作不正常。若运行时通水量偏小，或换热面积垢，使抽入轴封冷却器的轴封漏汽凝结量减少，轴封抽气器过负荷，导致轴封抽气室的压力升高，而使蒸汽漏到汽缸外，被吸入轴承座内。

（4）汽缸端部结合面漏汽。汽缸端部水平结合面的漏汽，被吸入轴承座内。

（5）汽轮机轴承座内负压过高，使轴封漏出的蒸汽被轴承吸入，导致油中进水。

（6）冷油器漏水。冷油器内冷却水压力高于油压，且冷却管胀口不严，致使冷却水漏入油中。

2. 轴承断油事故

在切换冷油器过程中，误操作造成断油；主油泵内或进油管内积存空气（或漏气），使主油泵打空断油；润滑油压过低，辅助油泵未及时投入，中间存在短时断油现象。

3. 油系统泄漏

安装检修存在缺陷或管道振动，运行中造成油管丝扣接头松动、焊口断裂、油管道破裂，或者法兰质量不佳，结合面不严；或设备本身存在缺陷都会使油发生泄漏。油系统泄漏使油箱油位降低，系统缺油。当泄漏的油与高温热体接触，便会引起油系统着火。汽轮机油系统着火，往往是瞬时发生且蔓延迅速，如果不能及时切断油源，将危及设备和人身安全。

（三）油系统事故的预防和处理

1. 油系统进水事故

运行中保持冷油器中的油压大于水压，以避免冷油器管道或管板渗漏时，冷却水渗入油中。保证轴封系统各设备工作正常，高压轴封供汽压力应能够进行适当调节。保证汽缸结合面严密，轴封径向间隙符合要求。运行中加强油质监督，如果发现油中含水，应立即进行分离处理，保持油质良好。

2. 轴承断油事故

轴承断油烧瓦事故的发生，与设计、安装、运行操作等都有密切关系。但是只要交、直流润滑油泵能及时启动，一般不会发生断油烧瓦事故。为杜绝此类事故的发生，可采用以下的预防措施：

（1）在切换冷油器时，应严格执行操作规程，防止误操作，避免轴承断油。

（2）辅助油泵应始终处于良好的自启动状态，当轴承油压降低时，应能立即自启动，维持正常的油压。

（3）保证油系统油质的清洁度合格，以防止油系统内设备卡涩和油泵入口滤网的堵塞。

（4）直流油泵在检修期间，如无特殊措施，不允许主机启动和运行。

（5）若发现油压降低到正常值以下，立即手动启动备用油泵或辅助油泵，恢复油压。若油压继续降低至危险值，立即打闸停机。

3. 油系统泄漏事故

油系统在安装和检修时，要确保设备和管道清洁、完好，焊口和接口严密。运行中密切监视油系统的状态和油箱油位，若油箱油位降低，应立即查明原因。发现油系统的泄漏点，应立即堵漏、接油；若泄漏严重或找不到泄漏点，应立即打闸停机，进行处理。

4. 汽轮机漏油着火事故

汽轮机漏油着火事故，近几年来也屡次发生，造成极大的经济损失。这类事故都是由于油系统漏油，喷到保温脱落的热管道上引起的。目前已在检修、维护上采取了一些措施。

（1）消除油管道振动，尽量减少油管路的阀门、法兰接头。

（2）法兰禁用塑料垫和耐油胶皮垫。

（3）提高油系统检修质量，做好靠近油系统的热力管道和热体保温，并采取必要的隔离措施。

可采用防止油系统着火的新技术，如在调速系统采用抗燃油，这种油的燃点高，不易燃烧；改变传统的油系统布置结构，油管道和热管道完全隔离；油系统本身采用双套管油系统，高压油管套在低压回油管内；油管不采用法兰连接；机头的结合面采用新型密封材料等技术；从而从根本上防止了油系统漏油着火的问题。

（四）事故实例

1. 顶轴油泵损坏

某汽轮机设计有四台顶轴油泵（A、B、C、D），分别作用于低压转子的 5、6、7 号和 8 号轴承。顶轴油泵为齿轮式泵，进口油压最小不低于 0.03MPa，进口滤网 250 目，滤网差压大于 0.1724MPa 时旁路自动打开，出口过压阀达 13.79MPa 时打开。该顶轴油泵在调试中多台多次损坏，主要现象是其出口油压太低。

分析后认为是由于顶轴油泵出口滤网因油质不良，造成闷泵，最终导致顶轴油泵损坏。但所有顶轴油泵在清洗滤网后，压力仍然无法建立，分析认为是因闷泵造成泵间隙变化而引起。处理方法是增加了一套顶轴油系统，能够很好地满足 600MW 汽轮机的运行要求。

2. 油净化装置故障

某汽轮机各配备一套油净化装置，油箱容积 26.5m³，净化能力 9000L/h，工作流量 6300L/min，过滤精度 8μm。汽轮机运行初始阶段，经常发生跑油现象，且泵的自启停回路也不正常。当时由于轴封汽系统超压，造成油系统带水严重，加上该装置不能正常运行，只有每天采用人工放水，造成了油质乳化。

处理方法是对该系统进行改造，更换了油位计，将油泵自动回路中磁环式油位计改为浮筒式液位开关，经过仔细试验维护，使该装置能正常投运，从而保证了润滑油质正常，运行情况良好。

3. 润滑油系统进水

某汽轮机在调试及试运行初期，经常发生机组热态停运后几小时就发现润滑油已进水乳化的现象。

分析后认为油中进水的原因是汽轮机真空破坏后，由于锅炉仍有较高的压力，汽轮机主汽门门杆漏汽至轴封系统后进入轴承室使润滑油乳化。

处理方法是规定当主机真空破坏而锅炉尚有压力时不得停运轴封风机。此后再未出现润滑油乳化现象。轴封风机正常运行并在轴封乏汽母管建立一定的微真空是保证轴封蒸汽不进入轴承室的关键措施。对设有密封油真空泵的机组，应使密封油系统打开式循环，使之与润滑油系统保持联合循环，这样就可以采用密封油真空泵连续不断地处理油中水分并将之排向大气，并且当润滑油轻度乳化时，采用这种方法可以使润滑油脱水还原。

4. 抗燃油油质恶化

某电厂 2 号机组调试运行近半年后，检查发现抗燃油油质已严重恶化。经过化验后认为油质细颗粒超标。由于 G/A 机组的 EH 油采用以磷酸酯为基的抗燃油，油颜色较深且酸值较大，因此首次大修时采用了西安热工研究所提供的滤油机进行滤油处理。经过三、四天滤油后分析，油质污染指数有所好转。但不久后检测发现油质污染指数又恶化，经多次滤油仍无法使油质污染指数合格。大修后 100％更换新油，油牌号与原来一样。新油投运后，每月进行一次油质化验，前 3 个油质基本没有变化，后 3 个月，油的颜色开始逐渐变深，酸值逐渐升高，虽然更换了硅藻土滤网，但效果不明显，且硅藻土滤网很快就失效。第 7 个月对油样进行分析时发现油质已严重恶化，颜色变为棕色，油的细颗粒超标，且有纤维状的东西，经过多方处理仍无效。分析这两次油质恶化现象后，认为主要原因是主汽门和调节汽门油动机与阀体太近，温度太高，油动机外壳温度达到 105℃，又因为油动机内的油基本不会流动（除非机组跳闸），因此长时间的高温使 EH 油加速老化。

十、汽轮机通流部分磨损故障

（一）通流部分动静磨损的原因

在汽轮机启动、停机和变工况时，产生动静磨损主要是由于汽缸与转子加热或冷却不均匀、机组启动运行方式不合理、保温不良及法兰加热不当等原因造成。

机组在安装检修时，动静间隙调整得过小，或隔板、轴封找中心不精细，运行时动静部分不同心。启动、停机及变工况时，由于机组振动超限、转子弯曲，或相对胀差、轴向位移、汽缸上、下缸温差过大，以及轴承损坏等，都会造成汽轮机动静部分轴向或径向间隙消失，发生动静碰摩。

（二）通流部分动静磨损的预防和处理

在安装检修时，不但要按要求调整汽轮机动静部分轴向和径向间隙，而且隔板和轴封找中心要考虑到汽缸、轴承和转子中心线在运行中的相对变化，合理地调整汽封径向间隙的周向分布，使汽轮机动静部分在运行中同心。

机组启动冲转前，必须仔细测量转子的晃度变化（包括大小和相位）和上下缸温差、相对胀差。这些参数不合格，不允许冲转；冲转后，转速在 600r/min 时，仔细检查动静部分有无摩擦；中速暖机时，机组振动应小于 0.04mm；严格按启动曲线升速、并网和带负荷。注意监视机组振动，避免在临界转速、空负荷或低负荷和低真空下长时间运行。

运行中严密监视蒸汽参数，防止发生水冲击；一旦出现异常振动，振幅超过极限值，立即降负荷、停机、降速，使振幅降至合格范围内，进行暖机或盘车。停机时，严格监控相对胀差和上下缸温差，防止发生水冲击。

（三）事故实例

某电厂 2 号汽轮机组（亚临界 600MW）负荷为 300MW，且机组已连续运行 10 多天，从 0 时开始，6 号轴承振动从稳定的 $33\mu m$ 慢慢向上爬升，当振动达 $50\mu m$ 左右时，3、4、5、7 号和 8 号轴承振动也开始逐渐爬升。运行人员全面检查各项运行参数及润滑油油温，均未发现异常，而机组轴承振动一直向上爬升，并且上升趋势加快，就地手动测量各轴承振动也明显增大。迅速减负荷直至 70MW，但振动值依旧上升。当垂直振动值达 $130\mu m$ 时立即手动脱扣停机。停机后振动立即下降，当机组越过临界转速区域时，振动又多次回升至 $200\mu m$。机组的惰走时间和盘车电流及转子偏心度均正常。

分析历史数据可知，振动从 6 号轴承开始，逐步扩展至 3、4、5、7 号和 8 号轴承，而且振动呈不断上升趋势，经过减负荷处理并没有减弱振动的增大，可判断为比较典型的碰磨振动。振动呈不断增加的趋势，没有突变性，因此可排除转动部件脱落引起的振动，如叶片、围带、拉筋等。停机后全面检查发现，低压缸轴封和中压缸轴封均发生了严重的摩擦现象，低压缸轴封的上间隙小于设计值低限，中压缸 3 号轴封的左侧间隙为零。

事故原因是轴封间隙偏小，造成动静碰磨，引起机组振动。处理方法是将 4 个轴封的上间隙放大至 1.3～1.4mm，下间隙不变。对中压缸重新进行负荷分配试验，消除了中压缸的偏移，轴封间隙也恢复至设计值。机组重新启动，带负荷至 300MW，并在该负荷下稳定运行 2h 以上，汽轮机各轴承振动均在 $40\mu m$ 以下。

十一、汽轮机叶片损坏事故

汽轮机叶片损坏与设计、制造安装工艺、运行维护等因素有密切的关系。叶片损坏包括叶片的冲蚀磨损、拉金开焊、围带飞脱、叶片损伤、断裂等。

（一）叶片损坏的原因和现象

汽轮机叶片在工作时，受到较高的离心力和蒸汽作用的弯曲应力，同时还受到不均匀的周期性激振力，以及应力腐蚀和水蚀等。对于正常工况下高速旋转产生的离心力和蒸汽作用的弯曲应力，在设计时已做了充分考虑，并避开共振区域，因此在正常情况下叶片一般不会损坏。造成叶片损坏的原因有以下几方面：

（1）汽轮机运行中，汽温长期偏低，蒸汽流量偏大，叶片过负荷。

（2）机组启动、停机过程中操作不当，发生水冲击，使叶片突然骤冷，造成应力突增。

（3）工作蒸汽中夹杂有异物，碰磨叶片，造成叶片损伤，使叶片强度和自振频率降低。叶片积垢也会使其自振频率降低，可能使叶片共振余量减小，动应力增加。

（4）长期的低频率运行，或叶片共振余量偏小，增大了叶片的动应力。

如果是单个叶片或围带飞脱时，会发出金属撞击声，同时机组振动有所增加。如果是末几级叶片不对称地断落时，会使转子不平衡，发生强烈的振动。

（二）叶片损坏的预防措施

（1）电网应保持正常频率运行，避免频率偏高或偏低，以防叶片落入共振区。

（2）汽轮机的汽温、汽压、监视段压力等参数应保持在规定的范围内。当其值超过规定的范围时，应相应减少负荷，防止叶片过负荷。

（3）汽轮机内部有撞击声，并伴有振动突然加剧现象，应立即停机检查。

（4）超负荷运行的机组，需对叶片及隔板应力、隔板挠度进行强度校核。

（5）大修时对叶片进行测频，监视其自振频率的变化，对共振余量不合格的叶片，需要进行调频处理。

（三）事故实例

1. 叶片损坏

某电厂 2 号机组在投运至机组第一次大修，累计运行约 1 万 h。首次大修揭缸进行常规检查，发现低压转子次末级、末级共 8 级叶片能轻轻摇动且晃动厉害，中压转子第 9 级（中压末级）49 号叶片由出汽侧向进汽侧倾斜。拆下仔细检查这九级叶片后发现，低压末级、次末级和中压第 9 级叶片均有损坏。

制造厂认为低压转子末级和次末级弹簧片断裂，损坏原因是机组停运保养期间，特别是在较长时间的停运期间，电厂未采用热风干燥保养。因为该弹簧片材料在潮湿的空气环境中容易受腐蚀而损坏。电厂方认为制造厂并未随机提供热风干燥设备和干燥操作方法，弹簧片断裂是材料热处理不当引起的。弹簧片回火组织不正常以及弹簧表面存在较严重的不完全脱碳现象是造成弹簧片早期断裂的主要原因。为了防止运行中再次发生弹簧应力腐蚀导致断裂，制造厂对更换的弹簧片表面采用真空法涂镉处理（涂镉可防止应力腐蚀），但效果仍有待在运行中检验。

中压转子第 9 级叶片叶根断裂或开裂。仔细检查后发现，叶根叉断口宏观形貌具有疲劳断裂特征，疲劳断口表面呈细瓷状，贝壳条纹不明显；断口拉断区很小，表明叶根曾受到过多次的循环载荷作用。因此叶根损坏属于疲劳断裂损坏，并与叶根参与振动有关。另外还发现销钉、销钉孔加工粗糙，拉毛现象严重，各类销钉直径相差很大，这样容易产生应力集中现象。叶片紧配接触面小，安装质量不佳，导致叶片共振时动应力水平增大。这些都是导致叶根断裂的主要原因。

2. 调节级叶片损坏

某电厂正常运行中，1 号和 2 号瓦处的振动突然从小于 $50\mu m$ 增加至 $60\sim70\mu m$，大约 $1\sim2min$ 后，振动突升至 $280\mu m$，振动保护动作使汽轮机脱扣，机组负荷从 460MW 降至零，惰走时间为 86min，比正常停机时间（90min）略短，随后盘车正常投入。外部检查无异常，汽轮机重新启动。由于是热态启动，仅 2min 转速即从盘车转速达到 1000r/min，稳定 6min 后，转速升到 1159r/min，此时振动值大于 $250\mu m$，汽轮机保护动作，汽轮机脱扣。在第二次启动升速过程中，听到高压缸内有明显的碰撞声，表明有可能出现断叶片。

汽轮机高压缸开缸检查后发现，调节级处共有 3 片叶片已完全断裂脱落（47、48 号和 49 号），落下的叶片被打成团，其中有一片被打成几个小团，随蒸汽汽流冲刷到高压缸末级中被卡住，调节级出口叶轮和第一级反动级叶片被落下的叶片打坏，26 号和 46 号叶片也已产生肉眼可见的长裂纹，判断为调节级断叶片事故。

分析后认为：一是叶片断裂性质为高温振动疲劳，振动方向为轴向。由于热应力引起低周疲劳，出现了微裂纹，由于喷嘴激振频率的激振力和部分进汽度的强迫振动导致高周疲劳，从而使裂纹扩展。二是调节级叶片振动强度设计不够，叶片动应力接近或超过允许的动应力值，导致叶片振动疲劳损坏。三是叶片材料晶粒粗大和高温屈服强度比值高是造成叶片早期疲劳失效的重要原因。四是焊接接头是调节级叶片的薄弱环节，叶片根部距叶型底部太近。

处理方法是将调节级叶片及叶轮全部撤掉，将四个喷嘴组的喷嘴拆除。重新调整调节汽门的特性，四个调节汽门从依次开启的喷嘴调节改为四个调节汽门同时开关的节流调节。汽轮机在节流调节的方式下投入运行，振动及各方面运行情况均很好。

十二、汽轮机凝汽器真空下降故障

汽轮机凝汽器真空的好坏，将影响机组运行的经济性和安全性。凝汽器真空下降，主要表现在以下方面：真空表计指示下降，排汽缸温度升高，机组出力下降或负荷维持不变时蒸汽流量增大。在运行过程中出现真空下降故障应注意监视段压力及各段抽汽压力不得超限，轴向位移、推力瓦温不得超限，轴承振动、胀差不得超限，严禁旁路投入，仔细倾听机组内部声音，同时保证当排汽温度≥80℃时低压缸喷水会自动投入。

（一）汽轮机真空下降的危害和原因

1. 汽轮机真空下降的危害

（1）叶片损伤。凝汽器真空下降，排汽压力升高时，要维持机组负荷不变，应增大汽轮机的进汽量，引起轴向推力增大以及叶片过负荷。同时可能引起末级叶片过热和不正常的振动。

（2）机组振动。凝汽器真空下降，排汽温度相应升高。若排汽温度过高，将使排汽缸受热膨胀，与低压缸一体的轴承被抬高，机组中心线偏移，破坏转子中心线的自然垂弧，引起机组强烈振动。

（3）凝汽器铜管松动。凝汽器真空下降，排汽温度大幅度升高时，凝汽器铜管因受热膨胀使胀口产生松动，使冷却水漏入汽侧空间，导致凝结水质恶化。另外，汽轮机真空下降，将使机组出力减少，效率降低。

2. 汽轮机真空下降的原因

（1）循环水量不足或循环水中断。循环水泵发生故障或跳闸时，备用泵不能及时投入，或凝汽器虹吸破坏，或凝汽器铜管堵塞，会使循环水量不足或循环水中断，造成排汽压力升高，凝汽器真空恶化。

（2）抽气设备工作性能恶化。抽气设备工作性能恶化或抽气设备本身发生故障时，在相同的抽气压力下，抽气量减少，使凝汽器内空气含量增加，真空下降。

（3）凝汽器水位过高或积垢。若凝汽器水位过高淹没铜管，使换热面积减小，或铜管积垢，使换热系数减小，都使换热效果恶化，凝汽器内真空下降。

（4）真空系统严密性不良。若凝汽器密封不好或真空系统严密性降低时，使空气的漏入量增加，传热热阻增加，引起凝汽器真空下降。但应注意的是，当真空降低到某一值后，就不再继续下降。

（5）轴封汽压力降低或中断以及给水泵汽轮机汽封系统工作失常，或排汽蝶阀漏空气。

（二）预防汽轮机真空下降的措施

发现真空下降时，应对照真空表、排汽缸温度、凝结水温度及热工信号报警情况，确认真空下降，同时迅速查明真空下降的原因，进行有针对性的处理措施。当排汽压力升至11kPa时，联动备用真空泵；若真空下降不能及时恢复，应按规程规定进行降负荷，以防止排汽温度超限，防止低压缸大气安全门动作。当排汽压力继续上升，则每升高 1kPa 减负荷 2%～3%；当排汽压力上升至 14.7kPa 时，出现真空低报警信号；若排汽压力升至 30kPa 时，低真空保护动作，否则应手动停机。

循环水量中断或减少的原因及处理方法：

（1）若循环水量中断不能立即恢复，应立即破真空紧急停机。

（2）循环水量减少若因一台循环水泵故障跳闸或泵组故障不能及时恢复，应立即降负荷至 50%～60% 额定负荷，待故障消除后，恢复机组正常运行工况。

（3）如果水池水位过低或循环水泵入口滤网堵塞，应及时清理滤网。

（4）如果循环水门误关，应及时恢复至原来的开度。

若凝汽器真空下降是由于其水位升高而引起，此时应检查凝结水泵入口是否汽化，凝汽器铜管是否泄漏。若是真空系统严密性不良引起真空下降，则可通过凝汽器严密性试验来检查，发现漏气点后进行处理。要注意监视凝汽器循环水进出口压力，及时了解循环水量的变化，防止循环水量减少或中断而引起真空下降。另外，一个防止真空下降的重要措施是凝汽器在运行中，适时采用胶球清洗装置，清洁换热面，并可防止沉积腐蚀。

（三）事故实例

1. 真空系统严密性不合格

机组真空严密性是一个重要的技术经济指标，真空严密性试验按规定每月进行一次，机组检修后也应进行该试验。某电厂为提高真空严密性做了大量工作，每次停机检修前，都进行仔细分析，排出漏气疑点，在检修中加以消除。其中包括采用灌水法对负压区发现的渗漏加以消除，但始终未彻底解决真空泄漏的问题。1 号和 2 号机组真空下降速度分别在 0.6～0.7kPa/min 和 0.4～0.5kPa/min 之间。电厂每台机组配有 2 台功率各为 330kW 的真空泵，每台真空泵为 100% 容量。按设计要求，正常运行时一台真空泵运行，但实际却难以维持真空度，而不得不开两台真空泵运行，因此厂用电量损失很大。电厂进行彻底消漏时，才较好地解决了真空严密性的问题。

大机组真空系统复杂，设备管道纵横交错，焊口、法兰和阀门数目多，真空区域大，均有可能漏入空气。运行中机组受热膨胀不均，阀门操作频繁，也容易引起泄漏，而采用常规的检漏方法已不能满足实际运行的要求，必须采用检漏新设备、新技术。厂方采用真空检漏仪，先后对 1 号和 2 号机组真空系统进行检漏。对 1 号和 2 号机组进行全面检漏，实测 2×300 点，发现漏气点各 7 处，尤其是主机低压缸的真空破坏门、安全防爆薄膜处漏气量为最大。上述泄漏点于停机检修中基本消除后，又利用同样的方法，再次对 1 号和 2 号机组检漏，共发现 1 号机组漏气点 8 处，2 号机组漏气点

9 处，尤其是低压旁路阀门杆处漏气量较多。这些漏气点在年中计划停机检修时得到解决，消除了大部分已知漏点，使 1 号和 2 号机组真空下降速度分别达到 0.25kPa/min 和 0.28kPa/min。在 5 月下旬 1 号机组维修中和 7 月下旬 2 号机组停机消缺时，针对低压旁路阀门杆处漏气，采用汽封办法，加装了蒸汽管路，以微量的蒸汽封住空气，从而达到了消漏的目的，效果良好。电厂 100％容量的真空泵之所以不能单台泵运行，维持抽气，其主要原因之一是另一台停用的真空泵进口蝶阀漏气。后经蝶阀严密性试验证实，关闭蝶阀前的隔绝阀门后立即断绝漏气，实现单台真空泵运行。经讨论研究后，将手操隔绝门改为电动门，并改为自动控制。在正常运行情况下，两台机组都实现了单台真空泵运行。机组真空严密性经上述改进后，1 号机组真空下降速度达到 0.10kPa/min，超过国家优级（0.13kPa/min）；2 号机组真空下降速度达到 0.17kPa/min。两台机组都实现了单台真空泵运行，节约了厂用电，降低了供电煤耗率。

2. 凝汽器铜管泄漏

某电厂机组启动时，检测到凝结水有硬度，由于运行人员误以为是锅炉停止排污而引起的，所以凝结水出现硬度现象未能引起主机运行人员的重视。3 月 7 日凝汽器停止补水 4h 后，发现水位未下降，而此时锅炉排污已恢复，测得凝结水硬度达 $50\mu mol/L$，给水硬度达 $20\mu mol/L$，运行人员据此判断凝汽器发生泄漏，机组降负荷运行。3 月 8 日 4 时关闭凝汽器 A 侧循环水进水阀（该阀为电动阀，当时未能关严），5 时凝结水硬度达 $200\mu mol/L$，7 时 30 分凝结水硬度为 $120\mu mol/L$，初步判断为凝汽器 A 侧泄漏。由于当时系统负荷紧张，未能进行停机，于是进行凝汽器半边解列找漏。手动将 A 侧循环水进水阀关严，打开人孔由检修人员检漏。15 时凝结水硬度降为零，16 时 45 分找漏结束。共堵 8 根管，泄漏部位是靠近凝汽器疏水扩容器上 2 排管束。17 时，凝结水硬度又上升到 $8\mu mol/L$，于是将凝汽器 A 侧重新半边解列，再次找漏。至 3 月 10 日 16 时找漏结束，共堵管 10 根，泄漏部位是靠近凝汽器疏水扩容器的管束。重新投运后，凝结水硬度为 0，找漏消缺完毕。

此次凝汽器泄漏造成锅炉水冷壁产生大面积氢脆腐蚀，运行中发生多次爆管，严重影响了机组运行的安全性和经济性。电厂 2 号机组大修时对锅炉水冷壁左、右两侧墙进行了大面积的换管，共换管约 2000 根。机组检修时，发现凝汽器铜管泄漏的原因是疏水扩容器内疏水管喷嘴挡板由于安装不牢固，被疏水冲掉，大量汽水混合物直接冲刷到凝汽器管束造成泄漏。采取的措施是及时修复热力系统内漏的疏水阀，尽可能减少疏水量，重新制作的疏水管喷嘴挡板采用氩弧焊打底，使其在运行中不易脱落。

7 月，2 号机凝汽器运行中再次发现有泄漏现象，立即进行凝汽器半边解列找漏。发现 A 侧凝汽器靠近凝汽器疏水扩容器的管束有 3 根铜管微漏，共堵管 10 根。停机检修时发现疏水扩容器内有一个疏水管喷嘴挡板脱落，重新安装固定后机组运行正常。

十三、紧急解列发电机

发电机有下列情况之一时，应紧急解列发电机：

（1）机组故障，保护或开关拒动。

（2）发电机内有摩擦、撞击声，振动超过允许值。

（3）发电机机壳内氢气爆炸、冒烟着火。

（4）发电机电流互感器冒烟着火或爆炸。

（5）发电机励磁变压器冒烟着火。

（6）大量向发电机内漏水、漏油。

（7）发电机漏水且伴随有定、转子接地。

（8）发电机定子线圈冷却水中断30s。

（9）主变压器断路器以外发生短路，定子电流表指向最大，电压严重降低，发电机后备保护拒动。

（10）发生需要紧急停机人身事故。

十四、申请停机

发电机发生下列条件时，应申请停机：

（1）发电机由于某种原因造成无主保护运行（因工作需要短时停一套保护并能很快恢复，并有相应的措施除外）。

（2）发电机层间温度大于90℃或线棒出水温度大于85℃，确认测温元件无误采取措施无效时。

（3）转子匝间短路严重，转子电流达到额定值，无功仍然很小。

（4）发电机铁芯温度大于120℃，确认测温元件无误，且采取措施无效时。

（5）发电机定子线棒出水温差大于12℃，或线棒层间温差大于14℃，确认测温元件无误，采取措施无效时。

（6）定冷水电导率达到9.5μS/cm，采取措施无效时。

（7）主变压器、高压厂用变压器、励磁变压器出现异常情况威胁到正常运行且不停运无法处理时。

（8）发电机定子冷却水含氢量大于10%。

第三节　电力系统运行异常或故障对机组的影响

一、系统电压异常对发电机的影响

发电机定子电压在额定值的±10%范围内变化是允许长期运行的，当发电机定子电压高于额定值的110%时，应及时降低无功出力；当发电机定子电压低于额定值的90％时，应及时提高无功出力，但要注意转子电流和定子电流不得超过额定值，必要时可根据系统有功负荷情况，适当降低有功负荷，增加无功出力。如果电压太低或太高，对发电机运行有影响。

1. 系统电压低对发电机的影响

（1）为维持发电机端电压，发电机要增大励磁电流，使转子温度升高。

（2）铁芯内部通密度增加，损耗也就增加，铁芯温度也会升高，温度升高，对定子线圈的绝缘也产生威胁。

2. 系统电压高对发电机的影响

（1）为维持机端电压平衡，发电机将进相运行从电网吸收无功，会降低系统运行的稳定性，容易失步。

（2）电压低使转子绕组产生的磁场不在饱和区，励磁电流的微小变化，就会引起电压的大变化，降低调节的稳定性。

（3）当发电机出力不变时，低电压较高电压时的定子绕组电流大，定子温度会升高。

二、系统频率异常对发电机的影响

（一）系统频率高对发电机的影响

当频率增高时，主要是受转动机械强度限制，频率高，发电机的转速高，而转速高，转子上的离心力增大，易使转子的某些部件损坏。

（二）系统频率低对发电机的影响

（1）频率降低引起转子的转速降低，使两端风扇鼓进的风量降低，使发电机冷却条件变坏，定子铁芯、转子绕组和铁芯的温度升高。

（2）频率低，致使转子绕组的温度增加，其出力就要受到限制甚至降低出力。

（3）频率低还可能引起汽轮机叶片断裂。

（4）频率低时，为了使定子电压保持不变，必须增大转子的励磁电流，增加磁通，这就容易使定子铁芯饱和，磁通逸出，使某些结构部件产生局部高温，有的部位甚至冒火星。对装有自动励磁调节器的机组，甚至可能出现励磁过电流，励磁回路温度升高。

（5）频率低，电压也低，这是因为感应电势的大小与转速有关的缘故，同时发电机的转速低还使同轴励磁机的输出减少，影响无功的输出。

（6）低频率时，有关辅机出力减少，严格检查监视主、再汽参数、机组振动、轴向位移、推力轴承温度、凝汽器真空、各油压、水压、水位等运行限额。加强发电机定子水压力、流量、温度及进出口风温的监视。发现异常情况，作相应处理。

三、系统短路对发电机的影响

电力系统短路时，发电机和变压器电流增大有可能会过负荷，发热量升高，温度升高甚至超温。主要的影响有：

（1）定子绕组的端部受到很大的电磁力的作用，有可能使线棒的外层绝缘破裂。

（2）转子受很大的电磁力矩的作用。

（3）引起定子绕组和转子绕组发热。

电力系统短路时，发电机的有功一般是不增加的，对装有自动励磁调节器的发电机，则会自动增大励磁电流，以图维持电网电压，或提供足够大的短路电流以使继电保护可靠动作。

四、系统非全相运行对发电机的影响

由于电力系统的非全相运行造成发电机不对称运行时，对发电机的影响主要体现在以下几点：

（1）产生负序电流的磁场会以两倍的同步转速切割转子，会在转子铁芯感应出两倍定子电流频率的电流，由于电流的频率高，受集肤效应的影响，电流会大量集中在转子表面，从而使发电机的转子局部过热，并且有可能烧坏某些部位。

（2）由于负序电流的负序磁场以两倍的同步转速相对于转子旋转，与正序磁场相互作用会在转轴上产生两倍定子电流频率的脉动力矩，这个力矩会使发电机组产生振动和噪声。

（3）定子绕组由于负荷不平衡会出现个别相绕组电流过大，发热量增大引起温度升高或超温，也会造成定子铁芯内部磁场不平衡导致铁芯端部过热。

五、线路开关跳闸对发电机的影响

电厂送出线路开关全部跳闸对于发电机组称之为机组甩负荷，如果在甩负荷时，机组相应的切机保护未能及时动作紧急停机，可能会造成汽轮机超速。一般机组都会装设超速保护，当转速达到超速保护的设定值，保护动作关闭主汽门，使机组安全停机。

由于超速时转速过高，振动过大，机组可能会受到损伤，并且其他的辅助设备也可能会受到一定的损坏。

六、系统振荡对发电机的影响

当电力系统受到扰动发生振荡时，发电机将发出不正常的、有节奏的轰鸣声；励磁系统强励一般会动作；变压器由于电压的摆动，铁芯也会发生不正常的、有节奏的轰鸣声。

对发电机的主要影响：发电机不能维持正常运行，发电机的电流、电压和功率将大幅度波动，同时发电机的振动也会随之增加，且离振荡中心越近，振荡幅度越大，严重时将使机组解列。低频振荡会引起机组与系统失步从而机组解列，失去的发电机定子电流表指针的摆动最为激烈（可能在全表盘范围内来回摆动）；有功和无功功率表指针的摆动也很厉害；定子电压表的指针亦有所摆动，但不会到零；转子电流表和电压表指针都在正常值左右摆动。

当电力系统稳定破坏后，系统内的发电机组将失去同步，转入异步运行状态，系统将发生振荡。此时，发电机和电源联络线上的功率、电流以及某些节点的电压将会产生不同程度的变化。发电机输出线路的电压、电流、功率表的表针摆动得最大、电压振荡最激烈的地方是系统振荡中心，其每一周期约降低至零值一次。随着偏离振荡中心距离的增加，电压的波动逐渐减少。

第四节　机组非停事故案例

一、锅炉专业

（一）两台引风机跳闸引起锅炉停运

1. 事故经过

某年1月6日16：49，某电厂10号机组负荷295MW，1、2号引风机为变频运行方式，电流分别为124A、117A。16：50，10号锅炉2号引风机变频器发"轻故障"报警；16：52，变频器发"重故障"信号，2号引风机跳闸。锅炉RB动作减负荷，2号送风机联锁跳闸，5、4、3号给煤机联锁跳闸。16：52，1号引风机变频器发"轻故障"报警；16：54，1号引风机变频器发"重故障"，1号引风机跳闸。MFT动作，首出原因"引风机全停"，锅炉熄火、汽轮机跳闸、发电机解列。

2. 事故原因

（1）引风机变频器以及通风冷却设备维护不到位，冷却效果不好，变频器温度高是本次事件的直接原因。

（2）防范措施不完善，巡检不到位。未及时发现变频器功率组件温度偏高，并采取有效措施是造成本次事件的主要原因。暴露的问题：隐患排查治理工作不够扎实，生产技术管理工作有待加强。对长期存在的引风机变频器工作环境差、通风冷却效果不好，功率组件温度高等安全隐患重视不够，认识不足。检修、运行人员巡检不到位，未能及时发现温度异常并采取有效降温措施。

（3）异常工况处理不果断，未及时调整1号引风机出力等运行参数，使工况进一步劣化。

（4）设备维护不到位，未及时改善变频器运行环境和散热条件。

3. 防范措施

（1）完善和落实重要辅机巡检、维护制度，加强对变频器、冷却部件和室内空调的巡检、维护工作。坚持逢停必检，利用机组停备时机对变频装置和空调进行清洁、检查，测试。改善变频装置运行环境和散热条件，提高变频装置健康水平。

（2）加强运行人员技能培训，强化事故预想和演练，提高运行人员应急处理能力。

（3）落实安全生产责任制，强化生产纪律，进一步提高各级人员责任心，提高巡检、维护和操作质量。

（4）制定和落实引风机变频器升级改造方案，消除变频器安全隐患。

（二）锅炉水冷壁管泄漏停机

1. 事故经过

某年 5 月 26 日 17：00，某电厂巡检发现 9 号锅炉本体 43m 北墙水冷壁处有轻微泄漏声，四管泄漏仪无报警，停炉本体吹灰器汽源，泄漏声无变化。20：00，机组负荷升至 600MW 后，检查泄漏声音明显，同时四管泄漏仪第五点报警。经相关人员现场共同确认 9 号锅炉北墙处 A2 吹灰器附近水冷壁管泄漏，机组转滑压运行，负荷速率由 18MW/min 降至 12MW/min。27 日，拆除 A2 吹灰器、割开 A2 吹灰器墙箱密封盒后，发现 A2 吹灰器处螺旋水冷壁管有轻微呲汽现象。28 日 20：00，接电网调度令；23：41，负荷 20MW，停 A 磨煤机，手动 MFT，锅炉灭火、汽轮机跳闸、发电机解列。

2. 事故原因

（1）经过对泄漏部位水冷壁管壁裂纹形貌分析，原始泄漏部位为吹灰器口弯曲管与直管之间密封板端部裂纹泄漏，裂纹在水冷壁密封板对接端头处呈环向开裂，属应力拉裂。密封板与水冷壁管壁焊接质量不高，焊接端部存在一定的焊接缺陷，且未圆滑过渡。弯曲管与直管热膨胀存在差异，应力集中在弯曲管与直管之间密封板端部，焊接边缘运行中局部应力集中产生裂纹，密封板裂纹逐渐延伸伤及水冷壁母材，是导致管壁裂纹泄漏的直接原因。

（2）对有可能存在隐患的焊接质量和工艺问题认识不足，排查不细。对锅炉螺旋上升水冷壁管弯曲绕行吹灰器开孔部位密封板（吹灰器口弯曲管与直管之间）焊接边缘，因弯曲管与直管热膨胀存在的差异，导致运行中局部应力集中产生裂纹，密封板裂纹逐渐延伸伤及水冷壁母材，认知不足，未能针对性分析研究，采取对策。

3. 防范措施

（1）举一反三，利用机组检修机会对炉膛水冷壁管进行全面检查，重点对吹灰器、看火孔弯曲管及密封端部焊道开裂损伤，以及受热面密封板、鳍片焊接端部圆滑过渡情况进行检查，消除锅炉水冷壁吹灰器、看火孔开孔等部位应力集中点和焊接缺陷。

（2）针对 9、10 号锅炉吹灰器、看火孔弯曲管与直管密封端部热应力问题，选择有代表性区域，增设温度测点，收集运行数据，分析管内水循环情况，组织技术力量专题研究攻关。

二、汽轮机专业

（一）凝结水泵变频器故障跳闸导致机组 MFT

1. 事件经过

某年 2 月 7 日 05：12，某电厂 4 号机组调停后启动并网；13：05，4 号机组负荷 300MW，4B 凝结水泵入口滤网差压升至 6kPa，4B 凝结水泵出口压力由 3.0MPa 突降至 2.4MPa，凝结水泵电流由 155A 突降至 125A，运行人员启动 4A 凝结水泵，停运 4B 凝结水泵，4A 凝结水泵以变频方式保持工频转速运行。13：55 许可 4B 凝结水泵入口滤网清理工作开工。

14：53：50，4A 凝结水泵跳闸，首出为"4A 凝结水泵变频器故障报警，4A 凝结水泵电气异常跳闸"，手动抢启 4A 凝结水泵两次均失败。14：54：30，4A、4B 给水泵密封水温度高跳闸，4 号锅炉 MFT 动作，首出原因为"给水泵全停"，4 号机组解列。15：05，4B 凝结水泵入口滤网清理工作结束，4B 凝结水泵开始恢复安措。15：29，4A 凝结水泵变频器切至旁路隔离开关，4A 凝结水泵切至工频方式。

15：30，4B 凝结水泵安措恢复，启动 4B 凝结水泵运行。19：48，4 号发电机并网。

2. 原因分析及暴露的问题

经试验和检查，发现 4A 凝结水泵变频器控制电源 UPS "启/停"按钮接触不好，分析判断为 UPS 电源输出不稳定导致凝结水泵变频器故障报警，4A 凝结水泵因电气异常跳闸。该凝结水泵变频器 UPS 电源为三菱公司外购 APC 产品，产品性能不能保证，凝结水泵变频控制电源回路的设计方案需要进一步完善优化。分析此次机组启动后凝结水泵入口滤网差压变化可以看出，两台凝结水泵投运初期差压均正常，A 泵差压上升的主要原因是投入高压加热器汽侧，高压加热器疏水系统携带杂质进入凝汽器汽侧；B 泵差压上升是由于各个系统投入运行后杂质的逐渐积聚引起。说明机组热力系统存在的杂质较多，锅炉受热面氧化皮脱落对汽轮机和回热系统的影响以及处理对策的研究，机组停机后各系统设备的保养工作必须引起高度重视。

3. 防范措施

取消 1～4 号机组凝结水泵变频器控制电源 UPS，增加 RCD 回路来代替。组织研究锅炉受热面氧化皮脱落对汽轮机和回热系统的影响以及处理对策，分析机组停机后各系统设备保养工作存在的问题，根据分析研究情况，采取相应措施减少机组启动阶段凝汽器内杂质，减少清洗凝结水泵滤网的次数，降低事故风险。

（二）汽轮机大轴抱死

1. 事故经过

某年 11 月 25 日 14：30，某电厂 4 号机组由于凝汽器钛管泄漏，凝结水精处理混床树脂失效，导致凝结水及锅炉给水水质恶化，决定降负荷查漏。运行人员将辅汽联箱汽源由本机四抽切为邻机汽源；19：42，4 号机组负荷 350MW 时，凝结水水质严重超标，手动停机。4 号机组惰走过程中顶轴油泵自启动及盘车电磁阀自开启联锁正确，各轴瓦瓦温及振动情况正常，21：02，转速惰走至 0r/min。液压盘车投入不成功，就地手动盘车也不能盘动。

检查各轴瓦顶轴油压及润滑油压数值，并与调试阶段数据比较，确认顶轴油、润滑油系统工作正常。经分析会议研究认为：由于轴封供汽温度偏低，造成轴封套收缩，汽封与大轴抱死；凝汽器检漏即将完成，检漏完成后立即破坏真空，对 4 号汽轮机采取闷缸处理；制定闷缸措施，并落实到位。

2. 原因分析及暴露的问题

汽轮机转速惰走至零转速后，检查各轴瓦润滑油及顶轴油压均正常，排除由于油系统故障引起大机轴抱死的可能。经初步分析，大轴抱死的直接原因为轴封供汽温度低。打闸前，正常运行时轴封温度为 300℃ 左右，惰走过程中，由于轴封供汽温度下降，轴封蒸汽温度最低降至 140℃，冷汽进入轴封套，造成轴封套冷却收缩，轴封抱死。机组手动停机前，辅汽联箱汽源由本机四抽切为邻机汽源，由于在正常运行时，辅汽联络母管中的蒸汽基本处于不流动状态，蒸汽温度在饱和温度左右；打闸前，联络母管暖管不够充分，导致联络母管中的冷汽进入辅汽联箱，引起轴封供汽温度急剧下降。

停机过程中正在进行凝汽器钛管泄漏检查，轴封供汽温度下降至正常运行值下限后没有及时破坏真空，停运轴封。

3. 防范措施

（1）本机与邻机辅汽联络母管的疏水系统设计不够完善，联络母管未设温度监视，造成相邻机组间辅汽不能形成真正的热备用，建议在机组辅汽联箱邻机供汽电动门前增设一路疏水至凝汽器，正常运行时常开，保证备用供汽温度，并增设温度监视测点。

（2）正常运行中当发生机组紧急停机时，若邻机辅汽未达到热备用需要，本机轴封可暂时由本机冷再供应。

（3）停机工况下如无有效手段提升轴封供汽温度，应果断破坏真空，停运轴封。

（三）闭冷水箱跑水致使两台汽动给水泵跳闸

1. 事故经过

某年 1 月 26 日 11：00，某电厂因"1 号机组循环水虹吸井查漏"检修工作需要停运 1A、1B 循环水泵，为保证一期空压机以及循环水泵电机冷却水的正常供应，运行人员开始进行一期闭冷水系统切换操作。

13：00，运行人员开启 1/2 号机组闭冷水回水联络电动门；13：08，由 1 号机组巡检员将 1 号机组闭冷水至锅炉侧联络手动供水门和回水门关小（全关将造成循环水泵和空压机冷却水中断）；由 1 号机组主值班员将 1/2 号机组闭冷水供水联络电动门开启，此时 2 号机组闭冷水箱水位开始上升，现场人员迅速将 1 号机组闭冷水至锅炉侧联络手动供水门和回水门全关，2 号机组值班员检查闭冷水调门自动关至零，此时水位 1.8m。

13：09，2 号机组闭冷水箱水位迅速上升至超量程；13：11，水位开始下降，2 号机组值班员意识到闭冷水箱可能溢流，通知巡检员就地检查 2 号机组闭冷水箱。

13：12，巡检员汇报 2 号机组闭冷水箱排空气管有水溢出，2 号机组 A/B 给水泵汽轮机交流控制柜上方有水落下。值长立即通知检修部电气检修进行处理，检修人员拿来塑料布将 2 号机组 A/B 给水泵汽轮机交流控制柜遮住。

14：06，2 号机组大屏报"给水泵 A/B SYS FAULT"，2A 给水泵汽轮机 A1 主油泵跳闸，2B 给水泵汽轮机 B1 主油泵跳闸，2A、2B 给水泵汽轮机跳闸，2 号锅炉 MFT，首出原因为"全部给水泵跳闸"，汽轮机联跳正常，发电机逆功率保护动作正常；就地检查给水泵汽轮机交流控制柜 Ⅱ 失电。

17：00，2A、2B 给水泵汽轮机油系统恢复，投入给水泵汽轮机盘车。

1 月 27 日 01：00，2 号锅炉点火成功；04：54，2 号机组并网。

2. 原因分析及暴露的问题

2 号机组闭冷水箱溢流管不满足溢流需要，设计管径太小；排空气管直接排空，未加装导流管，致使水箱水位波动时，水直接从排空气管溢出到地面，流向下部各运转层。进一步顺着电缆流入 2 号机组给水泵汽轮机交流控制柜 Ⅱ 柜内，造成给水泵汽轮机交流控制柜 Ⅱ 工作电源断路器跳闸；备用电源判为母线故障，闭锁自投，从而引起给水泵汽轮机交流控制柜 Ⅱ 失电，致使 2A 给水泵汽轮机的 A2 油泵和 2B 给水泵汽轮机的 B2 油泵失去备用。2 号机组给水泵汽轮机交流控制柜 Ⅰ 由于进水，造成 24V 控制电源模块故障，发"电源异常"报警信号至给水泵汽轮机 DCS。DCS 逻辑判断电源失电，分别发 2A 给水泵汽轮机 A1 主油泵、2B 给水泵汽轮机 B1 主油泵跳闸指令，两台给水泵汽轮机工作油泵跳闸，因失去电源，2A 给水泵汽轮机的 A2 油泵和 2B 给水泵汽轮机的 B2 油泵无法联启，致使两台给水泵汽轮机跳闸，2 号机组 MFT。

由于设计原因，一期循环水泵冷却水由 2 号机组供应时，必须通过 1 号机组的炉侧闭冷水管才能实现，运行人员在切换闭冷水水源时必须要经过两台机组闭冷水并列运行的过程，由于两台机组的闭冷水系统参数不完全相同，并列运行时会发生串水现象；另外 1/2 号机组闭冷水联络门未设计中停功能，位置悬空，不方便检查和操作，在闭冷水并列操作中，水箱水位波动时缺少控制手段，从而造成相关机组闭冷水箱水位波动。

运行规程中缺少"闭冷水切换操作"相应规定；运行人员对闭冷水系统的切换操作缺少认识，没有能够辨识出操作的危险点，没有做好事故预想。运行人员的监盘质量有待于进一步提高；对给水泵汽轮机控制系统的报警没有引起足够的重视。13：40，2号机组闭冷水箱溢流出的水流入2号机组给水泵汽轮机交流控制柜Ⅱ柜内，造成给水泵汽轮机交流控制柜Ⅱ工作电源断路器跳闸，运行人员没有能够及时发现。在闭冷水并列操作中，水箱水位波动时缺少控制手段，从而造成相关机组闭冷水箱水位波动，闭冷水箱溢流管设计管径偏小，瞬间不能满足溢流需要，排空气管直接排空，致使水箱水位波动时，水直接从排空气管溢出到地面。电气设备的防水、防潮及防火隔离措施以及电缆孔洞封堵工作有待于进一步完善。给水泵汽轮机DCS跳闸逻辑有待于进一步完善，没有给水泵汽轮机油泵电源失去的声光报警。

3. 防范措施

制定"闭冷水切换操作"规定。加强运行人员培训，提高运行人员操作技能，强化责任意识，提高监盘质量，吸取教训，做好事故预想，确保类似事故不重复发生。闭式水箱排空气管加装导流管接至无压放水或地沟，以免由于闭式水溢出影响设备安全运行，将闭冷水箱的溢流水管改成大管径管，并举一反三，对其他机组的闭冷水箱进行改造。做好电气设备的防水、防潮及防火隔离措施，完善有关电气配电柜的防进水功能，加强电缆孔洞封堵工作，防止进水及小动物进入配电柜。完善、优化给水泵汽轮机DCS跳闸逻辑，增加给水泵汽轮机油泵电源失去的声光报警，取消控制电源模件故障联跳润滑油泵的逻辑，模件故障发出报警，而不联跳油泵。

（四）循环水泵出口蝶阀阀门井满水导致低真空保护动作

1. 事故经过

某年3月16日12：05，某电厂2号机组B修后根据调试指挥部安排，运行人员用1/2号机组循环水联络门对2号机组循环水母管注水，发现2A循环水泵出口阀后自动排气阀冒水严重，停止注水并泄压，联系检修处理；3月16日16：00，检修处理好。

3月17日08：18，运行人员开启1/2号机组循环水母管连通门A，继续进行2号机组循环水母管注水。09：00，运行人员发现循环水泵出口蝶阀阀门井水位超过正常水位，2A循环水泵出口蝶阀后排气阀冒水严重，后由检修人员关闭2A循环水泵出口蝶阀后排气阀手动门。

9：29：58，因海水浸泡，1A循环水泵出口蝶阀在开启位置误发关信号，延时2s后，1A循环水泵跳闸。1B循环水泵联启后，由于海水浸泡出口蝶阀状态信号误发而跳闸。运行人员手动启动1A循环水泵、1B循环水泵均不成功。

9：31：56，1号机组真空降至－76.15kPa，机组真空保护动作跳闸。1号机组跳闸后，电厂立即组织检查恢复，1号机组停运三个多小时后于

13：18 恢复并网运行。

2. 原因分析及暴露的问题

交接班期间安排重要操作，违反交接班有关规定。在 2 号机组循环水母管注水过程中，2A 循环水泵出口蝶阀后排气阀冒水，发现后运行、调试人员未能及时采取有效的隔离措施，延误时机，造成 1A、1B、2A、2B 循环水泵出口蝶阀阀门井水位上升淹没蝶阀，这是事件发生的直接原因。现场操作人员安排不当，现场巡视、操作安排了一名新进厂的见习巡检员到一期循环水联络门处配合联系。由于现场运行人员和参与 2 号机组调试人员对循环水母管注水操作危险点分析不够，对阀门井满水的危害认识不足，以致在发现 2A 循环水泵出口蝶阀排气门向外冒水后，没有采取果断措施关闭排气阀手动门，造成阀门井水位上升淹没蝶阀，这是事件发生的主要原因。调试人员措施交代不清，预想不到位，现场没有有效配合运行及时采取措施，是事件发生的重要原因。运行辅机操作规程对循环水系统注水操作程序没有明确规定，没有制定循环水管注满水的检查标准，也没有制定相应的操作技术措施，造成运行操作人员对整个注水操作缺乏依据，对可能发生的问题预想不足，这也是事件发生的一个重要原因。消缺管理要求不严，泄漏缺陷第一天发现处理后，第二天再次发生，消缺的质量、验收和跟踪不到位。设备管理存在漏洞，循环水泵出口排气阀安装在出口阀门井内，排气阀冒水直接排放到阀门井内，留下了事故隐患；阀门井排水泵容量偏小，排水不能满足应急需要；循环水泵出口蝶阀排气门为手动门且缺少操作平台，现场操作不便，造成隔离操作时间较长。运行、检修人员对全厂危险源分析存在漏洞，对循环水泵坑、凝结水泵坑等存在淹水可能的事故预想和应急预案准备不足。

3. 防范措施

加强运行人员培训，重点加强操作技能培训，提高危险辨识能力和预控能力，提高异常工况下事故处理能力。运行部要立即组织制定详细的、可操作的培训计划，并严格实施。严格执行交接班制度，交接班期间原则上不安排重大操作。加强机组检修后调试组织、协调，明确机组启动调试的所有操作由运行负责，重要操作各有关部门和单位技术人员要现场监督指导、把关，坚决杜绝由于设备、系统调试影响运行机组安全运行。加强技术管理工作，完善运行规程，对循环水注水及公用系统切换等重要操作要明确操作规定，做好事故预想和应急预案。对每台循环水泵的自动排气门进行改造，将排气管引到循环水泵房外，排气门前手动门改为电动门，循环水泵正常运行期间将排气门前手动门关闭。考虑排污泵容量偏小，不能满足紧急情况下排水需要，增加较大容量的排污泵，并对每台机组的循环水泵蝶阀坑进行隔离。对类似于 1、2 号机组循环水联络阀阀门井的位置增加爬梯、操作平台，以方便运行人员操作。更换所有受潮端子及引线，防止对机组运行留下隐患。研究循环水泵出口蝶阀开关触点改为非接触式或密封较好耐海水腐蚀的开关触点的方案。进一步加强对诸如循环水泵房等重要区域、重要部位的监控和管理。

（五）给水泵汽轮机进冷汽造成给水泵跳闸

1. 事故经过

某年 12 月 18 日 19：25，某电厂 1 号机组负荷 550MW，运行人员监盘发现 1 号机组辅汽母管压力在 825kPa 到 1005kPa 之间波动，1B 给水泵流量已从 1116t/h 降到 0t/h，1A 给水泵流量从 1120t/h 降到 500t/h。

19：27，1 号机组发出 MFT 动作信号，首出为"给水流量低"。

20：07，1 号炉重新点火，21：32，1 号发电机并网。

2. 原因分析及暴露的问题

事件发生时 1 号机组给水泵汽轮机汽源的供汽方式为：本机四抽与辅汽同时供汽，1/2 号机组辅汽串联运行，一期两台机组辅汽实际上由 2 号机组供。在调高 2 号机组辅汽压力过程中，1 号机组的辅汽压力大于四抽压力，导致辅汽联箱中的蒸汽进入给水泵汽轮机。由于正常运行时辅汽用户较少，辅汽联箱内汽温偏低，做功能力差，这部分蒸汽进入给水泵汽轮机后直接造成给水泵汽轮机转速下降，此时给水泵汽轮机转速指令增加而实际转速不能迅速上升，当转速偏差大于 500r/min 后给水泵汽轮机低压调门自动关闭，最终导致停机事件发生。

3. 防范措施

改变给水泵汽轮机汽源供应方式，正常运行时 1/2 号机组辅汽联箱隔离门应关闭，辅汽至给水泵汽轮机隔离门关闭，四抽供给水泵汽轮机汽源正常投运。运行中应加强对辅汽联箱温度的监视，辅汽联箱疏水器应正常投运，在给水泵汽轮机汽源从四抽切换至辅汽前可通过适当打开疏水器旁路阀及就地疏水阀等措施来提高辅汽联箱内的蒸汽温度。机组停役检修时，在辅汽供给水泵汽轮机电动隔离门前增加疏水暖管管路。

（六）冷再管道水击部分支吊架、吊杆损坏

1. 事故经过

某电厂 3 号机组于 8 月 31 日通过 168h 试运行投入商业运营。10 月 5 日，按总调命令停机备用消缺；10 月 8 日，开启机、炉疏水（除缸体疏水外）；10 月 19 日，3 号机组消缺结束；10 月 20 日，锅炉点火。

10 月 20 日 8：00，接班后运行人员对汽轮机、锅炉各疏水门（气动门及手动门）等进行检查，除缸体疏水外其他疏水（包括冷再所有疏水）均在开启位置。锅炉继续升温升压，至 12：25，达到冲转参数：主汽压 7.085MPa、主汽温度 407.7℃、凝汽器真空 −97.786kPa，冲转前开启了缸体疏水。

12：27，汽轮机冲转，转速目标设定值 2000r/min，冲动过程中汽轮机轴振、各瓦振动、各瓦金属温度正常。

12：33，当转速升至 1500r/min 左右时，听到一声管道振动声音，就地巡操员用对讲机汇报：冷再管路振动大，主值班员立即将情况汇报值长，并对汽轮机进行检查，振动、串轴等各参数均正常。

12：36，又听到一声管道振动声音，值长令汽轮机打闸停机，打闸后汽轮机转速由 2000r/min 暖机转速开始下降，检查冷再管道振动消失。

12：40，转速达到 1800r/min 左右，运行副总令汽轮机重新挂闸维持 1800r/min 暖机，暖机过程中检查汽轮机各参数：主汽压 7.151MPa、主汽温度 400.203℃、再热汽压 0.003MPa、再热汽温 158.088℃、凝汽器真空 −98.289kPa、高中胀差 5.537mm、串轴 0.027mm、1～7 号瓦水平振动参数均在正常范围内。

现场检查，发现机炉冷再管系支吊架发生损坏：衡力吊架 S1、S2、S4、S5、S9、S15、S16 吊杆断；限位支吊架 S3、S14、S21 限位拉杆断；阻尼器 S25、S26 拉杆弯；S11 刚性吊杆生根部位撕裂。

电厂生产、基建部门、设备生产厂家及设计单位对现场支吊架情况进行检查后，研究认为：对损坏的衡力吊架均选用 5t 导链进行临时固定后可以运行，但在停机时要掌握好降负荷的速率。哈尔滨汽轮机厂现场检查管道轴向位移后，经核算认为推力对汽轮机的安全运行影响不大，可以运行。按生产厂家意见 10 月 20 日 19：29，3 号机组由 1800r/min 升速，18：00，升至 3000r/min 定速，18：06，发电机并网。

2. 原因分析及暴露的问题

（1）冷再管道水击振动原因分析。3 号汽轮机调速系统在冲转过程中存在左侧主汽门不开，右侧主汽门处于部分开至全关状态来回摆动状态，并发现冲动过程中高排逆止门频繁开关引起冷再管晃动的现象，在 3 号机组 168h 试运后的三次启机中均发生高排逆止门振动（11 月 15 日再次启动时该逆止门仍然频繁开关）。哈尔滨汽轮机厂工代答复高排逆止门摆动根源是左侧主汽门卡涩引起，在机组检修中予以处理。冷态启动冲转后高排逆止门打开时较大量的高排蒸汽进入冷再管道，高排逆止门关闭时高排蒸汽迅速凝结成水，当疏水量累积到一定程度，高排逆止门在摆动打开的过程中造成管道水击，冷再管道发生振动。本台机组采用一级大旁路系统，冲转前再热管道得不到预热。10 月 20 日启动时，已停机 15 天时间，冷再、热再系统均为冷态，冷再管道内部温度 55℃左右。在汽轮机冲动后高排蒸汽在冷再管道流动过程中急剧凝结，形成汽—液两相流，发生管道水击振动。经调查和查验历史数据 9 月 17 日也有一次冷态启动（机组从 9 月 4 日至 9 月 17 日停机时间为 13 天），启动冲转过程中冷再系统管道也曾发生过晃动。现场检查发现，冷段疏水设计上均采用向上的 U 形弯，高差在 3m 以上，部分疏水管高于冷再管道。此种疏水方式在疏水过程中需要通过疏水扩容器，然后借助凝汽器真空作用将疏水导进凝汽器。当疏水量较大时，疏水会注满疏水管道，在 U 形管的上升段形成水柱，形成水封效应，降低了疏水能力，使在冲转时产生的疏水不能及时疏掉，产生疏水累积。

（2）支吊架、吊杆损坏的原因分析。支吊架、吊杆在设计方面存在材质选材不合理、型式选择不当，使支吊架、吊杆刚度和强度存在不足等问题。经过调查发现该厂支吊架结合方式普遍采用了螺纹连接，应力因素考虑得不足，螺纹处易产生应力集中。支吊架在安装过程中存在承载不合理现象，有的欠载、有的过载及安装偏斜等问题，不同程度地改变了管系应力分布，在此次运行工况变化情况下，薄弱部位产生断裂。又将载荷依次传递到相邻的支吊架，使相邻的支吊架载荷增加后产生断裂，造成多米诺骨牌效应，使多个支吊架、吊杆产生断裂。经现场查看和分析，存在恒力吊架状态异常情况，在机组工况变化时，管系膨胀受阻，不能有效吸收由于管道膨胀或振动带来的位移，使支吊架失效断裂。

3. 防范措施

聘请有设计资质的单位对3、4号机组管路支吊系统重新进行状态和应力分析核算，设计、安装、运行存在问题的支吊架按《火力发电厂汽水管道与支吊架维护调整规则》要求进行整改，支吊架、吊杆材质及承重性能按照国家标准进行认定和完善。对3号机组整个冷再热管道相对位置进行测量；对整个管道系统所有焊口进行检测、所有管件（包括三通、弯头、异径管、接管座等）进行检测，并作详细记录。对损坏的支吊架（包括2个阻尼器拉杆弯）全部进行更换，所有衡力吊架的安全系数由原来的1.5倍提高到2.0倍，对限位拉杆进行改进。对现有冷再管道疏水布置，由电厂会同设计院商定改进方案，以解决疏水不畅的问题。利用检修机会对冷再系统疏水门、疏水管进行检查。利用停机机会对汽水系统主要电动阀门极限进行检查和调整；机组停运后，锅炉再热器减温水手动门应严密关闭，并将此写入运行规程。从防止类似事件发生和考虑中压缸使用寿命，组织研究超超临界机组一级大旁路系统改造的必要性和可行性；研究完善超超临界两缸两排汽汽轮机启动方式，完善运行规程。按哈尔滨汽轮机厂承诺，将利用机组检修机会由哈尔滨汽轮机厂来人处理左侧主汽门卡涩缺陷，解决3号汽轮机冲动过程中高排逆止门摆动问题。在机组冷态启动时，设置汽轮机650r/min停留20min暖再热管道系统。在机组启动过程中，要设专人监视机组及再热蒸汽管道振动情况。机组自动疏水功能要调试好并投入使用。

（七）除氧器断水致使机组被迫停运

1. 事故经过

某年4月17日23：57，某电厂6号机组负荷628MW，主汽压25.8MPa，主汽温度596℃，再热汽温度590℃，A、B、C、D、E、F磨煤机运行。运行人员发现6A凝结水泵出口压力波动，除氧器水位开始下降，除氧器上水调门自动开大至80%，将6A凝结水泵变频器频率自动切手动调整，6A凝结水泵频率提至50Hz，除氧器上水调门切手动开至90%，并启动6B凝结水泵，除氧器水位仍持续下降。处理中凝结水泵出口流量突降至 0，立即切出协调手动快速降负荷，并立即派人至就地查除氧器上水调门已经全关（盘上显示 90％）。4 月 18 日 00：06，除氧器水位持续下降至 −1065mm，给水流量突降至 0t/h，运行人员手动将锅炉 MFT。

检修热控人员接到通知后立即赶到集控室，得知盘上定位器反馈位置 91.07％后，与运行人员一起到就地确认阀门状态，发现该阀门处于关闭位置，定位器反馈连接杆从阀门连接件之间脱出，且定位器的反馈杆保持在较高的开度上，进一步检查连接杆螺栓无松动，外观也无扭曲等现象。将定位器反馈连接杆装复后恢复正常。

05：34，6 号机组点火成功，12：29，重新并网运行，停运 12h。

2. 原因分析及暴露的问题

经查询历史记录，除氧器上水调节阀的定位器反馈值，23：57：06～23：59：45 时段在 68.92％～95.63％；23：57：06～00：10：10 时段在 95.63％～91.07％；之后定位器的反馈值一直保持在 91.07％。从记录值和现场检查情况推断，除氧器上水调节阀在调节过程中，因设计上反馈杆端部无锁定装置，加之安装时反馈杆连接件导轨安装不当，造成在较高阀位开度时，气动定位器的反馈杆从阀门连接件之间的导轨处脱出。虽然运行人员已将该阀控制切为手动，当阀门指令低于定位器的反馈时，定位器发出关闭指令到执行气缸，使其不断朝关闭的方向动作，以使其达到要求的开度值；但是由于此时反馈已经失效，阀门不断关小直至全关断水。调节阀定位器位置反馈传动机构设计或安装不合理，易受阀体振动等其他外力因素影响而脱出，需立即对全厂重要气动调节阀定位器反馈杆进行检查，在其端部增加锁定装置，防止脱出。

3. 防范措施

立即对全厂重要气动调节阀定位器反馈杆进行检查，对安装不良或已有磨损的反馈杆或导轨进行整改。对重要气动调节阀定位器反馈杆，在其端部增加锁定装置，防止脱出。制定对定位器的专项巡检制度。

（八）汽轮机超速保护误动机组跳闸

1. 事故经过

某年 11 月 10 日 00：54，某电厂 2 号机组汽轮机突然跳闸，跳闸首出为"F 型系统 PASSVATION"，锅炉、发电机联跳，锅炉跳闸原因为"机组负荷大于 30％时汽轮机跳闸"。

检查发现 2 号机组 DEH 布朗超速系统的跳闸继电器处于动作位置；报警信息显示第一套布朗超速系统正在自检，当自检到第四步后发生汽轮机跳闸；跳闸发生近 1h 后，F 型系统的逻辑在线数据在工程师站中均无法显示，401 CPU 逻辑中的部分功能块不运算，画面的部分测点和操作块异常。

分析判断为布朗硬超速保护系统误动作，热工人员进行程序下装。15：10，程序下装结束；15：15，主机冲转；15：47，2 号机组并网。

2. 原因分析及暴露的问题

布朗硬超速保护系统误动作是引起 2 号机组跳闸的原因。布朗硬超速系统分 A、B 两个回路，两个回路动作逻辑均分别为"三取二"；根据系统自检历史记录显示，分析认为当第一套自检到第四步完成后，该跳闸继电器动作未能正常复位，但模件误认为其已复位，系统进行自检第五步，满足"三取二"跳闸条件，造成超速保护误动作。布朗硬超速保护系统误动作导致机组跳闸，跳闸首出应该是"超速保护动作"；但此次跳闸首出条件是"F 型系统 PASSVATION"的原因分析有二：①当超速保护动作时，其硬接线直接去 F 型系统，使 F 型模件断电，引起跳闸电磁阀断电，汽轮机跳闸。硬回路动作时间较软回路快，因此"超速保护动作"条件首出反而被屏蔽；②超速保护动作后，因 DEH 软件系统问题，其送至软件的信号由于功能块没有运算，导致"超速保护动作"信号被屏蔽。在 DEH 401 站系统恢复中，发现存在以下问题：①程序下装时经常有错误信息提示，导致下装无法进行；②程序下装无问题，但程序下装完成后，仍然出现部分功能块逻辑不运算或运算错误；③新 CPU 换上后，在程序下装时，出现不匹配问题，无法正常使用；④机组正常运行中 401 CPU 仍会出现"INTF"故障报警。

3. 防范措施

对超速系统模件进行更换。联系布朗超速系统厂家，让德国专家进行技术分析。联系西门子厂家远程登录 2 号机组 DEH，查找和分析 T3000 系统故障的原因。对新模件不匹配问题，联系南京西门子厂家安排技术人员到现场进行分析、处理。

（九）凝结水泵入口滤网堵塞造成凝汽器水位高保护动作

1. 事故经过

某年 3 月 21 日，某电厂 3 号机组负荷 974MW，3A 凝结水泵运行，3B 凝结水泵备用，3A 凝结水泵进口滤网前后差压 10.42kPa，3B 凝结水泵进口滤网前后差压 6.9kPa，3 号机组凝结水流量 1970t/h，凝结水压力 2.3MPa；3A/3B 汽动给水泵运行。

07：24：28～07：25：14，3A 凝结水泵进口滤网前后差压从 10.42kPa 突升至 18.56kPa，凝结水母管压力下降至 1.726MPa，07：25：31，3B 凝结水泵联锁启动。3B 凝结水泵启动后，其入口滤网前后差压从 6.9kPa 快速上升，07：29：55，该泵入口滤网前后差压上升至 26.77kPa，此时凝结水流量 520t/h，凝结水泵出口压力快速下降，凝汽器水位从 700mm 逐渐上升，除氧器水位逐渐下降。

两台凝结水泵运行，凝结水泵出口压力上升至 3.4MPa，随后因为滤网堵塞逐渐降低，07：27：23，3A 凝结水泵跳闸。07：28：42，因凝结水母管压力低导致 3B 汽动给水泵密封水供水中断，泵体密封水回水温度超过 95℃，保护动作 3B 汽动给水泵跳闸，3 号机组 RB 动作，3A/3B/3C 磨煤机跳闸，机组负荷开始下降。

07：29：47，值班员手动启动3A凝结水泵，但其进口滤网前后差压迅速上升。07：29：59，凝结水流量下降至351t/h，凝结水母管压力下降至0.728MPa，3B凝结水泵因流量低跳闸。在此期间，凝结水流量和压力大幅度晃动。07：32：49，3号机组负荷787MW，凝汽器水位上升至2091mm，超过汽轮机跳闸保护整定值2080mm，3号汽轮机跳闸，首出"凝汽器水位高"。

3号机组跳闸后，运行人员立即隔离3A/3B凝结水泵入口滤网，检修人员分别对两个滤网进行清洗。09：30，3B凝结水泵入口滤网清洗结束，从滤网内清理出大量的铁锈等杂物。10：40，3A凝结水泵入口滤网清洗结束，从该滤网中也清理出大量铁锈等杂物，数量和3B凝结水泵入口滤网差不多。

2. 原因分析及暴露的问题

凝汽器内铁锈等杂物堵塞凝结水泵进口滤网是事故发生的直接原因。3号机组自投产以后，实际运行时间并不长，管道系统杂质没有得到很好的冲洗，还存有不少的铁锈等杂质。3号机组在2月28日启动后连续运行期间，铁锈等杂质逐渐沉积在凝汽器热井底部，热井内水流的扰动，沉积的铁锈等杂质被水流带入凝结水泵入口滤网，引起滤网前后差压上升直至堵塞，凝结水流量下降，凝汽器水位上升。没有设置凝结水泵进口滤网差压高报警是事故发生的重要原因。凝结水泵进口滤网差压超过规程规定值时，没有相应的报警信号，运行人员不易发现超限。事件的发生暴露出运行基础管理工作还很薄弱，技术管理工作还需进一步加强。在机组调试过程中，多次发生凝结水滤网堵塞事件，但没有引起大家的重视，没有能够及时制定和采取有效措施，落实规程规定。事件的发生暴露出运行培训工作有待于进一步加强。从事件发生后现场的调查发现，运行人员对于运行规程中关于凝结水滤网的差压规定不了解、不掌握，只是根据调试阶段的经验来进行日常的工作。

3. 防范措施

加强运行技术管理工作，加强运行监盘质量，加强运行分析工作，及时发现设备异常情况，及时采取有效措施消除设备异常。设置凝结水泵进口滤网差压高报警，及时提醒运行人员采取切换操作，并通知检修人员清洗滤网。进一步加强运行人员培训工作。制订详细的培训计划，加强运行规程培训，提高运行人员分析、判别异常的能力。在保证设备安全运行的前提下，适当放大凝结水泵入口滤网的孔径，增加通流面积，考虑将原有的60目滤网改为20目滤网。

（十）汽轮机轴承振动大保护动作停机

1. 事故经过

某年7月6日20：37，某电厂4号机组负荷610MW，运行人员监盘发现 4 号机组 6 号轴承 Y 方向、7 号轴承 Y 方向振动逐渐增大，6、8 号轴瓦振动逐渐增大，其中 6Y 轴振由 $33\mu m$ 上升至 $149\mu m$、7Y 轴振由 $78\mu m$ 上升至 $157\mu m$、6 号瓦振由 $7\mu m$ 上升至 $100\mu m$ 高限、8 号瓦振由 $26\mu m$ 上升至 $85\mu m$。值长令 4 号机组进行降负荷至 450MW，轴承振动稍有稳定，但 5min 后轴承振动继续上升；4 号机组继续降负荷至 240MW，6Y 方向轴振有一定下降，但几分钟后轴承振动增大；22：56，4 号机组 6X 方向轴振 $157\mu m$，6Y 方向振动上升至 $254\mu m$，4 号汽轮机轴承振动大保护动作停机，4 号汽轮机跳闸，发电机跳闸，锅炉 MFT，运行人员紧急破坏真空，23：21，4 号汽轮机转速到零投入大机盘车。

2. 原因分析及暴露的问题

4 号机组振动出现增大时，环境温度较高，会造成排汽缸温升高，结构刚度下降，导致瓦振增大；同时由于机组刚完成检修，可能调整的汽封间隙较小且不均匀，缸温升高也会引起汽缸产生一定的变形，使低压转子产生局部动静碰磨，造成转子出现暂态热弯曲，导致轴振及瓦振爬升。因此，振动是因低压转子动静碰磨引起，其原因是汽缸变形导致动静间隙消失。

东方汽轮机厂 600MW 等级机组，低压轴承座动刚度设计的较差，稍有一定的轴振动（转子不平衡激振力）就会引起较大的瓦振，因此应尽可能改善转子的平衡状态，降低转子振动水平。

3. 防范措施

将汽轮机盘车 4～6h，转子晃动度降至原始正常值，再依据运行规程进行热态启动。启动时适当降低真空，防止汽缸产生过大的变形。

（十一）主汽门、调门 ATT 试验时电磁阀故障导致汽轮机跳闸

1. 事故经过

某年 5 月 31 日，某电厂 7 号机组进行汽轮机主汽门、调门 ATT 试验。试验过程中，EH 油压快速下跌，7 号机组因 EH 油压低保护动作停机。

2. 原因分析及暴露的问题

机组在执行汽轮机主汽门、调门 ATT 试验时，B 侧高压调门快关电磁阀虽然线圈带电，但由于机械部分卡涩，实际还在开启泄油状态，导致 EH 油压快速下跌。

3. 防范措施

调门在进行 ATT 试验时，如果快关电磁阀带电复位后由于机械部分卡涩仍处于开启泄油状态，使调门无法正常开启，调门阀位指令与反馈会产生较大的偏差，因此阀门控制回路会在伺服阀线圈上产生很大的电流信号，增加伺服阀的流量。由于 DEH 采用的 T3000 系统可以在线监视伺服阀的线圈电流，可以将进行 ATT 试验时伺服阀的输出电流持续异常偏高作为快关电磁阀故障的判断依据。即伺服阀线圈电流大于一定值并持续 2～3s 后，则可以判断快关电磁阀故障并发出信号将伺服阀的指令清零，关闭油动机的进油，维持 EH 油压稳定，同时 ATT 试验程序自动退出。主汽门的开启

关闭由先导阀控制，且由于先导阀的流量较小，当发生主汽门油动机快关电磁阀故障时，先导阀的进油量有限，不足以使 EH 油压快速下跌至停机值，因此可保持主汽门试验程序不变。在做主汽门、调门 ATT 试验时，EH 油箱应有专人监视操作。如果发生快关电磁阀故障情况，除了 DEH 程序自动采取措施关闭油动机伺服阀的同时，还应及时关闭对应油动机的供油阀门，切断油路并进行检修。集控室 DEH 运行人员应将故障油动机的阀限设为零，避免检修结束后恢复时油动机瞬间快开对系统造成冲击。

（十二）高压主汽门油动机液压油进口管漏油造成机组被迫停运

1. 事故经过

某年 7 月 8 日 13：55 左右，某电厂运行人员发现 4 号机组高压主汽门 B 油动机液压油进口管大量漏油，随即值长汇报调度申请紧急停机；14：01，汽轮机紧急脱扣，机组 MFT。

机组停运后该厂检修人员对高压主汽门 B 油动机进油口法兰进行了抢修，发现进油管接头 O 形密封圈已经破损。更换了该进油口 O 形密封圈，同时更换高压主汽门 A 油动机、高压调门 A/B 油动机、中压主汽门 A/B 油动机、中压调门 A/B 油动机、补汽阀油动机的进油管接头 O 形密封圈及 EH 油箱出口模块上的接头 O 形密封圈。

同时厂部组织人员清理漏油现场，更换部分高温管道上的保温，做好防火及机组启动的措施。

15：20，消缺完成，4 号机组具备点火启动条件，等待调度机组启动指令。

2. 原因分析及暴露的问题

原上海汽轮机厂提供安装的 O 形密封圈材质可能存在问题，使用在 EH 油系统中的必须是氟橡胶密封圈，拆下的密封圈和原一期 EH 油系统检修时拆下的密封圈相比明显偏软，有老化现象。O 形密封圈的尺寸和密封环槽不太相配，在基建安装时有压坏翻边现象，造成使用寿命缩短。

3. 防范措施

针对 O 形密封圈质量问题，紧急采购品牌氟橡胶 O 形密封圈，更换现在所使用的 O 形密封圈。举一反三，更换 4 号机组高压主汽门 A/B 油动机、高压调门 A/B 油动机、中压主汽门 A/B 油动机、中压调门 A/B 油动机、补汽阀油动机的进油管接头 O 形密封圈及 EH 油箱出口模块上的接头 O 形密封圈；同时对备用 3 号机组相同部位 O 形密封圈进行检查更换。提高安装密封圈的工艺，防止安装过程中压伤密封圈。对所有液压油管路进行全面检查，对有振动的 EH 油管路进行防振处理。加强对 EH 系统的检查，一旦发现 EH 油系统的轻微漏油现象及时通报处理，避免事故扩大。

（十三）汽轮机轴承温度高保护动作跳机

1. 事故经过

某年 8 月 10 日 07：34，某电厂 1 号机组负荷 790MW，润滑油压

0.35MPa，油温 50℃，1 号瓦温度（12 点）基本在 60～70℃左右，瓦振 0.8～0.9mm/s 左右，轴振 11μm 左右。

07：40：17，1 号瓦温上升超过 130℃，1 号汽轮机"轴承温度高"保护动作跳闸。在此期间内，1 号轴振发生明显变化，变化值在 11～42μm 之间，润滑油温、油压无变化，瓦振变化幅度在 0.2～0.5mm/s 之间。

07：44：17，1 号瓦温最高达到 160℃，然后逐步下降；08：23：40，1 号轴振最高达 89.4μm，此时汽轮机转速 396r/min。

2. 原因分析及暴露的问题

揭开上瓦发现上瓦乌金表面有细小的碎裂脱落现象，局部有铸造气孔，检查主轴轴颈表面完好，没有明显划痕。翻出下瓦后发现整个下瓦接触面乌金磨损严重，下瓦中间有数道向圆周方向扩展的裂纹，两侧乌金有明显碎裂脱胎现象，乌金表面没有发现异物。对主机润滑油回油滤网及进油滤网进行检查，滤网清洁无异物、完好无破损。对 1 号轴承进油节流阀解体检查未发现异物，节流阀后管道到轴承进油口用压缩空气进行吹扫无异物，阀前管道用内窥镜检查无异物，润滑油进油、回油管道清洁通畅，管道内积油油质良好。结合 8 月 10 日 1 号瓦温度升高时的现象，排除了由于润滑油中断引起烧瓦和油中杂质进入轴承引起乌金磨损造成轴瓦损坏的可能。事后对损坏轴瓦乌金进行了光谱分析，测量显示损坏乌金中 Cu 的成分在 10.61％以上，明显高于设备厂家提供的 6％的标准。从轴承乌金损坏的情况结合检修过程中对油系统相关管道、阀门的检查，专业上认为 1 号轴承出现瓦温高跳机主要是由于轴瓦本身存在质量问题，轴瓦两侧乌金先出现碎裂脱胎后导致两侧漏油量加大，破坏了轴承的油膜，造成瓦温突然上升最后导致烧瓦。

3. 防范措施

更换 1 号机组 1 号轴承，联系上海汽轮机厂对损坏的轴瓦进行分析，对现在运行的各主机轴瓦的情况做整体评估。

（十四）给水泵汽轮机背压高跳机

1. 事件经过

某年 10 月 15 日，某电厂 3 号机组因超高压缸至高压缸平衡活塞联络冷却管压力测点 2 仪表管根部漏汽，准备停机消缺。

18：18：00，3 号机组负荷 360MW，机组正处于滑参数停机过程中，3/4 号机组辅汽联箱联络运行（4 号机组二冷供，3 号机组二冷 2％开度暖管），3 号机组汽泵与除氧器汽源已切至辅汽，给水泵汽轮机转速 3680r/min，进汽温度 335.6℃，进汽压力 0.955MPa，背压 4.15kPa，低压调门开度 19.7％，给水泵汽轮机轴封进汽调整器开度 59％，给水泵汽轮机轴封溢流调整器开度 2％。

18：18：18，3 号机组给水泵汽轮机背压 26.49kPa，因给水泵汽轮机高背压保护（压力开关 25kPa，3 取 2）动作导致炉给水泵均停 MFT 保护动作，机组横向保护动作正确，各联锁动作正确，机组停运正常。

2. 原因分析

机组设置驱动引风机给水泵汽轮机（以下简称汽引），其排汽汇合为 1 根母管后送至厂内供热母管，在排汽母管上设计至五抽与辅汽联箱管路并配套调整器及旁路。其中 4 号机组汽引排汽至五抽管路已进行封堵，4 号机组汽引排汽至辅汽联箱管路为关闭隔离状态。辅汽联箱处于 4 号机组引风机给水泵汽轮机排汽至辅汽联箱系统的最高点，4 号机组引风机给水泵汽轮机排汽母管隔离泄压后 4 号机组汽引排汽至辅汽联箱管道内存在大量空气（管道直径 400mm，长度约 300m），而管路上无排空气设置。当 4 号机组汽引排汽母管压力大于辅汽联箱压力时，4 号机组汽引排汽至辅汽联箱管道积存的空气经旁路门（阀门关闭状态下测量该阀门阀杆处温度 130℃）进入 4 号机组辅汽联箱内，再经辅汽至给水泵汽轮机进汽管路进入运行于辅汽方式下的给水泵汽轮机，并最终进入给水泵汽轮机凝汽器。由于瞬间进入凝汽器的不凝结气体量大大超过了真空泵的抽吸能力，从而导致给水泵汽轮机背压快速上升至跳闸值。

3. 防范措施

利用大小修，通过增加手动隔离门、将电动门解体检修等手段，彻底解决 4 号机组汽引排汽至辅汽旁路电动门不严密的问题；利用停机检修机会，在 3、4 号机组汽引排汽至辅汽旁路门前增设一路放空气管道及阀门；原增加给水泵汽轮机可靠性的技改措施继续推进。邀请设计院进行主机、给水泵汽轮机真空泵进口管联络、真空泵改型、给水泵汽轮机凝结水泵增加备用泵的论证和相关设计；制定可行方案，利用停机前机会进行相关试验论证；辅汽系统优化研究，并优化辅汽运行方式，提高辅汽运行可靠性。

（十五）误关四抽至汽动给水泵供汽逆止阀导致汽包水位低低保护，
MFT 跳闸

1. 事件简要经过

某年 10 月 9 日 14：20，某电厂运行值班人员开始执行"6 号机组 3 号高压加热器钢管泄漏检修"工作票安全措施。15：09，6 号机组负荷 161MW，给水流量突然下降（由 420t/h 下降至 260t/h），蒸汽量 489t/h，A、B 汽动给水泵再循环全开，锅炉汽包水位 4mm。运行值班人员立即关闭 A、B 汽动给水泵再循环电动门（有联锁开启）未果。

15：10，运行值班人员启动备用电动给水泵，并增大出力。15：11，6 号锅炉 MFT 动作，跳闸首出为"汽包水位低低"，联跳汽轮机，发电机程序逆功率跳闸。

2. 事件主要原因分析

经初步分析，运行值班人员按"6 号机组 3 号高压加热器钢管泄漏检修"工作票执行安全措施，关闭了现场标识为"6 号机组二抽逆止门仪用空气进气门"（实为四抽至汽动给水泵供汽逆止阀仪用空气进气门），导致 6

号机组四抽至汽动给水泵供汽逆止阀关闭，A、B 汽动给水泵汽源中断，A、B 汽动给水泵转速、给水流量迅速下降，锅炉汽包水位低低 MFT 保护动作，6 号机组与系统解列。

3. 事件暴露的问题

生产现场管理基础工作不扎实。现场阀门挂牌时，未能对所挂的阀门标识牌与实际名称进行逐一核对，导致现场阀门标识牌和阀门实际名称长期不对应。运行培训工作不到位。运行值班人员安全生产风险意识不足，对运行设备及系统不熟悉，执行重要安全措施前未对设备进行有效确认。

三、电气专业

(一) 机组异步启动

1. 事故经过

某年 11 月 10 日上午 8：30，某电厂电气继电保护班长电话联系电气运行班长，准备对发电机励磁系统做静态试验，要求电气运行人员合上 3 号发电机 7503 主油开关及 MK 灭磁开关的操作动力熔断器，9：50 合上 3 号发电机 MK 开关，当合上 7503 开关后，造成 3 号发电机异步起动，3 号机组主变压器控制屏后上部有弧光，3 号主变压器 220kV、110kV 侧电流表指示到头。主盘警铃响，喇叭叫，2203.1103.103.603 开关红灯闪光，3 号主变压器跳闸，0 号电抗器联动成功。立即手动拉开 7503 开关。经检查发现 3 号发电机过流保护掉牌，3 号发电机本体两端冒烟且有焦煳味，3 号发电机出口 7503 隔离开关在合闸位置。10：10，3 号主变压器投运，发电机、轴瓦经抢修后于 12 月 1 日 2：10 并网。

2. 原因分析

安全生产疏于管理，对 3 号发电机励磁变压器过流速断保护做静态试验事前没有周密的试验方案，运行人员更没有根据试验步骤进行操作的操作票。设备管理粗心大意。从事故经过可看出 "3 号发电机 7503 主油开关" 和 "3 号发电机出口 7503 隔离开关" 设备编号重叠，给事故留下隐患。《电业安全工作规程》中对高压配电室的钥匙管理做了明确规定，但执行得不严格，检修人员借钥匙变更设备状态没有记录；检修人员私自改变设备状态的是谁、由谁同意的、在什么时间合上了 "3 号发电机出口 7503 隔离开关"，没有记录，事故报告内也未涉及，如何追究事故引发原因，分析这次事故的根源。安全意识淡薄。机组大小修后的相关试验方案、安全措施一直是口头进行联系，无书面试验方案，安全措施无法把关。忽视了 "安全第一、预防为主" 的电力安全生产方针。

3. 防范措施

对设备的编号和名称出现错误的进行修正，从源头上避免事故的发生。加强对高压配电室钥匙的管理，任何时间出借钥匙必须查明借钥匙者的工作任务或目的并进行登记。检修人员不经值班负责人许可不得变更设备状态，在检修过程中确须变更设备状态者，也必须由运行人员来执行。机组大小修后的相关试验工作必须制定安全措施周密的方案，检修工作要按照工作票安措分步填制试验票，并提前一天（或几个工作班次）交到运行值班现场，值班负责人依据方案填制操作票。按常规倒闸操作进行。检修工作过程中确须扩大工作范围，必须履行新的工作许可手续，检修工作负责人绝对不可擅自扩大工作范围。加强职工安全教育培训，提高责任心，安排工作要合理并保证其连续性。3号发电机出口开关主隔离开关是谁合的，通过此事要立即落实"四个凡事"（凡事有章可循、凡事有人负责、凡事有据可查、凡事有人监督），杜绝人为责任性事故的发生。

（二）保护误动导致全厂停电

1. 事故经过

某年8月3日13：40，突降狂风暴雨，13：43，因暴雨太大，雨水从某电厂汽机房天窗侧向卷吸落到瓦振保护测点上，导致2号机组"1-4号瓦（2瓦）振动大二值"保护误动作，机组跳闸停运。13：50，同样因大雨导致1号机组"1号主变压器压力释放"保护触点漏雨短路，保护误动作，4533出线主开关跳闸，1号机组停运解列。事故发生后，厂长、副厂长、总工及各生产部室负责人、技术人员立即赶到现场，组织开展事故处理，采取相应的防范措施，在确认正常后，启动机组，2号机组于17：20并列，1号机组于18：53投运正常。

2. 原因分析

管理工作不到位，缺乏严、细、实的工作作风。对防止"非计划停运"重视不够，特别是在天气异常的情况下，防范措施执行不力。该厂6月曾发生一起因大雨造成水位保护误动跳机事故，虽然制定防范措施，但现场检查不到位，措施落实不到位，整治工作不彻底。未能认真吸取教训，举一反三，致使机组因天气原因再次发生"非计划停运"。违反了《防止电力生产事故的二十五项重点要求》相关规定，隐患未能及时发现，致使保护触点漏雨短路，2号机组、1号机组保护相继误动作，机组跳闸停运。人员责任心不强，异常天气下未做好事故预想和防范措施。对存在的安全隐患检查不细致，不到位。恶劣天气下没有事故预想，缺乏应急事件的处理措施。

3. 防范措施

加强管理，重视机组的"非计划停运"。加强组织措施和技术措施的制定和落实，提高人员防范事故责任心和处理事故的能力，进一步落实防止"非停"工作责任制，特别是加强对基础设施的管理。立即开展全厂性防雨措施普查，尤其是要认真检查保护设施及执行机构装置防雨情况，针对查出的问题，制定相应的整改措施并尽快落实。做好异常情况下的事故预想，制定应急事件处理预案。按照《防止电力生产重大事故的二十五项重点要求实施细则》，提高重点部位暴雨、雷电、持续高温等灾害性气候的应对能力，确保机组在恶劣天气下的安全可靠运行。严格执行"两票三制"，重点抓好工作票制度和巡回检查制度的执行情况检查和考核，规范运行、检修管理，确保人身和设备安全。严格按"四不放过"的原则，进行责任追究，尤其是对管理层和专业技术人员的追究。

（三）停电措施不全引发全厂停电

1. 事故经过

某年 8 月 16 日 12：00，某电厂电气分场自动保护班班长文某某接到分场通知，前方监控系统出现故障，上位机无法读到现地数据，需立即前往处理。12：27，自动保护班班长文某某、检修工沈某、检修工张某到达前方中控室并办理了缺陷检查工作票。检查中发现监控界面上的所有数据均错误，但各就地单元工作正常，因此判断网线存在问题，需进行消缺处理。于是又重新填缺陷处理工作票交给值长（工作票签发人文某某、工作负责人沈某、工作班成员张某）。13：00，运行值班人员按工作票所列措施将 1 号机组、2 号机组调速器切手动完毕，并在 1F、3F 微机调速器旁安排监机人员后办理了工作许可手续。检修人员从 LCU1 开始顺序检查网线与设备的连接部分，因该厂微机监控系统网络结构为 50Ω 同轴电缆通过 T 形接头连接的总线结构，带电插拔 T 形接头连接部分极易损坏设备。为防止带电插拔 T 形接头损坏控制器接口，检修人员先将现地单元电源切掉后进行检查，检查中发现在 LCU1 处 T 形接头所接的终端电阻开路，经更换新终端电阻并将网线恢复后，监控通信正常。电话咨询中控室运行值班人员，回答监控数据已经能够读到，于是立即通知 1F 电调旁运行监盘人员可以将电调切到自动。运行人员请示值长同意后刚要将电调切自动就听到开关跳闸声音。随后，1F、3F 相继出现转速上升，机组甩负荷过速落门停机，造成全厂停电事故。

2. 原因分析

在不具备多台设备同时检修条件的情况下，什么设备检修就在什么设备处布置安全措施，不检修的设备即便有故障，也应暂时搁置，一台设备检修结束恢复后，再进行下一台设备的检修工作。插拔 T 形接头连接部分没有采取短时停电的方法进行。监控系统长时间停电给安全带来隐患。检修工作人员总计 3 人，只能在一处作业，所以在 LCU1 处 T 形接头所接的终端电阻更换时，没有及时投入 LCU2—LCU5 的网络接线。该厂与系统连接方式薄弱，可靠性、稳定性自然不高。运行值班负责人和检修工作负责人对运行方式的特殊性缺乏足够的认识。

3. 防范措施

制定防止全厂停电的技术保证措施，因故改为非正常运行方式时，应事先制定安全措施，要求运行值班负责人和检修工作负责人认真学习，熟练掌握。类似此项工作、插拔 T 形接头连接部分应采取短时停电的方法进行。需要检修的部分解除与监控系统连接后，即刻恢复监控系统运行。创造条件增加主系统联络线，以提高系统运行的可靠性。结合工作实际进行切实有效的危险点分析和预控工作。工作牵扯面较大的继电保护工作，要制定继电保护措施票，严格按照逐级审查会签的原则实行层层把关。

（四）带电合接地开关

1. 事故经过

某电厂112-4隔离开关消缺工作应该在112开关检修工作结束（工作票全部终结），并将112系统内地线全部拆除后，重新办理工作票。在112-4隔离开关准备做合拉试验中，运行操作人员不认真核对设备名称、编号和位置，错误地走到112-7接地开关位置，不经值长许可，擅自解除闭锁，将112-7接地开关合入，造成带电合接地开关的恶性误操作事故。

2. 原因分析

安全生产疏于管理，习惯性违章长期得不到有效制止。在本次操作中，操作人、监护人不认真核对设备的名称、编号和位置，在执行拉开112-2-7接地开关的操作中，错误走到了与112-2-7接地开关在同一架构上的112-7接地开关位置，将在分闸位置的112-7接地开关错误地合入，是事故发生的直接原因。电磁锁是防止电气误操作的重要设备，管理人员和各级领导对电磁锁的管理长期地不重视（时常出现正常操作时电磁锁打不开的缺陷和故障，影响正常的操作，某些运行人员才在操作中同时携带两把电磁锁的钥匙，其中一把为正常操作的大钥匙，一把为解除闭锁的小钥匙，以备正常操作电磁锁打不开时用小钥匙解除闭锁。由于操作人员随身携带着解除闭锁的钥匙，并且不履行审批手续，致使误操作事故随时都有可能发生）。电磁锁发生缺陷，运行人员不填写缺陷通知单。检修人员"二五"检查也走了过场，管理人员和各级领导对电磁锁的运行状况无人检查，对缺陷情况不掌握，致使电磁锁缺陷长期存在。电磁锁及其解锁钥匙的管理不完善，存在漏洞。按照规定，电磁锁解锁操作需经当值值长批准。但在本次操作中，在值长不在场的情况下，电气运行班长没有执行规定，未经值长批准，未填写"解除闭锁申请单"，致使操作人在盲目操作情况下强行解除闭锁合上了112-7接地开关。不允许随意修改操作票，不允许擅自解除闭锁装置。违反25项反措中防止电气误操作事故的相关规定。操作监护制流于形式，监护人未起到监护的作用。操作中，监护人、操作人走错位置，操作人执行拉开接地开关操作时变成了合闸操作，监护人未能及时发现错误，以致铸成大错。值长缺乏电网观念，没有站在保电网安全的高度来指挥全厂生产工作。

3. 防范措施

加强安全生产管理，加强对《防止电力生产事故的二十五项重点要求》中防止电气误操作事故的相关规定学习和理解，建立严格的考核奖惩制度，关键要加大对管理者的考核，使安全的工作条件来保障运行人员的生命安全，并以督促其对安全生产及其设备的管理。值班负责人在工作安排时要交代清运行方式此项工作的安全注意事项。在时间许可的情况下，要填制操作票，按票执行，做到按章办事。设备缺陷利用 MIS 网络进行闭环管理，对电磁锁等设备缺陷的处理严格按时考核，提高设备的健康水平。尽快编制、实施与落实电气防误闭锁管理制度，从技术、制度等源头上实行事前防范。加强职工的安全教育和业务技能的学习，提高安全责任感，严格执行电气倒闸操作票制度，落实安全生产责任制，定期举办机械闭锁和电气闭锁专业知识讲座。值长、班长是值班现场的安全生产第一责任人，要树立全局观念，安全生产工作要全面考虑，严细认真地安排操作，建立安全生产互保机制。加强运行倒闸危险点分析与预控管理工作，危险点的分析要具体、有针对性，防范措施要具有可操作性。值长要有电网观念，站在保电网安全的高度来指挥全厂生产工作。各级管理工作者都要加强管理责任感。提高对安全生产的认识，严肃执行各项规章制度，及时向大家宣讲上级部门有关安全生产的规定、制度、事故通报，并将精神实质贯彻到具体工作中。

（五）误操作导致机组跳闸

1. 事故经过

某电厂1、2号两台机组运行，调度令晚峰后停1号机组做备用。20：31，值长令"1号发电机解列转备用"。20：40，1号机组断路器切开，发电机与系统解列。但操作人、监护人没有对操作票余下的项目继续进行操作，如断开1号机组出口隔离开关等，而是坐下闲谈，班长也没有进行纠正。22：20，班长令操作人、监护人到1号发电机间隔拉开1号发电机出口隔离开关，两人虽然拿着操作票，但却走到2号机组小间，在没有核对设备名称、编号，也没有进行唱票和复送的情况下，将2号机组02甲、02乙电压互感器隔离开关拉开，当即造成2号机组两组电压互感器全部失压，强励动作，无功大量上涨（表计已不能显示），静子电流剧增，发电机组复合过流保护动作跳开发电机组出口及灭磁断路器。23：00，经对设备检查无异常后将2号机组并入系统。

2. 原因分析

生产管理混乱。电气防误闭锁装置不完善，造成了防止误操作事故硬件设施的不正常，人为误操作行为无法阻止，是本次误操作发生的重要原因。管理部门未能认识到电气防误闭锁装置对安全生产和保障职工人身安全的重要性，也就是对以人为本认识模糊。执行倒闸操作票制度不严肃，一项操作未完全结束，无故随意中止操作。运行操作应按照操作票内容和程序连续进行，但操作人员在该次操作中，在完成盘面上拉开发电机断路器后，没有按照操作票票面内容进行连续的拉开发电机隔离开关、电压互感器隔离开关的操作，而是回到控制室闲谈，接下来的操作在时隔近2h后进行，严重违反了两票执行的要求，致使操作前进行的模拟预演失去意义，防止事故发生的第一个关口失去作用。劳动纪律涣散。电气运行班长在1

号机组解列后没有督促监护人、操作人把整个操作进行完，而与大家坐在一起扯皮、闲谈。操作中，值班负责人带头违反劳动纪律，生产管理形同虚设。分散了本次操作中操作人、监护人的注意力，在布置下一步操作中，值班负责人没有对操作人的精神状态认真分析，没有交代操作注意事项，防止事故发生的第二道关口失去作用。没有严格执行"四把关，四对照"制度。本次操作虽有操作票，但监护人、操作人没有执行"四对照"规定，在精力不集中的前提下，应到 1 号发电机开关间隔进行操作，却误走到运行中的 2 号发电机间隔。操作中，没有按照操作票和规程规定执行唱票、复诵程序，致使本应发现的错误操作继续进行，防止本次事故发生第三道重要关口失去作用。人员培训不到位，运行人员对于运行中出现的异常状况没有引起高度重视。在运行人员错误拉开运行中发电机电压互感器的一组隔离开关时，本已有火花产生，但操作人和监护人缺乏判断能力，没有意识到已经发生误操作行为，又错误地将另一组电压互感器的隔离开关拉开，致使保护动作发电机跳闸。

3. 防范措施

立即完善隔离开关电气防误闭锁装置，为运行人员提供可靠的安全生产环境。将电气防误闭锁装置的工作状况纳入日常生产考核。加强劳动纪律和安全生产的管理，严肃电业安全生产责任制，加强工作责任心。各级管理部门要充分认识电气防误闭锁装置的重要性。严格履行监护复诵制，杜绝违章操作。操作隔离开关前，必须检查开关的实际位置（开关机构、拐臂、分合闸指示器）和电能表停转等；操作时，认真执行"三核对"：设备名称、编号和位置，防止误操作。另外本次事故中还隐含了一个错误：主开关拉开后，拉开主隔离开关，然后才能是拉开电压互感器隔离开关。班长安排到 1 号发电机间隔拉开 1 号发电机出口隔离开关，万幸的是该厂运行人员没有按上述顺序操作，也没有去 2 号发电机间隔拉开 2 号发电机出口隔离开关。极度随意，先去拉开电压互感器隔离开关。否则，若拉开的是 2 号发电机出口隔离开关，操作和监护的两人是个什么结局不难想象了。

第十六章　智能化电站建设与运行技术

第一节　概　述

当前，电力行业已由高速增长阶段转向高质量发展阶段，如何应用行业先进技术和科学管理手段在能源变革的新时代里完成转型升级，进一步提升电力企业的效率和效益，完成"凤凰涅槃"的华丽转变是电力行业实现高质量发展的必然要求。随着信息技术的快速发展，电力企业正在经历着巨大的变革和创新，也在孕育前所未有的机遇。建设"智能电站"，推行智能化生产与智慧化管理经营，助力发电企业适应行业发展新常态，增强企业对市场变化的应对能力，是推动电力企业在新时代、新市场中持续稳定发展的强大动力。

在火电领域，要强化火电厂数字化三维协同设计、智能施工管控、数字化移交等技术应用。打造火电厂数字孪生体的系统架构、建模和开发技术。综合应用先进测量、控制策略、大数据、云计算、物联网、人工智能等技术，从智能检测、可视化监测、控制优化、智能运维、智能安防、智慧运营等多方面进行突破与示范，建设具备灵活高效、少人值守、无人巡检、精细检修、智慧决策等特征的智能示范电厂，全面提升火电厂规划设计、制造建造、运行管理、检修维护、经营决策等全产业链智能化水平。推动自主可控智能分散控制系统 DCS 从 1.0 升级至 2.0，从泛在感知、安全接入区应用、生成式人工智能等方面考虑升级方案，不断深化前沿技术应用，提高生产力水平，创造更大的价值。加大 5G 电力物联网、工控领域边缘计算芯片、智能控制芯片、感存算一体化高风险作业监测预警设备、高处防坠智能机电装备、炉膛落渣图像识别与渣量闭环控制、炉膛声波测温、四管可视化防磨防爆与泄漏预警、大型转机可视化监测、深度调峰自动控制、绝缘智能监测、状态检修等先进技术在燃煤电站的应用，提高机组运行安全可靠性，降低煤耗。不断提高生产智能化、管理智慧化水平。

任何新技术的运用都会经历较长时间的探索，因此智能电站也需要在实践中不断丰富和完善。在推进过程中，要坚持需求导向、价值导向，要结合电厂智能化功能需求，强化电厂数字化、自动化、信息化、标准化基础。进行试点建设，大胆尝试，不断丰富新一代信息技术的应用场景和成功案例，同时总结经验，完善建设方案和标准。要坚持安全高效、清洁低碳、灵活智慧的电站发展要求，功能评判指标要兼顾整体运行经济高效、绿色低碳环境友好、快速灵活稳定可控、信息与系统安全，能够适应多变的外部环境与需求。要坚持创新驱动、协同共进，技术研究要以创新突破为着眼点，注重基础理论与关键技术的多领域、多学科交叉融合，推进产学研用的协同创新。要坚持循序渐进，有序开展，智能电站的建设推广要基于技术的成熟度、可行性、可靠性与效果显著，结合科学的评估与评价机制，按阶段实施，分层次深化，全面实现智能发电建设目标。从客观角度看，尽管智能电站建设仍面临许多问题和困难，但智能电站的深化和发展是提升发电企业综合竞争力的必然选择。相信在全球电力工业技术变革和升级改造的浪潮中，在更加激烈的市场竞争中，在国家相关部门的大力推动与支持下，智能电站的建设必将引领发电企业走向变革发展的新时代。

第二节　基础架构设施技术

一、网络架构

在智能电站整体架构中，主要包括网络设施和终端设备。网络设施包括生产控制网、管理信息网、工业无线网、通信系统、定位系统、对时系统、三维数据监控系统设施等；终端设备负责生产及管理信息数据的感知、测量和执行，主要包括智能传感器、检测仪表、检测设备、边缘计算芯片、巡检机器人、智能穿戴、门禁系统、视频系统、智能防护设备、执行机构、现场总线设备以及无人化系统等。智能装备是电站智能化管控体系的底层构成，实现了对生产过程状态的测量、数据上传以及从控制信号到控制操作的转换，并具备泛在感知、信息自举、状态自评估、故障诊断、智能识别等功能，是实现智能电站建设的基本条件。

依托 5G 网络技术，升级网络架构，进行独立组网，提供高速率、低时延、大连接的可靠网络，支持载波聚合、超级上行等上行增强技术，满足上行高速回传业务能力，主要包含 5G 无线系统、传输系统、配套系统三部分。各个系统相互协助配合，能够实现 5G 设备的正常运转及 5G 信号的接收、发射、传输和管理。传输系统需要解决 5G 基站的站间传输，包含线路和设备两部分。配套系统主要保证基站能够按照要求安装、开通和运行，包含土建配套、电源配套和其他主设备安装过程中使用的零星材料。

二、网络安全

厂区的覆盖方案可采用切片技术部署 5G 专网，实现端到端的按需定制。将边缘计算（MEC）设备部署在园区内，与互联网物理隔离（无链路联通），不应有任何私网服务器暴露在互联网中的风险，在内部即可实现与云计算同样的数据计算，保证数据无链路可上传至公网，完全杜绝数据泄露的可能。终端经由 5G 基站，通过 MEC 设备之后，直达厂区服务器，无互联网物理链路，提升了企业私网的安全性。

三、网络覆盖要求

电厂 5G 网络建设需要新增室外宏基站基带单元设备及配套（含基带电源、同步及安装辅助材料）设备、室外宏基站设备，室内基站基带单元设备及配套（含基带电源、同步及安装辅助材料）、室内一体化射频天馈系统设备、基站交流配电箱设备。覆盖目标区域是电厂厂区，不留死角。具体安装位置需要根据现场情况确定。

四、接入生产控制网和管理信息网

可依靠切片技术将 5G 网络接入生产控制网和管理信息网。5G 网络服务具备可以在统一的基础设施上切出多个虚拟的端到端网络，每个网络切片从无线接入网、承载网到核心网在逻辑上隔离，适配各种类型的业务应用。在一个网络切片内，至少包括无线子切片、承载子切片和核心网子切片。电厂应用中主要将 5G 网络切片为生产控制无线网和管理信息无线网。

（一）接入生产控制网

将 5G 网络接入辅网 DCS 系统，进行网络安全测试，主要包括抗干扰测试、传输速率测试、网络隔离测试、延时性测试等，并收集相关测试信息，实现生产现场的各类测量设备、控制设备、执行机构等可以快速便捷地接入工业控制系统。

目前接入 DCS 方案有两种，一种是通过交换机直接接入，该方式速度快、延时低、带宽大，缺点是网络安全风险较大；另一种方式是通过协议通信，该方式安全性好，但传输速度有限。

（二）接入管理信息网

5G 网络安全接入管理大区网络，实现工业无线网络在厂区的全面覆盖，同时利用 5G 网络将公司内部的各类智能化设备如智能摄像头、智能机器人、巡检仪、个人穿戴设备等接入 5G 网络，实现各类生产人员、智能化设备的互联互通。接入方式通过交换机级联接入管理信息网，对接入的终端地址进行认证，提高网络安全性。

五、应用场景

（一）工业控制

将 5G 专用网络切片应用于生产控制网内，实现工控域即 DCS 系统内的生产设备控制及系统参数实时监控。通过远端机进行设备工控逻辑页面查看，参数监控、趋势预测、预警报警等功能；实现远程指令下发，现场设备即时动作，延时小于 15ms。

（二）人员定位

通过 5G 专用网络实时反馈人员定位数据，回传至企业内网，通过高精准位置数据管理系统，三维可视化电厂区域内工作人员的实时位置和移动轨迹；结合两票系统、门禁系统、视频监控系统、周界报警系统，实现对重大操作、高风险作业的在线监控和实时干预，保障现场人员的行为可控、位置可视。

（三）巡检机器人

智能巡检机器人通过5G网络回传数据，可在监控中心远程操控；通过图像视频采集、标注、深度学习算法及智能图像分析，实现定时、周期自动巡检以及夜间自动巡检；智能识别现场设备运行状态，并对设备的外观，断路器、隔离开关的分合状态，变压器、互感器等充油设备的油位计指示等运行数据进行拍照回传，在平台自动生成监控及数据分析报表。集团公司江苏百万千瓦超超临界二次再热机组500kV升压站5G＋巡检机器人正在执行巡检任务如图16-1所示；500kV升压站5G＋巡检机器人执行巡检任务拍照回传运行数据和图像如图16-2所示。

图16-1　500kV升压站5G＋巡检机器人正在巡检

图16-2　500kV升压站5G＋巡检机器人回传运行数据和图像

（四）其他应用

智能应用目前处于起步阶段，发展潜力巨大。未来实现人的不安全状态智能识别，如安全帽、安全带的佩戴识别与提醒；物的不安全状态识别与提醒，如设备管路跑冒滴漏、超温超压、设备状态监测及自动故障诊断等；氢站、油罐等重点区域电子围栏管控；智能发电最优参数控制等。

第三节　智慧管理平台技术

智慧管理平台，以"大数据、智能化"为基础支撑。通过智能技术与管理功能的深度融合，实现电力生产的风险管控与优化管理功能。通过数据分析与挖掘，实现故障诊断及设备健康管理，以及设备状态检修和预测性维护。通过机组及厂级性能分析，为电厂高级管理人员提供决策辅助，以实现运维及管理智能化。通过智能视频、人员定位、智能穿戴等技术，实现生产区域的全方位监控，提升人员、设备的安全防护水平，从全方位各个细节服务于发电企业生产管理。

一、设备状态监控与自动故障诊断技术

（一）建立大数据支撑的设备智慧化运行管控系统

设备可靠性是机组安全生产的重要保障，因此，在设备的全生命周期中，通过对设备的管理优化来实现机组可靠性和经济性的优化平衡，对电厂的生产经营具有重要意义。近年来，随着智慧电厂建设越来越广泛，以状态监测、状态检修为核心的设备智慧化管理在我国发电行业得到了积极推广。简单来说，状态检修是指在设备状态评价的基础上，根据设备状态和分析诊断结果安排检修时间和项目，并主动实施的检修方式。

从设备安全性角度来考虑，状态检修方式以设备当前的实际工况为依据，通过先进的状态监测手段、可靠性评价手段以及寿命预测手段，判断设备的状态，识别故障的早期征兆，对故障部位及其严重程度、故障发展趋势做出判断，并根据分析诊断结果在设备性能下降到一定程度和故障将要发生之前进行维修。由于科学地提高了设备的可用率和明确了检修目标，这种检修体制耗费最低，它为设备安全、稳定、长周期、全性能、优质运行提供了可靠的技术和管理保障。

实践证明，状态检修的初步应用给企业带来了显著的效益，设备可靠性和经济性都得到了有效提高。应当指出的是，我国状态检修的实施依然存在明显的问题。目前，我国电力行业状态检修的实施普遍不完善，主要集中在设备监控方面，而对状态检修的核心内容，即设备可靠性分析、数据挖掘和检修决策方面则很少涉及，没有形成完整的状态检修体系。

电厂 SIS 系统（厂级监控系统）实现了对全厂生产过程实时数据的采集与处理，包含大量的设备实时性能数据，主要用于反映设备的经济性状况。而点检系统通过离线的外观检查、参数检测、无损检测、理化分析等方式，获得了设备的状态数据，主要体现设备的可靠性程度。无论是 SIS 系统数据还是点检数据，都在一些方面描述了设备状态。因此，可以通过对 SIS 数据和点检数据的有机融合及充分挖掘，实现对设备状态的全面反映。

从设备经济性角度来考虑，目前运行人员的操作调节或以效率为目标，或以安全为目标的单目标优化方式，缺乏以机组整体效率最大化为目的的量化评价模型。火力发电机组对运行历史数据的利用程度不高，缺乏针对历史运行数据的分析工具来指导运行分析。火电机组频繁变负荷、变煤种的特点更增加了机组运行优化控制的难度，需要研究和开发更智能、更先进的融合安全性和经济性的智能运行优化方法。

目前，大型电站锅炉采用分散控制（DCS）实现了发电过程中主要参量的单回路稳定控制，但整个发电过程的优化控制主要依赖于大量的人工干预。从已报道的新颖的控制方法研究来看，往往只有发电煤耗、锅炉效率、汽轮机效率等大指标，而缺乏一套能够诊断分析不同设备对象各过程指标、参数的实时值是否在正常范围，以及各运行指标对经济性影响的分析平台；同时也缺乏智能的优化决策模型给运行人员提供实时的优化运行策略。当前，火力发电机组装备了丰富的监测仪器，产生了巨量的运行数据，然而对这些数据利用程度不高，未能对这些数据进行有效挖掘并用于指导运行优化。

因此，针对以上问题，开发智慧平台研究应用，将 SIS 数据和点检数据进行有机融合，把 SIS 数据应用于设备的状态监测、健康评估和经济性分析。同时，缺陷管理的数据和点检的数据通过数据接口整合到一个平台，结合精密点检专项分析，建立大数据支撑的设备智慧化运行管控系统。为合理维修决策和设备运行优化提供科学的依据，实现电厂设备安全运行与经济效益最大化的目的。

（二）基于状态监测的智慧安全系统

1. 建立设备知识库

设备知识库主要包括正常工况参数库和故障知识库。以磨煤机和循环水泵为例，通过对 SIS 中磨煤机和循环水泵的运行历史数据进行数据清洗、特征提取等，结合历史报警信息，抽取磨煤机和循环水泵的现场试验报告中的数据，通过数据挖掘算法识别不同运行工况下（不同负荷、不同煤种）的运行参数，包括磨煤机出力、煤粉细度、磨辊紧力、电动机电流、热一次风量、石子煤量等，循环水泵出力（流量）、温度、振动、噪声、电流（大小及波动）、凝汽器端差、真空等，从而建立正常工况参数库。同时，通过对历史故障信息（SIS 系统数据、点检数据、缺陷数据、检修台账等）进行大数据融合挖掘获得设备故障模式与故障征兆的映射规则，并结合维修反馈信息建立故障知识库。

2. 基于机器学习的设备早期故障预警及智能故障诊断

综合设备在线监测参数、点检专项数据以及设备寿命数据三个方面综合评估设备运行状态。基于设备知识库，建立设备在线监测参数预警模型，实现设备早期异常预警。结合设备检修知识库中设备故障-征兆模式库开发故障诊断系统，实现设备早期故障预警及智能故障诊断。

3. 设备健康状态评估

基于参数预警模型结果采用模糊评判对设备进行基于参数的状态评估；根据设备点检专项，如振动、压力等参数对设备进行基于点检专项的状态评估；根据设备在役时长和出厂预期寿命进行基于寿命的状态评估。最后，综合三个方面对设备进行全面状态评估，实现对设备健康状态全面及时监控。

4. 检修建议输出

根据故障诊断和健康状态评估结果，提醒设备点检人员关注设备的健康状况，使设备故障消除在萌芽状态；结合生产和检修计划，提出设备的检修建议供设备管理人员参考。

（三）基于经济性分析的智慧优化系统

1. 建立设备经济性分析模型

根据磨煤机和循环水泵的运行方式建立设备经济性分析模型，模型包括输入参数、经济性计算逻辑、输出参数等，整理具体设备的历史运行数据和现场试验或测试数据，研究各关键参数对磨煤机和循环水泵运行经济性的影响，提取有效数据对模型进行训练和验证，得到成熟可靠的模型用于经济性在线分析。

2. 建立设备运行优秀案例库

结合经济性分析模型，对设备的海量历史运行数据进行挖掘，寻找不同工况下的最佳经济性运行参数组合，构建优秀案例，并采用在线增量挖掘算法实现案例的进化，使案例库中始终保留最优秀的案例。由于 SIS 数据可能存在偏差，案例库可由人工进行维护和删减，以确保案例库准确可靠。

3. 设备运行参数优化建议

基于经济性在线分析，在优秀案例库中寻找相同或相近工况下的优秀运行案例，对比分析设备总体经济性以及案例对应的可调节运行参数，将经济性偏差与可调节运行参数的偏差作为优化运行建议输出给运行人员参考。后期待智能优化控制系统（ICS）上线后，可将运行优化结果传输给 ICS 实现闭环控制，以提高设备运行水平，挖掘节能潜力。

二、重要辅机使用寿命预测技术

三大风机、大型水泵等火电厂重要直接影响着发电机组的正常运行。随着设计、制造和运行管理的水平不断提高，主机运行的可靠性已经大幅提升，而辅机故障已成为当前机组非计划停机的主要原因之一。据统计，国内电厂送风机故障率为 0.45 次/年，非计划停运率为 0.06％；引风机故障率为 1.11 次/年，非计划停运率为 0.1％，给水泵故障率达到 6.04 次/年，非计划停运率为 0.66％。造成这种现状的原因有多种，从设备端来说，目前辅机的设计制造水平和可靠性低于主机；从工作环境来说，辅机运行工况较复杂，负荷调节频繁，容易造成故障高发；从设备管理来说，电厂对辅机重视不够，很多还停留在定期巡检、停机检修及事后故障分析的低层次阶段。

以电厂三大风机、给水泵组等重要辅机为研究对象，以大数据、人工智能、转子动力学和现代信号处理为理论基础，深入研究基于数据驱动的重要辅机剩余使用寿命预测方法，采用的技术路线如下。

（一）建立重要辅机健康状态数据库

振动信号的时域、频域、非量纲波形参数、非线性特征参数等均能不同程度地反映辅机的故障情况，轴承温度、挡板开度、电机电流、转速等参数也可以从另外的视角对辅机的运行状态进行描述，与辅机的健康状态有着直接的关联。这些多源信息具有很强的互补性，由其产生的融合信息能更全面准确地反映设备的健康状态。从 SIS 平台采集与辅机相关的所有状态参数，建立辅机健康状态长期历史数据库，为监测、分析、评估及预测提供数据准备。

（二）原始大数据预处理及数据库重构

数据质量的好坏决定了模型的有效性。数据预处理通过对原始数据进行清洗、汇聚、规约、标准化和标注，形成统一规整格式，重构辅机健康状态数据库，为大数据建模提供高质量的数据准备。主要内容包括：①检测并消除数据异常；②检测并清洗近似重复记录，采用相似度函数算法，判断两条记录的近似性并予以清洗；③数据的规约，在尽可能保持数据原貌的前提下，最大限度地精简数据量，且仍保持原数据的完整性；④数据标准化，将数据按比例缩放，使之落入一个小的特定区间，为大数据分析提供更高效的运算能力；⑤数据标注，对设备不同运行状态的数据进行标注，将数据和状态相映射，获得尽可能多的标注样本，是提高模型训练精度的重要条件。

（三）表征辅机健康状态的特征参数提取及构建方法

辅机性能退化是由自身老化和复杂工况共同引起的，将振动、温度、开度、电流等不同类型数据构建异类混合域特征集，能够更全面地描述机组的运行状态特征。

振动信号时域统计特征中的有量纲幅域参数和无量纲幅域参数，频域统计特征中的功率谱能量、质心频率、谱方差、谱峭度，非线性时频域中的分形维数、信息熵、经验模态分解（EMD）参数等，均能从不同方面、不同程度地反映辅机的运行状态。时域特征提取根据数据时序样本计算峰值、均值、方差、峭度、偏斜度等指标；频域特征提取通过傅里叶变换（FFT）将时域信号转换到频域，然后提取平均频率、中心频率、谱方差等特征参数。非线性时频域特征中，采用先进的现代信号处理技术，包括经验模态分解（EMD）、信息熵理论、分形维数等前沿方法，对复杂非线性特征进行提取。EMD 参数是将分解后得到的本征模态分量和残余分量的能量作为原始振动信号特征；信息熵则可计算时域信息熵、频域信息熵作为特征量；分形维数则选择关联维作为特征。

对于温度、电流等非振动参数，则都采用时域统计量作为特征参数，和提取的各种振动特征参数组合在一起构成异类混合域特征集，构成描述辅机不同运行状态、不同故障类型及变化趋势的特征空间。

（四）寿命趋势特征参数的筛选

判断所有特征是否能有效表征设备全生命周期的退化状态，去除非敏感、非相关特征是实现准确预测的关键。通过以下指标来判断趋势变化并予以筛选。

（1）单调性。任何设备都存在不可逆的退化过程，合适准确的特征随时间应该具有单调递减或者递增的趋势。

（2）鲁棒性。受噪声、采样过程的随机性以及运行条件变化等的影响，会产生一定的随机波动，从而造成特征序列具有较差的平滑度。合理的特征指标应具有较强的抗干扰能力，呈现相对平稳的退化趋势。

（3）趋势性。随着运行时间的增加，设备逐渐退化，趋势性反映的是特征指标和运行时间的相关性。

（4）可辨识性。设备在全生命周期中会经历几种不同的生命阶段，合适的特征应该能够将这一特性描述出来，反映出不同阶段之间的区别。不同的生命阶段可通过特征和生命阶段的相关性来衡量。

（五）多视角特征自适应加权的多源信息融合算法

对采集的振动、温度、开度等运行参数分别提取特征，获得各单视角特征集。将特征集映射到再生核空间，缩小源域和目标域之间的分布差异，得到高维空间各单视角特征集。采用半监督学习正则化和工况匹配方法，实现区分辅机不同运行状态和故障状态的各视角数据自动标注。通过这种多视角学习的异类信息融合方法，能够增强原始故障信息特征，提高抗干扰能力以获得好的状态识别效果。

1. 基于关联规则的大数据挖掘算法进行辅机劣化分析

关联规则是大数据挖掘的一种重要算法，是一种无监督学习方法。其原理为：辅机各种运行参数彼此之间存在关系，而这种关系没有在数据中直接表示出来，关联规则目的即在于揭示数据之间的相互关系，分析参数之间的相关程度。关联规则挖掘任务分解为两个任务，即产生频繁项集和产生规则。频繁项集产生的目标是发现满足最小支持度阈值的所有项集；规则产生的目标是从上一步发现的频繁项集中提取所有高置信度的规则。通过频繁项集和关联规则产生规则库，最后应用规则库进行机组健康状态识别。

2. 建立辅机剩余寿命预测模型

循环神经网络（RNN）是深度学习中的一种重要模型，在空间的基础上进行了时间维度的扩展，能够有效利用序列数据的前后关联信息做出正确预测。随着时间间隔的增加，RNN反向传递参数的梯度范数呈指数式减小，易导致梯度消失和模型失效。长短时记忆神经网络（LSTM）是一种优化的 RNN 模型，它将 RNN 优化为一系列重复的时序模块，通过记忆固定时间步长的时序模块，引入"门"结构将短期记忆与长期记忆结合起来，避免长时依赖引起的梯度消失问题。首先获得辅机从开始运行到故障停机的完整运行周期数据，对运行数据进行数据清洗与重构，提取有效表征运行趋势的高维特征集，根据筛选原则进行降维，并进行多视角特征融合，然后以 LSTM 为基础从多视角特征集出发，建立基于 Attention 机制（注意力机制）的深度注意力模型用于辅机的使用寿命预测计算。利用 LSTM 对辅机长期时间序列运行数据的记忆能力，将不同视角的特征通过强化学习进行深度融合，客观构建不同工况下的健康指标，分析失效过程的相似性度量，实现不同工况下辅机剩余使用寿命的可靠预测。

第四节 智能发电平台技术

智能发电平台通过智能技术与控制技术的深度融合，将人与生产过程设备紧密结合起来，实现发电生产过程中数据-信息-知识的快速转化和循环交互，将人从重复、简单劳动中解放出来的同时，有效提升生产过程安全性和经济性。智能发电是对发电全过程的智能化监控、操作和管理，是智慧电厂的基础，也是将来实现智慧能源所必不可少的。

一、负荷自动调节和一次调频优化技术

光伏、风电等新能源迅速发展，火电机组参与调峰运行的程度越来越深，对机组协调控制品质的要求日益提高，负荷自动控制系统（AGC）和一次调频响应品质越来越受到重视，要求快速、准确地跟踪响应，电网考核力度增大。发电企业因燃用经济煤种，实际燃煤发热量低、灰分和水分大，AGC 和一次调频投入后，经常发生参数超调情况，导致主汽温度、再热汽温度超限，严重影响机组运行安全。

（一）AGC 调节优化技术

1. 根据锅炉蓄热特性分段控制燃烧率防止参数超调

在锅炉蓄热的常规利用的基础上进行了灵活拓展，提出锅炉蓄热变速率利用的理念。也就是说在变负荷初期提高变负荷速率，中、后期再将变负荷速率适当放缓，在不透支锅炉蓄热的前提条件下，充分、有效地利用锅炉蓄热以获取更好的响应时间 K3 指标，幅度不大的变负荷工况下还可获取更好的变负荷速率 K1 指标，而精度指标 K2 几乎不会受到影响，从而整体提升 AGC 性能。在机组负荷 80％以下时，由于锅炉蓄热低，燃烧强度弱，从燃料燃烧到热量释放的时间长，此阶段煤量、风量变化率适度增大，以满足 AGC 调节性能。机组负荷 80％以上时，因锅炉已具有一定蓄热能力，燃料燃烧过程热量释放时间相对较快，此阶段适当减小煤量、风量变化率，以防止燃料燃烧释放热量太快，造成参数超限。

首先，将锅炉主控比例积分微分控制器（PID）中积分时间参数分离设置。变负荷过程弱化积分作用，变负荷过程结束后积分作用恢复正常，避免了大幅度变负荷工况下积分作用过度积累，稳态过程中合理的积分作用又可及时校正主蒸汽压力偏差。同时，引入带锅炉蓄热程度校正的负荷动态微分前馈，根据变负荷过程中锅炉蓄热程度的变化，适时校正负荷动态微分前馈的增益，避免降负荷锅炉蓄热过量，增负荷时蓄热被透支，保障主汽压力在合理安全范围内。同时，应用带幅度校正的参数自适应负荷动态微分前馈，自动调整微分速率，以适应不同工况下锅炉燃烧特性。其次，积分作用动、静态分离，引入机组变负荷信号，在变负荷过程开始阶段先弱化积分作用—将积分时间参数设置成定负荷时的 3~5 倍；变负荷过程结束后，慢慢将积分时间参数释放为定负荷时的设置。再次，在充分利用蓄热的同时，燃烧系统提供快速、适当的能量支持，以适应负荷变化的需求。最后，在稳态时，及时抑制主汽压力波动，保障机组安全稳定运行。通过此项措施，解决了机组在低负荷时 AGC 调节性能差、高负荷时参数超限情况。还可以在 AGC 控制系统中增加燃料偏置功能。当实际煤量与理论煤量偏差较大时，人为手动进行煤量干预，减小偏差，有效地防止了热惯性造成参数超限事件。

2. 设计带超压保护的主汽压力拉回回路

适当放宽拉回动作死区，避免汽压拉回频繁动作影响机组负荷调节精度。当主汽压超过额定压力 0.5MPa 时，快速开启主机调门稳定锅炉压力，避免锅炉超压。

3. 采取节流供热抽汽技术加快 AGC 负荷响应速度

为了快速响应电网的负荷需求，在供热抽汽管道上加装 30% 旁路，通过开关旁路实现调整供热抽汽量目的。在供热初期，投入供热抽汽旁路运行，当机组发电负荷指令增加时，可以先关闭供热抽汽调节旁路阀门，快速减少监视段抽汽量，将原本用于供热的蒸汽引入汽轮机缸内做功，迅速提高机组发电功率；然后，机组在协调控制系统作用下，依靠增加燃料量使机组总功率缓慢增加，再逐渐恢复供热热源的稳定。深度供热期，供热抽汽蝶阀部分开启，通过全开、全关抽汽旁路实现调整抽汽量目的，可瞬间改变负荷变化率。由于供热热网管道具有非常大的热惯性，这一过程导致的供热热源不稳定不会反映到用户端，这可作为提高机组变负荷能力的一种辅助技术手段。

4. 优化氧量校正结构减少氧量波动

将脱硝入口、脱硝出口及空预器入口氧量取平均值，减少了氧量波动。修正后的氧量参与到氧量自动控制中，氧量变化趋势更加稳定、准确。这样，氧量参与到煤量与一、二次风量函数曲线控制，增加风量至送风机动叶前馈。优化后氧量校正自动可正常投用，在减少变负荷过程中操作量的同时，一定程度保障了锅炉燃烧经济性。

5. 增加分层配煤系数

针对四角切圆燃烧锅炉 A/B/C 层磨煤机控制主汽压力特性好、D/E/F 层磨煤机控制主/再热温度的特性好等特点，实施分层配煤控制。即在机组协调系统平均给定煤量的基础上增加分层配煤系数，按照 A∶B∶C∶D∶E∶F＝1.2∶1.2∶1.0∶1.0∶0.7∶0.7 方式，实现下排磨组（A、B 磨煤机）的煤量优先变化，可防止主再热汽温大幅波动，有效解除汽温和汽压耦合，辅助于提高 AGC 调节性能及汽温的优化控制。

（二）一次调频功能优化技术

为满足电力市场形势的快速变化，火电机组主要通过缩小调频死区和减小转速不等率来保证一次调频合格率，但误动次数的增多和动作幅度的过大严重影响了机组运行稳定性和安全性。研究表明，火电机组一次调频功能中信号采集和传输过程中的随机误差，是影响一次调频调节品质的关键环节，且各机组一次调频指令控制策略粗放，无法保证调频功率的准确输出。同时，各机组 DEH 控制系统运算周期较长，以及采用特定的组态方式，制约了先进控制算法和策略的实现。

利用先进数学算法和滤波技术，实现调频信号误差预补偿，采用模糊预测控制技术研究出新的一次调频控制策略，并应用智能参数辨识技术对控制策略参数进行优化，可实现各机组一次调频功能的精确控制。

1. 同源改造与信号补偿

采用高精度频率变速器测量发电机出口电压频率，使调频控制信号与电网监测信号同源，提高测量精度的方案。

信号传输过程受电磁干扰，发电机电压受电网谐波的影响，调频控制信号与监测的频率信号存在随机误差，采用非线性拟合对频率信号进行标定和校准。

2. 调频指令综合校正

借助一次调频试验，针对主蒸汽参数同基准参数存在一定差值时一次调频的不同特性，采用模糊矩阵开环补偿方式对调频函数实施综合校正。

3. 高调门流量特性函数优化

为实现机组有功功率的精确控制，采用基于总流量指令全行程建模的汽轮机流量特性函数优化方法对 DEH 高调门管理函数进行优化。

4. 智能参数辨识

采用了神经网络作为建模手段，将神经网络的模型输出通过外部反馈延时，与其他神经网络输入一起组合作为下一次神经网络计算的输入，使得神经网络拥有了动态部分，能够更好地拟合动态过程。同时，DCS 历史数据中，包含了大量机组实际特性的信息，建立特性函数时间延迟的窗口参数，采用模式挖掘法辨识特性函数参数。

二、自动控制优化和深度调峰智能控制技术

以"操作自动化、控制集约化"为理念，围绕机组的启动、运行、事

故处理、深度调峰等方面设定工作目标，细化分解工作任务，以 DCS 系统为平台，自主研发，不断提升机组智能化水平。

（一）机组启动方面

将机组启动过程按系统进行分解，根据设备情况确定系统自启动可行性评估，如具备自启动可行性则列入攻关计划，开展自启动控制模块研发。

锅炉侧自启动分解为风烟系统一键启动、一次风系统一键启动、制粉系统一键启动、锅炉自动升温升压四个模块。

汽轮机侧自启动分解为给水泵汽轮机一键冲转、汽轮机一键冲转、高压加热器一键投运、低压加热器一键投运、给水泵一键并泵五个模块。

电气侧自启动分解为发电机一键并网、厂用电一键切换两个模块。

江苏 60 万 kW 机组在进行机组启动智能控制优化后，机组整体启动时间较以往缩短了 3h。

（二）机组运行方面

1. 运行参数自动优化

根据运行人员调整建议和反馈，不断优化自动控制策略和参数，提升运行参数稳定性。对燃烧控制、负荷控制回路进行策略及参数优化，优化机组协调控制；利用辅助风门调节再热汽温，效果明显。

2. 节能降耗自动控制

设计控制回路实现电除尘二次电流自动控制，根据负荷进行实时动态调整；根据凝结水流量进行除灰空压机自动控制，自动调整空压机运行方式；脱硫除雾器冲洗水泵自动控制，减少运行台数。

3. 定期工作自动执行

开发湿式除尘器冲洗顺控，阴、阳极板及均布板定期冲洗实现一键控制；开发闭冷器一键切换冲洗顺控，闭冷器切换冲洗一键完成，切换冲洗过程更加安全；开发锅炉一键除渣顺控，减少运行人员操作量；开发脱水仓一键反冲洗顺控，实现脱水仓一键反冲洗；开发公用变压器自动倒闸模块，实现灰库变压器、检修变压器、渣仓变压器、照明变压器等公用变压器自动倒闸，减少操作量，降低安全风险。

（三）事故处理方面

研发给煤机断煤自动处置、一次风机失速自动处置模块。根据事故工况下的典型参数，建立事故工况模型，设计事故处理逻辑，将标准的处理方式固化到逻辑中，提高事故处理的成功率。

（四）深度调峰智能控制技术

机组参与深度调峰整个运行负荷范围内（$100\% \sim 20\%$）P_e（P_e 为机组的额定出力），可分为三个典型的负荷段：机组正常负荷调节段（$100\% \sim 50\%$）P_e；机组干态运行工况下深度调峰负荷段（$50\% \sim 30\%$）P_e；机组湿态运行工况下深度调峰负荷段（$30\% \sim 20\%$）P_e。

1. 锅炉干态深度调峰工况下，机组 AGC 协调多模型预测控制技术

当机组负荷从 $50\%P_e$ 深调至 $30\%P_e$ 时，尽管机组可以在干态工况下运行，但机组被控过程的滞后和惯性显著增加，机组特性的变化也十分明显（特别是接近 $30\%P_e$ 转态负荷点时），常规的基于 PID 的控制策略难以取得理想的控制效果。因此，拟将多模型自适应控制技术与预测控制相融合，提出适合于大滞后被控过程又具有较强自适应能力的多模型预测控制技术，研究并提出该负荷段深度调峰的 AGC 协调多模型预测控制策略，并开发相关的机组多模型协调预测控制系统。

2. 机组"干/湿"态自动转换巡航控制技术

机组负荷在 $30\%P_e$ 左右时，可以进行"干态/湿态"的自动转换。超（超）临界机组"干/湿"态转换过程中被控对象发生变化，原有的机组 AGC 协调控制系统失效。且转态过程中，存在各种强扰动，如转态过程中锅炉给水流量的大幅波动及各种设备的启停等，原控制系统难于抑制这类强扰动，主要运行参数如汽温、汽压、负荷、分离器水位等大幅波动，机组的运行安全性无法得到保障。

针对机组"干/湿"态转换过程中存在的问题，研究自抗扰控制技术及基于运行人员操作经验的智能控制技术有机融合，提出机组"干/湿"态一键自动转换的智能巡航控制策略，应用后有效缩短机组的转态时间，并有效抑制机组转态过程中的参数波动，提高机组在转态过中的安全性。

3. 锅炉湿态深度调峰工况下机组 AGC 协调智能预测控制技术

当机组完成"干→湿"态转换后，机组处于湿态运行方式，该方式下的负荷调节范围为（$20\%\sim30\%$）P_e。在湿态运行工况下，锅炉的响应时间更长、滞后更大，且其动态特性随负荷的变化更加显著，与汽轮机更难协调。将智能寻优策略与多模型预测控制策略相融合，提出具有智能寻优功能的多模型预测控制策略，并设计机组在湿态工况下的 AGC 协调智能自寻优预测控制系统，由锅炉燃料量、汽轮机调门共同调节主汽压力和机组负荷等。机组在湿态运行工况下还存在分离器水位波动大及影响机组安全运行等问题，针对此问题，基于模糊控制理论，研究给水系统的快速模糊控制策略，通过对给水泵汽轮机转速、给水旁路门、分离器放水阀的综合快速调节，维持分离器水位的稳定，确保机组在湿态运行工况下的安全性。

参考文献

［1］ 全国科学技术名词审定委员会公布（2 版）. 电力名词［M］. 北京：科学出版社，2009.

［2］ 西安热工研究院. 超临界、超超临界燃煤发电技术［M］. 北京：中国电力出版社，2008.

［3］ 樊泉桂. 亚临界与超临界参数锅炉［M］. 北京：中国电力出版社，2000.

［4］ 火电厂水处理和水分析人员资格考核委员会. 电力系统水处理培训教材［M］. 北京：中国电力出版社，2009.

［5］ 望亭发电厂. 660MW 超超临界火力发电机组培训教材［M］. 北京：中国电力出版社，2011.

［6］ 本书编写组. 1000MW 超超临界机组发电技术丛书 集控运行［M］. 北京：中国电力出版社，2019.